戦術で覚える！電験2種 二次計算問題

野村浩司・小林邦生　著

電気書院

はじめに

　第2種電気主任技術者の免状を手にするためには，二次試験に合格しなければなりません．

　受験者の皆さんであればよくご存知のとおり，電験第2種の一次試験はマークシート方式ですが，二次試験は記述式で，問題のレベルも一次試験と比較すると相当高度な事柄が問われます．

　一次試験が行われるのが例年9月初旬，二次試験が行われるのが11月下旬ですから，その間隔は3か月もありません．一次試験受験後に二次試験の学習を始めたのでは，いくら二次試験の科目数が二つとはいえ，合格に十分な実力を身につけることはまず不可能です．

　さらに，一次試験の場合は科目別合格制度がありますが，二次試験はそれもなく，一次試験に合格した年とその翌年の2回しかチャンスはありません．万一，二次試験に失敗すると，また一次試験から受験し直しになります．

　すなわち，二次試験の学習は早くから始め，1回で合格するつもりで学習しなければならないことは，十分おわかりいただけると思います．

　しかし，いくら関連があるとはいえ，一次試験を学習しながら二次試験の学習をできるものでしょうか．

　二次試験は，論説問題と計算問題に大別されます．論説問題はどれだけ知っているか，覚えているかが全てで，部分点は狙いやすいですが，完全に解答することは大変むずかしいといえます．しかし，計算問題には解法のパターンがあり，それを知っていれば満点を取ることも可能です．

　そこで，『戦術』を覚えることで，計算問題の完答を目指そうというのが本書の狙いです．一見，どこから手をつけていいかわからない計算問題でも，戦術を身につけ使いこなせるようにしておけば，時間に余裕をもって解答することができるようになります．

　本書には，昭和40年以降に出題された計算問題の中から，特に重要な問題を厳選し，戦術を示し，それを用いてどのように計算すればよいのか解説しています．試験制度の変更により，平成7年以前の問題は，従前の筆記試験の発変電・送配電・法規・機械・応用の各科目の問題を解説しています．出題形式は変更されましたが，問題の本質は従来の問題から何ら変更されていないためです．

　電験第2種は，早い時期から，二次試験を目指し学習しなければ合格は非常に難

しいものになります．本書を活用し，効率よく二次試験の対策をされることをお薦めいたします．

　皆様の吉報を心よりお待ち申し上げます．

2013年　冬
著者記す

目　次

●電力・管理 ……………………………………………… 1
野村浩司　著

    1．発電 ………………………………… 2
    2．変電 ………………………………… 23
    3．送電 ………………………………… 48
    4．配電 ………………………………… 129
    5．施設管理 …………………………… 173

●機械・制御 …………………………………………… 227
小林邦生　著

    1．変圧器 ……………………………… 228
    2．直流機 ……………………………… 293
    3．誘導機 ……………………………… 305
    4．同期機 ……………………………… 349
    5．パワエレ …………………………… 369
    6．自動制御 …………………………… 419

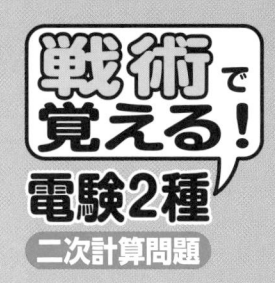

電力・管理

戦術で覚える！
電験2種
二次計算問題

1. 発電

■問題 1

水車の案内羽根開度および効率を一定とした場合に，次の問に答えよ．

(1) 水車の出力 P〔kW〕は有効落差 H〔m〕の関数として表されるが，その関係を次に示す諸量を表す記号を用いて式で表せ．

水車効率を η〔%〕，水圧管の断面積を A〔m^2〕，重力加速度を g〔m/s^2〕，管路損失等による流速の低下を考慮した流速係数を k として用いること．

(2) (1)を用いて，有効落差 100 m，最大出力 8 000 kW の水力発電所が水位変化によって有効落差が 81 m に低下したときの最大出力を求めよ．

(電力・管理：平成 21 年問 1)

着眼点 Focus Points

水車出力を有効落差の関数で表すには，水力学で使われるベルヌーイの定理を利用する．水力学においてエネルギーの量を表すものが水頭であり，流水の有するエネルギーは，速度水頭（運動エネルギー），位置水頭（位置エネルギー）および圧力水頭（圧力エネルギー）から構成される．

損失水頭を考慮しなければエネルギー不滅の法則により，速度水頭，位置水頭，圧力水頭の和（全水頭）は一定不変となる．これをベルヌーイの定理といい，流水の 1 地点とほかの地点それぞれのエネルギーの和は一定である．

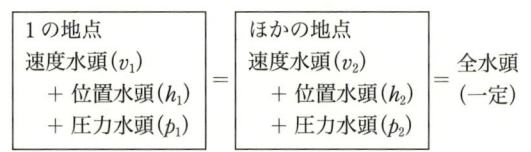

$$\begin{pmatrix} 1\text{の地点} \\ \text{速度水頭}(v_1) \\ +\text{位置水頭}(h_1) \\ +\text{圧力水頭}(p_1) \end{pmatrix} = \begin{pmatrix} \text{ほかの地点} \\ \text{速度水頭}(v_2) \\ +\text{位置水頭}(h_2) \\ +\text{圧力水頭}(p_2) \end{pmatrix} = \begin{matrix} \text{全水頭} \\ (\text{一定}) \end{matrix}$$

戦術 Tactics

(1) ❶ 水力発電所の調整池（ダム）—水圧管—水車—放水管までを図に描き，速度水頭 (v)，位置水頭 (h) および圧力水頭 (p) を書き入れる．

❷ ベルヌーイの定理から全水頭が一定である式を立てる．

❸ ベルヌーイの定理から「有効落差 $H=$ 速度水頭 ($v^2/2g$)」の関係式を求め，水の流速を導く．

❹水の流速と水圧管の断面積から使用水量を求める．

❺水車出力の式「$P=9.8QH\dfrac{\eta}{100}$」に❹で求めた流量を代入してPとHの関係式を求める．

(2) ❻有効落差が100 mから81 mへ低下すると水車出力も低下する．

❼(1)で解答したPとHの関係式を使用して有効落差81 mとなったときの水車最大出力を求める．

解答 Answer

戦術❶

(1)
❶水力発電所の調整池（ダム）―水圧管―水車―放水管を図に示す．

調整池の1点における速度水頭，位置水頭，圧力水頭をそれぞれv_1，h_1，p_1，水車出口の速度水頭，位置水頭，圧力水頭をそれぞれv_2，h_2，p_2とする．

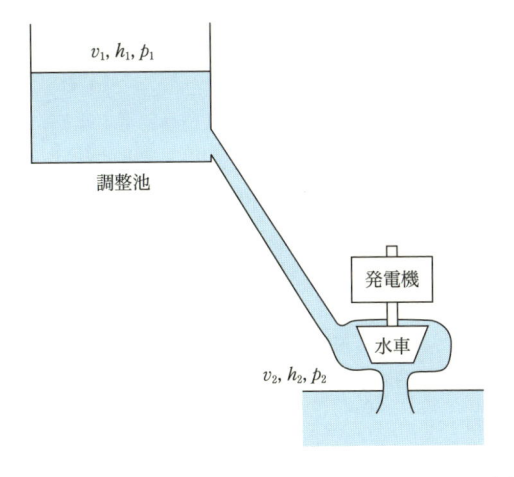

調整池 v_1, h_1, p_1

発電機
水車
v_2, h_2, p_2

戦術❷

❷損失水頭を考慮しなければ，ベルヌーイの定理により次式が成り立つ．

$$\dfrac{v_1^2}{2g}+h_1+\dfrac{p_1}{w}=\dfrac{v_2^2}{2g}+h_2+\dfrac{p_2}{w}=全水頭〔m〕（一定） \quad (1)$$

ただし，$v^2/2g$：速度水頭〔m〕（v：流速〔m/s〕，g：重力の加速度$=9.8$〔m/s²〕），p/w：圧力水頭〔m〕（p：水の圧力〔N/m²〕$=$〔Pa〕，w：単位体積当たりの水の重量〔N/m³〕），h：位置水頭〔m〕である．

$v_1=0$，$p_1=p_2=p$（大気圧）とすると(1)式は，次のように表す．

$$h_1+\dfrac{p}{w}=\dfrac{v_2^2}{2g}+h_2+\dfrac{p}{w} \quad (2)$$

戦術❸ ❸(2)式から流速 v_2 〔m/s〕を求める.
H を有効落差 (h_1-h_2) とすると,
$$H〔m〕=h_1-h_2=\frac{v_2^2}{2g}$$ より,
$$v_2〔m/s〕=\sqrt{2gH} \tag{3}$$
(3)式に流速係数 k を考慮すると,
$$v_2〔m/s〕=k\sqrt{2gH} \tag{4}$$

戦術❹ ❹流速 v_2 〔m/s〕,水圧管の断面積 A 〔m²〕とし使用水量 Q 〔m³/s〕を求める.
$$Q〔m^3/s〕=Av_2=Ak\sqrt{2gH} \tag{5}$$
水車出力 P 〔kW〕は,効率が η 〔%〕であるので,
$$P〔kW〕=gQH\frac{\eta}{100} \tag{6}$$

戦術❺ ❺(5)式を(6)式へ代入し,水車出力 P と有効落差 H の関係式を求める.
$$P=gAk\sqrt{2gH}\,H\cdot\frac{\eta}{100}=\sqrt{2}Ak\cdot\frac{\eta}{100}\cdot g^{\frac{3}{2}}H^{\frac{3}{2}}〔kW〕 \tag{7}$$

(2)

戦術❻ ❻有効落差が 100 m から 81 m へ低下すると(7)式から水車出力も低下する.
題意により水車の案内羽根開度と効率が一定であるから,A, k, g, η は変化しないので,水車出力 P は有効落差 H の 3/2 乗に比例する.
$$P \propto H^{\frac{3}{2}} \tag{8}$$

戦術❼ ❼P と H の関係式を使用して有効落差 81 m となったときの水車最大出力を求める.
(8)式から最大出力 8 000 kW のときの水車出力と有効落差を P, H, 水位低下時の水車最大出力と有効落差を P', H' とすると水車最大出力 P' 〔kW〕は,
$$P:P'=H^{\frac{3}{2}}:H'^{\frac{3}{2}}$$
$$P'=P\left(\frac{H'}{H}\right)^{\frac{3}{2}}=8\,000\times\left(\frac{81}{100}\right)^{\frac{3}{2}}=5\,832≒5\,830〔kW〕$$

〈答〉

(1) $P=\sqrt{2}Ak\cdot\dfrac{\eta}{100}\cdot g^{\frac{3}{2}}H^{\frac{3}{2}}$ 〔kW〕

(2) 5 830 kW

■問題2

河川の流域面積が270 km², 年間降水量が1 600 mm, 流出係数が0.7の河川がある. この河川に最大使用水量が年間平均流量の2倍の自流式発電所を設置するとき, 次の問に答えよ.

ただし, 取水口標高を380 m, 放水口標高を220 m, 損失落差を総落差の5%, 水車効率を88%, 発電機効率を97%とする.

(1) この河川の年間平均流量〔m³/s〕を求めよ.
(2) 発電所の最大出力〔kW〕を求めよ.

（電力・管理：平成17年問1）

着眼点 Focus Points

水力発電所建設において, 最大使用水量, 有効落差, 水車と発電機の効率から発電所の最大出力を算定する.

最大使用水量は, 河川の年間平均流量から計算する. なお, 年間平均流量は, 流域面積, 年間降水量および流出係数から求める.

年間平均流量の計算において注意することは, 単位をそろえること. 1年365日, 1日24時間を秒に変換し, 流域面積〔km²〕×年間降水量〔mm〕を体積〔m³〕に換算する.

戦術 Tactics

(1) ❶流域面積, 年間降水量および流出係数から, 河川の年間平均流量を求める.
(2) ❷河川の年間平均流量から最大使用水量を求める.
❸取水口標高, 放水口標高および損失落差から有効落差を求める.
❹発電所の最大出力を「$P_{max} = 9.8 Q_{max} H \eta$」から求める.

解答 Answer

(1)

戦術❶

❶河川の流域面積A〔km²〕, 年間降水量B〔mm〕, 流出係数Cとし河川の年間平均流量Q〔m³/s〕を求める.

$$Q = \frac{A\text{〔km}^2\text{〕} \times 10^6 \times B\text{〔mm〕} \times 10^{-3} \times C}{365\text{〔日〕} \times 24\text{〔時間〕} \times 3\,600\text{〔秒〕}} \tag{1}$$

(1)式に数値を代入すると,

$$Q = \frac{270 \times 10^6 \times 1\,600 \times 10^{-3} \times 0.7}{365 \times 24 \times 3\,600} = 9.589 \fallingdotseq 9.59 \text{〔m}^3/\text{s〕}$$

(2)

戦術❷

❷最大使用水量Q_{max}〔m³/s〕を求める.
題意により年間平均流量の2倍であるから,

$$Q_{max} = 2Q = 2 \times 9.589 ≒ 19.2 \text{ (m}^3\text{/s)}$$

❸ 取水口標高 h_1 〔m〕,放水口標高 h_2 〔m〕,損失落差 h_0 〔m〕,損失係数 α とし,有効落差 H 〔m〕を求める.

$$H = (h_1 - h_2) - h_0 = (h_1 - h_2) \cdot (1 - \alpha) \tag{2}$$
$$= (380 - 220) \times (1 - 0.05) = 152 \text{ (m)}$$

❹ 発電所の最大出力 P_{max} 〔kW〕を求める.

$$P_{max} = 9.8 Q_{max} H \eta_T \eta_G \tag{3}$$

ただし,Q_{max}:最大使用水量〔m³/s〕
 H:有効落差〔m〕
 η_T:水車効率(小数) 0.88
 η_G:発電機効率(小数) 0.97

(3)式に数値を代入すると,

$$P_{max} = 9.8 \times 19.2 \times 152 \times 0.88 \times 0.97 = 24\,413 ≒ 24\,400 \text{ (kW)}$$

〈答〉

(1) 9.59 m³/s

(2) 24 400 kW

■問題3

有効落差180 m, 使用水量20 m³/sのフランシス水車1台を設置する場合の, 水車の定格回転速度[min⁻¹]および発電機出力[kW]を求めよ.

ただし, 水車の効率は90%, 発電機の効率は98%, 周波数は60 Hz, フランシス水車の上限限界比速度 n_s[m・kW]は次の式とする.

$$n_s = \frac{21\,000}{(\text{有効落差}+25)} + 35$$

(電力・管理：平成9年問4)

着眼点 Focus Points

水車の比速度は, 水車の回転速度を選定するのに必要なものである.

水車回転速度は, 有効落差による水車の上限限界の式から比速度を求め, 比速度の式より水車の回転速度を逆算する. しかし, 水車回転速度は, 水車に直結する同期発電機の磁極数, 周波数により決定されるので注意すること.

比速度の式で求めた回転速度に最も近い回転速度になるように発電機の磁極数を決め, 回転速度が有効落差の限界式による比速度を超えないようにする.

戦術 Tactics

❶水車出力を求める.
❷題意に与えられた式からフランシス水車の上限限界比速度を求める.
❸水車の回転速度と比速度との関係式から回転速度を求める.
❹❸で求めた回転速度から水車発電機の磁極数を求める.
❺磁極数は偶数のため, ❹で求めた磁極数に近いものを二つ選ぶ.
❻❺で選んだ二つの磁極数について, 水車回転速度をそれぞれ求める.
❼それぞれの水車回転速度における比速度を求める.
❽❼で求めた比速度が❷で求めた上限限界比速度より超えていないか比較し, 超えていない比速度を採用する. このときの回転速度が, 求める水車の定格回転速度である.
❾発電機出力を求める.

解答 Answer

戦術❶

❶水車出力 P_T[kW]を求める.

有効落差H[m], 使用水量Q[m³/s], 水車効率η_Tとすると,

$$P_T = 9.8QH\eta_T \tag{1}$$
$$= 9.8 \times 20 \times 180 \times 0.9 = 31\,752 \text{[kW]}$$

戦術❷ ❷題意の式を用いてフランシス水車の上限限界比速度 n_s〔m・kW〕を求める．

$$n_s = \frac{21\,000}{(\text{有効落差}+25)} + 35 \tag{2}$$

$$= \frac{21\,000}{180+25} + 35 \fallingdotseq 137.44 \,〔\text{m・kW}〕$$

戦術❸ ❸水車の回転速度 n と比速度 n_s の関係式から回転速度 n〔$\min^{-1}$〕を求める．

$$n = n_s \cdot \frac{H^{\frac{5}{4}}}{P_T^{\frac{1}{2}}} \tag{3}$$

$$= 137.44 \times \frac{180^{\frac{5}{4}}}{31\,752^{\frac{1}{2}}} = 137.44 \times \frac{659.3}{178.2} \fallingdotseq 508 \,〔\min^{-1}〕$$

戦術❹ ❹周波数 f〔Hz〕として水車の回転速度 n〔$\min^{-1}$〕から水車発電機の磁極数 P を求める．

$$n = \frac{120f}{P} \tag{4}$$

(4)式より磁極数 P は，

$$P = \frac{120f}{n} = \frac{120 \times 60}{508} \fallingdotseq 14.2 \,〔\text{極}〕$$

戦術❺ ❺磁極数 P は偶数のため，上式の値から近いものを二つ選ぶ．
14極または16極とする．

戦術❻ ❻14極，16極それぞれの水車回転速度 n_1〔$\min^{-1}$〕，n_2〔$\min^{-1}$〕を求める．
(4)式から，

$$n_1 = \frac{120 \times 60}{14} \fallingdotseq 514 \,〔\min^{-1}〕$$

$$n_2 = \frac{120 \times 60}{16} = 450 \,〔\min^{-1}〕$$

戦術❼ ❼水車回転速度 n_1，n_2 におけるそれぞれの比速度 n_{s1}〔m・kW〕，n_{s2}〔m・kW〕を求める．
(3)式より，

$$n_s \,〔\text{m・kW}〕 = n \frac{P_T^{\frac{1}{2}}}{H^{\frac{5}{4}}} \tag{5}$$

(5)式より，

$$n_{s1} = 514 \times \frac{178.2}{659.3} \fallingdotseq 138.93 \,〔\text{m・kW}〕$$

$$n_{s2} = 450 \times \frac{178.2}{659.3} ≒ 121.63 \text{ [m·kW]}$$

戦術 ❽ ❽比速度 n_{s1}, n_{s2} がフランシス水車の上限限界比速度 n_s より超えていないか比較し，超えていない比速度を採用する．

$n_{s1} = 138.93 \text{ [m·kW]} > 137.44 \text{ [m·kW]}$

$n_{s2} = 121.63 \text{ [m·kW]} < 137.44 \text{ [m·kW]}$

磁極数16極の比速度 n_{s2} を採用する．

このときの水車の定格回転速度 n [min^{-1}] は，

$n = n_2 = 450 \text{ [min}^{-1}\text{]}$

戦術 ❾ ❾発電機出力 P_G [kW] を求める．

有効落差 H [m]，使用水量 Q [m^3/s]，水車効率 η_T，発電機効率 η_G とすると

$$P_G = 9.8 Q H \eta_T \eta_G \qquad (6)$$
$$= 9.8 \times 20 \times 180 \times 0.9 \times 0.98 = 31\,117 ≒ 31\,100 \text{ [kW]}$$

〈答〉

水車の定格回転速度　450 min^{-1}

発電機出力　31 100 kW

■問題4

理論出力 8 210 kW の水車発電機1台を設置した水力発電所で，負荷遮断試験を行い，速度上昇率は40.0%，電圧変動率は30.0%であった．このときの最大回転速度および最大電圧はいくらか．ただし，水車と発電機の総合効率は85.3%であり，発電機は60 Hz，16極とし，試験は，定格電圧，定格電流632 A，定格力率0.97および定格回転速度の下で行ったものとする．

(発変電：平成5年問1)

着眼点 Focus Points

水力発電所の負荷遮断試験の結果，速度上昇率と電圧変動率が問題に示されているので，定格回転速度と定格電圧を算出すれば，最大回転速度と最大電圧が求まる．

速度上昇率は，ある回転速度，発電出力で運転している水車が瞬間的に無負荷に移行したときの上昇した回転速度を定格回転速度に対する割合(%)で表す．

電圧変動率は，速度上昇率と同様に，瞬間的に無負荷に移行したときの発電機端子電圧の電圧上昇を定格電圧に対する割合(%)で表す．

戦術 Tactics

❶ 理論出力から定格運転時の水車発電機出力を求める．
❷ 発電機の定格電圧は水車発電機出力から求める．
❸ 定格回転速度は「$N=120f/P$」の式から求める．
❹ 速度上昇率から最大回転速度を求める．
❺ 電圧変動率から最大電圧を求める．

解答 Answer

戦術❶

❶ 定格運転時の水車発電機出力 P_n [kW] を求める．

理論出力 P_0 [kW]，水車と発電機の総合効率 η とすると，

$$P_n = P_0 \eta \tag{1}$$
$$= 8\,210 \times 0.853 = 7\,003.13 \text{ [kW]}$$

一方，発電機の定格電圧 V_n [V]，定格電流 I_n [A]，定格力率 $\cos\phi_n$ とおくと，水車発電機出力 P_n [W] は，

$$P_n = \sqrt{3} V_n I_n \cos\phi_n \tag{2}$$

戦術❷

❷ (2)式より発電機の定格電圧 V_n [V] を求める．

$$V_n = \frac{P_n}{\sqrt{3} I_n \cos\phi_n} \tag{3}$$

$$= \frac{7\,003.13 \times 10^3}{\sqrt{3} \times 632 \times 0.97} = 6\,595.6 \fallingdotseq 6\,600 \text{ [V]}$$

戦術 ③

❸ 定格回転速度 N_n〔$\min^{-1}$〕を求める.

定格周波数 f〔Hz〕, 極数 P とすると,

$$N_n = \frac{120f}{P} = \frac{120 \times 60}{16} = 450 \text{〔}\min^{-1}\text{〕}$$

戦術 ④

❹ 最大回転速度を求める.

速度上昇率 δ〔%〕は, 上昇した回転速度を定格回転速度に対する割合(%)で表すので, 定格回転速度 N_n〔$\min^{-1}$〕, 最大回転速度 N_m〔$\min^{-1}$〕とすると

$$\delta \text{〔\%〕} = \frac{N_m - N_n}{N_n} \times 100 \tag{4}$$

(4)式から最大回転速度 N_m〔$\min^{-1}$〕は,

$$N_m = N_n\left(1 + \frac{\delta}{100}\right) = 450\left(1 + \frac{40}{100}\right) = 630 \text{〔}\min^{-1}\text{〕}$$

戦術 ⑤

❺ 最大電圧を求める.

電圧変動率 ε〔%〕は, 発電機端子電圧の電圧上昇を定格電圧に対する割合(%)で表すので, 定格電圧 V_n〔V〕, 最大電圧 V_m〔V〕とすると,

$$\varepsilon \text{〔\%〕} = \frac{V_m - V_n}{V_n} \times 100 \tag{5}$$

(5)式から最大電圧 V_m〔V〕は,

$$V_m = V_n\left(1 + \frac{\varepsilon}{100}\right) = 6\,600\left(1 + \frac{30}{100}\right) = 8\,580 \text{〔V〕}$$

〈答〉

最大回転速度　630 $\min^{-1}$

最大電圧　8 580 V

■問題5

出力 10 000 kW の水車・発電機の負荷遮断試験を実施した．そのときのデータは下表のとおりであった．このデータから，

a. 電圧上昇率 δ_v　　　　b. 速度変動率 δ_n
c. 水圧変動率 δ_H　　　　d. 速度調定率 R

について次の問に答えよ．ただし，鉄管水圧は水車中心における水頭値であり，記号には h 〔m〕を用いてある．

(1) 上記a～dの各項目について，その計算式を試験データおよび仕様に記した記号を用いて表せ．
(2) 上記a～dの各項目について，試験データおよび仕様の数値を用いてその値を算出せよ．

<試験データ>

発電機	負荷	基準出力時 P_n	〔kW〕	10 000
		遮断前 P_i	〔kW〕	10 000
		遮断後 P_f	〔kW〕	0
	電圧	遮断前 V_i	〔kV〕	6.7
		最大 V_{max}	〔kV〕	8.7
		安定後 V_f	〔kV〕	6.8
水車	回転速度	遮断前 n_i	〔min^{-1}〕	720
		最大 n_{max}	〔min^{-1}〕	900
		安定後 n_f	〔min^{-1}〕	756
	鉄管水圧	遮断前 h_i	〔m〕	155
		最大 h_{max}	〔m〕	210
		安定後 h_f	〔m〕	157

<仕様>

発電方式：流込み式
水車形式：フランシス形
定格電圧 V_n：6.6 kV
定格周波数 f_n：60 Hz
定格回転速度 n_n：720 min^{-1}
無拘束速度 n_{ra}：1 400 min^{-1}
水車停止時標高
上水槽水位 z_1：EL360.00〔m〕
放水路水位 z_2：EL198.00〔m〕
水車の停止時における水車中心
の静水圧 P_{st}：160.00〔m〕

(電力・管理：平成12年問1)

着眼点 Focus Points

　水車・発電機の負荷遮断試験は，任意の回転速度，任意の発電出力での運転状態から瞬間的に無負荷に移行した後に各計測点の測定を行う．その測定結果が問題の試験データの表である．

　電圧上昇率，速度変動率，水圧変動率は，無負荷に移行したときの上昇した各計測点の測定値（最大電圧，最大回転速度，最大鉄管水圧）から求める．

　速度調定率は，ガイドベーン開度を定格出力の開度から，無負荷開度まで減少させたときに起こる速度の変化を定格速度に対する割合(%)で表し

たものである．

戦術 Tactics

(1) ❶電圧上昇率は，発電機端子電圧の電圧上昇を定格電圧に対する割合(%)で表す．
❷速度変動率は，水車の上昇した回転速度を定格回転速度に対する割合(%)で表す．
❸水圧変動率は，鉄管の水圧上昇した水圧を静落差に対する割合(%)で表す．
静落差，水車停止時の静水圧は，図を描くとわかりやすい．
❹速度調定率は，負荷遮断前後の水車回転速度の変化を定格速度に対する割合(%)で表す．発電出力と回転速度との関係図（グラフ）を描くとよい．

(2) ❺(1)の各項目について試験データ表の数値を代入して求める．

解答 Answer

(1)

戦術❶
❶電圧上昇率 δ_v [%]は，発電機端子電圧の電圧上昇を定格電圧に対する割合(%)で表す．
負荷遮断後の最大電圧 V_{max} [kV]，遮断前の電圧 V_i [kV]，定格電圧 V_n [kV]とすると，

$$\delta_v [\%] = \frac{V_{max} - V_i}{V_n} \times 100 \tag{1}$$

戦術❷
❷速度変動率 δ_n [%]は，水車の上昇した回転速度を定格回転速度に対する割合(%)で表す．
負荷遮断後の最大回転速度 n_{max} [min^{-1}]，遮断前の回転速度 n_i [min^{-1}]，定格回転速度 n_n [min^{-1}]とすると，

$$\delta_n [\%] = \frac{n_{max} - n_i}{n_n} \times 100 \tag{2}$$

戦術❸
❸水圧変動率 δ_H [%]は，鉄管の水圧上昇した水圧を静落差に対する割合(%)で表す．
図1に示すように水車中心における負荷遮断後の最大水圧 h_{max} [m]，水車中心における水車停止時の静水圧 P_{st} [m]，静落差 H_{st} [m]とすると，

$$\delta_H [\%] = \frac{h_{max} - P_{st}}{H_{st}} \times 100 \tag{3}$$

また，静落差 H_{st} は上水槽水位（z_1）−放水路水位（z_2）であるから，

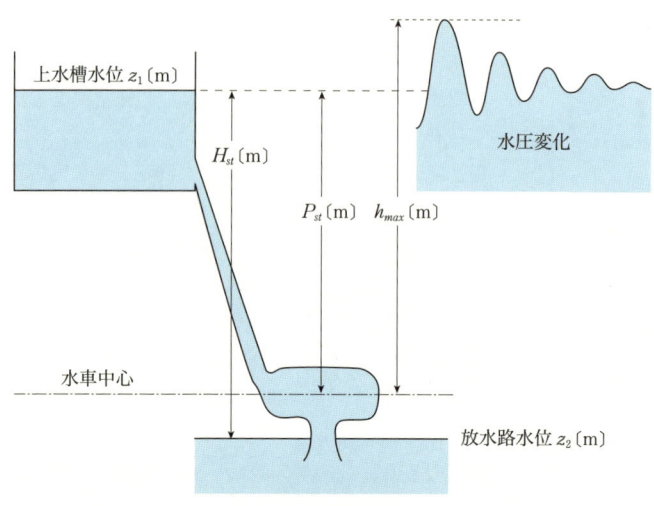

図1　水圧変動率

$$\delta_H \, (\%) = \frac{h_{max} - P_{st}}{z_1 - z_2} \times 100 \qquad (4)$$

❹速度調定率 R〔％〕は，負荷遮断前後の水車回転速度の変化を定格速度に対する割合（％）で表す．

　負荷遮断前後の発電出力と回転速度関係を図2に示す．

　負荷遮断前後の回転速度を n_i〔min^{-1}〕，n_f〔min^{-1}〕，そのときの負荷を P_i〔kW〕，P_f〔kW〕，定格回転速度 n_n〔min^{-1}〕，基準出力時の負荷 P_n〔kW〕とすると，

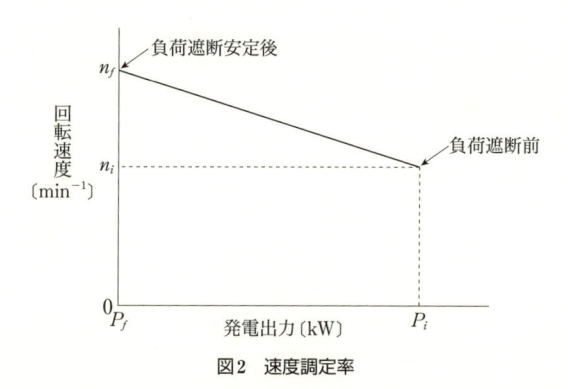

図2　速度調定率

1．発電

$$R(\%) = \frac{\dfrac{n_f - n_i}{n_n}}{\dfrac{P_i - P_f}{P_n}} \times 100 \tag{5}$$

(2)

戦術❺ ❺試験データの表から数値を用いて計算する．

①電圧上昇率 δ_v〔%〕は(1)式から，

$$\delta_v = \frac{V_{max} - V_i}{V_n} \times 100 = \frac{8.7 - 6.7}{6.6} \times 100 \fallingdotseq 30.3 (\%)$$

②速度変動率 δ_n〔%〕は(2)式から，

$$\delta_n = \frac{n_{max} - n_i}{n_n} \times 100 = \frac{900 - 720}{720} \times 100 = 25.0 (\%)$$

③水圧変動率 δ_H〔%〕は(4)式から，

$$\delta_H = \frac{h_{max} - P_{st}}{z_1 - z_2} \times 100 = \frac{210 - 160}{360 - 198} \times 100 \fallingdotseq 30.9 (\%)$$

④速度調定率 R〔%〕は(5)式から，

$$R = \frac{\dfrac{n_f - n_i}{n_n}}{\dfrac{P_i - P_f}{P_n}} \times 100 = \frac{\dfrac{756 - 720}{720}}{\dfrac{10\,000 - 0}{10\,000}} \times 100 = 5.00 (\%)$$

〈答〉

(1) a. 電圧上昇率　　$\delta_v (\%) = \dfrac{V_{max} - V_i}{V_n} \times 100$

　　 b. 速度変動率　　$\delta_n (\%) = \dfrac{n_{max} - n_i}{n_n} \times 100$

　　 c. 水圧変動率　　$\delta_H (\%) = \dfrac{h_{max} - P_{st}}{z_1 - z_2} \times 100$

　　 d. 速度調定率　　$R(\%) = \dfrac{\dfrac{n_f - n_i}{n_n}}{\dfrac{P_i - P_f}{P_n}} \times 100$

(2) a. 電圧上昇率　$\delta_v = 30.3$〔%〕
　　 b. 速度変動率　$\delta_n = 25.0$〔%〕
　　 c. 水圧変動率　$\delta_H = 30.9$〔%〕
　　 d. 速度調定率　$R = 5.00$〔%〕

■問題6

定格周波数50 Hz，定格出力40 000 kW，速度調定率4%の水車発電機G_1と，定格周波数50 Hz，定格出力20 000 kW，速度調定率5%の水車発電機G_2とが50 Hzの電力系統に接続され，両機とも定格出力，定格周波数で並列運転を行っている．その後，負荷の一部が脱落して両発電機の合計出力が46 000 kWに変化し，安定運転を行った．負荷脱落の前後で，両発電機の調速機に調整を加えないものとして，次の問に答えよ．

(1) 負荷脱落前のG_1の回転速度をn_{10}〔$\min^{-1}$〕，負荷脱落後の系統周波数をf〔Hz〕とするとき，負荷脱落後のG_1の回転速度n_{11}〔$\min^{-1}$〕を表す式を示せ．

(2) 負荷脱落後のG_1の出力〔kW〕を求めよ．

(3) 負荷脱落後の系統周波数f〔Hz〕を求めよ．

(電力・管理：平成16年問1)

着眼点 Focus Points

2台の水車発電機が接続する系統で一部負荷脱落が発生した．この場合，水車発電機の回転速度は上昇して系統周波数は高くなる．2台の水車発電機の出力分担は，各水車発電機の速度調定率で決まる．

各水車発電機の速度調定率と一部負荷脱落後の両水車発電機の出力合計の二つの式から，各発電機の分担出力と系統周波数が求まる．

戦術 Tactics

(1) ❶負荷脱落後の水車発電機G_1の回転速度は上昇する．また，系統周波数も上昇することから，比例の関係があることに注目して水車発電機G_1の回転速度を求める．

(2) ❷負荷脱落後の水車発電機の出力は減少するので，問題5(5)式から各水車発電機の速度調定率の式を使用する．

❸設問1で求めた式を使用して，水車発電機の負荷脱落後の回転速度を求める．

❹❷❸より各水車発電機の速度調定率を求める．

❺❹で求めた式を「$(f-50)/50=$」の形に変換する．

❻❺から負荷脱落後の各水車発電機の出力を求める．

(3) ❼水車発電機の速度調定率の式に数値を代入して，負荷脱落後の系統周波数を求める．

解答 Answer

戦術❶

(1)

❶水車発電機G_1の回転速度を求める．

負荷脱落前50 Hzで運転しているときの水車発電機G_1の回転速度をn_{10}〔$\min^{-1}$〕，負荷脱落後の系統周波数がf〔Hz〕となったときの水車発電機G_1の

回転速度 n_{11}〔min^{-1}〕は，系統周波数と水車発電機の回転速度が比例するので，

$$n_{10} : n_{11} = 50 : f$$

$$n_{11} = \frac{f}{50} n_{10} \text{〔min}^{-1}\text{〕} \tag{1}$$

(2)

❷速度調定率の式を求める．

水車発電機 G_1 と G_2 それぞれの定格出力，定格回転速度，速度調定率は P_1〔kW〕，P_2〔kW〕，n_{10}〔min^{-1}〕，n_{20}〔min^{-1}〕，R_1〔%〕，R_2〔%〕で運転している．負荷脱落後の水車発電機 G_1 と G_2 それぞれの出力，回転速度は P_{11}〔kW〕，P_{21}〔kW〕，n_{11}〔min^{-1}〕，n_{21}〔min^{-1}〕に変化した．速度調定率 R_1，R_2 は問題5(5)式より，

$$R_1 = \left(\frac{n_{11} - n_{10}}{n_{10}} \bigg/ \frac{P_1 - P_{11}}{P_1} \right) \times 100 \tag{2}$$

$$R_2 = \left(\frac{n_{21} - n_{20}}{n_{20}} \bigg/ \frac{P_2 - P_{21}}{P_2} \right) \times 100 \tag{3}$$

❸水車発電機の負荷脱落後の回転速度を求める．

ここで，n_{11}，n_{21} は，

$$n_{11} = \frac{f}{50} n_{10} \tag{4}$$

$$n_{21} = \frac{f}{50} n_{20} \tag{5}$$

❹各水車発電機の速度調定率を求める．

(4)式を(2)式へ，(5)式を(3)式へそれぞれ代入すると R_1，R_2 は，

$$R_1 = \left(\frac{f - 50}{50} \bigg/ \frac{P_1 - P_{11}}{P_1} \right) \times 100 \tag{6}$$

$$R_2 = \left(\frac{f - 50}{50} \bigg/ \frac{P_2 - P_{21}}{P_2} \right) \times 100 \tag{7}$$

❺(6)(7)式を，$(f-50)/50 =$ の形に変換する．

$$\frac{f - 50}{50} = \frac{R_1}{100} \cdot \frac{P_1 - P_{11}}{P_1} = \frac{R_2}{100} \cdot \frac{P_2 - P_{21}}{P_2} \tag{8}$$

❻題意により負荷脱落後の水車発電機 G_1，G_2 の出力 P_{11}，P_{21} を求める．

$$P_{11} + P_{21} = 46\,000 \text{〔kW〕} \tag{9}$$

$P_1 = 40\,000$ kW，$P_2 = 20\,000$ kW，$R_1 = 4\%$，$R_2 = 5\%$ を(8)式へ数値を代入すると，

$$\frac{f-50}{50} = \frac{4}{100} \times \frac{40\,000 - P_{11}}{40\,000} = \frac{5}{100} \times \frac{20\,000 - P_{21}}{20\,000}$$

$$4 \times 10^{-2} - P_{11} \times 10^{-6} = 5 \times 10^{-2} - 2.5 P_{21} \times 10^{-6}$$

$$40\,000 - P_{11} = 50\,000 - 2.5 P_{21}$$

$$P_{11} = 2.5 P_{21} - 10\,000 \tag{10}$$

(9)(10)式から負荷脱落後の G_1 の出力 P_{11} 〔kW〕は,

$$2.5 P_{21} - 10\,000 + P_{21} = 46\,000$$

$$P_{21} = \frac{46\,000 + 10\,000}{3.5} = 16\,000 \text{〔kW〕}$$

$$P_{11} = 46\,000 - 16\,000 = 30\,000 \text{〔kW〕}$$

(3)

戦術❼ (6)式に数値を代入して,負荷脱落後の系統周波数 f〔Hz〕を求める.

$$4\text{〔\%〕} = \left(\frac{f-50}{50} \bigg/ \frac{40\,000 - 30\,000}{40\,000} \right) \times 100 = \left(\frac{f-50}{50} \times 4 \right) \times 100$$

$$(f - 50) \times 100 = 50$$

$$f = 50.5 \text{〔Hz〕}$$

〈答〉

(1) $n_{11} = \dfrac{f}{50} n_{10}$ 〔min^{-1}〕

(2) 負荷脱落後の G_1 の出力   30 000 kW

(3) $f = 50.5$ Hz

■問題7

下記の諸元の揚水発電所がある．この揚水発電所の出力〔kW〕，揚水入力〔kW〕，所要貯水量〔m³〕，揚水所要時間〔h〕および揚水発電所総合効率〔%〕を求めよ．ただし，有効落差，揚程，発電使用水量，揚水量は一定とする．

H_O：総落差 350 m
Q_G：発電使用水量 100 m³/s　　　　　Q_P：揚水量 85 m³/s
h_G：発電損失水頭 $0.02H_O$〔m〕　　　h_P：揚水損失水頭 $0.02H_O$〔m〕
$\eta_{TG} = \eta_T \cdot \eta_G$：発電運転時の水車，発電機の総合効率 90%
$\eta_{PM} = \eta_P \cdot \eta_M$：揚水運転時のポンプ，電動機の総合効率 80%
T_G：発電運転時間 6 h

(電力・管理：平成8年問1)

着眼点 Focus Points

揚水発電所の各種計算において，揚水入力は，一般に水をくみ上げるポンプの電動機出力として考えるとわかりやすい．また，所要貯水量は，発電運転時間の単位を時間〔h〕から秒〔s〕へ変換（3 600 s/h）して求める．

揚水発電所の総合効率は，有効落差，全揚程，水車・発電機の総合効率およびポンプ・電動機の総合効率から求める．決して「発電出力／揚水入力」から求めてはいけない．

戦術 Tactics

❶揚水発電所の出力の計算において有効落差は「総落差－発電損失水頭」で求める．
❷揚水発電所の揚水入力の計算において全揚程は「総落差＋揚水損失水頭」で求める．
❸発電使用水量と発電運転時間から所要貯水量を求める．
❹所要貯水量は，❸で求めた所要貯水量と揚水量から所要貯水量を求める．
❺有効落差，全揚程，水車・発電機の総合効率およびポンプ・電動機の総合効率から揚水発電所の総合効率を求める．

解答 Answer

戦術❶

❶揚水発電所の出力 P_G〔kW〕を求める．

有効落差＝総落差 H_O－発電損失水頭 h_G であるから，

$$P_G = 9.8 Q_G (H_O - h_G) \eta_{TG} \tag{1}$$
$$= 9.8 \times 100 \times (350 - 0.02 \times 350) \times 0.9 \fallingdotseq 303\,000 \text{〔kW〕}$$

戦術❷

❷揚水発電所の揚水入力 P_M〔kW〕を求める．

全揚程＝総落差 H_O＋揚水損失水頭 h_P であるから，

$$P_M = \frac{9.8 Q_P (H_O + h_P)}{\eta_{PM}} \tag{2}$$

$$= \frac{9.8 \times 85 \times (350 + 0.02 \times 350)}{0.8} \fallingdotseq 372\,000 \,[\mathrm{kW}]$$

❸ 所要貯水量 $V\,[\mathrm{m}^3]$ を求める.

$$V = Q_G \times 3\,600 T_G \tag{3}$$

$$= 100 \times 3\,600 \times 6 = 2.16 \times 10^6 \,[\mathrm{m}^3]$$

❹ 揚水所要時間 $T_P\,[\mathrm{h}]$ を求める.

$$T_P = \frac{V}{3\,600 Q_P} \tag{4}$$

$$= \frac{2.16 \times 10^6}{3\,600 \times 85} \fallingdotseq 7.06 \,[\mathrm{h}]$$

❺ 揚水発電所の総合効率 $\eta\,[\%]$ を求める.

$$\eta = \frac{H_O - h_G}{H_O + h_P} \eta_{TG} \eta_{PM} \times 100 \tag{5}$$

$$= \frac{350 - 0.02 \times 350}{350 + 0.02 \times 350} \times 0.9 \times 0.8 \times 100 \fallingdotseq 69.2 \,[\%]$$

〈答〉

(1) 揚水発電所の出力　303 000 kW

(2) 揚水発電所の揚水入力　372 000 kW

(3) 所要貯水量　$2.16 \times 10^6 \,[\mathrm{m}^3]$

(4) 揚水所要時間　7.06 h

(5) 揚水発電所の総合効率　69.2%

■問題8

静落差520 m，最大出力250 MWの揚水式発電所がある．この発電所を1日に4時間最大出力で発電運転し，発電に必要な水を6時間で揚水したい．この場合について，次の値を求めよ．

ただし，損失水頭は発電時および揚水時とも20 m，発電運転時は水車と発電機の総合効率が85%，揚水運転時はポンプと電動機の総合効率が83%，力率が0.9とする．

(1) 上部貯水池の有効容量〔m³〕
(2) 発電電動機の皮相入力〔MV·A〕

(電力・管理：平成15年問1)

着眼点 Focus Points

上部貯水池の有効容量は「1日4時間最大出力で発電運転したときの容量＝揚水を6時間運転したときの容量」であることが問題からわかる．

上部貯水池の有効容量が求まれば，揚水入力，発電電動機の皮相入力が求まる．注意することは，発電運転時間の単位を時間〔h〕から秒〔s〕へ変換して上部貯水池の有効容量を求めること．

戦術 Tactics

(1) ❶発電機の最大出力の式から発電時の流量を求める．
❷発電時の流量と1日の発電運転時間から上部貯水池の有効容量を求める．
(2) ❸揚水時の流量を上部貯水池の有効容量と揚水時間から求める．
❹揚水入力を求める．
❺揚水入力と力率から発電電動機の皮相入力を求める．

解答 Answer

(1)

戦術❶ ❶発電機の最大出力の式から発電時の流量を求める．

発電機の最大出力 P_G〔kW〕は，
$$P_G = 9.8 Q_G H_G \eta_G \tag{1}$$

ただし，Q_G：発電時の流量〔m³/s〕
H_G：有効落差（静落差 − 発電時の損失水頭）〔m〕
η_G：発電時の水車と発電機の総合効率

(1)式から発電時の流量 Q_G〔m³/s〕は，

$$Q_G = \frac{P_G}{9.8 H_G \eta_G} \tag{2}$$

$$= \frac{250 \times 10^3}{9.8 \times (520-20) \times 0.85} \fallingdotseq 60.0 \, \text{〔m}^3\text{/s〕}$$

戦術❷ ❷1日の4時間最大出力で運転するので，上部貯水池の有効容量 $V[\text{m}^3]$ を求める．
$$V = Q_G \times 4 \times 3\,600 = 60.0 \times 4 \times 3\,600 = 864\,000\,[\text{m}^3]$$

(2)

戦術❸ ❸揚水時の流量 $Q_P[\text{m}^3/\text{s}]$ を求める．

題意により発電に必要な水は6時間で揚水するので，
$$Q_P = \frac{V}{6 \times 3\,600} = \frac{864\,000}{6 \times 3\,600} = 40\,[\text{m}^3/\text{s}]$$

戦術❹ ❹揚水入力 $P_M[\text{kW}]$ を求める．
$$P_M = \frac{9.8 Q_P H_P}{\eta_P} \tag{3}$$

ただし，Q_M：揚水時の流量 $[\text{m}^3/\text{s}]$
　　　　H_P：全揚程（静落差＋揚水時の損失水頭）$[\text{m}]$
　　　　η_P：揚水時のポンプと電動機の総合効率

$$P_M = \frac{9.8 \times 40 \times (520 + 20)}{0.83} \fallingdotseq 255\,036\,[\text{kW}]$$

戦術❺ ❺発電電動機の皮相入力 $S[\text{MV}\cdot\text{A}]$ を求める．

力率が0.9であるので，
$$S = \frac{P_M}{0.9} = \frac{255\,036}{0.9} = 283\,373\,[\text{kV}\cdot\text{A}] \fallingdotseq 283\,[\text{MV}\cdot\text{A}]$$

〈答〉
(1) 上部貯水池の有効容量　$864\,000\,\text{m}^3$
(2) 発電電動機の皮相入力　$283\,\text{MV}\cdot\text{A}$

2. 変電

■問題1

図のような $P=80$ MW（遅れ力率0.8）の負荷が接続された変電所において，変圧器の二次側にコンデンサ20 Mvarを設置した場合および設置しない場合の二次母線電圧を求めよ．

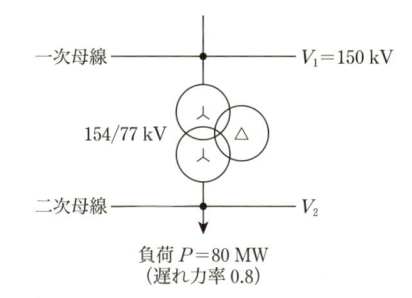

```
                    一次母線 ──────┬────── V₁ = 150 kV
                                   │
                    154/77 kV    （変圧器図）
                                   │
                    二次母線 ──────┴────── V₂
                                   │
                            負荷 P = 80 MW
                            （遅れ力率 0.8）
```

ただし，一次母線電圧は150 kV，容量，％インピーダンスおよび使用タップの変圧器諸元は，次のとおりとする．

- 容量 　　　　　一次 $T_1=100$ MV·A
  　　　　　　　　二次 $T_2=100$ MV·A
  　　　　　　　　三次 $T_3=30$ MV·A
- ％インピーダンス　$X_{12}=16\%$（100 MV·Aベース）
  　　　　　　　　$X_{31}=8\%$（100 MV·Aベース）
  　　　　　　　　$X_{23}=2\%$（30 MV·Aベース）
- 使用タップ　　　一次側 154 kV
  　　　　　　　　二次側 77 kV

（電力・管理：平成9年問1）

着眼点 Focus Points

　三次巻線変圧器の二次母線電圧を求める問題である．
　三次巻線変圧器の一次－二次間，一次－三次間，二次－三次間の％インピーダンスを一次，二次，三次それぞれの％インピーダンスに置き換えるため△－Y変換して，単位法〔p.u.〕で表すと，計算が容易となる．なお，一次－二次間，一次－三次間，二次－三次間の％インピーダンスは，事

前に基準容量に変換しておくこと．

無効電力の符号は，＋：遅れ無効電力，－：進み無効電力である．

戦術 Tactics

❶変圧器の％インピーダンスを基準容量100 MV・Aに換算して，単位法〔p.u.〕で求める．以下，すべて単位法〔p.u.〕で表す．

❷変圧器一次側，二次側，三次側の％インピーダンスを求めるため，△－Y変換する．

❸負荷の有効電力と無効電力を基準容量100 MV・Aに変換する．

❹変圧器二次側に接続するコンデンサの無効電力を基準容量100 MV・Aに変換する．

❺電力用コンデンサを設置しない場合の一次母線から二次母線までの電圧降下を求める．

❻❺を使って二次母線の電圧を求める．

❼電力用コンデンサを設置した場合の一次母線から二次母線までの電圧降下を求める．

❽❼を使って二次母線の電圧を求める．

解答 Answer

戦術❶

❶変圧器の％インピーダンスを基準容量100 MV・Aに換算して単位法〔p.u.〕で求める．

X_{12}，X_{13}，X_{23}は，

$$X \text{〔p.u.〕} = \frac{\text{基準容量〔MV・A〕}}{\text{設備容量〔MV・A〕}} \cdot \frac{\%X\text{〔％〕}}{100} \tag{1}$$

$$X_{12} = \frac{100}{100} \times \frac{16}{100} = 0.16 \text{〔p.u.〕}$$

$$X_{13} = \frac{100}{100} \times \frac{8}{100} = 0.08 \text{〔p.u.〕}$$

$$X_{23} = \frac{100}{30} \times \frac{2}{100} ≒ 0.067 \text{〔p.u.〕}$$

戦術❷

❷変圧器一次側，二次側，三次側の％インピーダンスを求める．

変圧器一次，二次，三次のインピーダンスをX_1，X_2，X_3として△－Y変換すると，関係式は，

$$X_{12} = X_1 + X_2 \tag{2}$$

$$X_{13} = X_1 + X_3 \tag{3}$$

$$X_{23} = X_2 + X_3 \tag{4}$$

(2)(3)(4)式より，X_1，X_2，X_3は，

$$X_1 = \frac{X_{12} + X_{13} - X_{23}}{2} \tag{5}$$

$$= \frac{0.16 + 0.08 - 0.067}{2} = 0.0865 \text{[p.u.]}$$

$$X_2 = \frac{X_{12} + X_{23} - X_{13}}{2} \tag{6}$$

$$= \frac{0.16 + 0.067 - 0.08}{2} = 0.0735 \text{[p.u.]}$$

$$X_3 = \frac{X_{23} + X_{13} - X_{12}}{2} \tag{7}$$

$$= \frac{0.067 + 0.08 - 0.16}{2} = -0.0065 \text{[p.u.]}$$

戦術❸ ❸負荷の有効電力 P，無効電力 Q を基準容量 100 MV・A に変換する．
負荷の力率 $\cos\theta$（遅れ）とし，

$$P = \frac{80}{100} = 0.8 \text{[p.u.]}$$

$$Q = \frac{P}{\cos\theta}\sqrt{1-\cos^2\theta} \tag{8}$$

$$= \frac{0.8}{0.8}\sqrt{1-0.8^2} = 0.6 \text{[p.u.]}$$

戦術❹ ❹変圧器二次側に接続するコンデンサの無効電力 Q_C を基準容量 100 MV・A に変換する．

$$Q_C = \frac{-20}{100} = -0.2 \text{[p.u.]}$$

戦術❺ ❺電力用コンデンサを設置しない場合の一次母線から二次母線までの電圧降下 ΔV〔p.u.〕を求める．
等価回路と無効電力の流れを図1に示す．

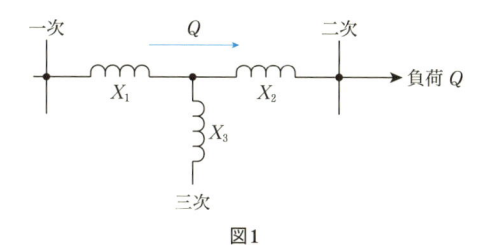

図1

$$\Delta V = (X_1 + X_2)Q \tag{9}$$

$$= (0.0865 + 0.0735) \times 0.6 = 0.096 \text{[p.u.]}$$

戦術❻

❻二次母線の電圧 V_2〔kV〕を求める．

$$V_2 = 一次母線電圧 \times \frac{二次側使用タップ}{一次側使用タップ} - 77 \times \Delta V \tag{10}$$

$$= 150 \times \frac{77}{154} - 77 \times 0.096 ≒ 67.6 〔\text{kV}〕$$

戦術❼

❼電力用コンデンサを設置する場合の一次母線から二次母線までの電圧降下 ΔV〔p.u.〕を求める．

等価回路と無効電力の流れを図2に示す．

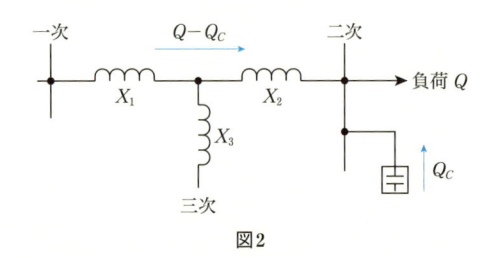

図2

$$\Delta V = (X_1 + X_2)(Q - Q_C) \tag{11}$$

$$= (0.0865 + 0.0735) \times (0.6 - 0.2) = 0.064 〔\text{p.u.}〕$$

戦術❽

❽(10)式より二次母線の電圧 V_2〔kV〕を求める．

$$V_2 = 150 \times \frac{77}{154} - 77 \times 0.064 ≒ 70.1 〔\text{kV}〕$$

〈答〉

電力用コンデンサを設置しない場合　67.6 kV

電力用コンデンサを設置する場合　70.1 kV

■問題2

A，B 2個の単相変圧器が無負荷で並列に接続された場合，この間の循環電流を求めよ．ただし，両変圧器の変圧比および二次側換算値の抵抗およびリアクタンスは，次のとおりとする．

　A変圧器：変圧比 N_a，抵抗 R_a，リアクタンス X_a
　B変圧器：変圧比 N_b，抵抗 R_b，リアクタンス X_b

（発変電：昭和41年問1）

着眼点 Focus Points

　2台の単相変圧器を並行運転する場合，変圧器の二次側誘導起電力に電圧差があれば変圧器間に循環電流が流れる．

　循環電流は「二次側起電力の電圧差／変圧器2台のインピーダンスの和」から求め，循環電流が流れないようにするには，変圧器の変圧比が同一であればよい．

　なお，変圧器の変圧比は「一次電圧／二次電圧」で表す．

戦術 Tactics

❶A変圧器，B変圧器の二次側電圧を変圧比から求める．
❷A，B変圧器の間に流れる循環電流を求める．

解答 Answer

A，B変圧器の2台で並行運転した場合の等価回路を図に示す．

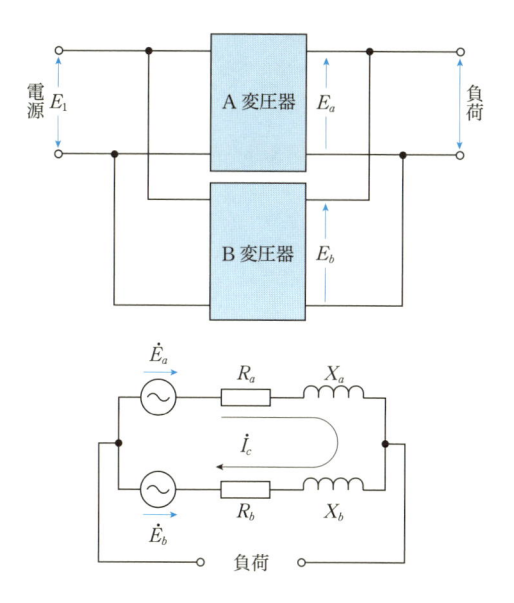

戦術 ❶

❶ A，B変圧器の二次側電圧を変圧比から求める．

一次側電圧 E_1，A，B変圧器それぞれの変圧比を N_a，N_b とすると，二次側電圧 $\dot{E}_a$，$\dot{E}_b$ は，

$$\dot{E}_a = \frac{E_1}{N_a} \tag{1}$$

$$\dot{E}_b = \frac{E_1}{N_b} \tag{2}$$

戦術 ❷

❷ A，B変圧器の間に流れる循環電流 $\dot{I}_c$ を求める．

A，B変圧器それぞれ二次側換算の抵抗およびリアクタンスを R_a，X_a，R_b，X_b とすると，

$$\dot{I}_c = \frac{\dot{E}_a - \dot{E}_b}{\dot{Z}_a + \dot{Z}_b} = \frac{\dot{E}_a - \dot{E}_b}{R_a + jX_a + R_b + jX_b} \tag{3}$$

(1)(2)式を(3)式に代入すると，

$$\dot{I}_c = \frac{\dfrac{E_1}{N_a} - \dfrac{E_1}{N_b}}{R_a + R_b + j(X_a + X_b)}$$

循環電流 $\dot{I}_c$ の大きさ $|\dot{I}_c|$ は，

$$|\dot{I}_c| = \frac{\dfrac{E_1}{N_a} - \dfrac{E_1}{N_b}}{\sqrt{(R_a + R_b)^2 + (X_a + X_b)^2}} = \frac{E_1(N_b - N_a)}{N_a N_b \sqrt{(R_a + R_b)^2 + (X_a + X_b)^2}}$$

〈答〉

循環電流　$|\dot{I}_c| = \dfrac{E_1(N_b - N_a)}{N_a N_b \sqrt{(R_a + R_b)^2 + (X_a + X_b)^2}}$

■問題3

表のような定格を有するA, B 2台の三相変圧器を並行運転して, 三相負荷に電力を供給している. 変圧器の一次側に60 kVの電圧を加えた場合, 次の問に答えよ. ただし, 負荷は, 供給電圧が

	A変圧器	B変圧器
容量〔kV·A〕	6 000	6 000
電圧〔kV〕	61/6.9	63/6.9
%インピーダンス	7.5	12.0
結線	Y−Y	Y−Y

6.6 kVのとき消費電力が6 000 kWの抵抗負荷とし, また, 変圧器励磁電流および巻線の抵抗は, 無視するものとする.

(1) 変圧器に流れる循環電流はいくらか.
(2) A変圧器の二次側の断路器を開放して, 負荷をB変圧器のみにもたせた場合, 開放した断路器の極間電圧はいくらか.

(発変電：昭和48年問1)

着眼点 Focus Points

2台の三相変圧器および抵抗負荷の定数単位を〔Ω〕にそろえて計算する. 三相変圧器のリアクタンスは, %インピーダンスからオーム値へ変換し, 抵抗負荷の抵抗値は, 消費電力から求める.

変圧器間に流れる循環電流計算において, 各変圧器の二次側誘導起電力は, 相電圧であるので線間電圧と勘違いしないこと. また, 無負荷変圧器の二次端子電圧は, 二次側誘導起電力（相電圧）となる.

戦術 Tactics

(1) ❶A, B変圧器それぞれの%インピーダンスをオーム値へ変換する.
❷A, B変圧器それぞれの二次側誘導起電力（相電圧）を求める.
❸A, B変圧器の間に流れる循環電流を求める.
(2) ❹抵抗負荷の1相当たりの抵抗は, 負荷の消費電力から求める.
❺抵抗負荷の抵抗値とB変圧器のリアクタンスから, B変圧器の二次側端子電圧を求める.
❻A変圧器は無負荷なので, 内部誘導起電力が二次側端子電圧となる.
❼開放した断路器の極間電圧は, A変圧器とB変圧器との二次側端子電圧の差から求める.

解答 Answer

(1)
戦術❶ ❶A, B変圧器それぞれの%インピーダンスをオーム値へ変換する.

$$X〔Ω〕 = \frac{\%X〔\%〕}{100} \times \frac{(電圧〔V〕)^2}{設備容量〔V·A〕} \tag{1}$$

A，B変圧器リアクタンスのオーム値X_A〔Ω〕，X_B〔Ω〕は，

$$X_A = \frac{7.5}{100} \times \frac{6\,900^2}{6\,000 \times 10^3} \fallingdotseq 0.595 \text{〔Ω〕}$$

$$X_B = \frac{12}{100} \times \frac{6\,900^2}{6\,000 \times 10^3} \fallingdotseq 0.952 \text{〔Ω〕}$$

❷ A，B変圧器それぞれの二次側誘導起電力（相電圧）E_A〔kV〕，E_B〔kV〕を求める．

$$E_A = \frac{60}{\sqrt{3}} \times \frac{6.9}{61} \fallingdotseq 3.918 \text{〔kV〕}$$

$$E_B = \frac{60}{\sqrt{3}} \times \frac{6.9}{63} \fallingdotseq 3.794 \text{〔kV〕}$$

❸ A，B変圧器の間に流れる循環電流I_C〔A〕を求める．

$$I_C = \frac{E_A - E_B}{X_A + X_B} \tag{2}$$

$$= \frac{(3.918 - 3.794) \times 10^3}{0.595 + 0.952} \fallingdotseq 80.2 \text{〔A〕}$$

(2)

A変圧器の二次側断路器を開放した場合の一相分の等価回路を図に示す．

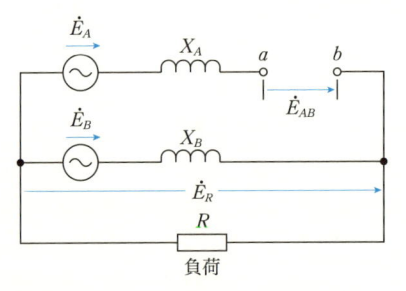

❹ 負荷の消費電力から抵抗負荷の1相当たりの抵抗R〔Ω〕を求める．

抵抗負荷の消費電力P〔W〕，線間電圧V〔V〕とすると，

$$R = \frac{\left(\frac{V}{\sqrt{3}}\right)^2}{\frac{P}{3}} = \frac{V^2}{P} \tag{3}$$

$$= \frac{6\,600^2}{6\,000 \times 10^3} = 7.26 \text{〔Ω〕}$$

❺ B変圧器の二次側端子電圧 $\dot{E}_R$ 〔kV〕を求める.

$$\dot{E}_R = \frac{E_B}{R + jX_B} R \qquad (4)$$

$$= \frac{3.794}{7.26 + j0.952} \times 7.26$$

$$= 3.794 \times 7.26 \times \left(\frac{7.26}{7.26^2 + 0.952^2} - j\frac{0.952}{7.26^2 + 0.952^2} \right)$$

$$\fallingdotseq 3.73 - j0.489 \text{〔kV〕}$$

❻ A変圧器は無負荷なので内部誘導起電力 $\dot{E}_A$ 〔kV〕は,二次側端子電圧となる.

❼ 開放した断路器の極間電圧 $\dot{E}_{AB}$ 〔kV〕を,二次側端子電圧の差から求める.

$$\dot{E}_{AB} = \dot{E}_A - \dot{E}_R \qquad (5)$$

$$= 3.918 - (3.73 - j0.489) = 0.188 + j0.489 \text{〔kV〕}$$

極間電圧 $\dot{E}_{AB}$ の大きさ $|\dot{E}_{AB}|$ は,

$$|\dot{E}_{AB}| = \sqrt{0.188^2 + 0.489^2} \fallingdotseq 0.524 \text{〔kV〕} = 524 \text{〔V〕}$$

〈答〉

(1) 80.2 A

(2) 524 V

■問題4

次の諸元をもつ三相変圧器について，短絡法（二次側短絡）により温度上昇試験を行った．放熱器9本を使用し，二次側短絡電流3 kAを流したところ温度上昇値は39.0 Kであった．放熱器10本を使用した全負荷時の実負荷試験では，温度上昇値〔K〕はいくらとなるか．ただし，温度上昇は損失に比例するものとし，放熱器以外からの放熱および短絡法により温度上昇試験を行ったときの鉄損は無視できるものとする．

［変圧器の諸元］
定格一次電圧77 kV，定格二次電圧6.6 kV，定格容量30 MV·A，全放熱器台数10本，全負荷時の銅損124 kW，鉄損34 kW

（電力・管理：平成10年問5）

着眼点 Focus Points

変圧器の短絡法による温度上昇試験の問題である．変圧器の温度上昇は，変圧器の損失に比例するので，放熱器1本当たりの分担する損失を算出後，放熱器10本で行ったときの温度上昇値を求める．

短絡法による温度上昇試験による銅損は「変圧器全負荷時の銅損×負荷率の2乗」で求まる．なお，負荷率は「二次側短絡電流／二次側定格電流」から算出する．

戦術 Tactics

❶変圧器全負荷時の全損失を全負荷時の銅損と鉄損から求める．
❷定格容量から変圧器二次側の定格電流を求める．
❸二次側短絡電流を流したときの変圧器に生じる銅損を求める．
❹変圧器の短絡法による温度上昇試験は，放熱器を9本使用したので，放熱器1本当たりの分担する損失を求める．
❺変圧器の全負荷時は，放熱器を10本使用したので，放熱器1本当たりの分担する損失を求める．
❻❹❺より，変圧器の短絡法による温度上昇試験を，放熱器10本で行ったときの温度上昇値を求める．

解答 Answer

戦術❶ ❶変圧器の全負荷時の全損失 P_o〔kW〕は，全負荷時の銅損 P_C と鉄損 P_i から求める．

$$P_o = P_C + P_i \tag{1}$$
$$= 124 + 34 = 158 \text{〔kW〕}$$

戦術❷ ❷定格容量から変圧器二次側の定格電流を求める．

変圧器の定格容量 P_n〔V·A〕，二次側の定格電圧 V_n〔V〕とすると，二次側の定格電流 I_n〔A〕は，

$$I_n = \frac{P_n}{\sqrt{3}V_n} \tag{2}$$

$$= \frac{30 \times 10^6}{\sqrt{3} \times 6.6 \times 10^3} \fallingdotseq 2\,624.32 \,(\text{A})$$

戦術❸ ❸二次側短絡電流I_K〔A〕を流したときの変圧器に生じる銅損P_C'〔kW〕を求める．

$$P_C' = P_C \left(\frac{I_K}{I_n}\right)^2 \tag{3}$$

$$= 124 \times \left(\frac{3\,000}{2\,624.32}\right)^2 \fallingdotseq 162 \,(\text{kW})$$

戦術❹ ❹変圧器の短絡法による温度上昇試験は，放熱器を9本使用したので，放熱器1本当たりの分担する損失P_1〔kW〕を求める．

$$P_1 = \frac{P_C'}{9} = \frac{162}{9} = 18 \,(\text{kW})$$

戦術❺ ❺変圧器の全負荷時は，放熱器を10本使用したので，放熱器1本当たりの分担する損失P_2〔kW〕を求める．

$$P_2 = \frac{P_o}{10} = \frac{158}{10} = 15.8 \,(\text{kW})$$

戦術❻ ❻変圧器の短絡法による温度上昇試験を，放熱器10本で行ったときの温度上昇値$\varDelta T$〔K〕を求める．

温度上昇が損失に比例するから，

$$\varDelta T = T \frac{P_2}{P_1} \tag{4}$$

$$= 39.0 \times \frac{15.8}{18} \fallingdotseq 34.2 \,(\text{K})$$

〈答〉
34.2 K

■問題5

図のような変電所の77 kV側母線に接続された30 Mvarの電力用コンデンサを開閉したときの，154 kVおよび77 kV母線のそれぞれにおける基準電圧に対する電圧変化率〔%〕を求めよ．ただし，図のZは，それぞれの部分における%インピーダンスを表すものとする．

(発変電：昭和49年問1)

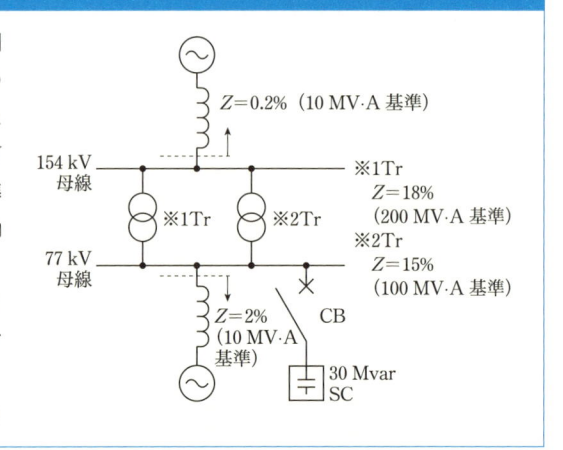

```
        ～
        │
        Z=0.2% (10 MV·A 基準)
        │
154 kV ─┴──────────────────
母線    │                   │
        ※1Tr    ※2Tr      ※1Tr
                           Z=18%
                           (200 MV·A 基準)
77 kV  ─┬──────────────────
母線    │              │   ※2Tr
        Z=2%          ╳    Z=15%
        (10 MV·A      CB   (100 MV·A 基準)
        基準)          │
        │            ─┴─ 30 Mvar
        ～               SC
```

着眼点 Focus Points

上位系統，変圧器の%インピーダンスは，基準容量に換算して求める．電力用コンデンサの容量を基準容量に換算して，単位法〔p.u.〕で表しておくと，後の計算が楽になる．

電力用コンデンサを開閉したときの77 kV母線の電圧変化率の計算において，77 kV母線から電源側を見た合成%インピーダンスを求めておくこと．また，154 kV母線の電圧変化率の計算では，電力用コンデンサの154 kV母線に流れる分流分を求めておく．

戦術 Tactics

❶ 1Tr，2Trの%インピーダンスを基準容量10 MV·Aに換算する．
❷ 電力用コンデンサ容量を基準容量10 MV·Aに換算して単位法〔p.u.〕で求める．
❸ 77 kV母線から見た合成インピーダンスを求める．
❹ 77 kV母線で電力用コンデンサを開閉したときの77 kV母線の電圧変化率を求める．
❺ 77 kV母線で電力用コンデンサを開閉したときの154 kV母線に流れる分流分を求める．
❻ 154 kV母線の電圧変化率を求める．

解答 Answer

❶ 1Tr，2Trの%インピーダンスを基準容量10 MV·Aに換算する．
Z_1，Z_2は，

戦術 ❶

$$Z(\%) = \frac{\text{基準容量}(MV \cdot A)}{\text{設備容量}(MV \cdot A)} \times \%Z \qquad (1)$$

(1)式より，

$$Z_1 = \frac{10}{200} \times 18 = 0.9 \, (\%)$$

$$Z_2 = \frac{10}{100} \times 15 = 1.5 \, (\%)$$

戦術 ❷

❷電力用コンデンサ容量を基準容量 10 MV·A に換算して単位法で求める．
$Q(\text{p.u.})$ は，

$$Q(\text{p.u.}) = \frac{\text{電力コンデンサ容量}(Mvar)}{\text{基準容量}(MV \cdot A)} \qquad (2)$$

$$= \frac{30}{10} = 3.0 \, (\text{p.u.})$$

77 kV 母線から見た合成インピーダンスを図1に示す．

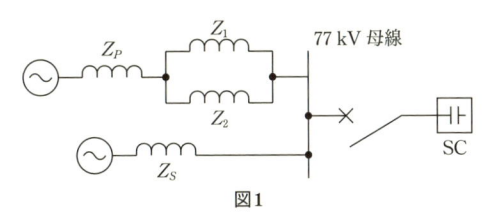

図1

戦術 ❸

❸77 kV 母線から電源側を見た合成インピーダンス $Z_0(\%)$ を求める．

　図1より，154 kV 母線に接続する上位系の%インピーダンスを Z_P，77 kV 母線に接続する発電機系統の%インピーダンスを Z_S とすると，

$$Z_0 = \frac{\left(Z_P + \dfrac{Z_1 Z_2}{Z_1 + Z_2}\right) Z_S}{\left(Z_P + \dfrac{Z_1 Z_2}{Z_1 + Z_2}\right) + Z_S} \qquad (3)$$

$$= \frac{\left(0.2 + \dfrac{0.9 \times 1.5}{0.9 + 1.5}\right) \times 2}{\left(0.2 + \dfrac{0.9 \times 1.5}{0.9 + 1.5}\right) + 2} = \frac{0.7625 \times 2}{0.7625 + 2} \fallingdotseq 0.5520 \, (\%)$$

戦術 ❹

❹77 kV 母線で電力用コンデンサを開閉したときの 77 kV 母線の電圧変化率 $\Delta V_{77}(\%)$ を求める．

$$\Delta V_{77}(\%) = Z_0(\%) Q(\text{p.u.}) \qquad (4)$$

$$= 0.5520 \times 3.0 \fallingdotseq 1.66 \, (\%)$$

77 kV 母線で電力用コンデンサを開閉したときの 154 kV 母線に流れる分

流分を図2に示す．

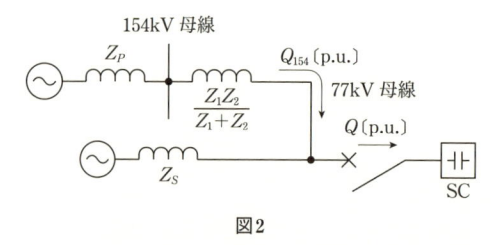

図2

❺ 電力用コンデンサを開閉したときの154 kV母線に流れる分流分 Q_{154}〔p.u.〕を求める．

$$Q_{154} = \frac{Z_S}{\left(Z_P + \dfrac{Z_1 Z_2}{Z_1 + Z_2}\right) + Z_S} Q \tag{5}$$

$$= \frac{2}{0.7625 + 2} \times 3 \fallingdotseq 2.172 \text{〔p.u.〕}$$

❻ 154 kV母線の電圧変化率 ΔV_{154}〔%〕を求める．

$$\Delta V_{154}\text{〔\%〕} = Z_P\text{〔\%〕} Q_{154}\text{〔p.u.〕} \tag{6}$$

$$= 0.2 \times 2.172 \fallingdotseq 0.434 \text{〔\%〕}$$

〈答〉

77 kV母線の電圧変化率　1.66%

154 kV母線の電圧変化率　0.434%

■問題6

図において，発電機を系統に併入したとき，電圧の大きさは等しかったが，発電機側の電圧位相が系統側より30°遅れていたため，瞬間的に横流が流れた．この大きさは，定格電流の何倍であるか．ただし，各部のリアクタンスは下表のとおりとし，その他のインピーダンスは無視するものとする．

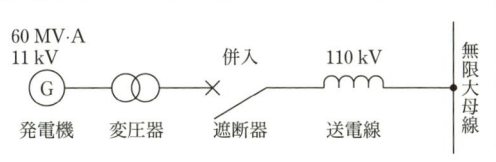

	発電機	変圧器	送電線
定格容量〔kV·A〕	60 000	60 000	—
定格電圧〔kV〕	11	一次：11 二次：110	110
%リアクタンス〔%〕	20（過渡） (60 MV·Aベース)	10 (60 MV·Aベース)	4 (100 MV·Aベース)

（発変電：昭和56年問2）

着眼点 Focus Points

問題では，横流が定格電流の何倍かを求めているので，単位法〔p.u.〕で計算するとよい．

発電機電圧と系統側電圧の大きさは同じであっても，発電機電圧と系統側電圧との間に電圧位相があれば瞬間的に電流が系統側から発電機へ流れる．これを横流という．

横流を求めるにあたり，発電機電圧，系統側電圧，送電線や変圧器などの%インピーダンスを単位法〔p.u.〕に事前に変換しておく．

戦術 Tactics

❶送電線の%リアクタンスを基準容量60 MV·Aに換算する．
❷系統側電圧と発電機側の電圧との間に電圧位相が30°あることから関係式を立てる．
❸発電機を系統に併入したときの横流を求める．

解答 Answer

戦術❶ ❶送電線の%リアクタンスを基準容量60 MV·Aに換算する．
X_L〔%〕は，

$$X_L[\%] = \frac{基準容量〔MV·A〕}{設備容量〔MV·A〕} \times \%X \qquad (1)$$

(1)式より，

$$X_L = \frac{60}{100} \times 4 = 2.4\,(\%)$$

❷ 系統側の電圧$\dot{E}$〔V〕と発電機側の電圧$\dot{E}_G$〔V〕の関係式を求める．

題意により電圧の大きさは等しく，発電機側の電圧位相が30°遅れているから，関係式は，

$$\dot{E} = E\,(\text{V}) \tag{2}$$

$$\dot{E}_G = Ee^{-j30°}\,(\text{V}) \tag{3}$$

送電線，変圧器，発電機の%リアクタンスをX_L〔%〕，X_T〔%〕，X_G〔%〕とすると発電機を系統に併入したときの横流$\dot{I}$は，図に示すように流れる．

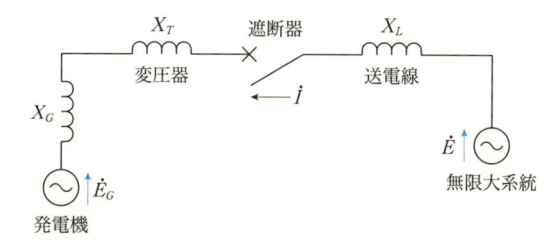

❸ 発電機を系統に併入したときの横流$\dot{I}$〔p.u.〕を求める．

$$\dot{I} = \frac{\dot{E} - \dot{E}_G}{j\dfrac{X_L + X_T + X_G}{100}} = \frac{E - Ee^{-j30°}}{j\dfrac{X_L + X_T + X_G}{100}} \tag{4}$$

ここで，電圧の大きさ$E = 1.0$〔p.u.〕とすると，

$$\dot{I} = \frac{1 \times (1 - e^{-j30°})}{j\dfrac{2.4 + 10 + 20}{100}} = \frac{100 \times (1 - e^{-j30°})}{j32.4}$$

$$= \frac{100 \times \{1 - (\cos 30° - j\sin 30°)\}}{j32.4} = \frac{100 \times \left(\dfrac{2 - \sqrt{3}}{2} + j\dfrac{1}{2}\right)}{j32.4}$$

$$\fallingdotseq 1.543 - j0.4135\,(\text{p.u.})$$

横流$\dot{I}$の大きさ$|\dot{I}|$は，

$$|\dot{I}| = \sqrt{1.543^2 + 0.4135^2} \fallingdotseq 1.6\,(\text{p.u.})$$

∴ 横流の大きさは定格電流の1.6倍となる．

〈答〉
1.6倍

■問題7

図のような，33 kV 配電線の引出し口の遮断器設置点から電源側を見た短絡容量〔MV·A〕を求めよ．

ただし，変圧器の容量および％リアクタンス値は，下表に示すとおりであり，抵抗分は無視するものとする．また，154 kV 母線からは154 kV 系統側を見た短絡容量は10 000 MV·A，77 kV 母線から77 kV 系統側を見た短絡容量は3 000 MV·A である．なお，計算では基準容量を100 MV·A とせよ．

短絡容量 P_s とは，電力系統における三相短絡故障時に故障点に流入する仮想的な電力で，

$$P_s = \sqrt{3} \times V(定格線間電圧) \times I(短絡電流)$$

である．

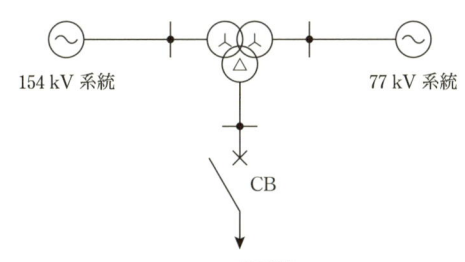

	容量〔MV·A〕	％リアクタンス〔％〕
一～二次間	100	12.0
二～三次間	30	4.0
三～一次間	30	10.0

（注）表中％リアクタンス値は，それぞれ変圧器の自己容量基準である．

（電力・管理：平成10年問3）

着眼点 Focus Points

三次巻線変圧器の一次－二次間，一次－三次間，二次－三次間の％インピーダンスを一次，二次，三次それぞれの％インピーダンスに置き換えるため△－Y変換する．なお，一次－二次間，一次－三次間，二次－三次間の％インピーダンスは事前に基準容量に変換しておくこと．

154 kV 母線から電源系統の％リアクタンスは「（基準容量／電源系統の短絡容量）×100」で求まる．

33 kV配電線引出し口の遮断器設置点から電源側を見た短絡容量とは，三相短絡故障時の三相短絡容量のことで，短絡容量＝「$\sqrt{3}$×定格線間電圧×三相短絡電流」で表す．なお，遮断器の遮断容量は，三相短絡容量よりも大きい値を採用する．

戦術 Tactics

❶変圧器の％リアクタンスを基準容量100 MV·Aに換算する．
❷変圧器一次側，二次側，三次側の％リアクタンスを求めるため，△－Y変換する．
❸154 kV母線から154 kV電源系統を見た短絡容量と77 kV母線から77 kV電源系統を見た短絡容量を，それぞれ基準容量100 MV·Aに変換する．
❹33 kV配電線引出し口から電源側を見た合成％リアクタンスを求める．
❺33 kV配電線引出し口の遮断器設置点から電源側を見た短絡容量を求める．

解答 Answer

戦術❶

❶変圧器の％リアクタンスを基準容量100 MV·Aに換算する．
　X_{12}〔％〕，X_{31}〔％〕，X_{23}〔％〕は，

$$X〔％〕=\frac{基準容量〔MV·A〕}{設備容量〔MV·A〕}×\%X \tag{1}$$

(1)式より，

$$X_{12}=12.0〔％〕$$

$$X_{23}=\frac{100}{30}×4≒13.333〔％〕$$

$$X_{31}=\frac{100}{30}×10≒33.333〔％〕$$

戦術❷

❷変圧器一次，二次，三次の％リアクタンスをX_1〔％〕，X_2〔％〕，X_3〔％〕として△－Y変換する．
　関係式は，

$$X_{12}=X_1+X_2 \tag{2}$$

$$X_{23}=X_2+X_3 \tag{3}$$

$$X_{31}=X_3+X_1 \tag{4}$$

(2)(3)(4)式より，X_1，X_2，X_3は，

$$X_1=\frac{X_{12}+X_{31}-X_{23}}{2} \tag{5}$$

$$=\frac{12.0+33.333-13.333}{2}=16.0〔％〕$$

$$X_2 = \frac{X_{12} + X_{23} - X_{31}}{2} \tag{6}$$

$$= \frac{12.0 + 13.333 - 33.333}{2} = -4.0 \text{ [\%]}$$

$$X_3 = \frac{X_{23} + X_{31} - X_{12}}{2} \tag{7}$$

$$= \frac{13.333 + 33.333 - 12.0}{2} = 17.333 \text{ [\%]}$$

戦術 ❸ ❸154 kV 母線から上位系統側を見た短絡容量（リアクタンス X_{154}），77 kV 母線から上位系統側を見た短絡容量（リアクタンス X_{77}）を，基準容量 100 MV·A に変換する．

$$X \text{ [\%]} = \frac{\text{基準容量 [MV·A]}}{\text{上位系統側を見た短絡容量 [MV·A]}} \times 100 \tag{8}$$

(8)式より，

$$X_{154} = \frac{100}{10\,000} \times 100 = 1.0 \text{ [\%]}$$

$$X_{77} = \frac{100}{3\,000} \times 100 = 3.333 \text{ [\%]}$$

33 kV 配電線引出し口の遮断器から電源側を見た等価回路を図に示す．

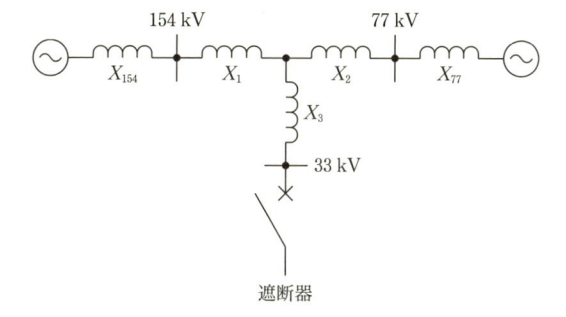

154 kV　　77 kV
X_{154}　X_1　X_2　X_{77}
X_3
33 kV
遮断器

戦術 ❹ ❹遮断器から電源側を見た合成％リアクタンス X [%] を求める．

$$X = X_3 + \frac{(X_{154} + X_1)(X_{77} + X_2)}{(X_{154} + X_1) + (X_{77} + X_2)} \tag{9}$$

$$= 17.333 + \frac{(1.0 + 16.0)(3.333 - 4.0)}{(1.0 + 16.0) + (3.333 - 4.0)} \fallingdotseq 16.639 \text{ [\%]}$$

戦術 ❺ ❺33 kV 配電線引出し口の遮断器設置点から電源側を見た短絡容量 P_s [MV·A] を求める．

$$P_s = \frac{100}{X(\%)} \times 基準容量 \text{[MV·A]} \quad \text{(10)}$$
$$= \frac{100}{16.639} \times 100 \fallingdotseq 601 \text{[MV·A]}$$

〈答〉
601 MV·A

■問題8

図に示すような3台の発電機 G_1, G_2 および G_3 で構成された電力系統がある．図中のS点で三相短絡が発生した場合，S点に流れる故障電流は，何アンペアとなるか．また，遮断器(c)の遮断容量は，何キロボルトアンペア以上が必要か．ただし，母線電圧は220 kVで，図に示す各部の％インピーダンスは，すべて10 MV・A基準に換算したものである．なお，各インピーダンスとも，抵抗分とリアクタンスの比は等しいものとする．

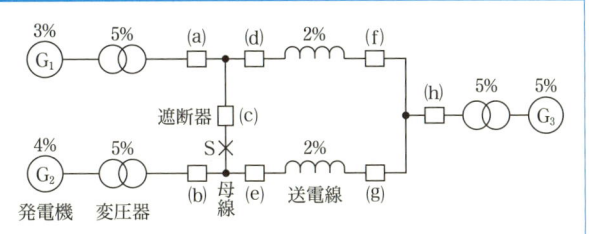

(発変電：昭和54年問1)

着眼点 Focus Points

発電機，変圧器，送電線の％インピーダンスは，すべて基準容量に換算したものであるので，問題の値をそのまま使用して各発電機からS点に流れる三相短絡電流を求める．

G_3 発電機からS点に流れる三相短絡電流は，2回線の送電線を経由しているので，遮断器(c)に流れる三相短絡電流は1/2となる．

参考に，基準容量は「$\sqrt{3}$×定格電圧×定格電流」，短絡容量は「$\sqrt{3}$×定格電圧×三相短絡電流」で表す．

戦術 Tactics

❶各発電機からS点に流れるそれぞれの故障電流（三相短絡電流）を求める．
❷基準容量に対する定格電流は，基準容量の定格電圧から求める．
❸S点に流れる故障電流を求める．
❹❶で求めた故障電流より，遮断器(c)に流れる故障電流を求める．
❺遮断器(c)の遮断容量を求める．

解答 Answer

戦術❶

❶発電機 G_1, G_2, G_3 からS点に流れるそれぞれの故障電流 I_{S1} [A], I_{S2} [A], I_{S3} [A] を求める．

基準容量10 MV・Aに対する定格電流を I_n [A] とすると，

$$\text{故障電流[A]} = \frac{100}{\%X} \times I_n \text{[A]} \tag{1}$$

(1)式より，

$$I_{S1} = \frac{100}{3+5} \times I_n = 12.5 I_n \text{ (A)}$$

$$I_{S2} = \frac{100}{4+5} \times I_n \fallingdotseq 11.11 I_n \text{ (A)}$$

$$I_{S3} = \frac{100}{5+5+1} \times I_n \fallingdotseq 9.09 I_n \text{ (A)}$$

❷基準容量 $P_n = 10\,\text{MV} \cdot \text{A}$ に対する定格電流 I_n 〔A〕を求める.
母線電圧 V_n 〔V〕とすると,

$$I_n = \frac{P_n}{\sqrt{3} V_n} \tag{2}$$

$$= \frac{10 \times 10^6}{\sqrt{3} \times 220 \times 10^3} \fallingdotseq 26.24 \text{ (A)}$$

❸S点に流れる故障電流 I_S 〔A〕を求める.

$$I_S = I_{S1} + I_{S2} + I_{S3} = 12.5 I_n + 11.11 I_n + 9.09 I_n = 32.71 I_n$$
$$= 32.71 \times 26.24 \fallingdotseq 858 \text{ (A)}$$

❹遮断器(c)に流れる故障電流 I_C 〔A〕を求める.

$$I_C = I_{S1} + \frac{I_{S3}}{2} = 12.5 I_n + \frac{9.09 I_n}{2} = 17.045 I_n \text{ (A)}$$

❺遮断器(c)の遮断容量 P_C 〔kV·A〕を求める.

$$P_C = \sqrt{3} V_n I_C = \sqrt{3} V_n \times 17.045 I_n$$

ここで, 基準容量 $P_n = \sqrt{3} V_n I_n = 10$ 〔MV·A〕であるから,

$$P_C = 17.045 P_n = 17.045 \times 10 \fallingdotseq 170 \text{ (MV·A)} = 170 \times 10^3 \text{ (kV·A)}$$

〈答〉
S点に流れる故障電流　858 A
遮断器(c)の遮断容量　170×10^3 kV·A

■問題9

図は，火力発電所の主回路を示したものである．図中A，B，Cの各点で三相完全短絡がそれぞれ単独で発生した直後に，図に示す各故障点へ流入する対称短絡電流実効値 I_A〔kA〕，I_B〔kA〕および I_C〔kA〕を算出せよ．次に，これらの電流値をもとに，主回路用相分離母線(a)と所内回路用相分離母線(b)が，短絡電磁力に耐えるために必要な機械的強度設計のベースとなる短絡電流強度（非対称短絡電流実効値）〔kA〕を求めよ．

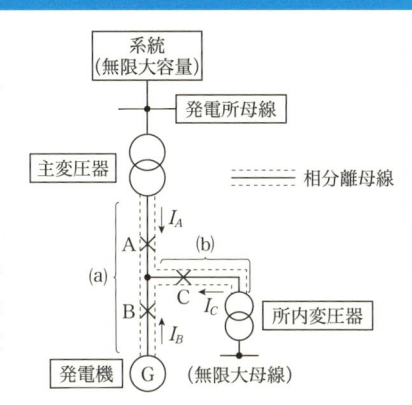

なお，計算に際し，系統は無限大容量とする．また，所内変圧器二次側には所内母線があり，短絡事故直後には補機電動機から故障点に短絡電流が供給されるが，簡単のために所内母線は無限大母線として計算せよ．

非対称係数（非対称係数＝非対称短絡電流実効値／対称短絡電流実効値）は1.6とし，各機器の定数は，次のとおりとする．
○発電機：500 MV·A，20 kV，初期過渡リアクタンス $X_d'' = 15\%$
○主変圧器：480 MV·A，20 kV/154 kV，%リアクタンス $Z = 12\%$
○所内変圧器：70 MV·A，20 kV/6.9 kV，%リアクタンス $Z = 11\%$

(電力・管理：平成19年問1)

着眼点 Focus Points

A，B，C各点に流入する三相短絡電流は「(100/%インピーダンス)×設備容量の定格電流」で求まる．

主回路用，所内回路用の相分離母線の短絡電流強度を算出にあたり，各点に流入する短絡電流を比較して大きい方の電流値を採用する．例として，A点の流入電流は，I_A と $I_B + I_C$ となる．

発電機，変圧器の定数が%インピーダンスであるので，基準容量に変換して求めることもできるが，逆に計算が面倒になる．そのため，発電機，変圧器それぞれの設備容量と%インピーダンスから三相短絡電流を求めた方が早く計算できる．

戦術 Tactics

❶A，B，C各点で三相完全短絡が発生した直後の故障点へ流入する対称短絡電流の実効値を求める．

❷A，B，C各点に流入する対称短絡電流を問題の図から把握する．
❸各点に流入する対称短絡電流を比較して大きい方の電流値を採用する．
❹主回路用相分離母線の短絡電流強度を求める．
❺所内回路用相分離母線の短絡電流強度を求める．

解答

戦術❶

❶A，B，C各点での三相完全短絡が発生した直後の故障点へ流入する対称短絡電流の実効値 I_A〔kA〕，I_B〔kA〕，I_C〔kA〕を求める．

発電機，変圧器それぞれの%インピーダンスを%X〔%〕，設備容量 P_n〔V・A〕，定格電圧 V〔V〕とすると，

$$I_S = \frac{100}{\%X} \cdot \frac{P_n}{\sqrt{3}V}$$

(1)式より，

$$I_A = \frac{100}{12} \times \frac{480 \times 10^6}{\sqrt{3} \times 20 \times 10^3} \fallingdotseq 115.5 \times 10^3 = 115.5 \text{〔kA〕}$$

$$I_B = \frac{100}{15} \times \frac{500 \times 10^6}{\sqrt{3} \times 20 \times 10^3} \fallingdotseq 96.2 \times 10^3 = 96.2 \text{〔kA〕}$$

$$I_C = \frac{100}{11} \times \frac{70 \times 10^6}{\sqrt{3} \times 20 \times 10^3} \fallingdotseq 18.4 \times 10^3 = 18.4 \text{〔kA〕}$$

戦術❷

❷A，B，Cの各点に流入する対称短絡電流を求める．

A点に流入する電流：I_A と $I_B + I_C$

B点に流入する電流：I_B と $I_C + I_A$

C点に流入する電流：I_C と $I_A + I_B$

戦術❸

❸各点に流入する対称短絡電流を比較して大きい方の電流値を採用する．

A点　$I_A = 115.5$〔kA〕，$I_B + I_C = 96.2 + 18.4 = 114.6$〔kA〕

　　　$I_A > I_B + I_C$

　　　∴ A点は $I_A = 115.5$ kA を採用する．

B点　$I_B = 96.2$〔kA〕，$I_C + I_A = 18.4 + 115.5 = 133.9$〔kA〕

　　　$I_C + I_A > I_B$

　　　∴ B点は $I_C + I_A = 133.9$ kA を採用する．

C点　$I_C = 18.4$〔kA〕，$I_A + I_B = 115.5 + 96.2 = 211.7$〔kA〕

　　　$I_A + I_B > I_C$

　　　∴ C点は $I_A + I_B = 211.7$ kA を採用する．

戦術❹

❹主回路用相分離母線の短絡電流強度を求める．

対称短絡電流の流入点がA点とB点とあり，大きい方の値を採用する．

A点：115.5 kA　　B点：133.9 kA

∴　主回路用相分離母線の短絡電流は，133.9 kA を採用する．

よって，主回路用相分離母線の短絡電流強度 I_M〔kA〕は，題意により，

$I_M = 133.9 \times 1.6 = 214.1 ≒ 214$〔kA〕

戦術❺ ❺所内回路用相分離母線の短絡電流強度 I_L〔kA〕を求める．

対称短絡電流の流入点がC点であるので，

$I_L = 211.7 \times 1.6 = 338.7 ≒ 339$〔kA〕

〈答〉

I_A＝116 kA

I_B＝96.2 kA

I_C＝18.4 kA

主回路用相分離母線の短絡電流強度　214 kA

所内回路用相分離母線の短絡電流強度　339 kA

3. 送電

■問題1

三心ケーブルを図1のように結線し，端子a，b間の静電容量を測定したところC_1〔μF〕であった．次に，図2のように結線を変更し，端子a，b間の静電容量を測定したところC_2〔μF〕となった．このケーブルについて次の問に答えよ．

ただし，各導体相互間の静電容量は等しく，また，各導体と大地間の静電容量はそれぞれ等しいものとする．

(1) 各導体相互間の静電容量C_m〔μF〕および各導体と大地間の静電容量C_0〔μF〕を求めよ．

(2) このような特性を持ったケーブルに電圧V〔V〕，周波数f〔Hz〕の三相平衡電圧を印加した場合のケーブルの充電電流I_C〔A〕をV，f，C_1，C_2を用いて求めよ．

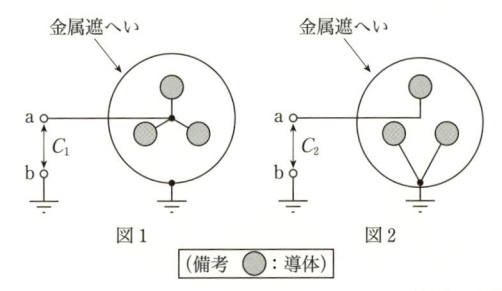

（電力・管理：平成12年問3）

着眼点 Focus Points

三心ケーブルの静電容量には，導体－金属遮へい間の対地静電容量と導体相互間の相互静電容量とがある．

問題の測定結果から対地静電容量と相互静電容量をそれぞれ求め，1心当たりの作用静電容量を算出すれば充電電流が求まる．

1心当たりの作用静電容量は，相互静電容量と対地静電容量との合計となる．ただし，相互静電容量は，事前に△－Y変換しておく．なお，相互静電容量を△－Y変換すると値は3倍になる．

戦術 Tactics

(1) ❶問題の図1から3線一括と大地間の静電容量 C_1 を求める.
　　❷❶より各導体と金属遮へい間の対地静電容量を求める.
　　❸問題の図2から2線を接地し,残りの1線と大地間の静電容量 C_2 を求める.
　　❹❷と❸より各導体相互間の相互静電容量を求める.
(2) ❺ケーブルの充電電流を求める前に1心当たりの作用静電容量を求める.
　　❻❺から充電電流を求める.

解答 Answer

(1)
　三心ケーブルの各導体と金属遮へい間の対地静電容量 C_0〔μF〕,各導体相互間の相互静電容量 C_m〔μF〕を図に示す.

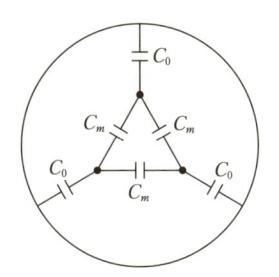

戦術❶ ❶問題の図1(3線一括と大地間)の静電容量 C_1〔μF〕を求める.
　図から,
$$C_1 = 3C_0 \text{〔μF〕} \tag{1}$$

戦術❷ ❷(1)式より,各導体と金属遮へい間の対地静電容量 C_0〔μF〕を求める.
$$C_0 = \frac{C_1}{3} \text{〔μF〕} \tag{2}$$

戦術❸ ❸問題の図2(2線を接地し残りの1線と大地間)の静電容量 C_2〔μF〕を求める.
　図から,
$$C_2 = C_0 + 2C_m \text{〔μF〕} \tag{3}$$

戦術❹ ❹(2)(3)式より,各導体相互間の相互静電容量 C_m〔μF〕を求める.
$$C_m = \frac{C_2 - C_0}{2} = \frac{1}{2}\left(C_2 - \frac{C_1}{3}\right) = \frac{3C_2 - C_1}{6} \text{〔μF〕} \tag{4}$$

(2)

戦術 ❺ ❺1心当たりの作用静電容量 C 〔μF〕を求める．

図より，

$$C = C_0 + 3C_m = \frac{C_1}{3} + 3\left(\frac{3C_2 - C_1}{6}\right) = \frac{9C_2 - C_1}{6} \text{〔μF〕} \quad (5)$$

戦術 ❻ ❻周波数 f 〔Hz〕の三相平衡電圧 V 〔V〕を印加したときの充電電流 I_C 〔A〕を求める．

$$I_C = 2\pi f C \times 10^{-6} \frac{V}{\sqrt{3}} \text{〔A〕} \quad (6)$$

(5)式を(6)式に代入すると，

$$I_C = 2\pi f \left(\frac{9C_2 - C_1}{6}\right) \frac{V}{\sqrt{3}} \times 10^{-6} \text{〔A〕}$$

〈答〉

(1) $C_0 = \dfrac{C_1}{3}$ 〔μF〕, $C_m = \dfrac{3C_2 - C_1}{6}$ 〔μF〕

(2) $I_C = 2\pi f \left(\dfrac{9C_2 - C_1}{6}\right) \dfrac{V}{\sqrt{3}} \times 10^{-6}$ 〔A〕

■問題2

地中電線路等に使用されている154 kV CVケーブルの電気的特性に関し，図の構造の場合を対象にして，次の問に答えよ．

ただし，周波数を50 Hz，$\tan \delta$ は 8.0×10^{-4} とする．

(1) 1 km当たりの対地静電容量〔μF〕を求めよ．

(2) 最高使用電圧における1相当たりの誘電損〔W/cm〕を求めよ．

〔参考〕$4\pi\varepsilon_0 = 1/(9 \times 10^9)$〔F/m〕，$\log_e 2.222 = 0.7984$

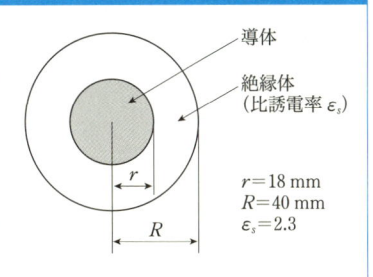

導体
絶縁体（比誘電率 ε_s）
$r = 18$ mm
$R = 40$ mm
$\varepsilon_s = 2.3$

（送配電：平成5年問2）

着眼点 Focus Points

CVケーブルの導体とシース間の対地静電容量を求めるには，理論の静電気で勉強した同軸ケーブルの静電容量を求めた方法で行う．

最高使用電圧は「公称電圧×1.15/1.1」で求める．

CVケーブルの導体には，負荷電流と充電電流が流れ，導体とシース間に流れる充電電流による損失が誘電損である．

戦術 Tactics

(1) ❶CVケーブルの導体に単位長当たりに電荷を与えたとき，導体の中心から x〔m〕離れた点の電界の強さを求める．
❷❶より導体とシース間の電位差を求める．
❸CVケーブル1 m当たりの静電容量を $C = Q/V$ の式から求める．

(2) ❹最高使用電圧を求める．
❺導体−シース間（対地間）の1相分の等価回路とベクトル図から充電電流の実数部分を求める．
❻1相当たりの誘電損を求める．

解答 Answer

(1)

図1に示すように，CVケーブルの導体に単位長当たり $+Q$〔C/m〕，シースに単位長さ当たり $-Q$〔C/m〕の電荷を与えたときの導体中心から x〔m〕離れた点の電界の強さ E_x〔V/m〕とする．

戦術❶ ❶導体の中心から x〔m〕離れた点の電界の強さ E_x〔V/m〕を求める．

$$E_x = \frac{Q}{2\pi\varepsilon_0\varepsilon_s x} \text{〔V/m〕} \tag{1}$$

図1 電界の強さ

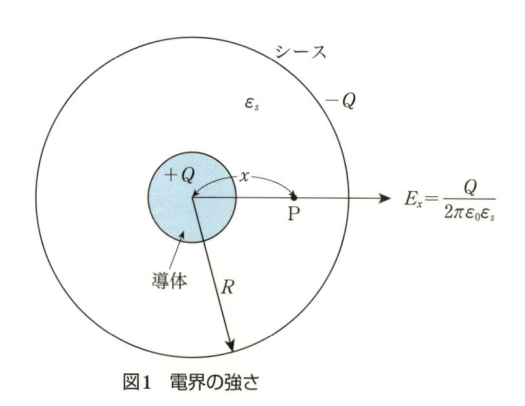

❷ 導体とシース間の電位差 V [V]を求める.

$$V = \int_r^R E_x \, dx = \frac{Q}{2\pi\varepsilon_0\varepsilon_s} \int_r^R \frac{1}{x} dx = \frac{Q}{2\pi\varepsilon_0\varepsilon_s} [\log_e x]_r^R$$
$$= \frac{Q}{2\pi\varepsilon_0\varepsilon_s} \log_e \frac{R}{r} \text{ [V]} \tag{2}$$

❸ CVケーブルの1m当たりの静電容量 C [F/m]を求める.

$$C = \frac{Q}{V} = \frac{2\pi\varepsilon_0\varepsilon_s}{\log_e \frac{R}{r}} \text{ [F/m]} \tag{3}$$

ここで, 真空の誘電率 ε_0 は, $4\pi\varepsilon_0 = 1/(9\times 10^9)$ より, $\varepsilon_0 = 1/(4\pi\times 9\times 10^9)$, $\log_e(40/18) = \log_e 2.222 = 0.7984$ であるから, (3)式に数値を代入すると,

$$C = \frac{2\pi \times \frac{1}{4\pi \times 9\times 10^9} \times 2.3}{\log_e \frac{40}{18}} = \frac{\frac{2.3}{2\times 9\times 10^9}}{0.7984} \fallingdotseq 1.60\times 10^{-10} \text{ [F/m]}$$

$$= 1.60\times 10^{-4} \text{ [μF/m]} = 0.160 \text{ [μF/km]}$$

(2)

❹ 最高使用電圧 V_m [V]を求める.

$$V_m = 154\times 10^3 \times \frac{1.15}{1.1} = 161\times 10^3 \text{ [V]}$$

角周波数 ω [rad/s], 最高使用電圧に対する相電圧 $V_m/\sqrt{3}$ [V]を導体－シース間に印加した場合の等価回路とベクトル図を図2に示す.

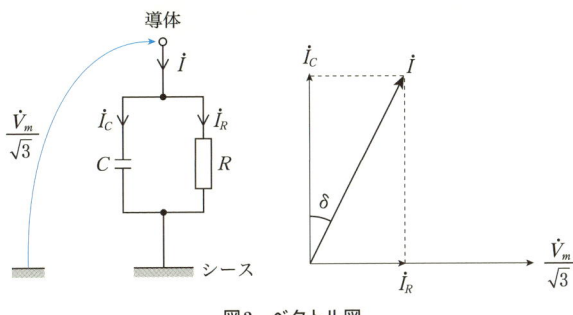

図2　ベクトル図

戦術 ❺ ❺図2より充電電流の実数部分 I_R〔A〕を求める．

$$I_R = I_C \tan\delta = \frac{\omega C V_m}{\sqrt{3}} \tan\delta \tag{4}$$

戦術 ❻ ❻1相当たりの誘電損 W〔W/cm〕を求める．

$$W = \frac{V_m}{\sqrt{3}} I_R = \frac{\omega C V_m^2 \tan\delta}{3} \tag{5}$$

$$= \frac{2\pi \times 50 \times 1.60 \times 10^{-10} \times (161 \times 10^3)^2 \times 8.0 \times 10^{-4}}{3}$$

$$\fallingdotseq 0.347 \text{〔W/m〕} = 3.47 \times 10^{-3} \text{〔W/cm〕}$$

〈答〉

(1)　0.160〔μF/km〕

(2)　3.47×10^{-3}〔W/cm〕

■問題3

対地静電容量 C〔F/km〕，こう長 l〔km〕の電力ケーブルに，線間電圧 V〔kV〕，周波数 f〔Hz〕の三相平衡交流電圧を印加して送電したとき，次の問に答えよ．ただし，このケーブルの導体抵抗，インダクタンスおよびケーブル間の静電容量は無視するものとする．

(1) このケーブルの充電電流 I_C〔kA〕を表す式を示せ．

(2) このケーブルの許容電流を 1.03 kA，対地静電容量 C を 0.5 μF/km，線間電圧 V を 154 kV，周波数 f を 50 Hz としたときの臨界こう長（充電電流と許容電流が等しくなるケーブル長）〔km〕を求めよ．

(3) 上記(2)において，ケーブルのこう長を 43 km とし，負荷を接続したとき，許容電流に等しい電流 1.03 kA が流れた．このとき負荷に供給された有効電力〔MW〕を求めよ．ただし，負荷の力率は1とする．

(電力・管理：平成14年問3)

着眼点 Focus Points

電力ケーブルの充電電流は，対地静電容量と対地電圧から求まる．

負荷力率が1の場合，ケーブルの許容送電容量（皮相電力 S〔V·A〕）と負荷に供給される有効電力（P〔W〕）およびケーブルに消費される無効電力（Q〔var〕）との関係式は「$S=P-jQ$」で表す．なお，ケーブルに消費される無効電力は，電力ケーブルの充電電流から求める．

戦術 Tactics

(1) ❶電力ケーブルに線間電圧を印加したときの充電電流を求める．

(2) ❷(1)の式より臨界こう長を求める．

(3) ❸線間電圧とケーブルの許容電流からケーブルの許容送電容量を求める．

❹線間電圧とケーブルの充電電流からケーブルに消費される無効電力を求める．

❺❸❹から負荷に供給される有効電力を求める．

解答 Answer

(1)

戦術❶ 対地静電容量 C〔F/km〕，こう長 l〔km〕の電力ケーブルに線間電圧 V〔kV〕，周波数 f〔Hz〕を印加したときの充電電流 I_C〔kA〕は，

$$I_C = 2\pi f C l \cdot \frac{V}{\sqrt{3}} = \frac{2\pi f C V l}{\sqrt{3}} \text{〔kA〕} \tag{1}$$

(2)

❷(1)式より臨界こう長 l_m〔km〕は，

$$l_m = \frac{\sqrt{3}I_C}{2\pi fCV} \tag{2}$$

(2)式に数値を代入すると，

$$l_m = \frac{\sqrt{3}\times 1.03}{2\pi \times 50 \times 0.5\times 10^{-6}\times 154} \fallingdotseq 73.7 \text{〔km〕}$$

(3)

負荷力率が1である場合，ケーブルの許容送電容量（皮相電力）S〔MV·A〕，負荷に供給される有効電力 P〔MW〕，ケーブルに消費される無効電力 Q〔Mvar〕とすると関係式は，

$$P = \sqrt{S^2 - Q^2} \tag{3}$$

❸ケーブルの許容送電容量（皮相電力）S〔MV·A〕を求める．

線間電圧 V〔kV〕，ケーブルの許容電流 I〔kA〕とすると，

$$S = \sqrt{3}VI = \sqrt{3}\times 154 \times 1.03 \fallingdotseq 274.74 \text{〔MV·A〕}$$

❹ケーブルに消費される無効電力 Q〔Mvar〕を求める．

$$Q = \sqrt{3}VI_C = \sqrt{3}V\frac{2\pi fCVl}{\sqrt{3}}$$

$$= \sqrt{3}\times 154 \times \frac{2\pi\times 50\times 0.5\times 10^{-6}\times 154\times 43}{\sqrt{3}} \fallingdotseq 160.19 \text{〔Mvar〕}$$

❺(3)式より，負荷に供給される有効電力 P〔MW〕を求める．

$$P = \sqrt{274.74^2 - 160.19^2} \fallingdotseq 223 \text{〔MW〕}$$

〈答〉

(1)　$I_C = \dfrac{2\pi fCVl}{\sqrt{3}}$〔kA〕

(2)　73.7 km

(3)　223 MW

■問題4

A変電所からB変電所に電力を送る送電線において，A変電所の送電端電圧 V_s を 67 kV に維持した運用をしている．

負荷が 30 000 kW（遅れ力率）であるB変電所において，電力用コンデンサを投入して受電端の電圧 V_r を 65 kV から 66 kV に改善したい．必要なコンデンサ容量を求めよ．ただし，送電線のこう長が非常に短く，送電線のインピーダンス Z は $2+j6$ Ω とする．

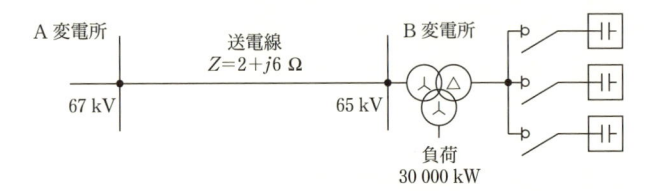

```
A変電所        送電線          B変電所
              Z=2+j6 Ω
67 kV                  65 kV
                           負荷
                        30 000 kW
```

（電力・管理：平成7年問2）

着眼点 Focus Points

送電線のインピーダンス $\dot{Z}=R+jX$，送電線電流 $\dot{I}$，負荷力率 $\cos\theta$（遅れ）とすると，送電端電圧 $\dot{V}_s$，受電端電圧 $\dot{V}_r$ との間の式は，

$$\dot{V}_s = \dot{V}_r + \sqrt{3}|\dot{I}|(R\cos\theta + X\sin\theta) + j\sqrt{3}|\dot{I}|(X\cos\theta - R\sin\theta)$$

で表す．ここで，題意から「送電線のこう長が非常に短い」ので上式の虚数部はゼロに近いため省略でき，$\dot{V}_s \fallingdotseq \dot{V}_r + \sqrt{3}|\dot{I}|(R\cos\theta + X\sin\theta)$ の近似式を使用する．

受電端電圧を維持するのに必要な電力用コンデンサ容量は，電力コンデンサ投入前後の受電端無効電力の差から求める．

戦術 Tactics

❶送電線の送電端電圧 $\dot{V}_s$ と受電端電圧 $\dot{V}_r$ との間の電圧降下の式を立てる．
❷受電端負荷の有効電力 P と無効電力 Q の式を立て「$\sqrt{3}|\dot{I}|\cos\theta=$」，「$\sqrt{3}|\dot{I}|\sin\theta=$」の式に置き換える．
❸❶❷を整理して，$V_r(V_s-V_r)=RP+XQ$ の式を立てる．
❹電力用コンデンサ投入前の受電端無効電力を❸より求める．
❺電力用コンデンサ投入後の受電端無効電力を求める．
❻必要な電力用コンデンサ容量を❹❺より求める．

解答 Answer

戦術 ①

❶送電線の送電端電圧 $\dot{V}_s$〔V〕, 受電端電圧 $\dot{V}_r$〔V〕との間の電圧降下の式を立てる.

送電線のインピーダンス $\dot{Z}=R+jX$〔Ω〕, 送電線電流 $\dot{I}$〔A〕, 力率 $\cos\theta$（遅れ）とすると電圧降下 $\varDelta V$ は,

$$\varDelta V = \dot{V}_s - \dot{V}_r$$

$$\dot{V}_s - \dot{V}_r = \sqrt{3}\,|\dot{I}|(\cos\theta - j\sin\theta)(R+jX)$$
$$= \sqrt{3}\,|\dot{I}|(R\cos\theta + X\sin\theta) + j\sqrt{3}\,|\dot{I}|(X\cos\theta - R\sin\theta) \quad (1)$$

ここで，題意により送電線のこう長が非常に短いので，(1)式の虚数部分はゼロに近いため省略できるから，近似式を用いる．

$$V_s - V_r \fallingdotseq \sqrt{3}\,|\dot{I}|(R\cos\theta + X\sin\theta)$$
$$\fallingdotseq \sqrt{3}\,|\dot{I}|R\cos\theta + \sqrt{3}\,|\dot{I}|X\sin\theta \quad (2)$$

戦術 ②

❷受電端負荷の有効電力 P〔W〕, 無効電力 Q〔var〕の式を立て, 形を置き換える.

$$P = \sqrt{3}V_r|\dot{I}|\cos\theta \text{〔W〕} \quad (3)$$
$$Q = \sqrt{3}V_r|\dot{I}|\sin\theta \text{〔var〕} \quad (4)$$

(3)式より $\sqrt{3}\,|\dot{I}|\cos\theta$ は,

$$\sqrt{3}\,|\dot{I}|\cos\theta = \frac{P}{V_r} \quad (5)$$

(4)式より $\sqrt{3}\,|\dot{I}|\sin\theta$ は,

$$\sqrt{3}\,|\dot{I}|\sin\theta = \frac{Q}{V_r} \quad (6)$$

戦術 ③

❸(5), (6)式を整理して, $V_r(V_s - V_r) = RP + XQ$ の式を立てる.

(5)(6)式を(2)式に代入して整理すると,

$$V_s - V_r = \sqrt{3}\,|\dot{I}|R\cos\theta + \sqrt{3}\,|\dot{I}|X\sin\theta = \frac{RP}{V_r} + \frac{XQ}{V_r}$$

$$V_r(V_s - V_r) = RP + XQ \quad (7)$$

戦術 ④

❹電力用コンデンサ投入前の受電端無効電力 Q〔kvar〕を求める.

受電端電圧 $V_r = 65$ kV であるから(7)式より,

$$Q = \frac{V_r(V_s - V_r) - RP}{X} \quad (8)$$

$$= \frac{65 \times 10^3 \times (67-65) \times 10^3 - 2 \times 30 \times 10^6}{6}$$

$$\fallingdotseq 11.667 \times 10^6 \text{〔var〕} = 11\,667 \text{〔kvar〕}$$

戦術 ❺ ❺電力用コンデンサ投入後の受電端無効電力 Q' 〔kvar〕を求める．

受電端電圧 $V_r=66$ kV になるから(8)式より，

$$Q' = \frac{66 \times 10^3 \times (67-66) \times 10^3 - 2 \times 30 \times 10^6}{6}$$

$$= 1.0 \times 10^6 \text{〔var〕} = 1\,000 \text{〔kvar〕}$$

戦術 ❻ ❻必要な電力用コンデンサ容量 Q_C 〔kvar〕を求める．

$Q_C = Q - Q' = 11\,667 - 1\,000 = 10\,667 ≒ 10\,700$ 〔kvar〕

〈答〉

10 700 kvar

■問題5

77 kVの三相2回線送電線において，送電端電圧が78 kVで，受電端負荷が41 000 kW，遅れ力率0.85のとき，受電端電圧が76 kVであった．送電端電圧を78 kVに保持し，受電端にさらに8 000 kW，遅れ力率0.85の負荷が加わった場合に，受電端電圧を前と同じ値に保つために必要なコンデンサの容量kvarを求めよ．ただし，送電線1回線のインピーダンスは，$2+j8.7$ Ωとする．

(送配電：昭和49年問1)

着眼点 Focus Points

負荷が増設した後も受電端電圧を維持するために必要なコンデンサ容量を求める問題である．問題4と同様に電圧降下の式を立てて，受電端電圧を維持するために必要な無効電力を計算する．

負荷増設後の受電端電圧を維持するのに必要なコンデンサ容量は，負荷の無効電力と受電端電圧を維持するために必要な無効電力との差から求める．

戦術 Tactics

❶送電線の送電端電圧 $\dot{V}_s$ と受電端電圧 $\dot{V}_r$ との間で電圧降下の式を立てる．

❷受電端負荷の有効電力 P と無効電力 Q の式を立て「$\sqrt{3}|\dot{I}|\cos\theta=$」，「$\sqrt{3}|\dot{I}|\sin\theta=$」の式に置き換える．

❸❶❷を整理して，$V_r(V_s-V_r)=RP+XQ$ の式を立てる．

❹負荷増設後の受電端電圧を76 kVに維持するための受電端無効電力を求める．

❺負荷増設後の負荷の無効電力を求める．

❻必要な電力コンデンサ容量を❹❺より求める．

解答 Answer

戦術❶

❶送電線の送電端電圧 $\dot{V}_s$〔V〕，受電端電圧 $\dot{V}_r$〔V〕との間の電圧降下の式を立てる．

送電線のインピーダンス $\dot{Z}=R+jX$〔Ω〕，送電線電流 $\dot{I}$〔A〕，力率 $\cos\theta$（遅れ）とすると電圧降下 ΔV は，

$$\Delta V = \dot{V}_s - \dot{V}_r$$

$$\dot{V}_s - \dot{V}_r = \sqrt{3}|\dot{I}|(\cos\theta - j\sin\theta)(R+jX)$$

$$= \sqrt{3}|\dot{I}|(R\cos\theta + X\sin\theta) + j\sqrt{3}|\dot{I}|(X\cos\theta - R\sin\theta) \quad (1)$$

ここで，77 kVの送電線は一般にこう長が短いので，(1)式の虚数部分はゼロに近いため省略できるから，近似式を用いる．

$$V_s - V_r \fallingdotseq \sqrt{3}\,|\dot{I}|(R\cos\theta + X\sin\theta)$$
$$\fallingdotseq \sqrt{3}\,|\dot{I}|R\cos\theta + \sqrt{3}\,|\dot{I}|X\sin\theta \tag{2}$$

❷ 受電端負荷の有効電力 P〔W〕，無効電力 Q〔var〕の式を立て，変形する．
$$P = \sqrt{3}\,V_r|\dot{I}|\cos\theta \text{〔W〕} \tag{3}$$
$$Q = \sqrt{3}\,V_r|\dot{I}|\sin\theta \text{〔var〕} \tag{4}$$

(3)式より $\sqrt{3}\,|\dot{I}|\cos\theta$ は，
$$\sqrt{3}\,|\dot{I}|\cos\theta = \frac{P}{V_r} \tag{5}$$

(4)式より $\sqrt{3}\,|\dot{I}|\sin\theta$ は，
$$\sqrt{3}\,|\dot{I}|\sin\theta = \frac{Q}{V_r} \tag{6}$$

❸ (5)(6)式を(2)式に代入して整理し，$V_r(V_s - V_r) = RP + XQ$ の式を立てる．
$$V_s - V_r = \sqrt{3}\,|\dot{I}|R\cos\theta + \sqrt{3}\,|\dot{I}|X\sin\theta = \frac{RP}{V_r} + \frac{XQ}{V_r}$$
$$V_r(V_s - V_r) = RP + XQ \tag{7}$$

❹ (7)式より，負荷増設後の受電端電圧を 76 kV に維持するための受電端無効電力 Q〔kvar〕を求める．
$$Q = \frac{V_r(V_s - V_r) - RP}{X} \tag{8}$$

ここで，送電線1回線のインピーダンスが $2 + j8.7\,\Omega$ であるので，2回線送電線のインピーダンスは，1回線送電インピーダンスの1/2であるから，
$$\dot{Z} = R + jX = 1 + j4.35\text{〔}\Omega\text{〕}$$

(8)式に数値を代入すると，
$$Q = \frac{76 \times 10^3(78-76) \times 10^3 - 1 \times 49\,000 \times 10^3}{4.35} \fallingdotseq 23\,678 \times 10^3 \text{〔var〕}$$
$$= 23\,678 \text{〔kvar〕}$$

❺ 負荷増設後の無効電力 Q_L〔kvar〕を求める．
負荷力率 $\cos\theta$（遅れ）とすると，
$$Q_L = \frac{P}{\cos\theta}\sqrt{1 - \cos^2\theta} \tag{9}$$
$$= \frac{49\,000}{0.85} \times \sqrt{1 - 0.85^2} \fallingdotseq 30\,367 \text{〔kvar〕}$$

戦術 ❻

❻負荷増設後の受電端電圧76 kVに維持するために必要なコンデンサ容量 Q_C〔kvar〕を求める．

$Q_C = Q_L - Q = 30\,367 - 23\,678 = 6\,689 ≒ 6\,690$〔kvar〕

〈答〉
6 690 kvar

■問題6

図のような三相3線式送電線路がある．受電端の電圧70 kV，負荷50 000 kW，負荷の力率80%のとき，変電所一次母線の電圧を求めよ．ただし，送電線路の一相当たりの抵抗およびリアクタンスはそれぞれ2 Ωおよび5 Ω，変電所の変圧器は定格容量200 MV·A，電圧154/77 kV，百分率リアクタンスは定格容量基準で15%とし，その他のインピーダンスは無視するものとする．

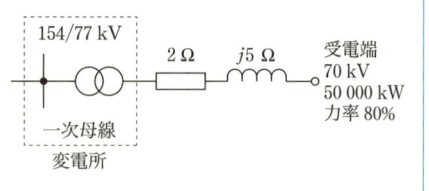

(送配電：昭和54年問1)

着眼点 Focus Points

受電端負荷は変圧器の二次側に接続しているので，変圧器の%リアクタンスを二次側電圧基準のオーム値に変換してから送電端電圧を求める．なお，送電端電圧を算出にあたり，受電端電流は複素数で表す．

変電所の二次側送電電圧は，受電端電圧と電圧降下の合計で算出し，変電所の一次側送電電圧は，二次側送電電圧に変圧比を掛けて求める．

注意点は，この問題を解くのに電圧降下の近似式を用いて求めないこと．

戦術 Tactics

❶変圧器の%リアクタンスをオーム値に変換する．
❷負荷の有効電力と負荷力率および受電端電圧から受電端電流を求める．
❸送電端電圧を求める．
❹変電所一次側の電圧を求める．

解答 Answer

問題の系統を図に示す．

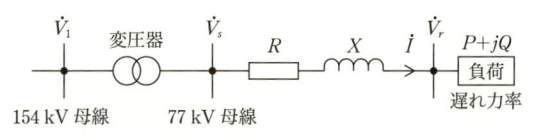

戦術❶ ❶変圧器の%リアクタンスをオーム値に換算する．

変圧器の定格容量 P_n [V·A]，二次側定格電圧 V_n [V]とすると，

$$X_T [\Omega] = \frac{\%X [\%]}{100} \times \frac{(\text{定格電圧 } V_n [\text{V}])^2}{\text{定格容量 } P_n [\text{V·A}]} \quad (1)$$

(1)式より，

$$X_T = \frac{15}{100} \times \frac{(77 \times 10^3)^2}{200 \times 10^6} \fallingdotseq 4.45 \text{ (Ω)}$$

戦術 ❷ ❷負荷の電力 P 〔W〕，負荷力率 $\cos\theta$（遅れ），受電端電圧 V_r〔V〕から，受電端電流 $\dot{I}$ 〔A〕を求める．

$$\dot{I} = \frac{P}{\sqrt{3}V_r \cos\theta}(\cos\theta - j\sin\theta) \qquad (2)$$

$$= \frac{50\,000 \times 10^3}{\sqrt{3} \times 70 \times 10^3 \times 0.8} \times (0.8 - j0.6)$$

$$= \frac{5 \times 10^3}{5.6\sqrt{3}} \times (0.8 - j0.6) \text{ (A)}$$

戦術 ❸ ❸送電端電圧 $\dot{V}_s$〔V〕を求める．

受電端電流の大きさ $|\dot{I}|$〔A〕，送電線のインピーダンス $\dot{Z}=R+jX$ とすると，

$$\dot{V}_s = \dot{V}_r + \sqrt{3}\,|\dot{I}|(\cos\theta - j\sin\theta)\{R + j(X + X_T)\}$$
$$= \dot{V}_r + \sqrt{3}\,|\dot{I}|\{R\cos\theta + (X + X_T)\sin\theta\}$$
$$\quad + j\sqrt{3}\,|\dot{I}|\{(X + X_T)\cos\theta - R\sin\theta\} \qquad (3)$$

(3)式に数値を代入すると，

$$\dot{V}_s = 70 \times 10^3 + \sqrt{3} \times \frac{5 \times 10^3}{5.6\sqrt{3}} \times \{2 \times 0.8 + (5 + 4.45) \times 0.6\}$$
$$\quad + j\sqrt{3} \times \frac{5 \times 10^3}{5.6\sqrt{3}} \times \{(5 + 4.45) \times 0.8 - 2 \times 0.6\}$$
$$= 76\,491 + j5\,678 \text{ (V)}$$

送電端電圧 $\dot{V}_s$ の大きさ $|\dot{V}_s|$ は，

$$|\dot{V}_s| = \sqrt{76\,491^2 + 5\,678^2} \fallingdotseq 76\,700 \text{ (V)}$$

戦術 ❹ ❹変電所一次側の電圧 V_1〔kV〕を求める．

変圧器の変圧比 154/77 であるので，

$$V_1 = |\dot{V}_s| \times \frac{154}{77} = 76\,700 \times \frac{154}{77} = 153\,400 \text{ (V)} \fallingdotseq 153 \text{ (kV)}$$

〈答〉

153 kV

■問題7

275 kV，三相3線式1回線送電線において，受電端に負荷200 MW+j70 Mvar（遅れ）と並列コンデンサ20 MV·A（265 kVにおいて）が接続されており，受電端電圧は265 kVである．この場合の送電端電圧を求めよ．ただし，送電線は図のようなπ回路で表すことができるものとし，送電線インピーダンス$\dot{Z}$は$5+j30\ \Omega$，送電線アドミタンス$\dot{Y}$は$j4\times10^{-4}\ \mathrm{S}$である．

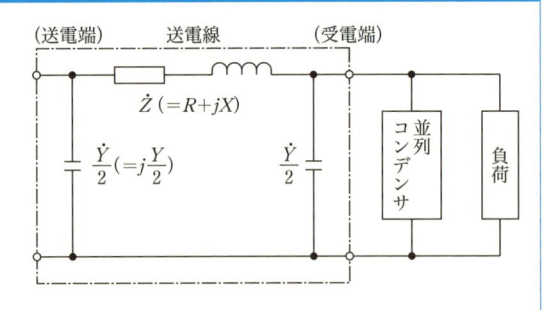

（送配電：昭和59年問1）

Focus Points 着眼点

送電線π回路の送電端電圧を求める問題である．

送電線アドミタンスがないものと考え，送電端電圧V_s，受電端電圧V_rおよび負荷の有効電力Pと無効電力Qについて整理すると，送電端電圧V_sは，

$$V_s^2 = \left(V_r + \frac{RP}{V_r} + \frac{XQ}{V_r}\right)^2 + \left(\frac{XP}{V_r} - \frac{RQ}{V_r}\right)^2$$

受電端の送電線アドミタンス$Y/2$の無効電力を受電端の無効電力として考慮して計算する．

Tactics 戦術

❶送電線の送電端電圧と受電端電圧との間で式を立てる．
❷受電端負荷の有効電力と無効電力の式を立てる．
❸❷から「$\sqrt{3}I\cos\theta =$」の式を立てる．
❹❷から「$\sqrt{3}I\sin\theta =$」の式を立てる．
❺❶で立てた式に❸❹の式を代入し，送電端電圧を大きさ（絶対値）で表す．
❻受電端側の$Y/2$の無効電力を求める．
❼❻で求めた無効電力と負荷の無効電力およびコンデンサ容量との合計が受電端無効電力となる．
❽❺で求めた送電端電圧の式に数値を代入して求める．

Answer 解答

問題の送電系統を図に示す．

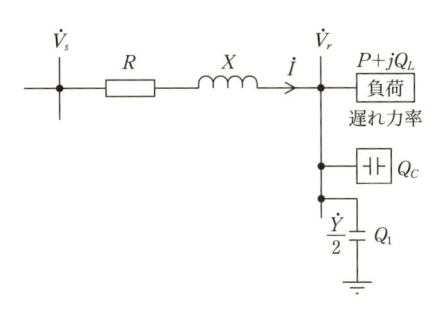

戦術 ❶ ❶送電線の送電端電圧 $\dot{V}_s$〔V〕,受電端電圧 $\dot{V}_r$〔V〕の電圧降下の式を立てる.
送電線のインピーダンス $\dot{Z}=R+jX$〔Ω〕,送電線電流 $\dot{I}$〔A〕,力率 $\cos\theta$(遅れ)とすると

$$\dot{V}_s = \dot{V}_r + \sqrt{3}\,|\dot{I}|(\cos\theta - j\sin\theta)(R+jX)$$
$$= \dot{V}_r + \sqrt{3}\,|\dot{I}|R\cos\theta + \sqrt{3}\,|\dot{I}|X\sin\theta$$
$$+ j(\sqrt{3}\,|\dot{I}|X\cos\theta - \sqrt{3}\,|\dot{I}|R\sin\theta)\text{〔V〕} \tag{1}$$

戦術 ❷ ❷受電端の負荷の有効電力 P〔W〕と無効電力 Q〔var〕の式を立てる.

$$P = \sqrt{3}\,V_r|\dot{I}|\cos\theta \text{〔W〕} \tag{2}$$
$$Q = \sqrt{3}\,V_r|\dot{I}|\sin\theta \text{〔var〕} \tag{3}$$

戦術 ❸ ❸(2)式を $\sqrt{3}\,|\dot{I}|\cos\theta$ の式に変形する.

$$\sqrt{3}\,|\dot{I}|\cos\theta = \frac{P}{V_r} \tag{4}$$

戦術 ❹ ❹(3)式を $\sqrt{3}\,|\dot{I}|\sin\theta$ の式に変形する.

$$\sqrt{3}\,|\dot{I}|\sin\theta = \frac{Q}{V_r} \tag{5}$$

戦術 ❺ ❺(4)(5)式を(1)式へ代入すると送電端電圧 V_s〔V〕を求める.

$$V_s = V_r + \frac{RP}{V_r} + \frac{XQ}{V_r} + j\left(\frac{XP}{V_r} - \frac{RQ}{V_r}\right) \tag{6}$$

(6)式を絶対値で表すと,

$$V_s^2 = \left(V_r + \frac{RP}{V_r} + \frac{XQ}{V_r}\right)^2 + \left(\frac{XP}{V_r} - \frac{RQ}{V_r}\right)^2 \tag{7}$$

戦術 ❻ ❻受電端側の $Y/2$ の無効電力 Q_1〔var〕を求める.

$$Q_1 = \sqrt{3}\,V_r\frac{V_r}{\sqrt{3}}\cdot\frac{Y}{2} = V_r^2\cdot\frac{Y}{2}$$
$$= (265\times10^3)^2\times\frac{4\times10^{-4}}{2} \fallingdotseq 14\times10^6\text{〔var〕} = 14\text{〔Mvar〕}$$

戦術 ❼

❼負荷の無効電力 Q_L〔Mvar〕，コンデンサ容量 Q_C〔Mvar〕を合計し，受電端の無効電力 Q〔Mvar〕を求める．

$$Q = Q_L + Q_C + Q_1 = 70 - 20 - 14 = 36 \text{〔Mvar〕}$$

戦術 ❽

❽(7)式に代入し，送電端電圧 V_s〔kV〕を求める．

$P = 200$ MW，$\dot{Z} = R + jX = 5 + j30$〔Ω〕，$V_r = 265$ kV とすると，

$$V_s^2 = \left(265 \times 10^3 + \frac{5 \times 200 \times 10^3 + 30 \times 36 \times 10^3}{265}\right)^2$$
$$+ \left(\frac{30 \times 200 \times 10^3 - 5 \times 36 \times 10^3}{265}\right)^2$$
$$= 272\,849^2 + 21\,962^2$$

$$V_s = \sqrt{272\,849^2 + 21\,962^2} \fallingdotseq 273\,731 \text{〔V〕} \fallingdotseq 274 \text{〔kV〕}$$

〈答〉
274 kV

■問題8

送電端および受電端の線間電圧がそれぞれ220 kVおよび200 kVである三相1回線電線の送電端電圧と受電端電圧の位相角が30°の場合について，次の問に答えよ．

ただし，1相当たりの線路のリアクタンスは$j40\ \Omega$，その他のインピーダンスは無視するものとし，また，無効電力は遅相を正とする．

(1) 線路電流〔A〕の大きさを求めよ．
(2) 受電端の有効電力〔MW〕と無効電力〔Mvar〕の大きさを求めよ．
(3) 受電端の力率〔%〕を求めよ．

(電力・管理：平成16年問3)

着眼点 Focus Points

送電端電圧V_s，受電端電圧V_r，送電端電圧と受電端電圧との位相角δ，線路リアクタンスXとすると，送電線の線路電流$\dot{I}$は，次のように表す．

$$\dot{I} = \frac{V_s e^{j\delta} - V_r}{j\sqrt{3}X}\ (\text{A})$$

送電端電圧と受電端電圧との位相角δは，受電端電圧を基準にすると送電端電圧は進み位相角となる．

受電の有効電力Pと無効電力Qを求めるには，電流を共役（共役ベクトル）する．「$P+jQ=\sqrt{3}V\bar{I}$」で計算し，$\bar{I}$は共役ベクトルである．

送配電などの電力科目の無効電力の符号は，＋：遅れ，－：進みで表す．

戦術 Tactics

(1) ❶送電端電圧，受電端電圧，送電端電圧と受電端電圧の位相角，線路リアクタンスから線路電流の式を立てる．
❷❶に数値を代入して，線路電流の大きさ（絶対値）を求める．

(2) ❸(1)の線路電流の式を使用して，受電端の有効電力と無効電力の式を立てる．
❹❸で求めた式の実数部分に数値を代入して，受電端の有効電力を求める．
❺❸で求めた式の虚数部分に数値を代入して，受電端の無効電力を求める．

(3) ❻受電端の力率を受電端の有効電力と無効電力から求める．

解答 Answer

(1) 問題の送電系統を図に示す．

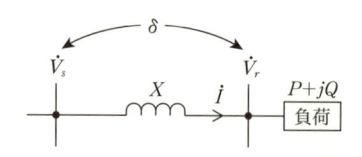

戦術 ❶ ❶送電端電圧 V_s〔V〕，受電端電圧 V_r〔V〕，送電端電圧と受電端電圧の位相角 δ，線路リアクタンス X〔Ω〕とし，線路電流 $\dot{I}$〔A〕の式を立てる．

$$\dot{I} = \frac{\dfrac{V_s e^{j\delta} - V_r}{\sqrt{3}}}{jX} = \frac{V_s(\cos\delta + j\sin\delta) - V_r}{j\sqrt{3}X}$$

$$= \frac{V_s \sin\delta}{\sqrt{3}X} + j\frac{V_r - V_s \cos\delta}{\sqrt{3}X} \text{〔A〕} \tag{1}$$

戦術 ❷ ❷線路電流 $\dot{I}$ の大きさ $|\dot{I}|$〔A〕を求める．

$$|\dot{I}| = \sqrt{\left(\frac{V_s \sin\delta}{\sqrt{3}X}\right)^2 + \left(\frac{V_r - V_s \cos\delta}{\sqrt{3}X}\right)^2}$$

$$= \sqrt{\left(\frac{220\times10^3 \times \sin 30°}{\sqrt{3}\times 40}\right)^2 + \left(\frac{200\times10^3 - 220\times10^3 \cos 30°}{\sqrt{3}\times 40}\right)^2}$$

$$\fallingdotseq 1590 \text{〔A〕}$$

(2)

戦術 ❸ ❸(1)式を用いて，受電端の有効電力 P と無効電力 Q の式を立てる．
なお，無効電力 Q の符号は＋：遅れ，−：進みとする．

$$P + jQ = \sqrt{3}V_r \overline{\dot{I}} = \sqrt{3}V_r \left(\frac{V_s \sin\delta}{\sqrt{3}X} - j\frac{V_r - V_s \cos\delta}{\sqrt{3}X}\right)$$

$$= \frac{V_s V_r \sin\delta}{X} + j\frac{V_s V_r \cos\delta - V_r^2}{X} \tag{2}$$

戦術 ❹ ❹(2)式の実数部分より，受電端の有効電力 P〔MW〕を求める．

$$P = \frac{V_s V_r \sin\delta}{X} = \frac{220\times10^3 \times 200\times10^3 \times \sin 30°}{40}$$

$$= 550\times 10^6 \text{〔W〕} = 550 \text{〔MW〕}$$

戦術 ❺ ❺(2)式の虚数部分より，受電端の無効電力 Q〔Mvar〕を求める．

$$Q = \frac{V_s V_r \cos\delta - V_r^2}{X} = \frac{220\times10^3 \times 200\times10^3 \times \cos 30° - (200\times10^3)^2}{40}$$

$$\fallingdotseq -47.37\times 10^6 \text{〔var〕} = 47.4 \text{〔Mvar〕（進み）}$$

(3)

戦術 ❻

❻受電端の力率 Pf〔%〕を受電端の有効電力と無効電力から求める.

$$Pf = \frac{P}{\sqrt{P^2+Q^2}} \times 100 \tag{3}$$

$$= \frac{550}{\sqrt{550^2+47.37^2}} \times 100 \fallingdotseq 99.6 〔\%〕 \quad (進み)$$

〈答〉

(1) 線路電流　1 590 A

(2) 受電端の有効電力　550 MW

　　受電端の無効電力　47.4 Mvar（進み）

(3) 受電端の力率　99.6%（進み）

■問題9

線路こう長が100 km，線路の直列インピーダンスが$\dot{Z}=0.17+j0.48\ \Omega/\text{km}$，送電端電圧および受電端電圧がそれぞれ66 kVおよび60 kVの三相3線式1回線の送電線路がある．この送電線路の受電端の最大電力およびそのときの無効電力を求めよ．ただし，その他のインピーダンスは無視するものとする． （送配電：平成元年問1）

Focus Points 着眼点

送電端電圧V_s，受電端電圧V_r，送電端電圧と受電端電圧との位相角δおよび線路インピーダンス$|\dot{Z}|e^{j\phi}$とすると，受電端の有効電力Pと無効電力Qは，次のように表す．

$$P=\frac{V_s V_r \cos(\phi-\delta)}{|\dot{Z}|}-\frac{RV_r^2}{|\dot{Z}|^2}\ \text{(W)}$$

$$Q=\frac{V_s V_r \sin(\phi-\delta)}{|\dot{Z}|}-\frac{XV_r^2}{|\dot{Z}|^2}\ \text{(var)}$$

受電端の最大電力の条件は$\cos(\phi-\delta)=1$，すなわち$\phi-\delta=0°$のときである．

また，上記式を整理すると，電力円線図の式が求まる．

$$\left(P+\frac{RV_r^2}{|\dot{Z}|^2}\right)^2+\left(Q+\frac{XV_r^2}{|\dot{Z}|^2}\right)^2=\left(\frac{V_s V_r}{|\dot{Z}|}\right)^2$$

電力円線図は，受電端の最大電力，電圧位相角，調相容量などの計算に便利である．

Tactics 戦術

❶送電端電圧，受電端電圧，送電端電圧，受電端電圧の位相角および線路インピーダンスから線路電流の式を立てる．
❷線路電流の式を使用して受電端の有効電力と無効電力の式を立てる．
❸❷で求めた式から受電端最大電力の条件は，$\cos(\phi-\delta)=1$のときであるから，数値を代入して受電端最大電力を求める．
❹受電端最大電力のときの無効電力は，❷で求めた式の$\sin(\phi-\delta)=0$のときであるから，数値を代入して求める．

Answer 解答

問題の送電系統を図に示す．

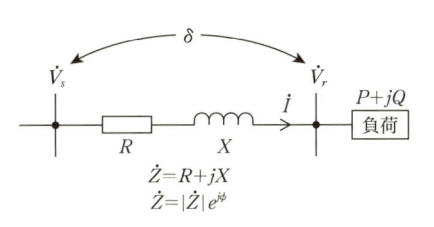

戦術 ❶ ❶送電端電圧 V_S〔V〕,受電端電圧 V_r〔V〕,送電端電圧と受電端電圧の位相角 δ,線路インピーダンス $\dot{Z}=R+jX=|\dot{Z}|e^{j\phi}$〔Ω〕とすると,線路電流 $\dot{I}$〔A〕の式を立てる.

$$\dot{I} = \frac{\dfrac{V_s e^{j\delta} - V_r}{\sqrt{3}}}{|\dot{Z}|e^{j\phi}} = \frac{V_s e^{j(\delta-\phi)} - V_r e^{-j\phi}}{\sqrt{3}|\dot{Z}|} \tag{1}$$

ただし,

$$\phi = \tan^{-1}\frac{X}{R}, \quad |\dot{Z}| = \sqrt{R^2 + X^2}$$

戦術 ❷ ❷(1)式を用いて,受電端の有効電力 P〔W〕と無効電力 Q〔var〕を求める.なお,無効電力 Q の符号は +:遅れ,-:進みとする.

$$\begin{aligned}
P + jQ &= \sqrt{3}V_r \overline{\dot{I}} = \sqrt{3}V_r \left(\frac{V_s e^{j(\phi-\delta)} - V_r e^{j\phi}}{\sqrt{3}|\dot{Z}|} \right) \\
&= \frac{V_s V_r \cos(\phi-\delta) - V_r^2 \cos\phi}{|\dot{Z}|} \\
&\quad + j\frac{V_s V_r \sin(\phi-\delta) - V_r^2 \sin\phi}{|\dot{Z}|}
\end{aligned} \tag{2}$$

ここで,$\cos\phi = R/|\dot{Z}|$,$\sin\phi = X/|\dot{Z}|$ を(2)式に代入すると,

$$\begin{aligned}
P + jQ &= \frac{V_s V_r \cos(\phi-\delta)}{|\dot{Z}|} - \frac{RV_r^2}{|\dot{Z}|^2} \\
&\quad + j\left(\frac{V_s V_r \sin(\phi-\delta)}{|\dot{Z}|} - \frac{XV_r^2}{|\dot{Z}|^2} \right)
\end{aligned} \tag{3}$$

よって,

$$P = \frac{V_s V_r \cos(\phi-\delta)}{|\dot{Z}|} - \frac{RV_r^2}{|\dot{Z}|^2} \text{〔W〕} \tag{4}$$

$$Q = \frac{V_s V_r \sin(\phi-\delta)}{|\dot{Z}|} - \frac{XV_r^2}{|\dot{Z}|^2} \text{〔var〕} \tag{5}$$

戦術 ❸ ❸受電端最大電力 P_m〔W〕を求める.

(4)式の $\cos(\phi-\delta)=1$,すなわち,$\phi-\delta=0°$ の場合であるから,

$$P_m = \frac{V_s V_r}{|\dot{Z}|} - \frac{R V_r^2}{|\dot{Z}|^2} \tag{6}$$

ここで，線路インピーダンス$|\dot{Z}|$〔Ω〕は，

$$|\dot{Z}| = \sqrt{17^2 + 48^2} = \sqrt{2593} \text{〔Ω〕}$$

(6)式に数値を代入すると，

$$P_m = \frac{66 \times 10^3 \times 60 \times 10^3}{\sqrt{2593}} - \frac{17 \times (60 \times 10^3)^2}{2593} \fallingdotseq 54.2 \times 10^6 \text{〔W〕}$$

$$= 54.2 \text{〔MW〕}$$

❹受電端最大電力のときの無効電力 Q_m〔var〕を求める．

(5)式の$\phi - \delta = 0°$のときであるから$\sin(\phi - \delta) = 0$となるので，

$$Q_m = \frac{X V_r^2}{|\dot{Z}|^2} \tag{7}$$

$$= \frac{48 \times (60 \times 10^3)^2}{2593} \fallingdotseq 66.6 \times 10^6 \text{〔var〕} = 66.6 \text{〔Mvar〕}（進み）$$

〈答〉

受電端最大電力　54.2 MW

受電端最大電力のときの無効電力　66.6 Mvar（進み）

■問題10

よくねん架された三相送電線1回線がある．無負荷時に送電端に電圧154 kVを加えたところ，受電端電圧および送電端電流はそれぞれ160.4 kVおよび139.8 A（進み）であった．この送電線の四端子定数を求めよ．ただし，抵抗分は無視するものとする．

(送配電：昭和53年問2)

着眼点 Focus Points

送電線の送電端相電圧，電流を $\dot{V}_1$, $\dot{I}_1$，受電端相電圧，電流を $\dot{V}_2$, $\dot{I}_2$，送電線の四端子定数を $\dot{A}$, $\dot{B}$, $\dot{C}$, $\dot{D}$ とすると，関係式は次のように表す．

$$\begin{pmatrix} \dot{V}_1 \\ \dot{I}_1 \end{pmatrix} = \begin{pmatrix} \dot{A} & \dot{B} \\ \dot{C} & \dot{D} \end{pmatrix} \begin{pmatrix} \dot{V}_2 \\ \dot{I}_2 \end{pmatrix}$$

ここで，四端子定数は，$\dot{A}=\dot{D}$：定数，$\dot{B}$：インピーダンス〔Ω〕，$\dot{C}$：アドミタンス〔S〕であり，$\dot{A}\dot{D}-\dot{B}\dot{C}=1$ の関係がある．

問題から無負荷時に送電電圧を加えたので，受電端電流 $\dot{I}_2=0$ に注目して四端子定数を求める．

戦術 Tactics

❶ 送電線の送電端相電圧と電流，受電端相電圧と電流および四端子定数との間で式を立てる．
❷ 無負荷のときは受電端電流＝0より，❶から四端子定数 $\dot{A}$, $\dot{C}$ を求める．
❸ $\dot{A}\dot{D}-\dot{B}\dot{C}=1$ から $\dot{B}$ を求める．
❹ $\dot{A}=\dot{D}$ より $\dot{D}$ を求める．

解答 Answer

送電線の四端子定数回路を図に示す．

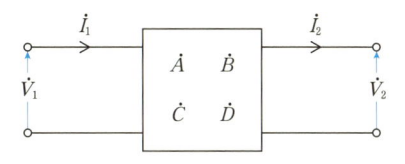

戦術❶ ❶送電線の送電端相電圧，電流を $\dot{V}_1$, $\dot{I}_1$，受電端相電圧，電流を $\dot{V}_2$, $\dot{I}_2$，送電線の四端子定数を $\dot{A}$, $\dot{B}$, $\dot{C}$, $\dot{D}$ として，式を立てる．

$$\begin{pmatrix} \dot{V}_1 \\ \dot{I}_1 \end{pmatrix} = \begin{pmatrix} \dot{A} & \dot{B} \\ \dot{C} & \dot{D} \end{pmatrix} \begin{pmatrix} \dot{V}_2 \\ \dot{I}_2 \end{pmatrix}$$

$$\dot{V}_1 = \dot{A}\dot{V}_2 + \dot{B}\dot{I}_2 \tag{1}$$

$$\dot{I}_1 = \dot{C}\dot{V}_2 + \dot{D}\dot{I}_2 \tag{2}$$

$$\dot{A}\dot{D} - \dot{B}\dot{C} = 1 \tag{3}$$

ここで，送電線は送受電端いずれから見ても対象であるから，

$$\dot{A} = \dot{D} \tag{4}$$

❷無負荷のとき受電端電流 $\dot{I}_2=0$ である．$\dot{A}$，$\dot{C}$ を求める．

(1)(2)式は，

$$\dot{V}_1 = \dot{A}\dot{V}_2 \tag{5}$$

$$\dot{I}_1 = \dot{C}\dot{V}_2 \tag{6}$$

(5)式より $\dot{A}$ は，

$$\dot{A} = \frac{\dot{V}_1}{\dot{V}_2} = \frac{154/\sqrt{3}}{160.4/\sqrt{3}} \fallingdotseq 0.960$$

(6)式より $\dot{C}$〔S〕は，

$$\dot{C} = \frac{\dot{I}_1}{\dot{V}_2} = \frac{j139.8}{160.4 \times 10^3/\sqrt{3}} \fallingdotseq j1.51 \times 10^{-3} \text{〔S〕}$$

❸(3)式より $\dot{B}$〔Ω〕を求める．

$$\dot{B} = \frac{\dot{A}\dot{D} - 1}{\dot{C}} = \frac{0.960 \times 0.960 - 1}{j1.510 \times 10^{-3}} \fallingdotseq j51.9 \text{〔Ω〕}$$

❹(4)式より $\dot{D}$ を求める．

$$\dot{D} = \dot{A} = 0.960$$

〈答〉

$\dot{A} = 0.960$

$\dot{B} = j51.9\ \Omega$

$\dot{C} = j1.51 \times 10^{-3}\ \text{S}$

$\dot{D} = 0.960$

■問題11

公称電圧110 kVのある送電線路の四端子定数は，$\dot{A}=0.98$，$\dot{B}=j70.7\ \Omega$，$\dot{C}=j0.56\times 10^{-3}$ S および $\dot{D}=0.98$ である．受電端電圧が100 kVで，受電端負荷が遅れ力率80%の21 MWであるとき，送電端電圧〔kV〕を求めよ． （送配電：昭和60年問2）

着眼点 Focus Points

送電線の送電端相電圧，電流を $\dot{V}_1$，$\dot{I}_1$，受電端相電圧，電流を $\dot{V}_2$，$\dot{I}_2$，送電線の四端子定数を $\dot{A}$，$\dot{B}$，$\dot{C}$，$\dot{D}$ とすると，関係式は次のように表す．

$$\begin{pmatrix}\dot{V}_1\\ \dot{I}_1\end{pmatrix}=\begin{pmatrix}\dot{A} & \dot{B}\\ \dot{C} & \dot{D}\end{pmatrix}\begin{pmatrix}\dot{V}_2\\ \dot{I}_2\end{pmatrix}$$

ここで，四端子定数は，$\dot{A}=\dot{D}$：定数，$\dot{B}$：インピーダンス〔Ω〕，$\dot{C}$：アドミタンス〔S〕であり，$\dot{A}\dot{D}-\dot{B}\dot{C}=1$ の関係がある．

注意点として，$\dot{V}_1$，$\dot{V}_2$ は相電圧であって線間電圧ではない．また，受電端電流は複素数で表すこと．

戦術 Tactics

❶送電端相電圧と電流，受電端相電圧と電流および四端子定数との間で関係式を立てる．
❷受電端電圧，受電端負荷電力および負荷力率から受電端電流を求める．
❸❶❷より送電端の相電圧を求める．
❹送電端電圧（線間電圧）を求める．

解答 Answer

❶送電線の送電端相電圧，電流を $\dot{V}_1$，$\dot{I}_1$，受電端相電圧，電流を $\dot{V}_2$，$\dot{I}_2$，送電線の四端子定数を $\dot{A}$，$\dot{B}$，$\dot{C}$，$\dot{D}$ とし，式を立てる．

$$\begin{pmatrix}\dot{V}_1\\ \dot{I}_1\end{pmatrix}=\begin{pmatrix}\dot{A} & \dot{B}\\ \dot{C} & \dot{D}\end{pmatrix}\begin{pmatrix}\dot{V}_2\\ \dot{I}_2\end{pmatrix}$$

$$\dot{V}_1=\dot{A}\dot{V}_2+\dot{B}\dot{I}_2 \qquad (1)$$
$$\dot{I}_1=\dot{C}\dot{V}_2+\dot{D}\dot{I}_2 \qquad (2)$$

なお，送電端電圧 V_s，受電端電圧 V_r とすると $\dot{V}_1$，$\dot{V}_2$ は，

$$\dot{V}_1=\frac{V_s}{\sqrt{3}}$$

$$\dot{V}_2=\frac{V_r}{\sqrt{3}}$$

戦術❷ ❷受電端電圧 V_r〔V〕,受電端負荷電力 P〔W〕,力率 $\cos\theta$(遅れ)とし,受電端電流 $\dot{I}_2$〔A〕を求める.

$$\dot{I}_2 = \frac{P}{\sqrt{3}V_r \cos\theta}(\cos\theta - j\sin\theta) \tag{3}$$

$$= \frac{21\times 10^6}{\sqrt{3}\times 100\times 10^3 \times 0.8}\times(0.8-j0.6)$$

$$\fallingdotseq 151.55\times(0.8-j0.6)\text{〔A〕}$$

戦術❸ ❸(1)式に数値代入すると送電端の相電圧 $\dot{V}_1$〔V〕を求める.

$$\dot{V}_1 = \frac{0.98\times 100\times 10^3}{\sqrt{3}} + j70.7\times 151.55\times(0.8-j0.6)$$

$$\fallingdotseq 63\,009 + j8\,572\text{〔V〕}$$

$\dot{V}_1$ の大きさ $|\dot{V}_1|$〔V〕は,

$$|\dot{V}_1| = \sqrt{63\,009^2 + 8\,572^2} \fallingdotseq 63\,589\text{〔V〕}$$

戦術❹ ❹送電端電圧 V_s〔kV〕を求める.

$$V_s = \sqrt{3}\,|\dot{V}_1| = \sqrt{3}\times 63\,589 \fallingdotseq 110\times 10^3\text{〔V〕} = 110\text{〔kV〕}$$

〈答〉
110 kV

■問題12

公称電圧110 kVの送電線がある．その送電線の四端子定数は，$A=0.98$，$B=j70.7$，$C=j0.56\times10^{-3}$，$D=0.98$である．無負荷時において，送電端に電圧110 kVを加えた場合，次の値を求めよ．

(1) 受電端電圧および送電端電流
(2) 受電端電圧を110 kVに保つための受電端調相容量

(送配電：昭和50年問1)

着眼点 Focus Points

送電線の送電端相電圧，電流を$\dot{V}_1$, $\dot{I}_1$，受電端相電圧，電流を$\dot{V}_2$, $\dot{I}_2$，送電線の四端子定数を$\dot{A}$, $\dot{B}$, $\dot{C}$, $\dot{D}$とすると，関係式は次のように表す．

$$\begin{pmatrix}\dot{V}_1\\\dot{I}_1\end{pmatrix}=\begin{pmatrix}\dot{A}&\dot{B}\\\dot{C}&\dot{D}\end{pmatrix}\begin{pmatrix}\dot{V}_2\\\dot{I}_2\end{pmatrix}$$

ここで，四端子定数は，$\dot{A}=\dot{D}$：定数，$\dot{B}$：インピーダンス〔Ω〕，$\dot{C}$：アドミタンス〔S〕であり，$\dot{A}\dot{D}-\dot{B}\dot{C}=1$の関係がある．

問題から無負荷なので，受電端電流$\dot{I}_2=0$とおいて求める．
調相容量に流れる電流は，$\dot{V}_1=\dot{A}\dot{V}_2+\dot{B}\dot{I}_2$の式を「$\dot{I}_2=$」の式に置き換え，調相容量（無効電力）は，$Q=\sqrt{3}V_r\overline{I}_2$で計算し，$\overline{I}_2$は共役ベクトルである．
なお，無効電力の符号は，＋：遅れ，－：進みで表す．

戦術 Tactics

(1) ❶送電端相電圧と電流，受電端相電圧と電流および四端子定数との間で関係式を立てる．
❷題意により無負荷のため，❶で求めた式に「受電端電流＝0」を代入して受電端電圧を求める．
❸❶で求めた式に「受電端電流＝0」を代入して送電端電流を求める．

(2) ❹❶で求めた式から受電端電流を求める．
❺受電端電流と受電端電圧から受電端の調相容量を求める．

解答 Answer

(1)
戦術❶ ❶送電線の送電端相電圧，電流を$\dot{V}_1$, $\dot{I}_1$，受電端相電圧，電流を$\dot{V}_2$, $\dot{I}_2$，送電線の四端子定数を$\dot{A}$, $\dot{B}$, $\dot{C}$, $\dot{D}$とし，式を立てる．

$$\begin{pmatrix}\dot{V}_1\\\dot{I}_1\end{pmatrix}=\begin{pmatrix}\dot{A}&\dot{B}\\\dot{C}&\dot{D}\end{pmatrix}\begin{pmatrix}\dot{V}_2\\\dot{I}_2\end{pmatrix}$$

$$\dot{V}_1 = \dot{A}\dot{V}_2 + \dot{B}\dot{I}_2 \tag{1}$$

$$\dot{I}_1 = \dot{C}\dot{V}_2 + \dot{D}\dot{I}_2 \tag{2}$$

なお，送電端電圧 V_s，受電端電圧 V_r とすると $\dot{V}_1$，$\dot{V}_2$ は，

$$\dot{V}_1 = \frac{V_s}{\sqrt{3}}$$

$$\dot{V}_2 = \frac{V_r}{\sqrt{3}}$$

戦術❷ ❷題意により無負荷のため(1)式に $\dot{I}_2 = 0$ を代入し，受電端電圧 V_r を求める．

受電端相電圧 $\dot{V}_2$ は，

$$\dot{V}_1 = \dot{A}\dot{V}_2$$

$$\dot{V}_2 = \frac{\dot{V}_1}{\dot{A}}$$

受電端電圧 V_r 〔kV〕は，

$$V_r = \sqrt{3}\dot{V}_2 = \frac{\sqrt{3}\dot{V}_1}{\dot{A}} = \frac{110}{0.98} \fallingdotseq 112.2 \text{〔kV〕}$$

戦術❸ ❸(2)式に $\dot{I}_2 = 0$ を代入すると送電端電流 $\dot{I}_1$ 〔A〕を求める．

$$\dot{I}_1 = \dot{C}\dot{V}_2 = \frac{j0.56 \times 10^{-3} \times 112.2 \times 10^3}{\sqrt{3}} \fallingdotseq j36.3 \text{〔A〕}$$

(2)

戦術❹ ❹(1)式より受電端電流 $\dot{I}_2$ 〔A〕を求める．

$\dot{V}_1 = \dot{A}\dot{V}_2 + \dot{B}\dot{I}_2$ より，

$$\dot{I}_2 = \frac{\dot{V}_1 - \dot{A}\dot{V}_2}{\dot{B}} = \frac{\left(\frac{110}{\sqrt{3}} - 0.98 \times \frac{110}{\sqrt{3}}\right) \times 10^3}{j70.7} \fallingdotseq -j17.97 \text{〔A〕}$$

戦術❺ ❺受電端電流と受電端電圧から受電端の調相容量 Q 〔var〕を求める．

$$Q = \sqrt{3}V_r \overline{I}_2 = \sqrt{3} \times 110 \times 10^3 \times j17.97$$

$$\fallingdotseq j3\,420 \times 10^3 \text{〔var〕} = j3\,420 \text{〔kvar〕} = 3\,420 \text{〔kvar〕（遅れ）}$$

〈答〉

(1) 受電端電圧　112 kV

　　送電端電流　36.3 A

(2) 受電端の調相容量　3 420 kvar（遅れ）

■問題13

図に示すような1線当たりのインピーダンスが $3+j6$ Ωおよび $2+j5$ Ωの二つの三相3線式1回線送電線路のうち，インピーダンス $2+j5$ Ωの方に直列コンデンサを接続してループ運転する場合，送電損失が最小となるコンデンサのリアクタンス x の値〔Ω〕を求めよ．ただし，負荷電流は一定とする．

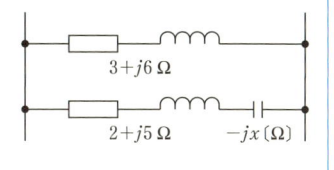

(送配電：昭和62年問2)

着眼点 Focus Points

二つの送電線をループ運転した場合，送電損失を最小とするための直列コンデンサのリアクタンスを求める問題である．

送電損失を最小とするには，二つの送電線の合成インピーダンスの実数部分（抵抗分）をとり出して，最小となることに注目する．

最小となる条件を文字式で展開して計算することになるので，最初は嫌気がさす人もいるが，何回も繰返しやってみると実力が付いて「すらすら」できるようになる．

戦術 Tactics

❶ループ運転した場合の合成インピーダンスを求める．
❷❶で求めた合成インピーダンスの実数部分（抵抗分）をとり出す．
❸題意により受電端電圧が一定であるので，送電損失を最小にするには実数部分（抵抗分）を最小にすればよいから，❷の式が最小となる条件を求める．
❹❸より直列コンデンサのリアクタンスを求める．

解答 Answer

戦術❶

❶ $\dot{Z}_1 = R_1 + jX_1 = 3+j6$ 〔Ω〕，$\dot{Z}_2 = R_2 + jX_2 = 2+j(5-X)$ 〔Ω〕とするときの，ループ運転した場合の合成インピーダンス $\dot{Z}$ を求める．

ただし，直列コンデンサのリアクタンスを X 〔Ω〕とする．

$$\dot{Z} = R + jX = \frac{(R_1+jX_1)(R_2+jX_2)}{(R_1+jX_1)+(R_2+jX_2)}$$
$$= \frac{(R_1R_2-X_1X_2)+j(R_1X_2+R_2X_1)}{(R_1+R_2)+j(X_1+X_2)} \quad (1)$$

(1)式を有理化すると，

$$\dot{Z} = \frac{\{(R_1R_2 - X_1X_2) + j(R_1X_2 + R_2X_1)\}\{(R_1+R_2) - j(X_1+X_2)\}}{(R_1+R_2)^2 + (X_1+X_2)^2}$$

$$= \frac{(R_1R_2 - X_1X_2)(R_1+R_2) + (R_1X_2 + R_2X_1)(X_1+X_2)}{(R_1+R_2)^2 + (X_1+X_2)^2}$$

$$+ j\frac{(R_1X_2 + R_2X_1)(R_1+R_2) - (R_1R_2 - X_1X_2)(X_1+X_2)}{(R_1+R_2)^2 + (X_1+X_2)^2} \quad (2)$$

❷(2)式から実数部分(抵抗分)Rをとり出す.

$$R = \frac{(R_1R_2 - X_1X_2)(R_1+R_2) + (R_1X_2 + R_2X_1)(X_1+X_2)}{(R_1+R_2)^2 + (X_1+X_2)^2}$$

$$= \frac{R_1^2R_2 + R_1R_2^2 + R_2X_1^2 + R_1X_2^2}{(R_1+R_2)^2 + (X_1+X_2)^2} \quad (3)$$

(3)式の分子,分母に(R_1+R_2)を掛け算すると,

$$R = \frac{R_1+R_2}{R_1+R_2} \times \frac{R_1^2R_2 + R_1R_2^2 + R_2X_1^2 + R_1X_2^2}{(R_1+R_2)^2 + (X_1+X_2)^2}$$

$$= \frac{R_1^2X_2^2 + R_2^2X_1^2 + R_1R_2\{(X_1^2+X_2^2) + (R_1+R_2)^2\}}{(R_1+R_2)\{(R_1+R_2)^2 + (X_1+X_2)^2\}} \quad (4)$$

(4)式の分子に$(2R_1R_2X_1X_2 - 2R_1R_2X_1X_2)$を加算すると,

$$R = \frac{\begin{array}{c}R_1^2X_2^2 + R_2^2X_1^2 + R_1R_2\{(X_1^2+X_2^2)+(R_1+R_2)^2\}\\ + 2R_1R_2X_1X_2 - 2R_1R_2X_1X_2\end{array}}{(R_1+R_2)\{(R_1+R_2)^2 + (X_1+X_2)^2\}}$$

$$= \frac{R_1^2X_2^2 - 2R_1R_2X_1X_2 + R_2^2X_1^2}{(R_1+R_2)\{(R_1+R_2)^2 + (X_1+X_2)^2\}}$$

$$+ \frac{R_1R_2\{(X_1^2 + 2X_1X_2 + X_2^2) + (R_1+R_2)^2\}}{(R_1+R_2)\{(R_1+R_2)^2 + (X_1+X_2)^2\}}$$

$$= \frac{(R_1X_2 - R_2X_1)^2}{(R_1+R_2)\{(R_1+R_2)^2 + (X_1+X_2)^2\}} + \frac{R_1R_2}{R_1+R_2} \quad (5)$$

❸題意により,受電端電圧が一定であるので,送電損失を最小にするには実数部分(抵抗分)Rを最小にすればよいから(5)式が最小となる条件を求める.

(5)式のR_1, R_2は常に正であるから第1項,第2項とも正となるので,Rが最小となるためには第1項がゼロとなればよい.X_2は,

$$\frac{(R_1X_2 - R_2X_1)^2}{(R_1+R_2)\{(R_1+R_2)^2 + (X_1+X_2)^2\}} = 0$$

$$R_1X_2 - R_2X_1 = 0$$

$$X_2 = \frac{R_2 X_1}{R_1} \tag{6}$$

戦術❹ ❹直列コンデンサのリアクタンス X〔Ω〕を求める．

$X_2 = 5 - X$ より
$$X = 5 - X_2 \tag{7}$$

(6)式を(7)式に代入すると，

$$X = 5 - \frac{R_2 X_1}{R_1} = 5 - \frac{2 \times 6}{3} = 1 \text{〔Ω〕}$$

〈答〉
1.00 Ω

■問題14

図のような系統において，負荷が170 MWのとき，A線およびB線を流れる電力はそれぞれ何メガワットか．また，P点に直列コンデンサを挿入してA線の電力を99 MWにしようとする場合，各相に何オームの直列コンデンサを挿入しなければならないか．ただし，回路のインピーダンスは次のとおりとする．

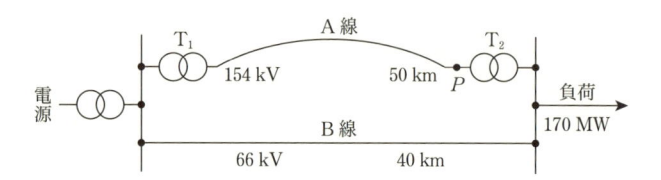

```
         T₁      A線       T₂
    ┌──┤├──────⌒──────┤├──┐
電源│   154 kV      50 km  P      負荷
    │                              170 MW
    └────────B線─────────┘
         66 kV      40 km
```

変圧器 T_1，T_2 ともに $j10\%$（定格容量 100 MV·A）
　A線：$j0.2\%/\mathrm{km}$（100 MV·A 基準）
　B線：$j0.1\%/\mathrm{km}$（10 MV·A 基準）

（送配電：平成2年問1）

着眼点 Focus Points

異なった電圧の送電線，変圧器が存在する系統の計算は，%リアクタンスを基準電圧でオーム値に変換して行う方法もあるが，基準容量に変換した単位法〔p.u.〕で表した方が計算は楽になる．

送電線電流は，%リアクタンスに逆比例して流れるので，電力も同様に逆比例することから各送電線の負荷分担を求める．

戦術 Tactics

❶変圧器，送電線の%リアクタンスを基準容量100 MV·Aに変換して単位法〔p.u.〕で表す．
❷受電端負荷を分担する送電線A線，B線に流れる電力をそれぞれ求める．
❸送電線A線に流れる電力を99 MWにするための直列コンデンサのリアクタンス〔p.u.〕を❷で求めた式から求める．
❹直列コンデンサのリアクタンスの単位を〔p.u.〕からオーム値〔Ω〕へ変換する．

解答 Answer

戦術❶
❶変圧器 T_1，T_2，送電線 A，B の%リアクタンス X_{T1}，X_{T2}，X_{L1}，X_{L2} を基準容量100 MV·Aに変換して単位法〔p.u.〕で表す．

82　　　　　　　　　　　　　　　　　　　　　　　　　　3. 送電

$X_{T1} = 10 (\%) = 0.1 \text{(p.u.)}$

$X_{T2} = 10 (\%) = 0.1 \text{(p.u.)}$

$X_{L1} = 0.2 \times 50 = 10 (\%) = 0.1 \text{(p.u.)}$

$X_{L2} = 0.1 \times 40 \times \dfrac{100 \text{(MV·A)}}{10 \text{(MV·A)}} = 40 (\%) = 0.4 \text{(p.u.)}$

戦術❷

❷負荷 P〔MW〕を分担する送電線A線，B線に流れる電力 P_A〔MW〕, P_B〔MW〕を求める．

$$P_A = \dfrac{X_{L2}}{X_{T1} + X_{T2} + X_{L1} + X_{L2}} P \tag{1}$$

$$= \dfrac{0.4}{0.1 + 0.1 + 0.1 + 0.4} \times 170 \fallingdotseq 97.1 \text{(MW)}$$

$$P_B = \dfrac{X_{T1} + X_{T2} + X_{L1}}{X_{T1} + X_{T2} + X_{L1} + X_{L2}} P \tag{2}$$

$$= \dfrac{0.1 + 0.1 + 0.1}{0.1 + 0.1 + 0.1 + 0.4} \times 170 \fallingdotseq 72.9 \text{(MW)}$$

戦術❸

❸(1)式より，A線に流れる電力を99 MWにするための直列コンデンサのリアクタンス X_C〔p.u.〕を求める．

$$99 = \dfrac{X_{L2}}{X_{T1} + X_{T2} + X_{L1} + X_{L2} - X_C} P$$

$$X_C = X_{T1} + X_{T2} + X_{L1} + X_{L2} - \dfrac{P X_{L2}}{99}$$

$$= 0.1 + 0.1 + 0.1 + 0.4 - \dfrac{170 \times 0.4}{99} \fallingdotseq 0.01313 \text{(p.u.)}$$

戦術❹

❹直列コンデンサのリアクタンス X_C〔p.u.〕をオーム値〔Ω〕へ変換する．

$$X (\Omega) = X \text{(p.u.)} \times \dfrac{(\text{定格電圧〔V〕})^2}{\text{基準容量〔V·A〕}} \tag{3}$$

(3)式より，

$$X_C = 0.01313 \times \dfrac{(154 \times 10^3)^2}{100 \times 10^6} \fallingdotseq 3.11 (\Omega)$$

〈答〉

A線の電力　97.1 MW

B線の電力　72.9 MW

直列コンデンサ　3.11 Ω

■問題15

図のような平行2回線送電線に遅れ力率80%，100 MWの負荷が接続されている．いま，1号線の受電端変圧器の三次巻線に電力用コンデンサCを接続したところ，力率計Bの読みが100%となった．この場合の力率計Aの読みと電力用コンデンサCの容量とを求めよ．

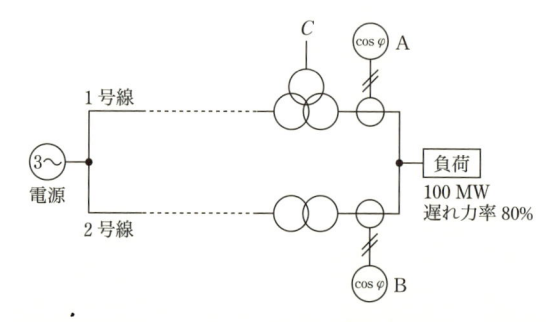

ただし，受電端変圧器のインピーダンスおよび電圧の変動は，無視するものとする．

(送配電：昭和46年問1)

着眼点 Focus Points

この問題では，負荷の有効電力と負荷力率から負荷を「有効電力$+j$無効電力」で表すことが大切である．

平行2回線送電線のため1号線と2号線の負荷分担は1/2となる．また，電力用コンデンサの容量分担も1/2となる．

力率計A，Bの読みは，負荷の無効電力の流れる方向と電力用コンデンサの無効電力の流れる方向を図に描いて求めるとわかりやすい．

戦術 Tactics

❶負荷力率$\cos\theta$（遅れ）のときの負荷の有効電力と無効電力を求める．

❷コンデンサ接続前の負荷電力は1/2ずつ流れることから，1号線，2号線の潮流を求める．

❸コンデンサ接続後のコンデンサの無効電力は，1号線と2号線にそれぞれ1/2ずつ分流することからA点，B点の潮流を求める．

❹B点の力率計の読みが100%であることから電力用コンデンサの容量を求める．

❺A点に流れる潮流は，❸で求めた式により❹で求めた電力用コンデンサ容量を代入して求める．

❻❺で求めた潮流から力率計Aの読みを求める．

解答

戦術 ❶ ❶ 負荷力率 $\cos\theta$（遅れ）とすると，負荷の有効電力 P と無効電力 Q を求める．

$$P + jQ = P + j\frac{P}{\cos\theta}\sin\theta \tag{1}$$
$$= 100 + j\frac{100 \times 0.6}{0.8} = 100 + j75$$

戦術 ❷ ❷ コンデンサ接続前は，平行2回線送電線であるから負荷電力は1/2ずつ流れることから，1号線，2号線の潮流を求める．

$$\frac{1}{2}(100 + j75) = 50 + j37.5$$

戦術 ❸ ❸ コンデンサ接続後は，図に示すようにコンデンサの無効電力 Q_C〔Mvar〕が1号線と2号線にそれぞれ1/2ずつ分流することから，A点，B点の潮流を求める．

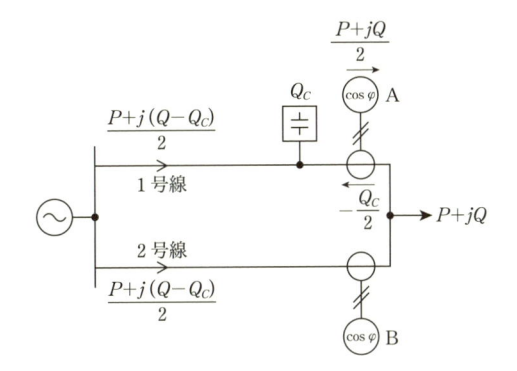

A点：$50 + j37.5 + j\dfrac{Q_C}{2}$ (2)

B点：$50 + j37.5 - j\dfrac{Q_C}{2}$ (3)

戦術 ❹ ❹ B点の力率計の読みが100%ということは，(3)式の虚数部分がゼロとなるので，電力用コンデンサ容量 Q_C〔Mvar〕を求める．

$$37.5 - \frac{Q_C}{2} = 0$$
$$Q_C = 37.5 \times 2 = 75.0 \text{〔Mvar〕}$$

戦術 ❺ ❺ Q_C を(2)式に代入してA点に流れる潮流を求める．

$$50 + j37.5 + j\frac{75}{2} = 50 + j75 \text{（遅れ）} \tag{4}$$

戦術❻ ❻(4)式から力率計 A の読み $\cos A$ を求める．

$$\cos A = \frac{50}{\sqrt{50^2 + 75^2}} \fallingdotseq 0.555 \text{（遅れ）}$$

〈答〉

力率計 A の読み　0.555（遅れ）

電力用コンデンサ容量　75.0 Mvar

■問題16

電圧66 kVの三相並行2回線送電線がある．1回線を停止した場合における停止回線の電線に対する静電誘導電圧と停止回線の電線から大地に流れる1 km当たりの電流を求めよ．ただし，周波数は50 Hz，送電中の回線と停止回線中の1線との間の相互静電容量はそれぞれ0.004，0.001，0.003 μF/kmとし，停止回線中の1線の対地静電容量は0.005 μF/kmとする．

(送配電：昭和61年問2)

着眼点 Focus Points

三相並行2回線送電線において1回線が停止すると，停止している電線と運転している各相との間および対地間に静電容量が生じる．

送電線の各相電圧，静電誘導電圧$\dot{V}_s$，線電流$\dot{I}_a$, $\dot{I}_b$, $\dot{I}_c$，停止回線の電線から大地に流れる電流$\dot{I}_s$および各静電容量との間の式は，次のように表す．

$$\dot{I}_a + \dot{I}_b + \dot{I}_c + \dot{I}_s = 0$$

$$\underbrace{j\omega C_A(E+\dot{V}_s)}_{\dot{I}_a} + \underbrace{j\omega C_B(a^2 E+\dot{V}_s)}_{\dot{I}_b} + \underbrace{j\omega C_C(aE+\dot{V}_s)}_{\dot{I}_c} + \underbrace{j\omega C_S \dot{V}_s}_{\dot{I}_s} = 0$$

ここで，各相電圧は複素数表示で表し，a相を基準にするとb相は120°遅れ，c相は240°遅れとなり，ベクトルオペレータ「a」を使用して表現する．

戦術 Tactics

❶送電線の各相に流れる電流，停止回線の電線から大地に流れる電流を求める．

❷「各相の線電流，停止回線電線から大地に流れる電流との和＝0」の式から「静電誘導電圧＝」の式に置き換えて静電誘導電圧を求める．

❸❷で求めた静電誘導電圧と停止回線の対地静電容量から，停止回線の電線から大地に流れる電流を求める．

解答 Answer

問題の回路を図に示す．

戦術❶ ❶送電線の各相電圧$\dot{E}_a$, $\dot{E}_b$, $\dot{E}_c$，静電誘導電圧$\dot{V}_s$，送電中の回線と停止回線の1線との間の静電容量をC_A, C_B, C_C，停止回線中の対地静電容量をC_sとすると，線電流$\dot{I}_a$, $\dot{I}_b$, $\dot{I}_c$，停止回線の電線から大地に流れる電流$\dot{I}_s$を求める．

なお，$\dot{E}_a = E$, $\dot{E}_b = a^2 E$, $\dot{E}_c = aE$とする．

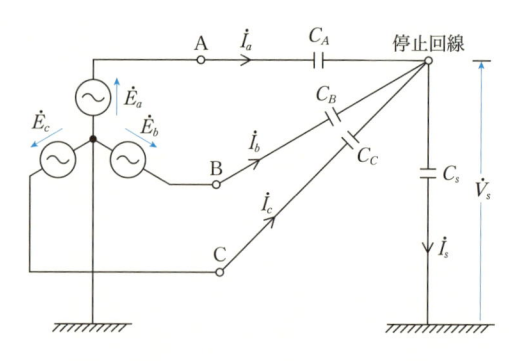

$$\dot{I}_a = j\omega C_A(\dot{E}_a + \dot{V}_s) = j\omega C_A(E + \dot{V}_s)$$

$$\dot{I}_b = j\omega C_B(\dot{E}_b + \dot{V}_s) = j\omega C_B(a^2 E + \dot{V}_s)$$

$$\dot{I}_c = j\omega C_C(\dot{E}_c + \dot{V}_s) = j\omega C_C(aE + \dot{V}_s)$$

$$\dot{I}_s = j\omega C_s \dot{V}_s$$

❷「静電誘導電圧＝」の式に置き換え静電誘導電圧 $\dot{V}_s$ を求める．
$\dot{I}_a + \dot{I}_b + \dot{I}_c + \dot{I}_s = 0$ より，

$$j\omega C_A(E + \dot{V}_s) + j\omega C_B(a^2 E + \dot{V}_s) + j\omega C_C(aE + \dot{V}_s) + j\omega C_s \dot{V}_s = 0$$

$$(C_A + C_B + C_C + C_s)\dot{V}_s = -(C_A + a^2 C_B + aC_C)E$$

$$\dot{V}_s = -\frac{C_A + a^2 C_B + aC_C}{C_A + C_B + C_C + C_s}E \tag{1}$$

(1)式に数値を代入すると，

$$\dot{V}_s = -\frac{(0.004 + 0.001a^2 + 0.003a) \times 10^{-6}}{(0.004 + 0.001 + 0.003 + 0.005) \times 10^{-6}} \times \frac{66}{\sqrt{3}}$$

$$= -\frac{4 + a^2 + 3a}{13} \times \frac{66}{\sqrt{3}} = -\frac{4 + 2a + a^2 + a}{13} \times \frac{66}{\sqrt{3}} \tag{2}$$

ここで，$a^2 + a$ は，$1 + a^2 + a = 0$ より，

$$a^2 + a = -1 \tag{3}$$

(3)式を(2)式へ代入すると，

$$\dot{V}_s = -\frac{3 + 2a}{13} \times \frac{66}{\sqrt{3}} = -\frac{3 + 2 \times \left(-\frac{1}{2} + j\frac{\sqrt{3}}{2}\right)}{13} \times \frac{66}{\sqrt{3}}$$

$$= -\frac{2 + j\sqrt{3}}{13} \times \frac{66}{\sqrt{3}}$$

$\dot{V}_s$ の大きさ $|\dot{V}_s|$〔kV〕は，

$$|\dot{V}_s| = \frac{\sqrt{2^2+3}}{13} \times \frac{66}{\sqrt{3}} = 7.755 \fallingdotseq 7.76 \text{ (kV)}$$

❸停止回線の電線から大地に流れる電流 $|\dot{I}_s|$ 〔A/km〕を求める.

$$|\dot{I}_s| = \omega C_s |\dot{V}_s| = 2\pi \times 50 \times 0.005 \times 10^{-6} \times 7.755 \times 10^3$$
$$\fallingdotseq 12.2 \times 10^{-3} \text{ (A/km)} = 12.2 \text{ (mA/km)}$$

〈答〉
静電誘導電圧　7.76 kV
大地に流れる電流　12.2 mA/km

■問題17

周波数 f〔Hz〕で送電している三相1回線送電線に，1端を接地した通信線が平行して設置されているとする．

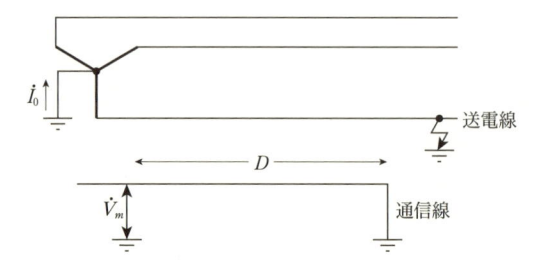

以下の問に答えよ．

(1) 送電線に1線地絡事故が発生したときに，電磁誘導により発生する誘導電圧 $\dot{V}_m$〔V〕を表せ．ただし，このときに送電線に流れる起誘導電流は $\dot{I}_0$〔A〕，送電線と通信線との相互インダクタンスを M〔H/km〕，送電線と通信線が平行している距離を D〔km〕とする．

(2) 問(1)で，相互インダクタンス M を5.0 mH/km，平行している距離 D を0.5 kmとした場合に，誘導電圧 V_m を430 V以下にするための，1線地絡事故時の起誘導電流 I_0 の大きさの上限値を求めよ．ただし，周波数は50 Hzとする．

(電力・管理：平成9年問3)

着眼点 Focus Points

送電線と通信線が平行している箇所で，送電線に1線地絡事故が発生すると，電磁誘導作用により通信線に誘導電圧が発生する．

誘導電圧は，送電線に流れる起誘導電流の大きさ，送電線と通信線との平行している距離（送電線と通信線との間の相互インダクタンス）に比例する．

戦術 Tactics

(1) ❶送電線に1線地絡事故が発生したときの電磁誘導による通信線に発生する誘導電圧の式を立てる．

(2) ❷誘導電圧430 V以下にするため，(1)で求めた式から送電線に流れる起誘導電流の式を立てる．
❸数値を代入して送電線に流れる起誘導電流を求める．

解答

戦術❶

(1)

❶電磁誘導により通信線に発生する誘導電圧 $\dot{V}_m$〔V〕を求める.

　送電線に1線地絡事故が発生した.送電線に流れる起誘導電流 $\dot{I}_0$〔A〕,相互インダクタンス M〔H/km〕,送電線と通信線が平行している距離 D〔km〕,周波数 f〔Hz〕とすると,

$$\dot{V}_m = j\omega M \dot{I}_0 D = j2\pi f M \dot{I}_0 D \text{〔V〕} \tag{1}$$

(2)

戦術❷

❷(1)式より,誘導電圧 430 V 以下にするための送電線に流れる起誘導電流 $\dot{I}_0$ の大きさ $|\dot{I}_0|$〔A〕を求める.

$$|\dot{I}_0| \leq \left|\frac{\dot{V}_m}{j2\pi f M D}\right| \text{〔A〕} \tag{2}$$

戦術❸

❸(2)式に数値を代入し,送電線に流れる起誘導電流を求める.

$$|\dot{I}_0| \leq \frac{430}{2\pi \times 50 \times 5.0 \times 10^{-3} \times 0.5}$$

$$|\dot{I}_0| \leq 547.5 \text{〔A〕} \fallingdotseq 547 \text{〔A〕}$$

〈答〉

(1)　$\dot{V}_m = j2\pi f M \dot{I}_0 D$〔V〕

(2)　I_0 の上限値　547 A

■問題18

図のように，短絡容量700 MV·Aの電源に接続された定格容量3 000 kV·Aの変圧器の負荷側（電圧3.3 kV）に長さ36 mのケーブルが接続されている．

この場合において，次の各値を求めよ．ただし，母線のインピーダンスは無視する．

(1) 1 000 kV·Aを基準とする次の値

　(イ) 電源の％インピーダンス

　(ロ) 変圧器の％インピーダンス

　　ただし，変圧器の定格容量基準の％インピーダンスは5.7％である．

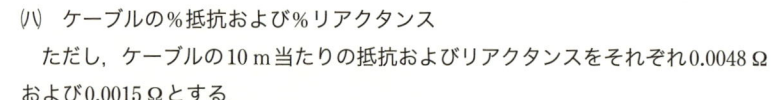

　(ハ) ケーブルの％抵抗および％リアクタンス

　　ただし，ケーブルの10 m当たりの抵抗およびリアクタンスをそれぞれ0.0048 Ωおよび0.0015 Ωとする．

(2) ケーブルの末端A点で三相短絡を生じた場合の短絡電流の値（交流分）

　ただし，電源と変圧器のインピーダンスは，純リアクタンスとする．

（送配電：昭和51年問1）

着眼点 Focus Points

各種の％インピーダンスは，基準容量に変換してから計算することが大切であり，次のように求まる．

- 電源の％インピーダンスは「（基準容量／電源の短絡容量）×100％」
- 変圧器の％インピーダンスは「（基準容量／変圧器の定格容量）×定格容量の％インピーダンス」
- ケーブルの抵抗値は，基準容量の％抵抗に変換し，「（基準容量／定格電圧^2）×抵抗値〔Ω〕×100」

三相短絡電流は，短絡事故点から電源側を見た合成％インピーダンスを計算し，「（100／合成％インピーダンス）×基準容量の定格電流」で求める．

戦術 Tactics

(1) ❶電源の短絡容量を基準容量1 000 kV·A換算して，電源の％インピーダンスを求める．
　❷変圧器の％インピーダンスを基準容量1 000 kV·A換算する．
　❸ケーブルの抵抗とリアクタンスを求める．
　❹ケーブルの抵抗，リアクタンスを基準容量1 000 kV·A換算し％抵抗，％リアクタンスを求める．

(2) ❺A点から電源側を見た合成%インピーダンスを求める．
❻合成%インピーダンスの大きさ（絶対値）を求める．
❼❻を用いてA点の三相短絡電流を求める．

解答 Answer

戦術❶

(1)
❶電源の短絡容量を基準容量1 000 kV·A換算して，電源の%インピーダンス Z_G〔%〕を求める．

$$Z_G = \frac{基準容量〔V·A〕}{電源の短絡容量〔V·A〕} \times 100 \quad (1)$$

$$= \frac{1\,000 \times 10^3}{700 \times 10^6} \times 100 ≒ 0.143 〔\%〕$$

戦術❷

❷変圧器の%インピーダンス Z_T〔%〕を基準容量1 000 kV·A換算する．

$$Z_T = \frac{基準容量〔V·A〕}{変圧器の定格容量〔V·A〕} \times \%Z_T〔\%〕 \quad (2)$$

$$= \frac{1\,000 \times 10^3}{3\,000 \times 10^3} \times 5.7 = 1.90 〔\%〕$$

戦術❸

❸ケーブルの抵抗 R〔Ω〕とリアクタンス X〔Ω〕を求める．

$$R = 0.0048 \times 3.6 = 0.01728 〔Ω〕$$

$$X = 0.0015 \times 3.6 = 0.0054 〔Ω〕$$

戦術❹

❹ケーブルの抵抗 R とリアクタンス X について基準容量1 000 kV·Aの%抵抗 R_L〔%〕，%リアクタンス X_L〔%〕に換算する．

$$R_L = \frac{基準容量〔V·A〕}{(定格電圧〔V〕)^2} \times 抵抗値〔Ω〕\times 100 \quad (3)$$

$$= \frac{1\,000 \times 10^3 \times 0.01728}{3\,300^2} \times 100 ≒ 0.159 〔\%〕$$

$$X_L = \frac{基準容量〔V·A〕}{(定格電圧〔V〕)^2} \times リアクタンス値〔Ω〕\times 100 \quad (4)$$

$$= \frac{1\,000 \times 10^3 \times 0.0054}{3\,300^2} \times 100 ≒ 0.0496 〔\%〕$$

(2)

戦術❺

❺A点から電源側を見た合成%インピーダンス $\dot{Z}$〔%〕を求める．

$$\dot{Z} = R_L + j(Z_G + Z_T + X_L) \quad (5)$$

$$= 0.159 + j(0.143 + 1.90 + 0.0496) ≒ 0.159 + j2.093 〔\%〕$$

戦術 ❻ ❻合成％インピーダンス$\dot{Z}$の大きさ$|\dot{Z}|$〔％〕を求める．
$$|\dot{Z}| = \sqrt{0.159^2 + 2.093^2} \fallingdotseq 2.099 〔\%〕$$

戦術 ❼ ❼A点の三相短絡電流I_S〔A〕を求める．
$$I_S = \frac{100}{合成\%インピーダンス〔\%〕} \times 基準容量の定格電流〔A〕 \quad (6)$$
$$= \frac{100}{2.099} \times \frac{1\,000 \times 10^3}{\sqrt{3} \times 3\,300} = 8\,335 \fallingdotseq 8\,340 〔A〕$$

〈答〉
(1) (イ)0.143％
    (ロ)1.90％
    (ハ)％抵抗　0.159％
        ％リアクタンス　0.0496％
(2) 8 340 A

■問題19

図で示すように，発電機G_1および負荷L_1を含む66 kV系統に，一点鎖線で囲んだように，発電機G_2および負荷L_2を含む系統を追加して連系する場合について，次の問に答えよ．

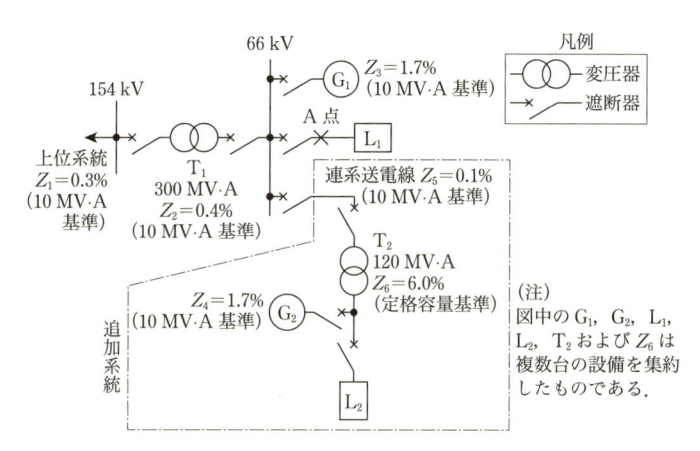

```
                    66 kV                        凡例
                      ×                         ─⦿─ 変圧器
                      ×   ─(G₁) Z₃=1.7%         ─×─ 遮断器
    154 kV            │        (10 MV·A 基準)
  ×─⦿────×─────A点───┤
  上位系統    T₁     [L₁]
  Z₁=0.3%   300 MV·A     連系送電線 Z₅=0.1%
  (10 MV·A  Z₂=0.4%      (10 MV·A 基準)
   基準)    (10 MV·A         ×
             基準)           │
                            ─⦿─ T₂
                            120 MV·A
                            Z₆=6.0%
              Z₄=1.7%       (定格容量基準)   (注)
             (10 MV·A                        図中の$G_1$, $G_2$, $L_1$,
             基準)  ─(G₂)                    $L_2$, $T_2$および$Z_6$は
   追                                         複数台の設備を集約
   加                                         したものである．
   系        [L₂]
   統
```

(1) 連系前の次の諸量について，計算式を示してその値を求めよ．
・A点からみた電源側の系統のインピーダンスZ〔%〕（10 MV·A基準）
・A点における短絡容量P_{S1}〔MV·A〕
・A点における短絡電流I_{S1}〔kA〕

(2) 連系後の次の諸量について，計算式を示してその値を求めよ．
・A点からみた電源側の系統のインピーダンスZ〔%〕（10 MV·A基準）
・A点における短絡容量P_{S2}〔MV·A〕
・A点における短絡電流I_{S2}〔kA〕

(電力・管理：平成15年問6改)

着眼点 Focus Points

三相短絡事故がA点で発生した場合，A点から電源側を見た%インピーダンスを計算するには，2電源（上位系統と発電機G_1）がある系統では，A点から各電源までの%インピーダンスを並列計算して求める．3電源（上位系統と発電機G_1，G_2）の場合は，三つの%インピーダンスを並列計算して求める．

短絡容量と短絡電流は，次のように求める．

・短絡容量〔V·A〕$= \dfrac{100}{\text{％インピーダンス}} \times$基準容量

・短絡電流〔A〕= $\dfrac{短絡容量}{\sqrt{3}\times 基準容量の定格電圧}$

戦術 Tactics

(1) ❶ A点から電源側を見た系統インピーダンス（A点から上位系統とA点からG_1までのインピーダンスの並列計算）を求める．
❷ ❶で求めた％インピーダンスからA点の短絡容量を求める．
❸ ❷で求めた短絡容量からA点の短絡電流を求める．

(2) ❹ Z_6の％インピーダンスを10 MV·A基準に変換する．
❺ A点から電源側を見た系統インピーダンス（❶で求めたインピーダンスとA点からG_2までのインピーダンスの並列計算）を求める．
❻ ❷で求めた％インピーダンスからA点における短絡容量を求める．
❼ ❸で求めた短絡容量からA点における短絡電流を求める．

解答 Answer

(1) 問題の系統を図1に示す．

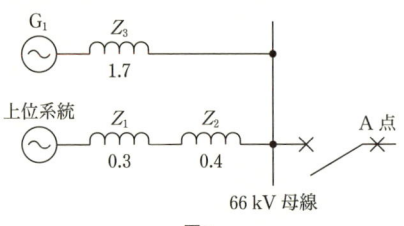

図1

戦術❶ ❶ A点から電源側を見た系統インピーダンスZ〔％〕を求める．

$$Z = \dfrac{Z_3(Z_1+Z_2)}{Z_3+Z_1+Z_2} = \dfrac{1.7\times(0.3+0.4)}{1.7+0.3+0.4} = 0.4958 \fallingdotseq 0.496 〔\%〕$$

戦術❷ ❷ A点における短絡容量P_{S1}〔MV·A〕を求める．

$$短絡容量〔MV·A〕= \dfrac{100}{\%インピーダンス〔\%\]} \times 基準容量〔MV·A〕 \quad (1)$$

$$P_{S1} = \dfrac{100}{0.4958}\times 10 = 2\,017 \fallingdotseq 2\,020 〔MV·A〕$$

戦術❸ ❸ A点における短絡電流I_{S1}〔kA〕を求める．

$$I_{S1} = \dfrac{2\,017\times 10^6}{\sqrt{3}\times 66\times 10^3} \fallingdotseq 17.6\times 10^3 〔A〕= 17.6 〔kA〕$$

(2) 問題の系統を図2に示す.

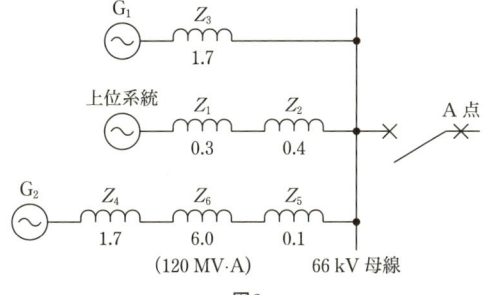

図2

戦術 ④ ❹ Z_6 の%インピーダンスを 10 MV·A 基準に変換する.

$$Z_6' = \frac{10}{120} \times 6.0 = 0.5 \text{ [%]}$$

戦術 ⑤ ❺ A点から電源側を見た系統インピーダンス Z [%]を求める.

(1)で求めた%インピーダンスを $Z'=0.4958\%$ とすると,

$$Z = \frac{Z'(Z_4+Z_6'+Z_5)}{Z'+Z_4+Z_6'+Z_5} = \frac{0.4958(1.7+0.5+0.1)}{0.4958+1.7+0.5+0.1} = 0.4079 ≒ 0.408 \text{ [%]}$$

戦術 ⑥ ❻ (1)式より,A点における短絡容量 P_{S2} [MV·A]を求める.

$$P_{S2} = \frac{100}{0.4079} \times 10 = 2\,452 ≒ 2\,450 \text{ [MV·A]}$$

戦術 ⑦ ❼ A点における短絡電流 I_{S2} [kA]を求める.

$$I_{S2} = \frac{2\,452 \times 10^6}{\sqrt{3} \times 66 \times 10^3} ≒ 21.4 \times 10^3 \text{ [A]} = 21.4 \text{ [kA]}$$

〈答〉

(1)　$Z=0.496\%$

　　　$P_{S1}=2\,020$ MV·A

　　　$I_{S1}=17.6$ kA

(2)　$Z=0.408\%$

　　　$P_{S2}=2\,450$ MV·A

　　　$I_{S2}=21.4$ kA

■問題20

図のような送電系統において，A発電所のS点で三相短絡事故が生じた場合，C変電所の母線電圧は，短絡前の母線電圧の何%になるか．ただし，送電系統のインピーダンスはリアクタンスのみとし，次の定数以外は無視するものとする．

A発電所：発電機G_A定格容量200 MV·A，%インピーダンス30.0%
　　　　　変圧器T_A定格容量200 MV·A，%インピーダンス10.0%
電源系統：短絡容量6 250 MV·A
B変電所：変圧器T_B定格容量900 MV·A，%インピーダンス13.5%
送電線路：送電線路L_1%インピーダンス0.05%（基準容量10 MV·A）
　　　　　送電線路L_2%インピーダンス0.4%（基準容量10 MV·A）

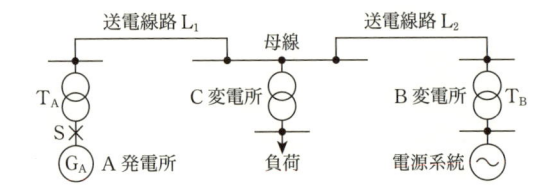

(送配電：平成5年問1)

着眼点 Focus Points

各設備の%インピーダンスは，基準容量に変換してから計算することが大切であり，次のように求まる．

・電源の%インピーダンスは $\dfrac{基準容量}{電源の短絡容量} \times 100 \,[\%]$

・変圧器の%インピーダンスは $\dfrac{基準容量}{変圧器の定格容量} \times \begin{pmatrix} 定格容量の \\ \%インピーダンス \end{pmatrix}$

・送電線の%インピーダンスは $\dfrac{基準容量}{別の基準容量} \times \begin{pmatrix} 別の基準容量における \\ \%インピーダンス \end{pmatrix}$

S点で三相短絡事故が生じると，S点の電圧はゼロとなり電源系統の電圧が一定とすると，S点と電源系統との間に位置する母線電圧は，S点から電源系統までの%インピーダンスに比例した電圧になる．

戦術 Tactics

❶発電機，変圧器，送電線の%インピーダンスを基準容量に変換する．
❷電源の短絡容量を基準容量200 MV·A換算した電源の%インピーダンスを求める．
❸S点で三相短絡事故が生じた場合のC変電所の母線電圧は，S点から

電源系統までの％インピーダンスに比例することから求める．

解答 Answer

問題の系統の等価回路を図1に示す．

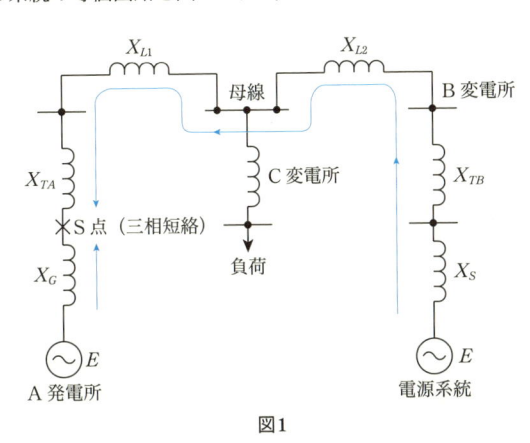

図1

❶ 発電機，変圧器，送電線の％インピーダンスを基準容量200 MV·Aに変換する．

％インピーダンスの変換式は，

$$X = \frac{基準容量〔V·A〕}{設備定格容量〔V·A〕} \times \%X〔\%〕 \tag{1}$$

(1)式より，

発電機　　　　：$X_G = 30.0〔\%〕$

変圧器T_A　：$X_{TA} = 10.0〔\%〕$

変圧器T_B　：$X_{TB} = \dfrac{200 \times 10^6}{900 \times 10^6} \times 13.5 = 3.0〔\%〕$

送電線L_1　：$X_{L1} = \dfrac{200 \times 10^6}{10 \times 10^6} \times 0.05 = 1.0〔\%〕$

送電線L_2　：$X_{L2} = \dfrac{200 \times 10^6}{10 \times 10^6} \times 0.4 = 8.0〔\%〕$

❷ 電源の短絡容量を基準容量200 MV·A換算した％インピーダンス$X_S〔\%〕$を求める．

$$X_S = \frac{基準容量〔V·A〕}{電源の短絡容量〔V·A〕} \times 100 \tag{2}$$

$$= \frac{200 \times 10^6}{6\,250 \times 10^6} \times 100 = 3.2〔\%〕$$

❸図2に示すように，電源系統電圧を E 〔V〕としS点で三相短絡事故が生じた場合，S点の電圧はゼロであるからC変電所の母線電圧 V_C 〔V〕を求める．

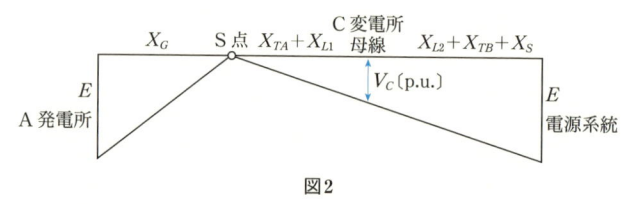

図2

S点から電源系統までの%インピーダンスに比例するので，

$$V_C = \frac{X_{TA} + X_{L1}}{X_{TA} + X_{L1} + X_{L2} + X_{TB} + X_S} E \qquad (3)$$

$$= \frac{10.0 + 1.0}{10.0 + 1.0 + 8.0 + 3.0 + 3.2} \times E \fallingdotseq 0.437 E \text{〔V〕}$$

よって，事故前の43.7%に低下する．

〈答〉
43.7%

■問題21

電圧66 kV，周波数50 Hzの非接地式の三相3線式架空送電線において，各線の漏れコンダクタンスをいずれも3×10^{-6} S，各線の静電容量をそれぞれ0.31 μF，0.30 μFおよび0.29 μFとし，その他の線路定数を無視する場合，常時送電端の中性点に現れる電圧は何ボルトとなるか．

(送配電：昭和52年問1)

着眼点 Focus Points

対地アドミタンス（Y）は，漏れコンダクタンス（G）と静電容量（C）の並列接続となるので，$\dot{Y}=G+j\omega C$〔S〕となる．

対地アドミタンスの両端に加わる電圧は，相電圧と中性点電位の和である．

「中性点電位」を中性点に現れる電圧という．

対地アドミタンスに流れる電流は，「対地アドミタンス×(相電圧＋中性点電位)」で求める．

戦術 Tactics

❶非接地式送電線の各線の対地アドミタンスに流れる電流を求める．
❷「各線電流の和＝0」の式から「中性点に現れる電圧＝」の式に置き換える．
❸各線の漏れコンダクタンス，対地静電容量に数値を代入して対地アドミタンスを求める．
❹$\dot{E}_a\dot{Y}_a+\dot{E}_b\dot{Y}_b+\dot{E}_c\dot{Y}_c$を求める．
❺$\dot{Y}_a+\dot{Y}_b+\dot{Y}_c$を求める．
❻❷で求めた式に❹❺の求めた値を代入して，中性点に現れる電圧を求める．

解答 Answer

問題の系統を図に示す．

戦術❶ ❶非接地式送電線の相電圧$\dot{E}_a$，$\dot{E}_b$，$\dot{E}_c$，中性点に現れる電圧$\dot{V}_0$，対地アドミタンス$\dot{Y}_a$，$\dot{Y}_b$，$\dot{Y}_c$とすると，線電流$\dot{I}_a$，$\dot{I}_b$，$\dot{I}_c$を求める．

$$\dot{I}_a=(\dot{E}_a+\dot{V}_0)\dot{Y}_a$$
$$\dot{I}_b=(\dot{E}_b+\dot{V}_0)\dot{Y}_b$$
$$\dot{I}_c=(\dot{E}_c+\dot{V}_0)\dot{Y}_c$$

戦術❷ ❷「各線電流の和＝0」の式から「中性点に現れる電圧$V_0=$」の式に置き換える．

$\dot{I}_a+\dot{I}_b+\dot{I}_c=0$ より，

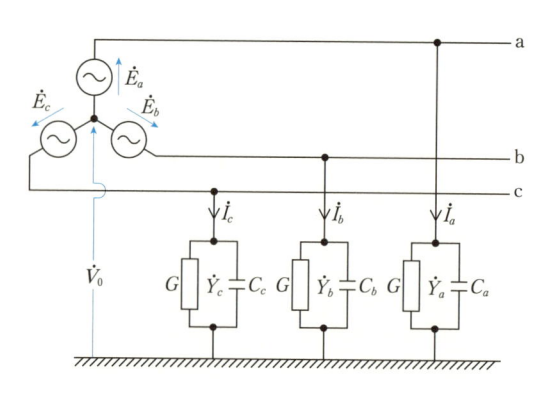

$$(\dot{E}_a+\dot{V}_0)\dot{Y}_a+(\dot{E}_b+\dot{V}_0)\dot{Y}_b+(\dot{E}_c+\dot{V}_0)\dot{Y}_c=0$$

$$(\dot{Y}_a+\dot{Y}_b+\dot{Y}_c)\dot{V}_0=-(\dot{E}_a\dot{Y}_a+\dot{E}_b\dot{Y}_b+\dot{E}_c\dot{Y}_c)$$

$$\dot{V}_0=-\frac{\dot{E}_a\dot{Y}_a+\dot{E}_b\dot{Y}_b+\dot{E}_c\dot{Y}_c}{\dot{Y}_a+\dot{Y}_b+\dot{Y}_c} \tag{1}$$

❸ 周波数 $f=50$ Hz, 各線の漏れコンダクタンス G 〔S〕, 対地静電容量 C 〔F〕とし, 数値を代入して, 対地アドミタンス $\dot{Y}_a$, $\dot{Y}_b$, $\dot{Y}_c$ を求める.

$$\dot{Y}=(G+j2\pi fC) \text{〔S〕} \tag{2}$$

(2)式より,

$$\dot{Y}_a=(3+j2\pi\times 50\times 0.31)\times 10^{-6}=(3+j97.4)\times 10^{-6} \text{〔S〕}$$

$$\dot{Y}_b=(3+j2\pi\times 50\times 0.30)\times 10^{-6}=(3+j94.2)\times 10^{-6} \text{〔S〕}$$

$$\dot{Y}_c=(3+j2\pi\times 50\times 0.29)\times 10^{-6}=(3+j91.1)\times 10^{-6} \text{〔S〕}$$

ここで, 相回転を a−b−c とすると, 相電圧 $\dot{E}_a$, $\dot{E}_b$, $\dot{E}_c$ は,

$$\dot{E}_a=E$$

$$\dot{E}_b=a^2E=\left(-\frac{1}{2}-j\frac{\sqrt{3}}{2}\right)E$$

$$\dot{E}_c=aE=\left(-\frac{1}{2}+j\frac{\sqrt{3}}{2}\right)E$$

❹ $\dot{E}_a\dot{Y}_a+\dot{E}_b\dot{Y}_b+\dot{E}_c\dot{Y}_c$ を求める.

$$E(3+j97.4)\times 10^{-6}+a^2E(3+j94.2)\times 10^{-6}+aE(3+j91.1)\times 10^{-6}$$

$$=3\times(1+a^2+a)E+j(97.4+94.2a^2+91.1a)\times 10^{-6}\times E$$

ここで, $1+a^2+a=0$ であるから,

$$j(97.4+94.2a^2+91.1a)\times 10^{-6}\times E$$
$$=j\left\{97.4+94.2\times\left(-\frac{1}{2}-j\frac{\sqrt{3}}{2}\right)+91.1\times\left(-\frac{1}{2}+j\frac{\sqrt{3}}{2}\right)\right\}\times 10^{-6}\times E$$
$$\fallingdotseq (2.68+j4.75)\times 10^{-6}\times E \tag{3}$$

戦術 ❺ ❺ $\dot{Y}_a+\dot{Y}_b+\dot{Y}_c$ を求める．
$$(3+j97.4)\times 10^{-6}+(3+j94.2)\times 10^{-6}+(3+j91.1)\times 10^{-6}$$
$$=(9+j282.7)\times 10^{-6} \tag{4}$$

戦術 ❻ ❻ (3)(4)式を(1)式に代入し中性点に現れる電圧 $\dot{V}_0$ を求める．
$$\dot{V}_0=-\frac{\dot{E}_a\dot{Y}_a+\dot{E}_b\dot{Y}_b+\dot{E}_c\dot{Y}_c}{\dot{Y}_a+\dot{Y}_b+\dot{Y}_c}=-\frac{(2.68+j4.75)\times 10^{-6}}{(9+j282.7)\times 10^{-6}}\times\frac{66\times 10^3}{\sqrt{3}}$$

中性点に現れる電圧 $\dot{V}_0$ の大きさ $|\dot{V}_0|$〔V〕は，
$$|\dot{V}_0|=\sqrt{\frac{2.68^2+4.75^2}{9^2+282.7^2}}\times\frac{66\times 10^3}{\sqrt{3}}\fallingdotseq 735\text{〔V〕}$$

〈答〉
735 V

■ 問題22

図のような周波数50 Hz，電圧154 kV，こう長200 kmの送電線がある．過補償10％の消弧リアクトルをこの送電線の中性点に接続した場合，中性点に現れる電圧は何ボルトか．ただし，消弧リアクトルの抵抗は，リアクタンスの10％とする．

（送配電：昭和48年問1）

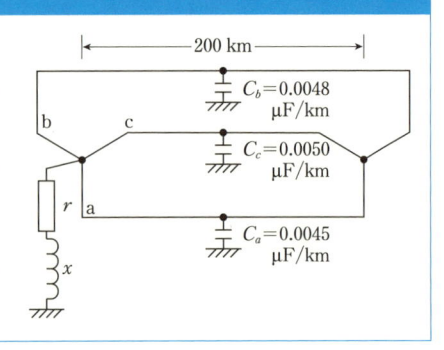

$C_b = 0.0048$ μF/km
$C_c = 0.0050$ μF/km
$C_a = 0.0045$ μF/km
200 km

着眼点 Focus Points

消弧リアクトルは，抵抗分とリアクタンス分とが直列接続した構造である．

過補償10％の消弧リアクトルとは，消弧リアクトルのリアクタンス分に流れる電流が対地充電電流の1.1倍（110％）であることをいう．

中性点に現れる電圧（中性点電位）は，各線電流と消弧リアクトルに流れる電流の和＝0から式を立てて求める．

戦術 Tactics

❶ 各線の対地静電容量を求める．
❷ 送電線の対地充電電流を求める．
❸ 充電電流を110％補償するための消弧リアクトルのリアクタンスを求める．
❹ 題意から消弧リアクトルの抵抗を求める．
❺ 送電線の線電流，消弧リアクトルに流れる電流を求める．
❻ 「送電線の線電流，消弧リアクトルに流れる電流との和＝0」の式から「中性点電位＝」の式に置き換えて中性点電位を求める．
❼ 中性点電位の大きさ（絶対値）を求める．

解答 Answer

問題の系統を図に示す．

戦術❶ ❶ 各線の対地静電容量 C_a，C_b，C_c 〔μF〕を求める．

$C_a = 0.0045 \times 200 = 0.90$ 〔μF〕
$C_b = 0.0048 \times 200 = 0.96$ 〔μF〕
$C_c = 0.0050 \times 200 = 1.00$ 〔μF〕

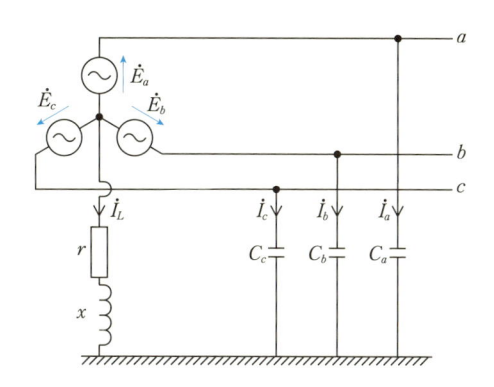

❷送電線の線間電圧 V〔V〕として，対地充電電流 $\dot{I}$〔A〕を求める．

$$\dot{I} = \frac{V}{\sqrt{3}} \omega (C_a + C_b + C_c) \tag{1}$$

$$= \frac{154 \times 10^3}{\sqrt{3}} \times 2\pi \times 50 \times (0.90 + 0.96 + 1.00) \times 10^{-6} \fallingdotseq 80 \text{〔A〕}$$

❸充電電流を110%補償するための消弧リアクトルのリアクタンス x〔Ω〕を求める．

$$x = \frac{\frac{V}{\sqrt{3}}}{1.1 \times I} = \frac{154 \times 10^3}{\sqrt{3} \times 1.1 \times 80} \fallingdotseq 1\,010 \text{〔Ω〕}$$

❹題意により，消弧リアクトルの抵抗 r〔Ω〕を求める．

リアクタンスの10%であるから，

$$r = 0.1x = 0.1 \times 1\,010 = 101 \text{〔Ω〕}$$

消弧リアクトルのインピーダンス $\dot{Z}_L$〔Ω〕は，

$$\dot{Z}_L = r + jx = 101 + j1\,010 \text{〔Ω〕} \tag{2}$$

❺線電流 $\dot{I}_a$, $\dot{I}_b$, $\dot{I}_c$，および消弧リアクトルに流れる電流 $\dot{I}_L$ を求める．

送電線の相電圧 $\dot{E}_a$, $\dot{E}_b$, $\dot{E}_c$，中性点電位 $\dot{V}_0$，対地静電容量 C_a, C_b, C_c，消弧リアクトルのインピーダンス $\dot{Z}_L = r + jx$ とすると，

$$\dot{I}_a = j\omega C_a (\dot{E}_a + \dot{V}_0)$$

$$\dot{I}_b = j\omega C_b (\dot{E}_b + \dot{V}_0)$$

$$\dot{I}_c = j\omega C_c (\dot{E}_c + \dot{V}_0)$$

$$\dot{I}_L = \frac{\dot{V}_0}{r + jx}$$

❻ 中性点電位 $\dot{V}_0$ を求める.

$\dot{I}_a + \dot{I}_b + \dot{I}_c + \dot{I}_L = 0$ より,

$$j\omega C_a(\dot{E}_a + \dot{V}_0) + j\omega C_b(\dot{E}_b + \dot{V}_0) + j\omega C_c(\dot{E}_c + \dot{V}_0) + \frac{\dot{V}_0}{r + jx} = 0 \quad (3)$$

ここで, 相回転をa−b−cとすると, 相電圧 $\dot{E}_a$, $\dot{E}_b$, $\dot{E}_c$ は,

$$\dot{E}_a = E$$

$$\dot{E}_b = a^2 E = \left(-\frac{1}{2} - j\frac{\sqrt{3}}{2}\right)E$$

$$\dot{E}_c = aE = \left(-\frac{1}{2} + j\frac{\sqrt{3}}{2}\right)E$$

(3)式より $\dot{V}_0$ は,

$$j\omega C_a(E + \dot{V}_0) + j\omega C_b(a^2 E + \dot{V}_0) + j\omega C_c(aE + \dot{V}_0) + \frac{\dot{V}_0}{r + jx} = 0$$

$$\left\{j\omega(C_a + C_b + C_c) + \frac{1}{r + jx}\right\}\dot{V}_0 = -j\omega(C_a + a^2 C_b + aC_c)E$$

$$\dot{V}_0 = -\frac{j\omega(C_a + a^2 C_b + aC_c)(r + jx)}{1 + j\omega(C_a + C_b + C_c)(r + jx)}E \quad (4)$$

ここで, $C_a + a^2 C_b + aC_c$ は,

$(0.90 + 0.96a^2 + a) \times 10^{-6}$

$= \left\{0.90 + 0.96 \times \left(-\frac{1}{2} - j\frac{\sqrt{3}}{2}\right) + \left(-\frac{1}{2} + j\frac{\sqrt{3}}{2}\right)\right\} \times 10^{-6}$

$\fallingdotseq (-0.08 + j0.03464) \times 10^{-6}$

また, $C_a + C_b + C_c$ は,

$(0.90 + 0.96 + 1.00) \times 10^{-6} = 2.86 \times 10^{-6}$

(4)式に数値を代入すると, 中性点電位 $\dot{V}_0$ は,

$$\dot{V}_0 = -\frac{j2\pi \times 50 \times (-0.08 + j0.03464) \times 10^{-6} \times (101 + j1\,010)}{1 + j2\pi \times 50 \times 2.86 \times 10^{-6} \times (101 + j1\,010)} \times \frac{154 \times 10^3}{\sqrt{3}}$$

$$= -\frac{0.024285 - j0.013530}{0.092517 + j0.090748} \times \frac{154 \times 10^3}{\sqrt{3}}$$

❼ 中性点電位 $\dot{V}_0$ の大きさ$|\dot{V}_0|$〔V〕を求める.

$$|\dot{V}_0| = \sqrt{\frac{0.024285^2 + 0.013530^2}{0.092517^2 + 0.090748^2}} \times \frac{154 \times 10^3}{\sqrt{3}} \fallingdotseq 19\,100 \,〔\text{V}〕$$

〈答〉
19 100 V

■問題23

1線当たりの対地静電容量0.5 μF，使用電圧66 kV，周波数50 Hzである中性点非接地方式の三相3線式1回線架空送電線路がある．1線が抵抗1 000 Ωを通じて地絡を生じたときの地絡電流および中性点電位を求めよ．ただし，その他のインピーダンスは，無視するものとする．

(送配電：昭和61年問1)

着眼点 Focus Points

三相3線式送電線の中性点電位は，「各線の対地静電容量に流れる電流と1線地絡抵抗に流れる電流の和＝0」から「中性点電位＝」の式に置き換えて求める．

1線地絡電流は，地絡抵抗（R〔Ω〕）よりもコンダクタンス（G〔S〕）を使用した方が計算は楽になる．

戦術 Tactics

❶送電線の各線の対地静電容量に流れる電流と1線地絡抵抗に流れる電流を求める．
❷「各線の対地静電容量に流れる電流と1線地絡抵抗に流れる電流の和＝0」の式から「中性点電位＝」の式に置き換えて中性点電位を求める．
❸中性点電位の大きさ（絶対値）を求める．
❹1線地絡電流を求める．
❺1線地絡電流の大きさ（絶対値）を求める．

解答 Answer

問題の系統を図に示す．

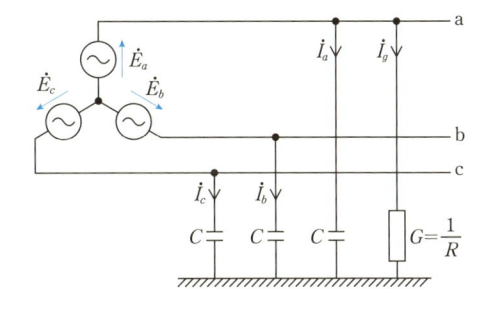

戦術❶ ❶対地静電容量に流れる電流 $\dot{I}_a$，$\dot{I}_b$，$\dot{I}_c$ および1線地絡電流 $\dot{I}_g$ を求める．

送電線の相電圧 $\dot{E}_a$，$\dot{E}_b$，$\dot{E}_c$，中性点電位 $\dot{V}_0$，各線の対地静電容量 C，1線地絡コンダクタンス G とすると，

$$\dot{I}_a = j\omega C(\dot{E}_a + \dot{V}_0)$$
$$\dot{I}_b = j\omega C(\dot{E}_b + \dot{V}_0)$$
$$\dot{I}_c = j\omega C(\dot{E}_c + \dot{V}_0)$$
$$\dot{I}_g = G(\dot{E}_a + \dot{V}_0)$$

戦術❷ ❷中性点電位 $\dot{V}_0$ を求める.

$\dot{I}_a + \dot{I}_b + \dot{I}_c + \dot{I}_g = 0$ より,
$$j\omega C(\dot{E}_a + \dot{V}_0) + j\omega C(\dot{E}_b + \dot{V}_0) + j\omega C(\dot{E}_c + \dot{V}_0) + G(\dot{E}_a + \dot{V}_0) = 0 \quad (1)$$

ここで,相回転をa−b−cとすると,相電圧 $\dot{E}_a, \dot{E}_b, \dot{E}_c$ は,
$$\dot{E}_a = E$$
$$\dot{E}_b = a^2 E = \left(-\frac{1}{2} - j\frac{\sqrt{3}}{2}\right)E$$
$$\dot{E}_c = aE = \left(-\frac{1}{2} + j\frac{\sqrt{3}}{2}\right)E$$

(1)式は,
$$j\omega C(E + \dot{V}_0) + j\omega C(a^2 E + \dot{V}_0) + j\omega C(aE + \dot{V}_0) + G(E + \dot{V}_0) = 0$$
$$(G + j3\omega C)\dot{V}_0 = -\{G + j\omega C(1 + a^2 + a)\}E$$

ここで,$1 + a^2 + a = 0$ より,
$$(G + j3\omega C)\dot{V}_0 = -GE$$
$$\dot{V}_0 = -\frac{G}{G + j3\omega C}E \quad (2)$$
$$= -\frac{\frac{1}{R}}{\frac{1}{R} + j3\omega C}E \quad (3)$$

(3)式に数値を代入すると,
$$\dot{V}_0 = -\frac{\frac{1}{1000}}{\frac{1}{1000} + j3 \times 2\pi \times 50 \times 0.5 \times 10^{-6}} \times \frac{66 \times 10^3}{\sqrt{3}}$$
$$= -\frac{1}{1 + j0.4712} \times \frac{66 \times 10^3}{\sqrt{3}} \quad (4)$$

戦術❸ ❸中性点電位 $\dot{V}_0$ の大きさ $|\dot{V}_0|$ 〔kV〕を求める.
$$|\dot{V}_0| = \sqrt{\frac{1}{1 + 0.4712^2}} \times \frac{66 \times 10^3}{\sqrt{3}} = 34.47 \times 10^3 \fallingdotseq 34.5 \text{〔kV〕}$$

戦術 ❹ ❹1線地絡電流 $\dot{I}_g$ を求める.

$$\dot{I}_g = G(\dot{E}_a + \dot{V}_0) = \frac{\dot{E}_a + \dot{V}_0}{R} \tag{5}$$

ここで，(4)式を有理化すると，

$$\dot{V}_0 = -\frac{1-j0.4712}{1+0.4712^2} \times \frac{66 \times 10^3}{\sqrt{3}}$$

$$\fallingdotseq (-31.182 + j14.693) \times 10^3$$

$$= -31.182 + j14.693 \text{ (kV)} \tag{6}$$

(6)式を(5)式に代入すると $\dot{I}_g$ は，

$$\dot{I}_g = \frac{\dot{E}_a + \dot{V}_0}{R} = \frac{\left\{\frac{66}{\sqrt{3}} + (-31.182 + j14.693)\right\} \times 10^3}{1\,000} = 6.923 + j14.693$$

戦術 ❺ ❺1線地絡電流 $\dot{I}_g$ の大きさ $|\dot{I}_g|$ 〔A〕を求める.

$$|\dot{I}_g| = \sqrt{6.923^2 + 14.693^2} \fallingdotseq 16.2 \text{ (A)}$$

〈答〉
1線地絡電流　16.2 A
中性点電位　34.5 kV

■問題24

図のように，送受両端の変圧器の中性点をそれぞれ500Ωの抵抗で接地したこう長100 km，電圧66 kV，周波数50 Hzの三相3線式1回線送電線路がある．その1線が250Ωの抵抗を通じて地絡を生じた場合，地絡電流および各接地抵抗を流れる電流を求めよ．ただし，1線当たりの対地静電容量は0.0045 μF/kmとし，その他のインピーダンスは無視するものとする．

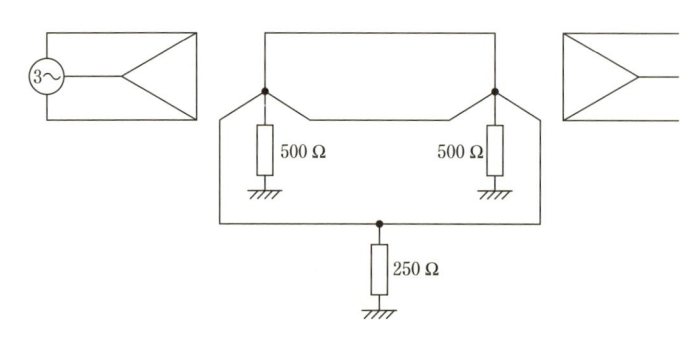

（送配電：昭和57年問1）

着眼点 Focus Points

1線地絡故障の等価回路は，鳳・テブナンの理を利用して作成することができる．等価回路は，故障点の故障前の相電圧，各線の対地静電容量，変圧器の中性点接地抵抗の並列回路となる．

1線地絡電流や中性点接地抵抗に流れる電流を求めるには，鳳・テブナンの理を利用した等価回路を描いた方が楽に計算できる．

戦術 Tactics

❶1線地絡故障回路を鳳・テブナンの理を利用して等価回路を描く．
❷等価回路より1線地絡電流の式を立てる．
❸1線地絡電流の大きさ（絶対値）を求める．
❹各変圧器の中性点接地抵抗に流れる電流の式を立てる．
❺各変圧器の中性点接地抵抗に流れる電流の大きさ（絶対値）を求める．

解答 Answer

戦術❶

❶鳳・テブナンの理を利用した等価回路を図に描く．

各線の対地静電容量 C，変圧器の中性点接地抵抗 R_1，1線地絡抵抗 R，故障点の故障前の相電圧 $\dot{E}_a$，各中性点接地抵抗に流れる電流 $\dot{I}_{R1}$，1線地絡電流 $\dot{I}_g$ とすると図のようになる．

3. 送電

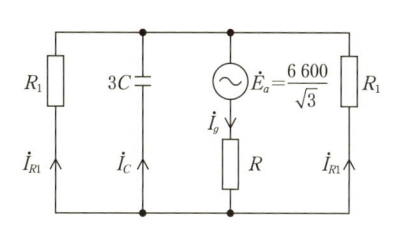

❷図の等価回路より，1線地絡電流 $\dot{I}_g$ を求める．

$$\dot{I}_g = \cfrac{\dot{E}_a}{R + \cfrac{\cfrac{R_1}{2} \cdot \cfrac{1}{j3\omega C}}{\cfrac{R_1}{2} + \cfrac{1}{j3\omega C}}} = \cfrac{\dot{E}_a}{R + \cfrac{R_1}{2 + j3\omega CR_1}}$$

$$= \frac{2 + j3\omega CR_1}{2R + R_1 + j3\omega CRR_1} \dot{E}_a \tag{1}$$

❸1線地絡電流 $\dot{I}_g$ の大きさ $|\dot{I}_g|$〔A〕を求める．

$$|\dot{I}_g| = \sqrt{\frac{2^2 + (3\omega CR_1)^2}{(2R + R_1)^2 + (3\omega CRR_1)^2}} \times \dot{E}_a \tag{2}$$

$$= \sqrt{\frac{2^2 + (3 \times 2\pi \times 50 \times 0.0045 \times 10^{-6} \times 100 \times 500)^2}{(2 \times 250 + 500)^2}} *$$

$$\overline{* + (3 \times 2\pi \times 50 \times 0.0045 \times 10^{-6} \times 100 \times 250 \times 500)^2}$$

$$\times \frac{66 \times 10^3}{\sqrt{3}}$$

$$\fallingdotseq 76.5 \text{〔A〕}$$

❹各変圧器の中性点接地抵抗に流れる電流 $\dot{I}_{R1}$ の式を立てる．

$$\dot{I}_{R1} = \cfrac{\cfrac{1}{j3\omega C}}{\cfrac{R_1}{2} + \cfrac{1}{j3\omega C}} \times \frac{1}{2} \times \dot{I}_g$$

$$= \frac{j6\omega C}{2 + j3\omega CR_1} \times \frac{1}{j3\omega C} \times \frac{1}{2} \times \frac{2 + j3\omega CR_1}{2R + R_1 + j3\omega CRR_1} \dot{E}_a$$

$$= \frac{1}{2 + j3\omega CR_1} \times \frac{2 + j3\omega CR_1}{2R + R_1 + j3\omega CRR_1} \dot{E}_a$$

$$= \frac{1}{2R + R_1 + j3\omega CRR_1} \dot{E}_a \tag{3}$$

戦術 ❺

❺各変圧器の中性点接地抵抗に流れる電流 $\dot{I}_{R1}$ の大きさ $|\dot{I}_{R1}|$〔A〕を求める.

$$|\dot{I}_{R1}| = \sqrt{\frac{1}{(2R+R_1)^2 + (3\omega CRR_1)^2}} \times \dot{E}_a \qquad (4)$$

$$= \sqrt{\frac{1}{(2\times 250 + 500)^2 + (3\times 2\pi \times 50 \times 0.0045 \times 10^{-6} \times 100 \times 250 \times 500)^2}}$$

$$\times \frac{66\times 10^3}{\sqrt{3}}$$

$$\fallingdotseq 38.1 〔A〕$$

〈答〉
1線地絡電流　76.5 A
各中性点接地抵抗に流れる電流　38.1 A

■問題25

図のように，66 kV送電線路の中間および末端に需要家が接続された系統がある．このうちA需要家の受変電設備における地絡保護について，次の問に答えよ．ただし，A需要家およびB需要家には発電設備がないものとする．

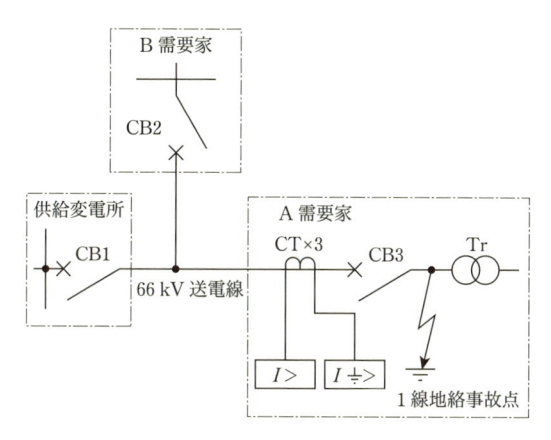

```
              B需要家
               CB2
                ×

  供給変電所    A需要家
              CT×3
   CB1              × CB3    Tr
   ×
      66 kV送電線
                              1線地絡事故点
            I>   I⇌>
```

図に示すA需要家の箇所で1線地絡事故が発生した場合，供給変電所送電端の地絡過電流リレーの整定値を一次換算電流30 A，地絡検出から送電用遮断器CB1遮断までの時間を1.0秒とした場合のA需要家の地絡過電流リレーの整定タップ値および動作時限を求めよ．ただし，次の条件によることとする．

供給変電所の遮断器CB1の遮断時間：0.1秒
A需要家の遮断器CB3の遮断時間：0.1秒
A需要家のCTの変流比：100/5 A
完全地絡電流：100 A
地絡検出動作電流値：完全地絡電流の30%
リレー動作を確実にするための係数：1.5
供給変電所の遮断器CB1のシリーストリップ回避のための余裕時間：0.3秒
A需要家の地絡過電流リレーのタップ値：0.5 A，0.7 A，1.0 A，1.4 A，および2.0 A

（電力・管理：平成18年問6改）

着眼点 Focus Points

地絡過電流リレーの整定タップ値と動作時限を求める問題である．
A需要家構内で1線地絡故障が発生した場合，A需要家のCTから地絡電流を検出して遮断器を作動させるまでの動作時限は，供給変電所のリレー動作から遮断器を作動させるまでの時間よりも短くする必要がある．

もしも，A需要家の動作時限が長くなると，A需要家の遮断器が作動する前に供給変電所の遮断器が作動してしまい広範囲停電となる．

戦術 Tactics

❶A需要家の地絡検出動作の電流値を題意の条件より求める．
❷地絡過電流リレーに流れる電流をCT比から求める．
❸❷の値がタップ値にあるか検討し，地絡過電流リレー整定タップ値を求める．
❹動作時限を題意の条件より求める．

解答 Answer

戦術❶

❶題意の条件より，A需要家の地絡検出動作の電流値を求める．
〈条件〉
　完全地絡電流100 A，地絡検出動作電流値は完全地絡電流の30％，リレー動作を確実にするための係数1.5

$$地絡検出動作の電流値 = 100 (A) \times 0.3 \times \frac{1}{1.5} = 20 (A)$$

戦術❷

❷CT比が100/5 Aであるから，地絡過電流リレーに流れる電流を求める．

$$地絡過電流リレーに流れる電流 = 20 \times \frac{5}{100} = 1.00 (A)$$

戦術❸

❸地絡過電流リレー整定タップ値を求める．
1.0 Aを採用する．

戦術❹

❹題意の条件より，動作時限 T を求める．
〈条件〉
・供給変電所の地絡検出からCB1遮断までの時間：1秒
・CB1の遮断時間：0.1秒
・シリーストリップの回避余裕時間：0.3秒
・CB3の遮断時間：0.1秒

$$T = 1.0 - (0.1 + 0.3 + 0.1) = 0.5 (秒)$$

〈答〉
地絡過電流リレー整定タップ値　1.00 A
動作時限　0.500秒

■問題26

図の特別高圧系統から電圧66 kVで受電している需要設備における，受電用遮断器(CB1)を通過する短絡電流について，次の問に答えよ．ただし，発電機，変圧器および送電線のインピーダンスは，表に示すとおりである．また，短絡電流の計算において，発電機，変圧器および送電線の抵抗分，もしくは変圧器の励磁インピーダンスは無視できるものとし，短絡時における上位系統および発電機の過渡リアクタンスの背後電圧は1.0 p.u.であるとする．

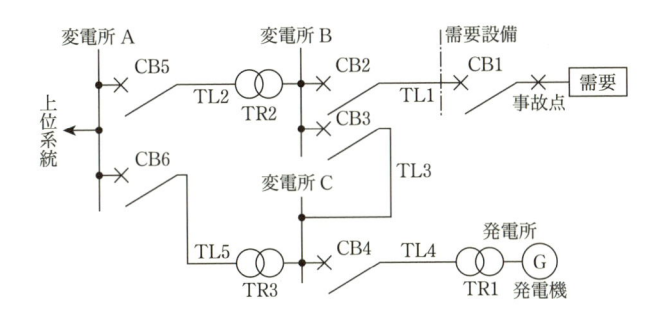

各設備のインピーダンス		100 MV·A基準[%]
系統側	変電所Aの母線から上位系統側をみた過渡リアクタンス	2.5
	発電所の発電機過渡リアクタンス	25.0
変圧器	発電所の変圧器TR1の漏れリアクタンス	12.0
	変電所Bの変圧器TR2の漏れリアクタンス	10.0
	変電所Cの変圧器TR3の漏れリアクタンス	10.0
送電線	送電線TL1（変電所B～需要設備）の正相リアクタンス	1.5
	送電線TL2（変電所A～変電所B）の正相リアクタンス	0.5
	送電線TL3（変電所B～変電所C）の正相リアクタンス	1.0
	送電線TL4（変電所C～発電所）の正相リアクタンス	1.0
	送電線TL5（変電所A～変電所C）の正相リアクタンス	2.0

(1) CB1，CB2，CB4，CB5およびCB6が閉のとき，事故点における三相短絡電流[kA]を求めよ．

(2) 上記(1)の状態において，変電所Bと変電所Cを連系するCB3を閉としたとき，事故点における三相短絡電流[kA]を求めよ．

（電力・管理：平成21年問6）

着眼点 Focus Points

上位系統と発電機の二つの電源のある系統において需要家構内で三相短絡が発生すると、短絡電流は二つの電源から故障点へ流れる．

短絡点から電源側を見た％インピーダンスは、途中から分岐して各電源に至る部分は並列計算し、これと短絡点から分岐点までを合計した値となる．

変電所Bと変電所Cの間の連系線CB3を閉にすると，変電所A－B－Cの△回路となるため、△－Y変換して短絡点から電源側を見た％インピーダンスを求める．

戦術 Tactics

(1) ❶変電所Aから発電所までの％リアクタンスを求める．
❷事故点から電源側を見た％リアクタンスを求める．
❸事故点の短絡電流を求める．

(2) ❹変電所A，B，C間の％リアクタンスを△－Y変換する．
❺事故点から電源側を見た％リアクタンスを求める．
❻事故点の短絡電流を求める．

解答 Answer

(1) 問題の系統を図1に示す．

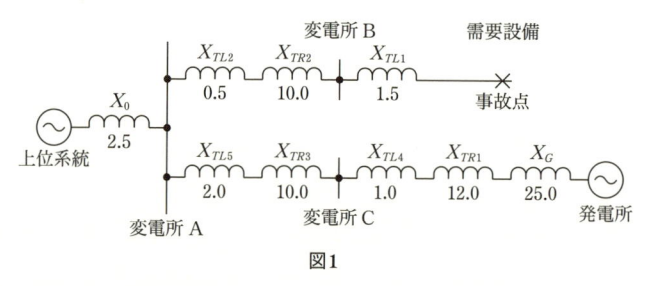

図1

❶ 変電所Aから発電所までの％リアクタンス X_1 〔％〕を求める．

$$X_1 = X_{TL5} + X_{TR3} + X_{TL4} + X_{TR1} + X_G$$
$$= 2.0 + 10.0 + 1.0 + 12.0 + 25.0 = 50.0 〔％〕$$

❷ 事故点から電源側を見た％リアクタンス X_2 〔％〕を求める．

$$X_2 = \frac{X_0 X_1}{X_0 + X_1} + X_{TL2} + X_{TR2} + X_{TL1}$$
$$= \frac{2.5 \times 50}{2.5 + 50} + 0.5 + 10.0 + 1.5 ≒ 14.381 〔％〕$$

戦術❸

❸事故点の短絡電流 I_{S1}〔kA〕を求める.

$$I_S = \frac{100}{\%リアクタンス〔\%〕} \times 基準容量の定格電流\ I_n〔A〕 \quad (1)$$

ここで,基準容量の定格電流 I_n は,

$$I_n = \frac{100 \times 10^6}{\sqrt{3} \times 66 \times 10^3} \fallingdotseq 874.8〔A〕$$

(1)式より短絡電流 I_{S1}〔kA〕は,

$$I_{S1} = \frac{100}{14.381} \times 874.8 \fallingdotseq 6.08 \times 10^3〔A〕 = 6.08〔kA〕$$

(2) 問題の系統を図2に示す.

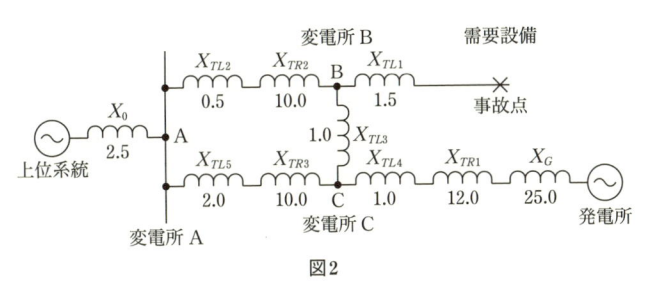

図2

戦術❹

❹変電所A,B,C間の%リアクタンスを△-Y変換する.

変電所AB間:$X_{AB} = X_{TL2} + X_{TR2} = 0.5 + 10.0 = 10.5〔\%〕$

変電所BC間:$X_{BC} = X_{TL3} = 1.0〔\%〕$

変電所CA間:$X_{CA} = X_{TL5} + X_{TR3} = 2.0 + 10.0 = 12.0〔\%〕$

$$X_A = \frac{X_{AB} X_{CA}}{X_{AB} + X_{BC} + X_{CA}} = \frac{10.5 \times 12.0}{10.5 + 1.0 + 12.0} \fallingdotseq 5.36〔\%〕 \quad (2)$$

$$X_B = \frac{X_{BC} X_{AB}}{X_{AB} + X_{BC} + X_{CA}} = \frac{1.0 \times 10.5}{10.5 + 1.0 + 12.0} \fallingdotseq 0.447〔\%〕 \quad (3)$$

$$X_C = \frac{X_{CA} X_{BC}}{X_{AB} + X_{BC} + X_{CA}} = \frac{12.0 \times 1.0}{10.5 + 1.0 + 12.0} \fallingdotseq 0.511〔\%〕 \quad (4)$$

%リアクタンス△-Y変換後の系統を図3に示す.

戦術❺

❺事故点から電源側を見た%リアクタンス X_3〔%〕を求める.

$$X_3 = \frac{(X_0 + X_A) \times (X_C + X_{TL4} + X_{TR1} + X_G)}{(X_0 + X_A) + (X_C + X_{TL4} + X_{TR1} + X_G)} + X_B + X_{TL1}$$

$$= \frac{(2.5 + 5.36) \times (0.511 + 1.0 + 12.0 + 25.0)}{(2.5 + 5.36) + (0.511 + 1.0 + 12.0 + 25.0)} + 0.447 + 1.5 \fallingdotseq 8.475〔\%〕$$

図3

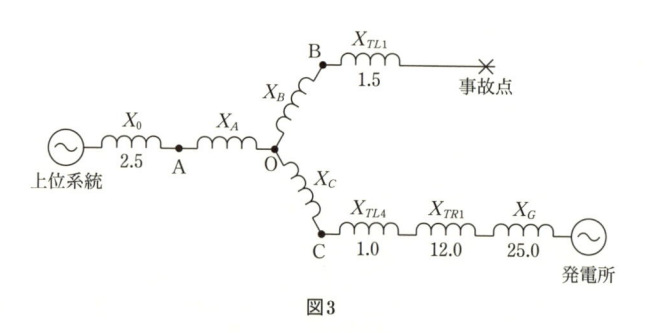

❻ (1)式より事故点の短絡電流 I_{S2} 〔kA〕を求める.

$$I_{S2} = \frac{100}{8.475} \times 874.8 ≒ 10.32 \times 10^3 \,〔A〕= 10.3\,〔kA〕$$

〈答〉

(1)　6.08 kA

(2)　10.3 kA

■問題27

電線の材質が一様で，径間に比べてたるみが十分小さい場合において，以下の問に答えよ．

(1) 電線のたるみの曲線式を放物線で近似すると，次の式で表すことができる．

$$Y = \frac{X^2}{2a} \tag{①}$$

ここで，Yは縦軸方向の変数
　　　　Xは横軸方向の変数
　　　　aは係数

とする．

図1において，支持点における電線水平張力をT〔N〕，電線質量による単位長さ当たりの荷重をW〔N/m〕，径間の長さをS〔m〕とし，たるみの最下点Oを座標軸の原点としたとき，たるみDは次式で表されることを証明せよ．

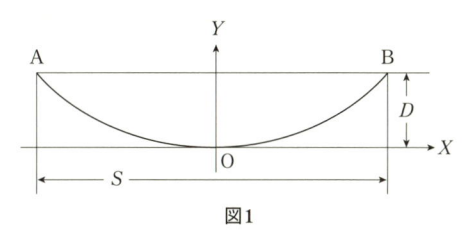

図1

ただし，電線の各点の張力は，その点の水平張力と同一とみなすことができるものとする．

$$D = \frac{WS^2}{8T} \text{〔m〕} \tag{②}$$

(2) 図2は，図1の場合と径間長Sは同じであるが，支持点AB間に高低差H〔m〕がある場合である．

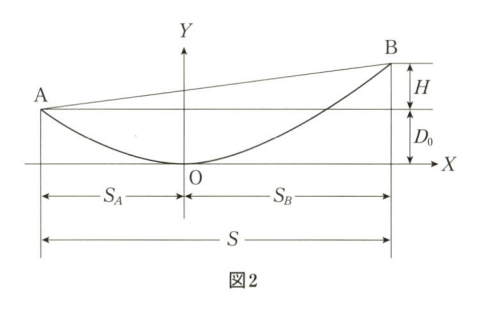

図2

図2において，支持点Aから最下点Oまでの水平距離S_A〔m〕を求めよ．
(3) 図2において，支持点Aに対する電線水平たるみD_0〔m〕をH〔m〕および問(1)②式のD〔m〕を用いて表せ．

(電力・管理：平成11年問4)

着眼点 Focus Points

電線のたるみ曲線式は，放物線で近似することができるため，最下点Oから距離Xの点の電線の傾きは「dY/dX」で求めることができる．

一方，支持点における電線の水平張力Tと電線方向の張力T_Mとの角度をθ，電線質量による単位長さ当たりの荷重W，最下点Oから距離Xまでの電線長Lとすると，「$\tan\theta = \dfrac{dY}{dX} = \dfrac{WL}{T}$」となることに注目する．

戦術 Tactics

(1) ❶最下点Oから距離Xの点の電線の傾きの式を立てる．
❷支持物における電線水平張力，電線質量による単位長さ当たりの荷重および最下点Oから距離Xまでの電線長との関係式「$\tan\theta = dY/dX$」を立てる．
❸問題の式$Y = X^2/2a$に❶，❷および径間の長さSを代入し，たるみDを求める．

(2) ❹最下点Oから支持点A側のたるみ「$D_0 =$」の式を立てる．
❺最下点Oから支持点B側のたるみ「$D_0 + H =$」の式を立てる．
❻❹❺より，支持点ABの高低差「$H =$」の式を立てる．
❼$S = S_A + S_B$と❻で求めた式から，支持点Aから最下点Oまでの水平距離S_Aを求める．

(3) ❽「$D_0 =$」の式に(2)で求めたS_Aを代入する．
❾「$D_0 =$」の式をDとHを用いて表す式に置き換える．

解答 Answer

(1)

戦術❶ ❶最下点Oから距離Xの点の電線の傾きの式を立てる．
題意により電線のたるみ曲線式は，放物線（二次式）で近似することができるので，

$$\frac{dY}{dX} = \frac{d}{dX}\left(\frac{X^2}{2a}\right) = \frac{X}{a} \tag{1}$$

戦術❷ ❷支持物における電線の水平張力T〔N〕，電線方向の張力T_Mと電線の水平張力Tの角度をθ，電線質量による単位長さ当たりの荷重W〔N/m〕，最下点Oから距離Xまでの電線長L〔m〕との関係式を立てる．

$$\tan\theta = \frac{dY}{dX} = \frac{WL}{T} \tag{2}$$

ここで，径間に比べたるみが十分に小さいので，$L=X$であるから(2)式は，

$$\tan\theta = \frac{dY}{dX} = \frac{WX}{T} \tag{3}$$

(1)(3)式からaは，

$$\tan\theta = \frac{dY}{dX} = \frac{X}{a} = \frac{WX}{T}$$

$$a = \frac{T}{W} \tag{4}$$

❸ ❸たるみDを求める．

径間の長さをS〔m〕とし，問題の式$Y=X^2/2a$に(4)式を代入すると，

$$Y = \frac{X^2}{2a} = \frac{\left(\frac{S}{2}\right)^2}{2a} = \frac{\left(\frac{S}{2}\right)^2}{2 \times \frac{T}{W}} = \frac{WS^2}{8T}$$

よって，たるみD〔m〕は，

$$D = Y = \frac{WS^2}{8T} \text{〔m〕}$$

(2)

❹ ❹最下点Oから支持点A側のたるみD_0〔m〕の式を立てる．

問題の図2より，

$$D_0 = \frac{W(2S_A)^2}{8T} \text{〔m〕} \tag{5}$$

❺ ❺最下点Oから支持点B側のたるみD_0+H〔m〕の式を立てる．

問題の図2より，

$$D_0 + H = \frac{W(2S_B)^2}{8T} \text{〔m〕} \tag{6}$$

❻ ❻(5)(6)式より，支持点ABの高低差H〔m〕の式を立てる．

$$H = \frac{W(2S_B)^2}{8T} - \frac{W(2S_A)^2}{8T} = \frac{W(S_B^2 - S_A^2)}{2T} = \frac{W}{2T}(S_B+S_A)(S_B-S_A)$$

ここで，$S=S_A+S_B$より，

$$H = \frac{WS}{2T}(S_B - S_A) \tag{7}$$

戦術 ❼

❼ $S_B = S - S_A$ を(7)式に代入して，支持点Aから最下点Oまでの水平距離 S_A〔m〕を求める．

$$H = \frac{WS}{2T}(S - S_A - S_A) = \frac{WS}{2T}(S - 2S_A) \tag{8}$$

(8)式より S_A〔m〕は，

$$2TH = WS(S - 2S_A)$$

$$\therefore S_A = \frac{S}{2} - \frac{TH}{WS} \text{〔m〕} \tag{9}$$

(3)

戦術 ❽

❽ (9)式を(5)式に代入する．

$$D_0 = \frac{W(2S_A)^2}{8T} = \frac{W\left\{2 \times \left(\frac{S}{2} - \frac{TH}{WS}\right)\right\}^2}{8T} = \frac{W\left(S - \frac{2TH}{WS}\right)^2}{8T} \tag{10}$$

戦術 ❾

❾ (10)式の（ ）内の第2項式の分子，分母に S を掛け算すると，

$$D_0 = \frac{W\left(S - \frac{2THS}{WS^2}\right)^2}{8T}$$

$$D_0 = \frac{W\left\{S\left(1 - \frac{2TH}{WS^2}\right)\right\}^2}{8T} = \frac{WS^2}{8T}\left(1 - \frac{2TH}{WS^2}\right)^2 \tag{11}$$

(11)式の（ ）内の第2項式の分子，分母に4をかけ算すると，

$$D_0 = \frac{WS^2}{8T}\left(1 - \frac{8TH}{4WS^2}\right)^2 = \frac{WS^2}{8T}\left(1 - \frac{8T}{WS^2} \times \frac{H}{4}\right)^2 \tag{12}$$

(12)式に $D = WS^2/8T$ を代入すると，

$$D_0 = D\left(1 - \frac{H}{4D}\right)^2 \text{〔m〕}$$

〈答〉

(1) 解答のとおり

(2) $S_A = \dfrac{S}{2} - \dfrac{TH}{WS}$〔m〕

(3) $D_0 = D\left(1 - \dfrac{H}{4D}\right)^2$〔m〕

■問題28

図の破線のように径間距離がS〔m〕で等しく，支持物に高低差がない直線の配電線路がある．中央の支持物を，図の実線のように支持点Aの方向に$\frac{S}{5}$〔m〕の位置に建て替えた場合，支持点A，B間のたるみと支持点Aにおける水平張力は，それぞれ中央の支持物を建て替える前の何倍になるか．ただし，中央の支持物を建て替える前の支持点A，B間と支持点B，C間のたるみは同じで，支持点A，C間の電線の実長は建て替え前後で変わらないものとし，また，中央の支持物の建て替え後の支持点Aと支持点Cにおける水平張力の大きさは等しいものとする．

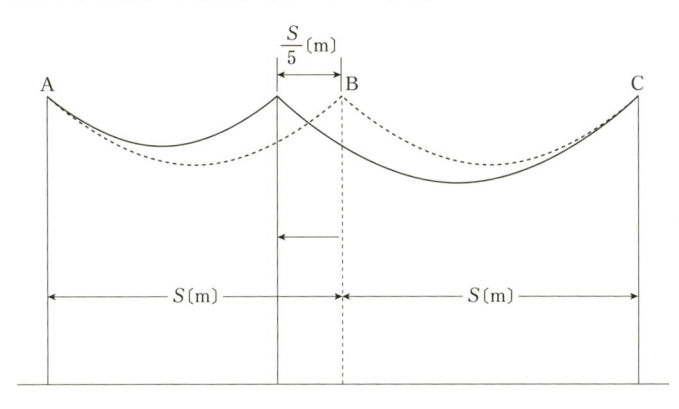

(電力・管理：平成16年問4)

着眼点 Focus Points

支持点間の径間S，電線の荷重W，電線のたるみD，電線の水平張力T，電線実長Lとすると，

電線のたるみ　$D = \dfrac{WS^2}{8T}$

電線実長　$L = S + \dfrac{8D^2}{3S}$

この二つの式は覚えておくと便利である．

戦術 Tactics

❶支持点Bの建替え前の電線のたるみDの式を立てる．
❷❶より，建替え前の支持点水平張力「$T=$」の式に置き換える．
❸支持点Bの建替え後の支持点A，Cの水平張力の式を立てる．
❹支持点A，Cの水平張力は，題意により同一であることから，支持点

AB間の電線のたるみ D_A と支持点BC間の電線のたるみ D_C との間の式を立てる．
❺建替え前のAB間，BC間の2径間の電線実長の式を立てる．
❻建替え後のAB間，BC間の2径間の電線実長の式を立てる．
❼電線実長は，建替え前，後で変わらないので❺＝❻の条件式から D_A を求める．
❽建替え前，後の支持点AB間の電線たるみの比 (D_A/D) を求める．
❾❽より建替え後の支持点Aの水平張力を求める．
❿建替え前，後の支持点Aの水平張力の比を求める．

解答 Answer

支持点Bの建替え前の張力，たるみを図1に示す．

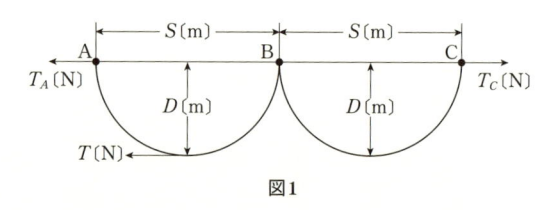

図1

戦術❶

❶支持点Bの建替え前の電線のたるみ D〔m〕の式を立てる．

径間距離 S〔m〕，たるみの最大点における電線の水平張力 T〔N〕，電線の質量による荷重 W〔N/m〕とすると，

$$D = \frac{WS^2}{8T} \text{〔m〕} \tag{1}$$

戦術❷

❷建替え前の水平張力 T_A〔N〕，T_C〔N〕の式を立てる．

支持点AおよびCにおける水平張力 T_A，T_C は，たるみの最大点における電線の水平張力 T と等しいと考えると(1)式より，

$$T_A = T_C = T = \frac{WS^2}{8D} \text{〔N〕} \tag{2}$$

支持点Bの建替え後の張力，たるみを図2に示す．

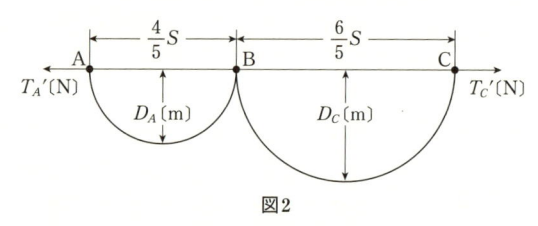

図2

戦術❸ ❸支持点Bの建替え後の支持点A,Cの水平張力T_A'〔N〕,T_C'〔N〕を求める.

電線のたるみをD_A〔m〕,D_C〔m〕とすると,

$$T_A' = \frac{W\left(\frac{4}{5}S\right)^2}{8D_A} \text{〔N〕} \tag{3}$$

$$T_C' = \frac{W\left(\frac{6}{5}S\right)^2}{8D_C} \text{〔N〕} \tag{4}$$

戦術❹ ❹題意により$T_A' = T_C'$である.支持点AB間のたるみD_Aと支持点BC間の電線のたるみD_Cの式を立てる.

$$\frac{W\left(\frac{4}{5}S\right)^2}{8D_A} = \frac{W\left(\frac{6}{5}S\right)^2}{8D_C}$$

$$36D_A = 16D_C$$

$$D_C = 2.25D_A \tag{5}$$

戦術❺ ❺図1より建替え前のAB間,BC間の2径間の電線実長L〔m〕の式を立てる.

$$L = 2 \times \left(S + \frac{8D^2}{3S}\right) = 2S + \frac{16D^2}{3S} \text{〔m〕} \tag{6}$$

戦術❻ ❻図2より建替え後のAB間,BC間の2径間の電線実長L'〔m〕の式を立てる.

$$L' = \frac{4}{5}S + \frac{8D_A^2}{3 \times \frac{4}{5}S} + \frac{6}{5}S + \frac{8D_C^2}{3 \times \frac{6}{5}S} \text{〔m〕} \tag{7}$$

戦術❼ ❼題意により,電線実長は建替え前,後で変わらないので(6)式＝(7)式よりD_Aを求める.

$$2S + \frac{16D^2}{3S} = \frac{4}{5}S + \frac{8D_A^2}{3 \times \frac{4}{5}S} + \frac{6}{5}S + \frac{8D_C^2}{3 \times \frac{6}{5}S} \tag{8}$$

(8)式に(5)式の$D_C = 2.25D_A$を代入するとD_Aは,

$$2S + \frac{16D^2}{3S} = \frac{4}{5}S + \frac{8D_A^2}{3 \times \frac{4}{5}S} + \frac{6}{5}S + \frac{8 \times (2.25D_A)^2}{3 \times \frac{6}{5}S}$$

$$\frac{16D^2}{3S} = \frac{40 D_A^2}{12S} + \frac{40 \times (2.25 D_A)^2}{18S} = \frac{60 D_A^2}{18S} + \frac{202.5 D_A^2}{18S} = \frac{262.5 D_A^2}{18S}$$

$$96 D^2 = 262.5 D_A^2$$

$$D_A \fallingdotseq 0.6047 D$$

❽ 建替え前,後の支持点 AB の電線のたるみの比(D_A/D)を求める.

$$\frac{D_A}{D} = 0.6047 \fallingdotseq 0.605 \text{ 倍}$$

❾ $D_A = 0.6047 D$ のときの建替え後の支持点 A の水平張力 T_A' 〔N〕を求める.

(3)式より,

$$T_A' = \frac{W\left(\frac{4}{5}S\right)^2}{8 \times 0.6047 D} \fallingdotseq 0.1323 \frac{WS^2}{D} \qquad (9)$$

❿ 建替え前,後の支持点 A の水平張力の比(T_A'/T_A)を求める.

$$\frac{T_A'}{T_A} = \frac{0.1323 \dfrac{WS^2}{D}}{\dfrac{WS^2}{8D}} = 1.0584 \fallingdotseq 1.06 \text{ 倍}$$

〈答〉

支持点 AB 間の電線のたるみ　0.605 倍

支持点 A における電線の水平張力　1.06 倍

■問題29

径間300 mのところに張られた架空送電線がある。そのたるみを冬に測ったところ、気温−10℃、無風・無氷雪状態で6 mであった。このとき、水平張力はいくらであったか。また、夏において、気温35℃、風のないときには、この電線のたるみおよび水平張力はどのように変わるか。ただし、電線1 m当たりの質量による荷重は12.94 N、温度による線膨張係数は1℃につき0.000019とし、張力による電線の伸長は無視するものとする。

(送配電：昭和60年問1)

着眼点 Focus Points

支持物間の径間S、電線の荷重W、電線のたるみD、電線の水平張力T、電線実長Lとすると、

電線のたるみ $D = \dfrac{WS^2}{8T}$

電線実長 $L = S + \dfrac{8D^2}{3S}$

この二つの式は覚えておくと便利である。

戦術 Tactics

❶電線のたるみの式を立てる。
❷❶より電線の水平張力の式に置き換える。
❸❷に数値を代入して、冬季の電線の水平張力を求める。
❹電線の実長の式を立てる。
❺気温35℃のときの電線実長と気温−10℃のときの電線実長との差は、「径間×線膨張係数×温度差」であることを式に表す。
❻❹❺より、夏季の電線のたるみを求める。
❼❻より、夏季の電線の水平張力を求める。

解答 Answer

戦術❶

❶電線のたるみD〔m〕の式を立てる。

支持物間の径間S〔m〕、電線の水平張力T〔N〕、電線の単位重量当たりの荷重W〔N/m〕とすると、

$$D = \dfrac{WS^2}{8T} \text{〔m〕} \tag{1}$$

戦術❷

❷(1)式より電線の水平張力T〔N〕に置き換える。

$$T = \dfrac{WS^2}{8D} \text{〔N〕} \tag{2}$$

戦術 ❸ ❸(2)式に数値を代入して，冬季の電線の水平張力 T〔kN〕を求める．

$$T = \frac{12.94 \times 300^2}{8 \times 6} = 24.263 \times 10^3 \fallingdotseq 24.3 \text{〔kN〕}$$

戦術 ❹ ❹電線の実長 L〔m〕の式を立てる．

$$L = S + \frac{8D^2}{3S} \text{〔m〕} \tag{3}$$

戦術 ❺ ❺気温 $-10°C$ のときの実長 L_1，気温 $35°C$ のときの実長 L_2 とすると，題意により，両者の差が温度変化による電線の線膨張に等しいから，線膨張係数 α，温度差 t として，式を立てる．

$$L_2 - L_1 = \alpha t S \tag{4}$$

戦術 ❻ ❻(4)式に(3)式を代入すると，夏季の電線のたるみ D_2〔m〕を求める．

$$S + \frac{8D_2^2}{3S} - \left(S + \frac{8D_1^2}{3S}\right) = \alpha t S$$

ただし，D_1：$-10°C$ のときの電線のたるみ（冬）
D_2：$35°C$ のときの電線のたるみ（夏）

$$8(D_2^2 - D_1^2) = 3\alpha t S^2$$

$$D_2 = \sqrt{D_1^2 + \frac{3\alpha t S^2}{8}} = \sqrt{6^2 + \frac{3 \times 0.000019 \times \{35-(-10)\} \times 300^2}{8}}$$

$$\fallingdotseq 8.05 \text{〔m〕}$$

戦術 ❼ ❼D_2 のときの夏季の電線の水平張力 T_2〔kN〕を求める．

(2)式より，

$$T_2 = \frac{WS^2}{8D_2} = \frac{12.94 \times 300^2}{8 \times 8.05} = 18.084 \times 10^3 \fallingdotseq 18.1 \text{〔kN〕}$$

〈答〉

冬季の電線の水平張力　24.3 kN

夏季の電線のたるみ　8.05 m

夏季の電線の水平張力　18.1 kN

冬季に比べて，電線のたるみは 2.05 m 増加し，電線の水平張力は 6.2 kN 減少した．

4. 配電

■問題1

図のように変電所の同一バンクから引き出されていて，それぞれの系統末端において開放状態の連系開閉器によりオープンループで連系されているA配電系統とB配電系統があり，各系統は次のように構成されている．

　A系統：
　　変電所引き出しケーブル　　　CVTケーブル325 mm² × 500 m
　　架空線　　　　　　　　　　　アルミ電線240 mm² × 1.5 km
　B系統：
　　変電所引き出しケーブル　　　CVTケーブル325 mm² × 100 m
　　架空線　　　　　　　　　　　アルミ電線240 mm² × 1.0 km

　また，負荷は各系統の末端に集中して接続されており，各系統からは次のように電力が供給されている．

　　A系統末端負荷への供給電力：有効電力1 350 kW，遅れ無効電力 +654 kvar
　　B系統末端負荷への供給電力：有効電力900 kW，遅れ無効電力 −436 kvar

　この状態で連系開閉器を投入したときの，連系点に流れるループ電流の大きさと向きを求めよ．ただし，連系開閉器の投入後も各負荷の消費電力に変化はなく，連系点の電圧は6 600 Vであるものとする．また，CVT 325 mm²のインピーダンスは$0.0579 + j0.0951$ Ω/km，アルミ電線240 mm²のインピーダンスは$0.124 + j0.311$ Ω/kmとする．

（電力・管理：平成18年問4）

着眼点 Focus Points

末端負荷の有効電力と無効電力（+：遅れ，−：進み）から負荷電流を求めるには，電流を複素数で表し，無効電流の符号は，+：遅れ，−：進

みとなる．なお，求めた負荷電流を共役すると，＋：進み無効電流，−：遅れ無効電流となる．

連系開閉器を投入したときのループ電流は，キルヒホッフの法則より求め，ループ電流の符号が−：マイナスとなる場合は，当初仮定したループ電流の方向と逆方向に電流が流れることを示す．

戦術 Tactics

❶A系統の1相分の線路インピーダンスを求める．
❷B系統の1相分の線路インピーダンスを求める．
❸A系統末端負荷（有効電力＋j無効電力）から負荷電流を複素数で求める．
❹B系統末端負荷（有効電力−j無効電力）から負荷電流を複素数で求める．
❺連系開閉器を投入したときのループ電流をキルヒホッフの法則から求める．
❻ループ電流の大きさ（絶対値）を求める．
❼ループ電流の向きを求める．

解答 Answer

戦術❶
❶A系統の1相分の線路インピーダンス$\dot{Z}_A$〔Ω〕を求める．
$$\dot{Z}_A = (0.0579 + j0.0951) \times 0.5 + (0.124 + j0.311) \times 1.5$$
$$= 0.21495 + j0.51405 \text{〔Ω〕}$$

戦術❷
❷B系統の1相分の線路インピーダンス$\dot{Z}_B$〔Ω〕を求める．
$$\dot{Z}_B = (0.0579 + j0.0951) \times 0.1 + (0.124 + j0.311) \times 1.0$$
$$= 0.12979 + j0.32051 \text{〔Ω〕}$$

戦術❸
❸受電端電圧V〔V〕，A系統末端負荷（$P_A + jQ_A$）として，電流$\dot{I}_A$〔A〕を求める．
ただし，遅れ無効電流を−とする．
$$\overline{\dot{I}_A} = \frac{P_A + jQ_A}{\sqrt{3}V} = \frac{(1\,350 + j654) \times 10^3}{\sqrt{3} \times 6\,600} \fallingdotseq 118.09 + j57.210$$
$$\dot{I}_A = 118.09 - j57.210 \text{〔A〕}$$

戦術❹
❹受電端電圧V〔V〕，B系統末端負荷（$P_B - jQ_B$）として，電流$\dot{I}_B$〔A〕を求める．
ただし，進み無効電流を＋とする．
$$\overline{\dot{I}_B} = \frac{P_B - jQ_B}{\sqrt{3}V} = \frac{(900 - j436) \times 10^3}{\sqrt{3} \times 6\,600} \fallingdotseq 78.729 - j38.140$$

4. 配電

$$\dot{I}_B = 78.729 + j38.140 \text{ (A)}$$

インピーダンス図を示す．

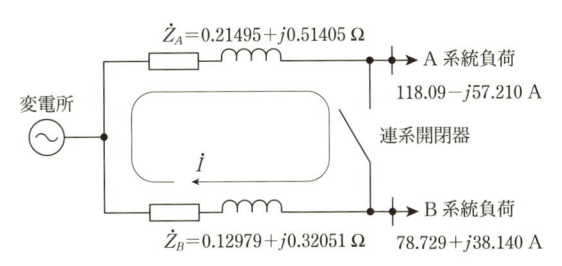

(回路図: 変電所から $\dot{Z}_A = 0.21495 + j0.51405\ \Omega$ を通ってA系統負荷 $118.09 - j57.210$ A へ，連系開閉器を介して $\dot{Z}_B = 0.12979 + j0.32051\ \Omega$ を通ってB系統負荷 $78.729 + j38.140$ A へ，ループ電流 $\dot{I}$)

戦術 ❺ ❺連系開閉器を投入したときのループ電流 $\dot{I}$ 〔A〕は，キルヒホッフの法則より求める．

ループ電流の向きは，A系統→B系統へ流れると仮定する．

$$(\dot{I} + \dot{I}_A)\dot{Z}_A + (\dot{I} - \dot{I}_B)\dot{Z}_B = 0$$

$$(\dot{I} + 118.09 - j57.210) \times (0.21495 + j0.51405)$$
$$+ \{\dot{I} - (78.729 + j38.140)\} \times (0.12979 + j0.32051) = 0$$

$$(0.34474 + j0.83456)\dot{I}$$
$$+ 54.792 + j48.406 + 2.0060 - j30.183 = 0$$

$$(0.34474 + j0.83456)\dot{I} = -56.798 - j18.223$$

$$\dot{I} = \frac{-56.798 - j18.223}{0.34474 + j0.83456} \tag{1}$$

(1)式を有理化すると，

$$\dot{I} = \frac{(-56.798 - j18.223)(0.34474 - j0.83456)}{(0.34474 + j0.83456)(0.34474 - j0.83456)}$$

$$= \frac{-34.788 + j41.119}{0.81534}$$

$$\fallingdotseq -42.667 + j50.431 \text{ (A)} \tag{2}$$

戦術 ❻ ❻ループ電流 $\dot{I}$ の大きさ $|\dot{I}|$ 〔A〕を求める．

$$|\dot{I}| = \sqrt{42.667^2 + 50.431^2} = 66.058 \fallingdotseq 66.1 \text{ (A)}$$

戦術 ❼ ❼ループ電流の向きを求める．

(2)式の実数部の符号が － : マイナスのため，B系統→A系統へ流れる．

〈答〉
連系点に流れるループ電流の大きさ　66.1 A
電流の向き　B系統→A系統

■問題2

図に示す，6 600 V，50 Hzの三相3線式配電線路において，変電所のA点の電圧を6 600 V，B点の需要家負荷を100 A（遅れ力率0.8），また，線路末端のC点の需要家負荷を100 A（遅れ力率0.8）とする．AB間の長さを2 km，BC間の長さを4 kmとし，線路のインピーダンスは1 km当たりの抵抗を0.4 Ω，リアクタンスを0.3 Ωとする．次の問に答えよ．

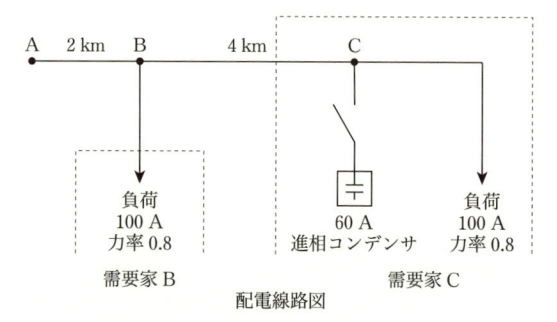

```
     A  2 km  B    4 km    C
     ●────────●────────────●────────●
                    │         │         │
                    │         │         │
                  ┌──┐     ┌──┐     ┌──┐
                  │負荷│   │   │   │負荷│
                  │100A│   │60 A│   │100A│
                  │力率│   │進相│   │力率│
                  │0.8 │   │コン│   │0.8 │
                  └──┘   │デンサ│   └──┘
                         └──┘
                  需要家B              需要家C
                         配電線路図
```

(1) B点，C点の線間電圧をそれぞれ求めよ．
(2) C点に進相コンデンサを設置して，進相電流60 Aを流して補償したとき，B点およびC点の線間電圧を求めよ．
(3) 進相コンデンサ設置前後の配電線路の損失を計算し，比較せよ．

（電力・管理：平成21年問2）

着眼点 Focus Points

受電端電圧 V_r を求めるには，配電線路に流れる電流 $\dot{I}$ を複素数で表す．例として，配電線路に流れる電流 I は，

$$\dot{I} = I_R - jI_X = |\dot{I}|\cos\theta - j|\dot{I}|\sin\theta \text{ (A)}$$

ただし，$|\dot{I}| = \sqrt{I_R^2 + I_X^2}$

配電線路の電圧降下は，虚数部分がゼロに近いため省略できるので，近似式を用いる．送電端電圧は，受電端電圧と配電線路電圧降下の実数部との合計になる．

戦術 Tactics

(1) ❶配電線路AB間のインピーダンスを求める．
❷配電線路BC間のインピーダンスを求める．
❸需要家B，Cの負荷力率が遅れ0.8であるので，負荷電流の大きさを複素数で表す．
❹配電線路AB間に流れる電流を求める．

❺A点（送電端）線間電圧，B点（受電端）線間電圧およびAB間配電線電圧降下との間の式を立てる．
❻❺で求めた式よりB点の線間電圧を求める．
❼B点（送電端）線間電圧とBC間の配電線電圧降下からC点の線間電圧を求める．

(2) ❽進相コンデンサの電流を複素数で求める．
❾配電線路AB間に流れる電流を求める．
❿配電線路BC間に流れる電流を求める．
⓫B点の線間電圧を求める．
⓬C点の線間電圧を求める．

(3) ⓭進相コンデンサ設置前の配電線路損失を求める．
⓮進相コンデンサ設置後の配電線路損失を求める．
⓯進相コンデンサ設置前後の配電線路損失を比較する．

解答 Answer

(1) 問題の配電線路を図1に示す．

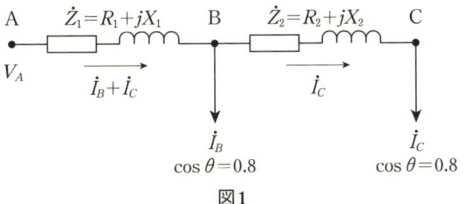

```
A    Ż₁=R₁+jX₁    B    Ż₂=R₂+jX₂    C
●────[====]────●────[====]────●
  →                    →
V_A  İ_B+İ_C           İ_C
                       ↓              ↓
                      İ_B            İ_C
                   cos θ=0.8       cos θ=0.8
```
図1

戦術❶ ❶配電線路AB間のインピーダンス$\dot{Z}_1=R_1+jX_1$〔Ω〕を求める．
$$\dot{Z}_1 = R_1 + jX_1 = (0.4+j0.3) \times 2 = 0.8 + j0.6 \text{〔Ω〕}$$

戦術❷ ❷配電線路BC間のインピーダンス$\dot{Z}_2=R_2+jX_2$〔Ω〕を求める．
$$\dot{Z}_2 = R_2 + jX_2 = (0.4+j0.3) \times 4 = 1.6 + j1.2 \text{〔Ω〕}$$

戦術❸ ❸需要家B，Cの負荷力率$\cos\theta=0.8$（遅れ）のとき，負荷電流$\dot{I}_B$〔A〕，$\dot{I}_C$〔A〕を複素数で表す．
$$\dot{I}_B = 100(\cos\theta - j\sin\theta) = 100 \times (0.8-j0.6) = 80-j60 \text{〔A〕}$$
$$\dot{I}_C = 100(\cos\theta - j\sin\theta) = 100 \times (0.8-j0.6) = 80-j60 \text{〔A〕}$$

戦術❹ ❹配電線路AB間に流れる電流$\dot{I}_{AB}$〔A〕を求める．
$$\dot{I}_{AB} = \dot{I}_B + \dot{I}_C = 80-j60+80-j60 = 160-j120 \text{〔A〕}$$
$\dot{I}_{AB}$の大きさ$|\dot{I}_{AB}|$は，
$$|\dot{I}_{AB}| = \sqrt{160^2+120^2} = 200 \text{〔A〕}$$
よって，$\dot{I}_{AB}$〔A〕は，

$$\dot{I}_{AB} = |\dot{I}_{AB}|(\cos\theta - j\sin\theta) = 200(0.8 - j0.6) \text{ (A)}$$

戦術 ❺ ❺A点の線間電圧 $\dot{V}_A$ (V)，B点の線間電圧 $\dot{V}_B$ (V)，配電線路AB間のインピーダンス $\dot{Z}_1 = R_1 + jX_1$ (Ω)，配電線路AB間に流れる電流 $\dot{I}_{AB}$ (A) として，関係式を立てる．

$$\begin{aligned}
\dot{V}_A &= \dot{V}_B + \sqrt{3}\dot{I}_{AB}\dot{Z}_1 \\
&= \dot{V}_B + \sqrt{3}|\dot{I}_{AB}|(\cos\theta - j\sin\theta)(R_1 + jX_1) \\
&= \dot{V}_B + \sqrt{3}|\dot{I}_{AB}|(R_1\cos\theta + X_1\sin\theta) \\
&\quad + j\sqrt{3}|\dot{I}_{AB}|(X_1\cos\theta - R_1\sin\theta)
\end{aligned} \quad (1)$$

ここで，配電線路は(1)式の虚数部分はゼロに近いため省略できるから，近似式を用いる．

$$V_A \fallingdotseq V_B + \sqrt{3}|\dot{I}_{AB}|(R_1\cos\theta + X_1\sin\theta) \quad (2)$$

戦術 ❻ ❻(2)式より，B点の線間電圧 V_B (V) を求める．

$$\begin{aligned}
V_B &= V_A - \sqrt{3}|\dot{I}_{AB}|(R_1\cos\theta + X_1\sin\theta) \quad (3) \\
&= 6\,600 - \sqrt{3} \times 200 \times (0.8 \times 0.8 + 0.6 \times 0.6) = 6\,253.6 \fallingdotseq 6\,250 \text{ (V)}
\end{aligned}$$

戦術 ❼ ❼B点の線間電圧 V_B (V)，配電線路BC間のインピーダンス $\dot{Z}_2 = R_2 + jX_2$ (Ω)，配電線路BC間に流れる電流 $\dot{I}_C$ (A) として，C点の線間電圧 V_C (V) を求める．

$$\begin{aligned}
V_C &= V_B - \sqrt{3}|\dot{I}_C|(R_2\cos\theta + X_2\sin\theta) \quad (4) \\
&= 6\,253.6 - \sqrt{3} \times 100 \times (1.6 \times 0.8 + 1.2 \times 0.6) = 5\,907.2 \fallingdotseq 5\,910 \text{ (V)}
\end{aligned}$$

(2) 問題の配電線路を図2に示す．

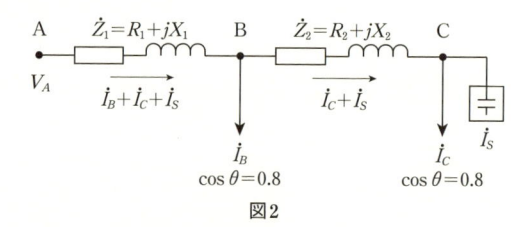

A　$\dot{Z}_1 = R_1 + jX_1$　B　$\dot{Z}_2 = R_2 + jX_2$　C

V_A　　$\dot{I}_B + \dot{I}_C + \dot{I}_S$　　$\dot{I}_C + \dot{I}_S$

$\dot{I}_B$　　　$\dot{I}_C$　　$\dot{I}_S$
$\cos\theta = 0.8$　$\cos\theta = 0.8$

図2

戦術 ❽ ❽進相コンデンサの電流 $\dot{I}_S$ (A) を複素数で求める．

$$\dot{I}_S = j60 \text{ (A)}$$

戦術 ❾ ❾配電線路AB間に流れる電流 $\dot{I}_{AB}{}'$ (A) を求める．

$$\dot{I}_{AB}{}' = \dot{I}_B + \dot{I}_C + \dot{I}_S = 80 - j60 + 80 - j60 + j60 = 160 - j60 \text{ (A)}$$

戦術 ❿ ❿配電線路BC間に流れる電流 $\dot{I}_{BC}$ (A) を求める．

$$\dot{I}_{BC} = \dot{I}_C + \dot{I}_S = 80 - j60 + j60 = 80 \text{ (A)}$$

⓫ ⓫(3)式よりB点の線間電圧 V_B〔V〕を求める.

A点の線間電圧 V_A〔V〕,配電線路AB間のインピーダンス $\dot{Z}_1=R_1+jX_1$ 〔Ω〕,配電線路AB間に流れる電流 $\dot{I}_{AB}'$〔A〕とすると,

$$V_B = V_A - \sqrt{3}|\dot{I}_{AB}'|(R_1\cos\theta' + X_1\sin\theta')$$
$$= V_A - \sqrt{3}(R_1|\dot{I}_{AB}'|\cos\theta' + X_1|\dot{I}_{AB}'|\sin\theta')$$
$$= V_A - \sqrt{3}(R_1\times\lceil\dot{I}_{AB}'の実数部\rfloor + X_1\times\lceil\dot{I}_{AB}'の虚数部\rfloor) \quad (5)$$

(5)式に数値を代入すると,

$$V_B = 6\,600 - \sqrt{3}\times(0.8\times160 + 0.6\times60) = 6\,315.9 \fallingdotseq 6\,320\,\text{〔V〕}$$

⓬ ⓬C点の線間電圧 V_C〔V〕を求める.

B点の線間電圧 V_B〔V〕,配電線路BC間のインピーダンス $\dot{Z}_2=R_2+jX_2$ 〔Ω〕,配電線路BC間に流れる電流 $\dot{I}_{BC}$〔A〕とすると(5)式より,

$$V_C = V_B - \sqrt{3}(R_2|\dot{I}_{BC}|\cos\theta' + X_2|\dot{I}_{BC}|\sin\theta')$$

ここで,$\dot{I}_{BC}$ は実数部のみであるから,

$$V_C = V_B - \sqrt{3}R_2|\dot{I}_{BC}|\cos\theta' \quad (6)$$
$$= 6\,315.9 - \sqrt{3}\times1.6\times80 = 6\,094.2 \fallingdotseq 6\,090\,\text{〔V〕}$$

(3)

⓭ ⓭進相コンデンサ設置前の配電線路損失 P_{L1}〔W〕を求める.

$$P_{L1} = 3|\dot{I}_{AB}|^2 R_1 + 3|\dot{I}_C|^2 R_2$$
$$= 3\times200^2\times0.8 + 3\times100^2\times1.6 = 144\,000\,\text{〔W〕}$$

⓮ ⓮進相コンデンサ設置後の配電線路損失 P_{L2}〔W〕を求める.

$$P_{L2} = 3|\dot{I}_{AB}'|^2 R_1 + 3|\dot{I}_{BC}|^2 R_2$$
$$= 3\times(160^2 + 60^2)\times0.8 + 3\times80^2\times1.6 = 100\,800\,\text{〔W〕}$$

⓯ ⓯進相コンデンサ設置前後の配電線路損失を比較する.

$$P_{L1} - P_{L2} = 144\,000 - 100\,800 = 43\,200\,\text{〔W〕}\text{ 減少する.}$$

比率を求めると,

$$\left(1 - \frac{\text{進相コンデンサ設置後の配電線路損失}}{\text{進相コンデンサ設置前の配電線路損失}}\right)\times100\,\text{〔\%〕}$$

$$\left(1 - \frac{100\,800}{144\,000}\right)\times100 = 30\,\text{〔\%〕 減少する.}$$

〈答〉

(1) B点の線間電圧 6 250 V

　　C点の線間電圧 5 910 V

(2) B点の線間電圧 6 320 V

C 点の線間電圧 6 090 V
(3)　進相コンデンサを設置することで配電線路の損失が，43 200 W，30.0% 減少する．

■問題3

図のような高圧配電系統で，誘導発電機を連系した際，次の問に答えよ．

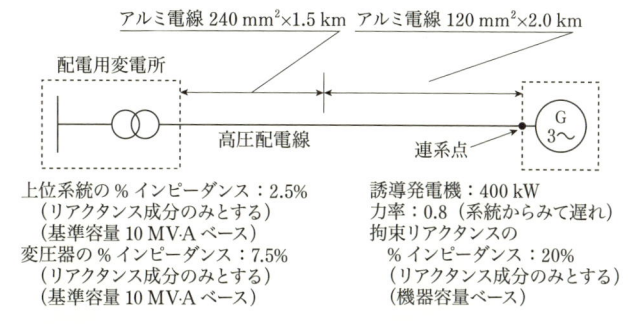

```
              アルミ電線 240 mm²×1.5 km  アルミ電線 120 mm²×2.0 km
  配電用変電所
  ┌─────┐
  │  ⊗  │────────高圧配電線─────────●──(G 3～)
  └─────┘                        連系点
    上位系統の%インピーダンス：2.5%      誘導発電機：400 kW
    （リアクタンス成分のみとする）      力率：0.8（系統からみて遅れ）
    （基準容量10 MV·A ベース）         拘束リアクタンスの
    変圧器の%インピーダンス：7.5%        %インピーダンス：20%
    （リアクタンス成分のみとする）      （リアクタンス成分のみとする）
    （基準容量10 MV·A ベース）         （機器容量ベース）
```

ただし，基準容量10 MV·Aにおけるアルミ電線240 mm²の%インピーダンスは1 km当たり$2.9+j7.1$ 〔%/km〕，アルミ電線120 mm²の%インピーダンスは1 km当たり$5.9+j7.9$ 〔%/km〕とする．

(1) 基準容量10 MV·Aにおいて，配電系統との連系点からみた系統側の%インピーダンスをR_0+jX_0〔%〕とした場合，R_0，X_0の値をそれぞれ求めよ．

(2) 基準容量10 MV·Aにおいて，誘導発電機の拘束インピーダンスはリアクタンス成分のみとし，これをX〔%〕とした場合，Xの値を求めよ．

(3) 誘導発電機の連系によって発生する，配電系統との連系点における瞬時電圧低下率を求めよ．なお，配電系統との連系点から誘導発電機端までのインピーダンスおよび誘導発電機の抵抗成分は無視する．

(電力・管理：平成22年問4)

着眼点 Focus Points

基準容量における誘導発電機の%拘束リアクタンスを求めるには，機器容量の単位を〔kW〕から〔kV·A〕に変換する必要がある．機器容量400 kW，力率0.8の誘導発電機の場合は，400 kW/0.8＝500 kV·Aとなる．

誘導発電機の連系による電圧低下率は「連系点の電圧変動分／連系前の連系点電圧」から求める．

戦術 Tactics

(1) ❶基準容量10 MV·Aにおける，上位系統，変圧器，アルミ電線の%インピーダンスを求める．
❷連系点から見た系統側の%インピーダンスを求める．

(2) ❸基準容量10 MV·Aにおける，誘導発電機の%拘束リアクタンスを求める．

(3) ❹連系後の上位系統電圧を求める．
❺連系前の連系点電圧を求める．
❻連系後の連系点電圧を求める．
❼連系による連系点の電圧変動分を求める．
❽発電機並列時の発電設備設置点の電圧低下率を求める．

解答 Answer

戦術 ❶

(1)
❶基準容量10 MV·Aにおける，上位系統，変圧器，アルミ電線の％インピーダンスを求める．

上位系統 $X_S = j2.5\%$

変圧器 $X_T = j7.5\%$

アルミ電線240 mm² $R_1 + jX_1 = (2.9 + j7.1) \times 1.5 = 4.35 + j10.65$ 〔％〕

アルミ電線120 mm² $R_2 + jX_2 = (5.9 + j7.9) \times 2.0 = 11.8 + j15.8$ 〔％〕

戦術 ❷

❷連系点から見た系統側の％インピーダンス $\dot{Z}_0 = R_0 + jX_0$〔％〕を求める．

$$\dot{Z}_0 = R_0 + jX_0$$
$$= (R_1 + R_2) + j(X_1 + X_2 + X_S + X_T)$$
$$= (4.35 + 11.8) + j(10.65 + 15.8 + 2.5 + 7.5)$$
$$= 16.15 + j36.45 \fallingdotseq 16.2 + j36.5 \text{〔％〕}$$

(2)

戦術 ❸

❸基準容量10 MV·Aにおける，誘導発電機の％拘束リアクタンスX〔％〕を求める．

$$X = \frac{\text{基準容量〔V·A〕}}{\text{機器容量〔V·A〕}} \times \text{機器容量基準の}\%X \text{〔％〕} \qquad (1)$$

(1)式より，

$$X = \frac{10\,000 \times 10^3}{\dfrac{400 \times 10^3}{0.8}} \times 20 = 400 \text{〔％〕}$$

(3) 上位系統の電圧$\dot{V}_s$〔p.u.〕，誘導発電機連系前の連系点電圧$\dot{V}_r$〔p.u.〕，誘導発電機連系後の連系点電圧$\dot{V}_r'$〔p.u.〕，線路のインピーダンス$\dot{Z}_0 = R_0 + jX_0$〔p.u.〕，誘導発電機の拘束リアクタンスjX〔p.u.〕，連系後に流れる電流$\dot{I}$〔p.u.〕とする．

戦術 ❹

❹連系後の上位系統電圧$\dot{V}_s$を求める．

$$\dot{V}_s = \dot{I}\{R_0 + j(X_0 + X)\}$$
$$|\dot{V}_s| = |\dot{I}|\sqrt{R_0^2 + (X_0 + X)^2} \qquad (2)$$

戦術❺ ❺連系前の連系点電圧 $\dot{V}_r$ を求める.
$$\dot{V}_r = \dot{V}_s$$
$$|\dot{V}_r| = |\dot{V}_s| = |\dot{I}|\sqrt{R_0^2 + (X_0 + X)^2} \tag{3}$$

戦術❻ ❻連系後の連系点電圧 $\dot{V}_r'$ を求める.
$$\dot{V}_r' = \dot{I}X$$
$$|\dot{V}_r'| = |\dot{I}|X \tag{4}$$

戦術❼ ❼連系による連系点の電圧変動分 ΔV を求める.
$$\Delta V = |\dot{V}_r| - |\dot{V}_r'| \tag{5}$$

戦術❽ ❽発電機並列時の発電設備設置点の電圧低下率 ε 〔%〕を求める.

$$\begin{aligned}
\varepsilon &= \frac{\Delta V}{|\dot{V}_r|} \times 100 = \frac{|\dot{V}_r| - |\dot{V}_r'|}{|\dot{V}_r|} \times 100 \\
&= \frac{|\dot{I}|\sqrt{R_0^2 + (X_0 + X)^2} - |\dot{I}|X}{|\dot{I}|\sqrt{R_0^2 + (X_0 + X)^2}} \times 100 \\
&= \frac{\sqrt{R_0^2 + (X_0 + X)^2} - X}{\sqrt{R_0^2 + (X_0 + X)^2}} \times 100
\end{aligned} \tag{6}$$

(6)式に数値を代入すると,

$$\varepsilon = \frac{\sqrt{0.1615^2 + (0.3645 + 4.0)^2} - 4.0}{\sqrt{0.1615^2 + (0.3645 + 4.0)^2}} \times 100 \fallingdotseq 8.41 〔\%〕$$

〈答〉
(1) $R_0 = 16.2\%$　$X_0 = 36.5\%$
(2) $X = 400\%$
(3) 8.41%

■問題4

図のような単相定格出力10 kV·Aおよび40 kV·Aの配電用変圧器を異容量V結線とした三相変圧器がある．この低圧側に単相および三相負荷を接続した場合，高圧側電線に流れる電流I_a，I_bおよびI_cの大きさを算定せよ．

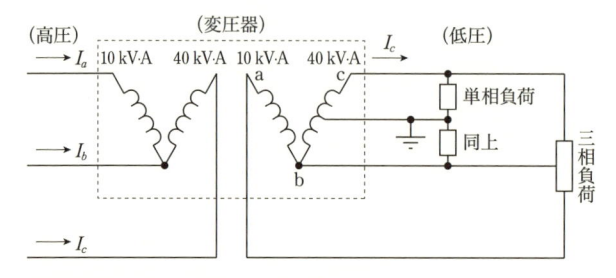

（図：高圧側に I_a, I_b, I_c が流れ，変圧器10 kV·A および 40 kV·A が V 結線，低圧側に単相負荷（同上）および三相負荷が接続されている．低圧側端子はa, b, c．）

ただし，電流の算定には，次のような仮定をおく．

高圧側電圧；線間6 600 Vは，三相平衡とする．
負荷の容量，力率；各負荷容量は変圧器各相を全負荷させるものとし，各負荷の力率は100％，三相負荷は平衡とする．
変圧器のインピーダンス；無視する．

（送配電：昭和45年問2）

着眼点 Focus Points

異容量V結線は，単相変圧器2台をV結線して三相負荷と単相負荷を供給する結線である．変圧器10 kV·Aは三相負荷に供給し，変圧器40 kV·Aは三相負荷と単相負荷の両方を供給する．

高圧側a相電流は三相平衡負荷のみに接続しているため，変圧器10 kV·Aの容量から全負荷電流を求める．一方，高圧側b相，c相の電流は，変圧比1として考えて，V結線二次側電流のベクトル図を描くと理解しやすい．

戦術 Tactics

❶変圧器10 kV·Aの容量を全負荷にするためのa相高圧側電流を求める．
❷変圧器40 kV·Aの容量を全負荷にするためのc相高圧側電流を求める．
❸ベクトル図を描き，三相負荷に流れる電流，単相負荷に流れる電流，変圧器40 kV·Aの端子電圧との関係を式に表し，b相高圧側電流を求める．

解答 Answer

戦術 ①

❶変圧器10 kV·A容量を全負荷にするための高圧側電流I_a〔A〕を求める.

$$I_a = \frac{10 \times 10^3}{6\,600} \fallingdotseq 1.52 \text{〔A〕}$$

戦術 ②

❷変圧器40 kV·A容量を全負荷にするための高圧側電流I_c〔A〕を求める.

$$I_c = \frac{40 \times 10^3}{6\,600} \fallingdotseq 6.06 \text{〔A〕}$$

変圧器の変圧比を1と仮定して問題の図の二次側を図1に示す.

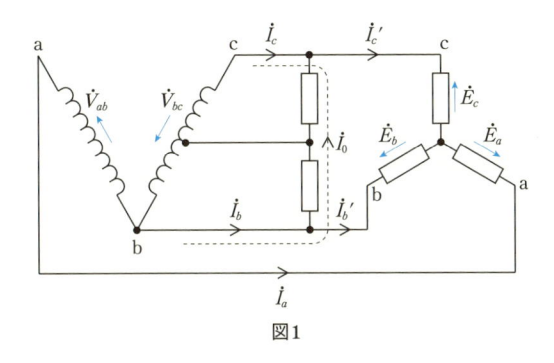

図1

変圧器の端子－中性点間の電圧を$\dot{E}_a$, $\dot{E}_b$, $\dot{E}_c$とし, $\dot{E}_a$を基準ベクトルとすると図2のようなベクトル図となる.

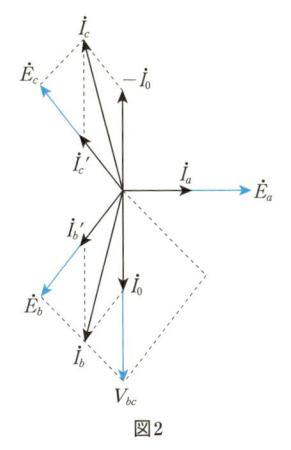

図2

戦術 ③

❸三相負荷に流れる電流, 単相負荷に流れる電流, 変圧器の端子電圧との関係を式に表し, b相高圧側電流を求める.

図2より, 三相負荷に流れる電流$\dot{I}_a$は$\dot{E}_a$と同相, 単相負荷に流れる電流

$\dot{I}_0$ は $\dot{V}_{bc}$ と同相, $\dot{V}_{bc}$ は $\dot{E}_a$ より 90°位相が遅れている.

以上より関係式は,

$$\dot{I}_b = \dot{I}_b{}' + \dot{I}_0 = a^2 I_a - jI_0 \tag{1}$$

$$\dot{I}_c = \dot{I}_c{}' - \dot{I}_0 = aI_a + jI_0 \tag{2}$$

(1)(2)式より, $\dot{I}_b$, $\dot{I}_c$ の大きさ $|\dot{I}_b|$, $|\dot{I}_c|$ は,

$$|\dot{I}_b| = \sqrt{I_a^2 + I_0^2 + \sqrt{3} I_a I_0} \tag{3}$$

$$|\dot{I}_c| = \sqrt{I_a^2 + I_0^2 + \sqrt{3} I_a I_0} \tag{4}$$

(3)(4)式より, $|\dot{I}_b| = |\dot{I}_c|$ であるから

$I_b = 6.06 \,\text{[A]}$

〈答〉
$I_a = 1.52$ A
$I_b = 6.06$ A
$I_c = 6.06$ A

■問題5

定格容量20 kV·Aおよび40 kV·Aの変圧器を図のように異容量V結線とした対称三相交流電源があり，低圧側にまず三相の最大平衡負荷を接続し，次に単相の最大負荷を接続したとすれば，三相の最大平衡負荷〔kW〕，単相の最大負荷〔kW〕およびその場合の変圧器の利用率〔%〕は，それぞれいくらか．ただし，変圧器および線路のインピーダンスは無視するものとする．

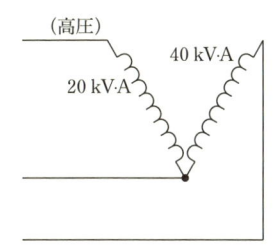

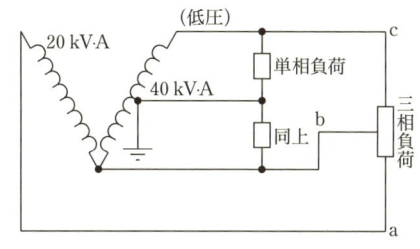

(送配電：昭和54年問2)

着眼点 Focus Points

異容量V結線は，単相変圧器2台をV結線して三相負荷と単相負荷を供給する結線である．20 kV·A変圧器は三相負荷に供給し，40 kV·A変圧器は，三相負荷と単相負荷に電力を供給している．

三相最大平衡負荷の条件は，負荷力率が1.0のときの20 kV·A変圧器の全容量となるため，三相最大平衡負荷は，全容量（20 kV·A）の$\sqrt{3}$倍したものとなる．

一方，40 kV·A変圧器には，三相負荷と単相負荷の電流が流れるので，ベクトル図を描いて単相負荷電流を導き，単相最大負荷を求める．

変圧器利用率は「（三相最大平衡負荷＋単相最大負荷）／2台の変圧器容量の合計」で表す．

戦術 Tactics

❶ベクトル図を描き，20・40 kV·A変圧器に三相平衡負荷のみが接続していると考え，各変圧器に流れる電流と三相平衡負荷電流との間の式を立てる．

❷20・40 kV·A変圧器の定格電流の比を求める．

❸「20 kV·A変圧器の定格電流＝三相最大平衡負荷電流」であることから，三相最大平衡負荷を求める．

❹40 kV·A変圧器に流れる電流は，三相負荷電流と単相負荷電流の合成

した電流が流れる．40 kV·A 変圧器の定格電流と合成電流との間の式を立てる．
❺単相最大単相負荷の条件は，bc 相間の線間電圧と合成電流の位相が同相のときであるので，ベクトル図から単相負荷電流を I_0 とするときの $I_0 \cos\theta$ を求める．
❻単相最大負荷を求める．
❼変圧器の利用率を求める．

解答 Answer

問題図を図1に示す．

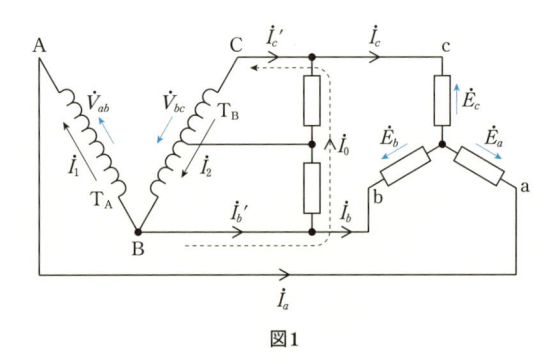

図1

変圧器の端子−中性点間の電圧を $\dot{E}_a$, $\dot{E}_b$, $\dot{E}_c$ とし，$\dot{E}_a$ を基準ベクトルとすると図2のようなベクトル図となる．

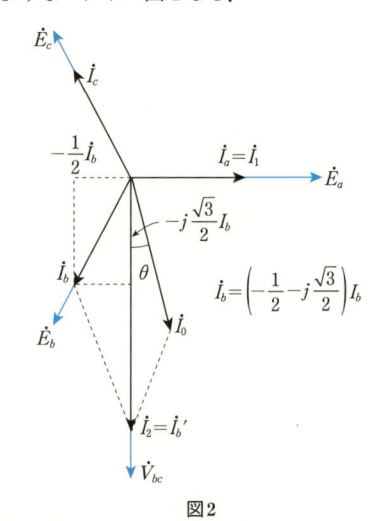

図2

変圧器T_Aには三相負荷電流のみが，T_Bには三相負荷と単相負荷の合成電流が流れている．

〈三相最大平衡負荷を求める〉

戦術❶ ❶変圧器T_A，T_Bに流れる電流を$\dot{I}_1$，$\dot{I}_2$とすると，図1より三相平衡負荷のみ接続の場合について考え，各変圧器に流れる電流と三相平衡負荷電流との間の式を立てる．

関係式は，
$$\dot{I}_1 = \dot{I}_a \quad \dot{I}_2 = \dot{I}_b' = -\dot{I}_c' \tag{1}$$

一方，三相平衡負荷のため，電流の大きさは等しいので，
$$|\dot{I}_1| = |\dot{I}_a| = |\dot{I}_b| = |\dot{I}_c| \tag{2}$$

戦術❷ ❷変圧器T_A，T_Bの定格電流をI_A，I_Bとして電流の比を求める．
$$\frac{I_A}{I_B} = \frac{20}{40} = \frac{1}{2} \tag{3}$$

戦術❸ ❸いま，$|\dot{V}_{ab}| = |\dot{V}_{bc}| = |\dot{V}_{ca}| = V$〔V〕，力率$\cos\theta = 1.0$として，三相最大平衡負荷$P_{3m}$〔kW〕を求める．

$|\dot{I}_1| = I_A$〔A〕のときに生じるから，
$$P_{3m} = \sqrt{3} V I_A \cos\theta \tag{4}$$

ここで，$VI_A = 20$ kV·Aであるから，
$$P_{3m} = \sqrt{3} \times 20 \times 1 = 34.64 \fallingdotseq 34.6 \text{〔kW〕}$$

〈単相最大負荷を求める〉

戦術❹ ❹変圧器T_Bに流れる電流$\dot{I}_2$は図1より，三相負荷電流$\dot{I}_b$と単相負荷電流$\dot{I}_0$との合成電流であるので，変圧器T_Bの定格電流I_Bとの関係式を立てる．
$$\dot{I}_2 = \dot{I}_b + \dot{I}_0 \tag{5}$$
$$|\dot{I}_2| = I_B \tag{6}$$

一方，(3)式より，
$$|\dot{I}_b| = I_A = \frac{I_B}{2} \tag{7}$$

戦術❺ ❺単相最大負荷P_{1m}のときの単相負荷電流$\dot{I}_0$は，図2より$\dot{V}_{bc}$と$\dot{I}_2$とが同相の場合である．また，$\dot{I}_2$の最大値はT_Bの定格電流I_Bであるので，図2から$I_0 \cos\theta$を求める．

(5)(6)(7)式より，
$$I_0 \cos\theta = I_2 - \frac{\sqrt{3}}{2} I_b = I_B - \frac{\sqrt{3}}{2} \times \frac{1}{2} I_B = \left(1 - \frac{\sqrt{3}}{4}\right) I_B \tag{8}$$

戦術 ❻ ❻単相最大負荷 P_{1m}〔kW〕を求める．

$$P_{1m} = VI_0 \cos\theta = VI_B\left(1 - \frac{\sqrt{3}}{4}\right) \tag{9}$$

ここで，$VI_B = 40$ kV·A であるから，

$$P_{1m} = 40 \times \left(1 - \frac{\sqrt{3}}{4}\right) = 22.68 \fallingdotseq 22.7 \text{〔kW〕}$$

戦術 ❼ ❼変圧器の利用率 α〔％〕を求める．

$$\alpha = \frac{P_{3m} + P_{1m}}{設備容量} \times 100 \tag{10}$$

$$= \frac{34.64 + 22.68}{20 + 40} \times 100 \fallingdotseq 95.5 \text{〔％〕}$$

〈答〉
三相の最大平衡負荷　34.6 kW
単相の最大負荷　22.7 kW
変圧器の利用率　95.5％

■問題6

図のように，三相高圧配電線にV結線接続された2台の配電用変圧器がある．これについて次の問に答えよ．

ただし，各変圧器の容量はそれぞれ30 kV·A，50 kV·Aで，%インピーダンス（機器容量基準）はどちらも5%，短絡前の低圧側端子電圧は200 Vとする．

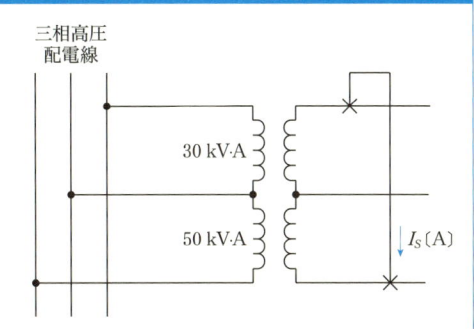

なお，負荷インピーダンスは変圧器インピーダンスに比較し，非常に大きいことから負荷電流は無視し，また，高圧側端子からみた電源側のインピーダンスは十分低いものとし，無視する．

(1) 30 kV·Aと50 kV·Aの変圧器のそれぞれのインピーダンスZ_1〔Ω〕とZ_2〔Ω〕の値を求めよ．

(2) 図のように，変圧器の低圧側の端子付近で2線短絡を生じた．このときの低圧側の短絡電流I_S〔A〕の値を求めよ．

（電力・管理：平成17年問4）

着眼点 Focus Points

この問題を解くには，変圧器の%インピーダンスをオーム値へ変換する必要がある．変圧器の%インピーダンスをオーム値へ変換するには「%インピーダンス×定格電圧の2乗／(100×機器の基準容量)」で求める．

変圧器低圧側端子付近の2線短絡は外線間の短絡であるので，短絡電流は2台の変圧器のインピーダンスを直列接続した回路に流れる．

戦術 Tactics

(1) ❶変圧器の%インピーダンスをオーム値へ変換する．

(2) ❷変圧器低圧側端子付近の2線短絡時の短絡電流は，変圧器のインピーダンスと短絡前の低圧側電圧から求める．

解答 Answer

(1)

戦術❶

❶30 kV·A，50 kV·A変圧器の%インピーダンスをそれぞれZ_1〔%〕，Z_2〔%〕をオーム値へ変換する．

$$Z〔Ω〕=\frac{Z〔\%〕}{100}×\frac{(定格電圧〔V〕)^2}{機器の基準容量〔V·A〕} \quad (1)$$

(1)式より，

$$Z_1 = \frac{5 \times 200^2}{100 \times 30 \times 10^3} = 0.0667 \text{[}\Omega\text{]}$$

$$Z_2 = \frac{5 \times 200^2}{100 \times 50 \times 10^3} = 0.0400 \text{[}\Omega\text{]}$$

(2)

❷変圧器低圧側端子付近の2線短絡は,外線間の短絡であるので,図に示すように2台の変圧器インピーダンスが直列になるから,短絡前の低圧側端子電圧 V_2 [V]として,短絡電流 I_S [A]を求める.

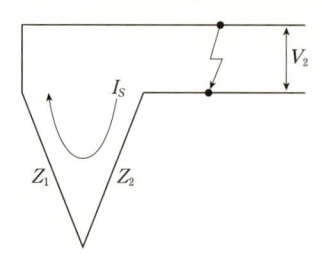

$$I_S = \frac{V_2}{Z_1 + Z_2} \text{[A]} \qquad (2)$$

(2)式に数値を代入すると,

$$I_S = \frac{200}{0.0667 + 0.04} \fallingdotseq 1\,870 \text{[A]}$$

〈答〉

(1)　$Z_1 = 0.0667$ Ω

　　　$Z_2 = 0.0400$ Ω

(2)　$I_S = 1\,870$ A

■問題7

下図に示すように6.6 kV，60 Hz，中性点非接地の三相3線式配電線の途中に昇圧電圧300 VのV結線昇圧器を設置した．変電所の6.6 kV母線における零相電圧（残留電圧）の大きさを求めよ．ただし，昇圧器設置前の母線の零相電圧は0 V，昇圧器の変電所母線側および負荷側の配電線の対地静電容量は，それぞれ1相当たり0.2 μFおよび0.1 μFとし，昇圧器の内部インピーダンス，その他の定数は無視するものとする．

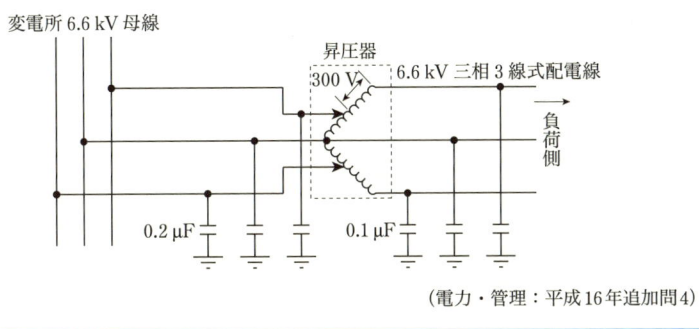

（電力・管理：平成16年追加問4）

着眼点 Focus Points

問題を解く前に，昇圧器の変電所母線側と負荷側のそれぞれの対地間電圧を図に書き込むことが必要である．各線の対地間電圧がわかれば，各線の対地静電容量に流れる電流が求まる．

昇圧器（単巻変圧器の分路巻線の巻数n_1，直列巻線の巻数n_2）負荷側の対地間電圧は，次のように求める．

- a相対地間電圧は「昇圧器の変電所側a相の対地間電圧＋ab相の線間電圧×巻数比（n_2/n_1）」
- b相対地間電圧は「昇圧器の変電所側b相の対地間電圧」
- c相対地間電圧は「昇圧器の変電所側c相の対地間電圧＋cb相の線間電圧×巻数比（n_2/n_1）」

戦術 Tactics

❶各線の対地間電圧を求めて各線の静電容量に流れる電流の式を立てる．
❷「各線の静電容量に流れる電流の和＝0」の式から「中性点電位＝」の式に置き換える．
❸❷で求めた式に数値を代入して変電所6.6 kV母線の零相電圧（中性点電位）を求める．

解答

問題の系統を図で示す．

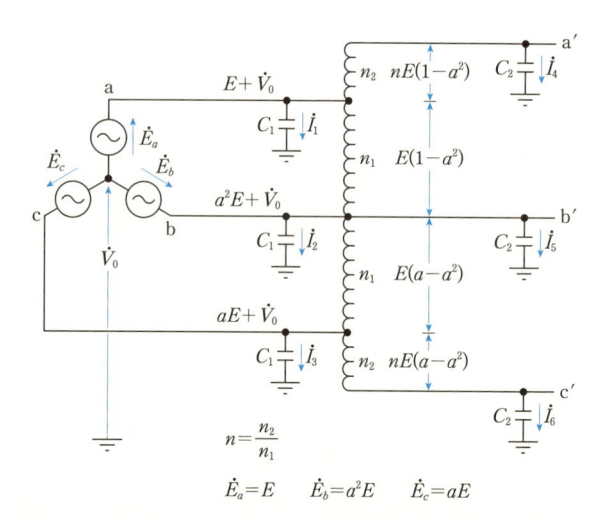

戦術 ❶

❶各線の対地間電圧を求めて，各線の静電容量に流れる電流の式を立てる．

中性点非接地式の配電線の相電圧 $\dot{E}_a$，$\dot{E}_b$，$\dot{E}_c$，中性点電位 $\dot{V}_0$，昇圧器の分路巻線の巻数 n_1，直列巻線の巻数 n_2，昇圧器の変電所母線側の静電容量 C_1，昇圧器の負荷側の静電容量 C_2 とすると，各静電容量に流れる電流 $\dot{I}_1$，$\dot{I}_2$，$\dot{I}_3$，$\dot{I}_4$，$\dot{I}_5$，$\dot{I}_6$ を求める．なお，$\dot{E}_a=E$，$\dot{E}_b=a^2E$，$\dot{E}_c=aE$，$n=n_2/n_1$ とする．

$$\dot{I}_1 = j\omega C_1(E+\dot{V}_0)$$
$$\dot{I}_2 = j\omega C_1(a^2E+\dot{V}_0)$$
$$\dot{I}_3 = j\omega C_1(aE+\dot{V}_0)$$
$$\dot{I}_4 = j\omega C_2\{E+\dot{V}_0+nE(1-a^2)\}$$
$$\dot{I}_5 = j\omega C_2(a^2E+\dot{V}_0)$$
$$\dot{I}_6 = j\omega C_2\{aE+\dot{V}_0+nE(a-a^2)\}$$

戦術 ❷

❷中性点電位 V_0 を求める．

$\dot{I}_1+\dot{I}_2+\dot{I}_3+\dot{I}_4+\dot{I}_5+\dot{I}_6=0$ より，

$$j\omega C_1(E+\dot{V}_0)+j\omega C_1(a^2E+\dot{V}_0)+j\omega C_1(aE+\dot{V}_0)$$
$$+j\omega C_2\{E+\dot{V}_0+nE(1-a^2)\}+j\omega C_2(a^2E+\dot{V}_0)$$
$$+j\omega C_2\{aE+\dot{V}_0+nE(a-a^2)\}=0$$

$$j\omega C_1 E(1+a^2+a) + j3\omega C_1 \dot{V}_0 + j\omega C_2 E(1+a^2+a) + j3\omega C_2 \dot{V}_0$$
$$+ j\omega C_2 nE(1-a^2+a-a^2) = 0$$

ここで，$1+a^2+a=0$，$1+a=-a^2$ より，$1-a^2+a-a^2=-3a^2$ となるから，

$$j3\omega C_1 \dot{V}_0 + j3\omega C_2 \dot{V}_0 - j3\omega C_2 na^2 E = 0$$
$$\dot{V}_0(C_1+C_2) = na^2 EC_2$$
$$\dot{V}_0 = \frac{C_2}{C_1+C_2} na^2 E \tag{1}$$

❸ (1)式に数値を代入すると，変電所6.6 kV母線の零相電圧 $|\dot{V}_0|$ 〔V〕を求める．

$$|\dot{V}_0| = \frac{0.1}{0.2+0.1} \times \frac{300}{6\,600} \times \frac{6\,600}{\sqrt{3}} \fallingdotseq 57.7 \,(\text{V})$$

〈答〉
57.7 V

■問題8

図のように電圧変成器（VT）を接続した三相3線式1回線配電線において負荷側の遮断器を開放した場合，VT二次側△結線開放端に現れる電圧を求めよ．ただし，線間電圧をE，配電線の各相の対地静電容量をそれぞれC_a，C_bおよびC_cとし，VTの巻数比をnとする．

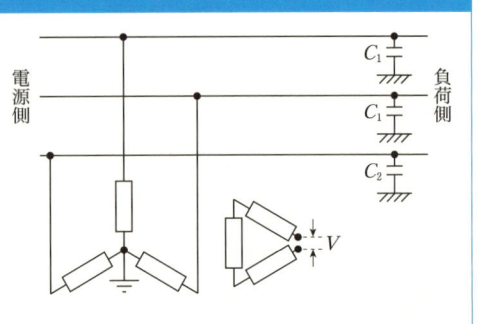

（送配電：昭和63年問2）

着眼点 Focus Points

VT二次側△結線開放端の電圧は，各相の電圧のベクトル和が△結線開放端子間に現れる．三相平衡であれば零．三相不平衡であれば電圧が現れる．

各線の対地電位は，相電圧と中性点電位との和となり，中性点電位は，各線の静電容量を流れる電流の和から求める．

戦術 Tactics

❶ 各線の対地電位（VT一次電圧）の式を立てる．
❷ VT二次側△結線開放端の電圧は，❶で求めた各線の対地電位の和である．
❸ VT二次側△結線開放端の電圧の大きさ（絶対値）の式を求める．
❹ 各線の静電容量に流れる電流を求める．
❺ 「各線の静電容量に流れる電流の和＝0」の式から「中性点電位＝」の式に置き換える．
❻ 中性点電位の大きさ（絶対値）を求める．
❼❻で求めた中性点電位の大きさを❸で求めた式へ代入して，VT二次側△結線開放端の電圧の大きさ（絶対値）を求める．

解答 Answer

問題の系統を図で示す．

戦術❶ ❶各線の対地電位（VT一次電圧）の式を立てる．

配電線の電源の相電圧$\dot{E}_a$，$\dot{E}_b$，$\dot{E}_c$，中性点電位$\dot{V}_0$とする．各線の対地電位およびVT一次電圧は，ともに各相それぞれ$\dot{V}_a$，$\dot{V}_b$，$\dot{V}_c$でその大きさは等しい．関係式は，

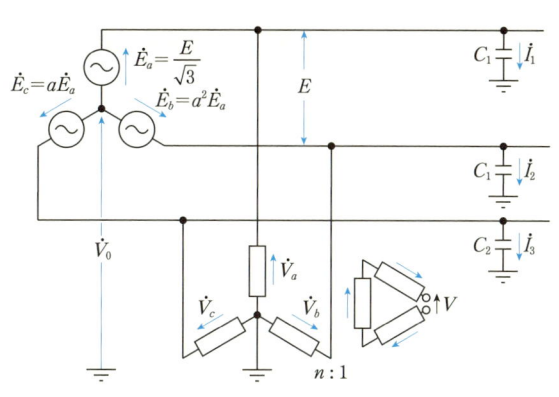

$$\dot{V}_a = \dot{E}_a + \dot{V}_0$$
$$\dot{V}_b = \dot{E}_b + \dot{V}_0 = a^2 \dot{E}_a + \dot{V}_0$$
$$\dot{V}_c = \dot{E}_c + \dot{V}_0 = a \dot{E}_a + \dot{V}_0$$

戦術 ❷

❷VT二次側△結線開放端の電圧 $\dot{V}$ を求める.

$$\dot{V} = \frac{1}{n}(\dot{V}_a + \dot{V}_b + \dot{V}_c) = \frac{1}{n}\{(1 + a^2 + a)\dot{E}_a + 3\dot{V}_0\} = \frac{3\dot{V}_0}{n} \tag{1}$$

戦術 ❸

❸電圧 $\dot{V}$ の大きさ $|\dot{V}|$ を求める.

$$|\dot{V}| = \frac{3|\dot{V}_0|}{n} \tag{2}$$

戦術 ❹

❹各線の静電容量に流れる電流 $\dot{I}_1$, $\dot{I}_2$, $\dot{I}_3$ を求める.

$$\dot{I}_1 = j\omega C_1(\dot{E}_a + \dot{V}_0)$$
$$\dot{I}_2 = j\omega C_1(a^2\dot{E}_a + \dot{V}_0)$$
$$\dot{I}_3 = j\omega C_2(a\dot{E}_a + \dot{V}_0)$$

戦術 ❺

❺中性点電位 V_0 を求める.

$\dot{I}_1 + \dot{I}_2 + \dot{I}_3 = 0$ より,
$$j\omega C_1(\dot{E}_a + \dot{V}_0) + j\omega C_1(a^2\dot{E}_a + \dot{V}_0) + j\omega C_2(a\dot{E}_a + \dot{V}_0) = 0$$
$$C_1(1 + a^2)\dot{E}_a + C_2 a\dot{E}_a + (2C_1 + C_2)\dot{V}_0 = 0$$
ここで, $1 + a^2 = -a$ であるから,
$$(C_2 - C_1)a\dot{E}_a + (2C_1 + C_2)\dot{V}_0 = 0$$
$$(2C_1 + C_2)\dot{V}_0 = -(C_2 - C_1)a\dot{E}_a$$
$$\dot{V}_0 = -\frac{(C_2 - C_1)a\dot{E}_a}{2C_1 + C_2} \tag{3}$$

戦術 ❻ ❻(3)式より，中性点電位 $\dot{V}_0$ の大きさ $|\dot{V}_0|$ を求める．

$$|a\dot{E}_a| = \frac{E}{\sqrt{3}}$$

$$|\dot{V}_0| = \frac{(C_2 - C_1)E}{\sqrt{3}(2C_1 + C_2)} \tag{4}$$

戦術 ❼ ❼(4)式を(2)式へ代入し，VT二次側△結線開放端の電圧 $\dot{V}$ の大きさ $|\dot{V}|$ を求める．

$$|\dot{V}| = \frac{3|\dot{V}_0|}{n} = \frac{3(C_2 - C_1)E}{\sqrt{3}n(2C_1 + C_2)} = \frac{\sqrt{3}(C_2 - C_1)E}{n(2C_1 + C_2)}$$

〈答〉

$\dfrac{\sqrt{3}(C_2 - C_1)E}{n(2C_1 + C_2)}$ （ただし，$C_2 > C_1$ とする．）

■問題9

図のような6.6 kV，60 Hzの三相3線式配電線がある．A配電線に1線地絡故障が発生した場合，変電所に施設したA配電線用ZCT（零相変流器）に流れる零相電流の合計値（零相電流の3倍）を求めよ．ただし，配電線の1線当たりの対地静電容量は0.008 μF/km，配電線のこう長はA，Bとも10 km，EVT（接地変圧器）二次側の挿入抵抗は50 Ω，EVTの変成比は6 600 V/110 V，配電線の電圧は6 600 V，平衡三相電圧，地絡抵抗R_gは100 Ωとし，その他の線路定数は無視するものとする．

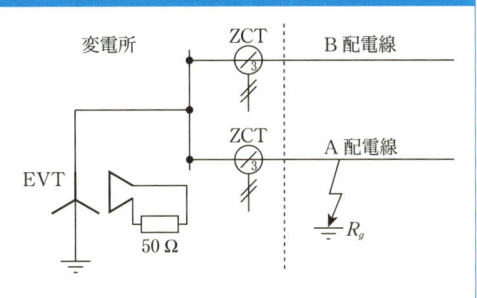

（送配電：昭和53年問1）

着眼点 Focus Points

A配電線1線地絡故障におけるA配電線用ZCTに流れる電流を求める問題である．鳳・テブナンの理を利用して等価回路を描くことが重要である．

B配電線の対地アドミタンス$3Y$は，1線当たりの静電容量をCとすると，$3Y = 3\omega C$となる．

A配電線用ZCTに流れる電流は，B配電線の静電容量に流れる電流とEVT一次側に換算した抵抗に流れる電流の和となる．

戦術 Tactics

❶1線地絡故障の等価回路を鳳・テブナンの理を利用して描く．
❷等価回路から地絡点から見たインピーダンスを求める．
❸A配電線用ZCTに流れる零相電流の式を立てる．
❹B配電線の対地アドミタンスを求める．
❺EVTの二次側挿入抵抗を一次側に換算した抵抗値を求める．
❻❸で求めた式に❹と❺で求めた値を代入して，A配電線用ZCTに流れる零相電流を求める．
❼A配電線用ZCTに流れる零相電流の大きさ（絶対値）を求める．

解答 Answer

問題の系統を図1で示す．

戦術❶ 鳳・テブナンの理を利用した等価回路を図2に示す．

A，B配電線それぞれの対地アドミタンス$3\dot{Y}$〔S〕，EVT一次側から見た抵抗R_n〔Ω〕，1線地絡抵抗R_g〔Ω〕，故障点の故障前の相電圧$\dot{E}_a$〔V〕，1線地絡電流$\dot{I}_g$〔A〕とすると，

図1

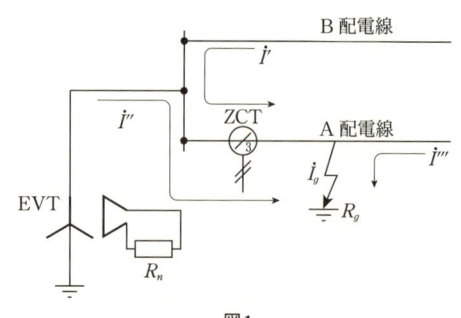

図2

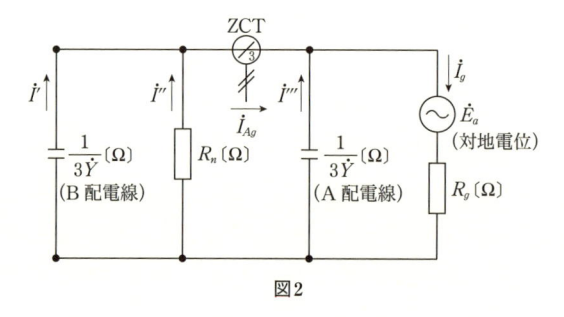

戦術❷ ❷等価回路より，地絡点から見たインピーダンス$\dot{Z}$〔Ω〕を求める．

$$\dot{Z} = R_g + \cfrac{1}{6\dot{Y} + \cfrac{1}{R_n}} = R_g + \cfrac{R_n}{1+6\dot{Y}R_n} = \cfrac{R_n + R_g + 6\dot{Y}R_nR_g}{1+6\dot{Y}R_n} \text{〔Ω〕} \quad (1)$$

戦術❸ ❸A配電線用ZCTに流れる零相電流$\dot{I}_{Ag}$〔A〕の式を立てる．

$$\dot{I}_{Ag} = \cfrac{3\dot{Y} + \cfrac{1}{R_n}}{6\dot{Y} + \cfrac{1}{R_n}} \cdot \cfrac{\dot{E}_a}{\dot{Z}} = \cfrac{1+3\dot{Y}R_n}{1+6\dot{Y}R_n} \cdot \cfrac{1+6\dot{Y}R_n}{R_n + R_g + 6\dot{Y}R_nR_g}\dot{E}_a$$

$$= \cfrac{1+3\dot{Y}R_n}{R_n + R_g + 6\dot{Y}R_nR_g}\dot{E}_a \text{〔A〕} \quad (2)$$

戦術❹ ❹B配電線の対地アドミタンス$3\dot{Y}$〔S〕を求める．

$$3\dot{Y} = 3\times j\omega C\times l = 3\times j2\pi\times 60\times 0.008\times 10^{-6}\times 10 \fallingdotseq j9.048\times 10^{-5} \text{〔S〕}$$

戦術❺ ❺EVTの二次側挿入抵抗を一次側に換算した抵抗R_n〔Ω〕を求める．

$$R_n = \cfrac{50}{3}\times\left(\cfrac{6\,600}{110}\right)^2\times\cfrac{1}{3} = 20\,000 \text{〔Ω〕}$$

戦術 ❻

❻ (2)式に数値を代入すると，$\dot{I}_{Ag}$〔A〕を求める．

$$\dot{I}_{Ag} = \frac{1 + j9.048 \times 10^{-5} \times 20\,000}{20\,000 + 100 + j9.048 \times 10^{-5} \times 2 \times 20\,000 \times 100} \times \frac{6\,600}{\sqrt{3}}$$

$$= \frac{1 + j1.8096}{20\,100 + j361.92} \times \frac{6\,600}{\sqrt{3}}$$

戦術 ❼

❼ A配電線用ZCTに流れる零相電流 $\dot{I}_{Ag}$ の大きさ $|\dot{I}_{Ag}|$〔A〕を求める．

$$|\dot{I}_{Ag}| = \sqrt{\frac{1 + 1.8096^2}{20\,100^2 + 361.92^2}} \times \frac{6\,600}{\sqrt{3}} \fallingdotseq 0.392 \text{〔A〕}$$

〈答〉

0.392 A

■問題10

図のような6 600 V，50 Hzの三相3線式配電線がある．A配電線に接続された単相変圧器（6 600 V/110 V）の内部で高低圧線が混触した場合，この変圧器の低圧側の対地電圧の上昇値を求めよ．ただし，配電線の電圧は6 600 V対称三相電圧，配電線のこう長はA，B，C，Dとも10 km，配電線の1線当たりの対地静電容量は0.008 μF/km，EVT（接地変圧器）二次側の挿入抵抗は50 Ω，EVTの変成比は6 600 V/110 V，単相変圧器の二次側接地抵抗は60 Ωとし，その他の線路定数は無視するものとする．

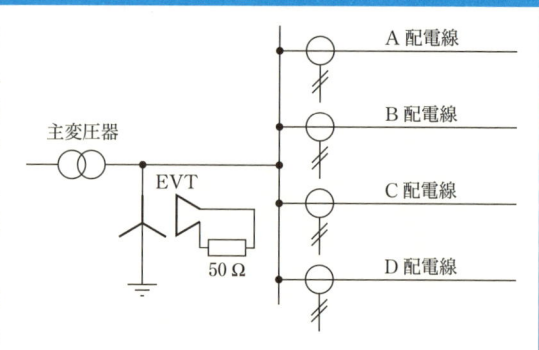

（送配電：平成2年問2）

着眼点 Focus Points

　A配電線に接続された変圧器の高圧−低圧間で混触が生じると，高圧側から変圧器の低圧側に施したB種接地工事の接地抵抗に電流（地絡電流）が流れる．

　地絡電流は，A，B，C，D配電線の各静電容量とEVTの一次換算抵抗に流れる．この地絡電流が低圧側に施したB種工事の接地抵抗に流れて，変圧器低圧側に対地電圧が現れる．

　EVTの二次側挿入抵抗（R〔Ω〕）を一次側に換算した抵抗R_nは，

$$R_n = \frac{R}{3} \times 変成比の2乗 \times \frac{1}{3}$$

で求まる．

戦術 Tactics

❶変圧器の低圧側地絡故障の等価回路を鳳・テブナンの理を利用して描く．
❷EVTの二次側挿入抵抗を一次側に換算した抵抗値を求める．
❸A，B，C，D配電線の合成対地静電容量を求める．
❹合成対地静電容量から合成アドミタンスを求める．
❺等価回路の合成インピーダンスを求める．
❻❺で求めた合成インピーダンスと高圧側対地電圧から地絡電流を求める．

❼⑥で求めた地絡電流と二次側接地抵抗から変圧器低圧側の対地電圧を求める．

❽変圧器低圧側の対地電圧の大きさ（絶対値）を求める．

解答 Answer

問題の系統を図1で示す．

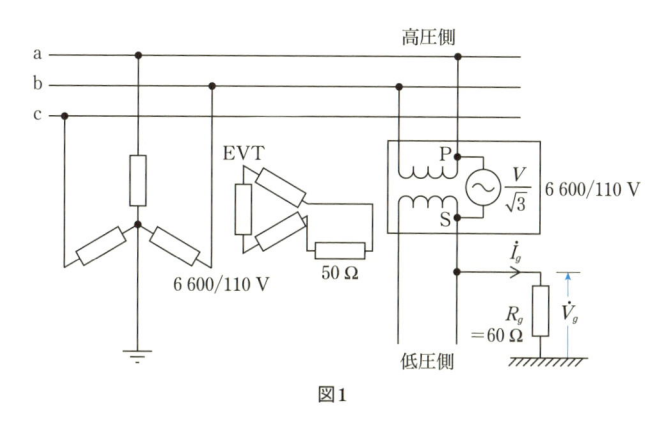

図1

戦術 ❶

❶鳳・テブナンの理を利用した等価回路を図2に示す．

図2

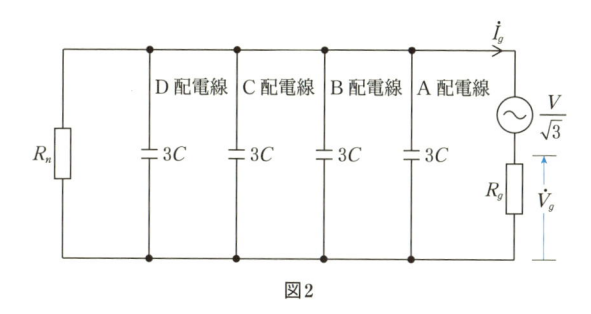

図1のようにP点とS点とで混触したものとし，A，B，C，D配電線それぞれの対地静電容量$3C$〔F〕，EVT一次側から見た抵抗R_n〔Ω〕，接地抵抗R_g〔Ω〕，$V/\sqrt{3}$〔V〕の起電力を挿入し，地絡電流I_g〔A〕としている．

戦術 ❷

❷EVTの二次側挿入抵抗を一次側に換算した抵抗R_n〔Ω〕を求める．

$$R_n = \frac{50}{3} \times \left(\frac{6\,600}{110}\right)^2 \times \frac{1}{3} = 20\,000 \text{〔Ω〕} \tag{1}$$

❸ A，B，C，D 配電線の合成対地静電容量 C_0 〔μF〕を求める．
$$C_0 = 3C \times 4 = 3 \times 0.008 \times 10 \times 4 = 0.96 \text{〔μF〕}$$

❹ A，B，C，D 配電線の合成アドミタンス $\dot{Y}$〔S〕を求める．
$$\dot{Y} = j\omega C_0 = j2\pi \times 50 \times 0.96 \times 10^{-6} \fallingdotseq j3.016 \times 10^{-4} \text{〔S〕} \tag{2}$$

❺ 等価回路の合成インピーダンス $\dot{Z}$〔Ω〕を求める．
$$\dot{Z} = R_g + \frac{1}{\dot{Y} + \frac{1}{R_n}} = R_g + \frac{R_n}{1 + \dot{Y}R_n} = \frac{R_n + R_g + \dot{Y}R_n R_g}{1 + \dot{Y}R_n} \text{〔Ω〕} \tag{3}$$

❻ 地絡電流 $\dot{I}_g$〔A〕を求める．
$$\dot{I}_g = \frac{\frac{V}{\sqrt{3}}}{\dot{Z}} = \frac{1 + \dot{Y}R_n}{R_n + R_g + \dot{Y}R_n R_g} \cdot \frac{V}{\sqrt{3}} \text{〔A〕} \tag{4}$$

❼ 変圧器低圧側の対地電圧 $\dot{V}_g$〔V〕を求める．
$$\dot{V}_g = \dot{I}_g R_g = \frac{R_g(1 + \dot{Y}R_n)}{R_n + R_g + \dot{Y}R_n R_g} \cdot \frac{V}{\sqrt{3}} \tag{5}$$

(5)式に数値を代入すると，
$$\dot{V}_g = \frac{60 \times (1 + j3.016 \times 10^{-4} \times 20\,000)}{20\,000 + 60 + j3.016 \times 10^{-4} \times 20\,000 \times 60} \times \frac{6\,600}{\sqrt{3}}$$
$$= \frac{60 + j361.92}{20\,060 + j361.92} \times \frac{6\,600}{\sqrt{3}} \text{〔V〕} \tag{6}$$

❽ 変圧器低圧側の対地電圧 $\dot{V}_g$ の大きさ $|\dot{V}_g|$〔V〕を求める．
$$|\dot{V}_g| = \sqrt{\frac{60^2 + 361.92^2}{20\,060^2 + 361.92^2}} \times \frac{6\,600}{\sqrt{3}} \fallingdotseq 69.7 \text{〔V〕}$$

〈答〉
69.7 V

■問題11

図のように，A変圧器とB変圧器の二次側の低圧側電線が混触した場合，混触部分の対地電位〔V〕を求めよ．ただし，変圧器の二次側の電圧をE〔V〕とし，また，A変圧器およびB変圧器の二次側のB種接地工事の抵抗値をそれぞれR_1〔Ω〕およびR_2〔Ω〕とする．

（送配電：昭和58年問2）

着眼点 Focus Points

A，B変圧器の二次側の誘起電圧方向は，問題の図から変圧器の一次側と二次側とも同じ方向にドットが付いているため，ドットが付いている方向に電圧が誘起すると考える．

A，B変圧器の二次側電圧E_A，E_Bとし，単相変圧器の一次側が接続する相を見ると，相順がa−b−cの場合，E_Bの位相がE_Aより120°遅れていることがわかる．

戦術 Tactics

❶キルヒホッフの法則より混触時の電流を求める．
❷A，B変圧器の二次側電圧E_A，E_Bの関係をベクトル図から求める．
❸混触部分の対地電位は，A変圧器の二次側電圧，混触時の電流および接地抵抗から式を立て求める．
❹混触部分の対地電位の大きさ（絶対値）を求める．

解答 Answer

問題の系統を図1に示す．

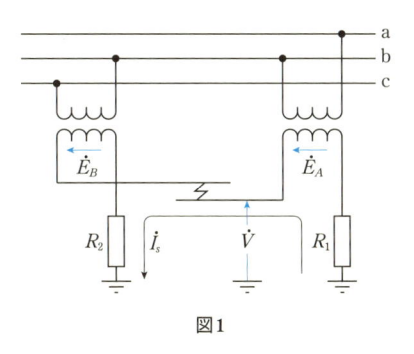

図1

❶ 混触時の電流 $\dot{I}_S$〔A〕を求める.

A,B変圧器の二次側電圧 $\dot{E}_A$〔V〕,$\dot{E}_B$〔V〕とする.$\dot{E}_A$ と $\dot{E}_B$ は図2のような位相差をもつ電圧である.

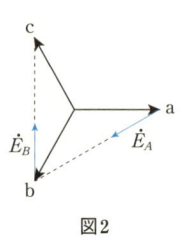

図2

キルヒホッフの法則より $\dot{I}_S$〔A〕は,

$$R_1 \dot{I}_S + R_2 \dot{I}_S = \dot{E}_A - \dot{E}_B$$

$$\dot{I}_S = \frac{\dot{E}_A - \dot{E}_B}{R_1 + R_2} \text{〔A〕} \tag{1}$$

❷ A,B変圧器の二次側電圧 $\dot{E}_A$,$\dot{E}_B$ の関係を求める.

相順をa−b−cとすると,問題の図と図2のベクトル図より,$\dot{E}_B$ の位相が $\dot{E}_A$ より120°遅れているので,

$$\dot{E}_A = E \tag{2}$$
$$\dot{E}_B = a^2 \dot{E}_A = a^2 E \tag{3}$$

❸ 混触部分の対地電位 $\dot{V}$〔V〕の式を立てる.

$$\dot{V} = \dot{E}_A - R_1 \dot{I}_S \tag{4}$$

(1)(2)(3)式を(4)式に代入すると,

$$\dot{V} = E - \frac{R_1}{R_1 + R_2}(E - a^2 E) = \frac{R_2 E + R_1 a^2 E}{R_1 + R_2}$$

ここで,$a^2 = \dfrac{-1 - j\sqrt{3}}{2}$ であるから,

$$\dot{V} = \frac{R_2 - \dfrac{R_1}{2} - j\dfrac{\sqrt{3}R_1}{2}}{R_1 + R_2} E \tag{5}$$

❹ 混触部分の対地電位 $\dot{V}$ の大きさ $|\dot{V}|$〔V〕を求める.

$$|\dot{V}| = \frac{\sqrt{\left(R_2 - \frac{R_1}{2}\right)^2 + \left(\frac{\sqrt{3}R_1}{2}\right)^2}}{R_1 + R_2}E = \frac{\sqrt{\frac{4R_2^2 - 4R_1R_2 + R_1^2}{4} + \frac{3R_1^2}{4}}}{R_1 + R_2}E$$

$$= \frac{\sqrt{R_1^2 - R_1R_2 + R_2^2}}{R_1 + R_2}E \text{ (V)}$$

〈答〉

$$\frac{\sqrt{R_1^2 - R_1R_2 + R_2^2}}{R_1 + R_2}E \text{ (V)}$$

■問題12

図に示すように末端へいくほど直線的に減少する分布負荷がある．いま，線路途中に給電点Pを設けるとき，両端の電圧降下値を等しくするには，A点から何メートルの点を給電点にすればよいか．

(送配電：平成3年問2)

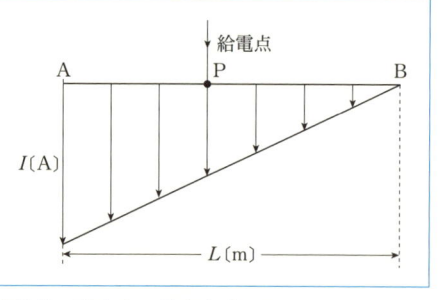

着眼点 Focus Points

問題は，末端へいくほど直線的に減少する分布負荷である．
B点からP点間の電圧降下は，B点からP点までの間の任意の点の微小長さにおける電流と単位長さ当たりの抵抗とを掛け算すれば，微小長さの電圧降下が求まる．これを，B点からP点までの距離で積分すると点B－P間の電圧降下となる．
A点からP点までの間の電圧降下についても上記と同様に求める．

戦術 Tactics

〈B－P間の線電流からB－P間の電圧降下を求める〉
❶B点からの距離 l の点の負荷密度 i を求める．
❷距離 l の点の線電流 i_L を求める．
❸距離 l の点の微小長さ dl における電圧降下 dV_B を求める．
❹❸で求めた式を積分してB点からP点までの電圧降下 V_B を求める．

〈A－P間の線電流からA－P間の電圧降下を求める〉
❺A点からの距離 l の点の負荷密度 i を求める．
❻距離 l の点の線電流 i_L を求める．
❼距離 l の点の微小長さ dl における電圧降下 dV_A を求める．
❽❼で求めた式を積分してA点からP点までの電圧降下 V_A を求める．
❾題意により，両端の電圧降下値が等しいので「$V_A = V_B$」の条件式から，A－P点までの距離を求める．

解答 Answer

戦術❶

〈B－P間の線電流からB－P間の電圧降下を求める〉
❶図1に示すように，配電線のこう長 L 〔m〕，B点からの距離 l 〔m〕の点の負荷密度 i 〔A/m〕を求める．
比例関係にあるから，

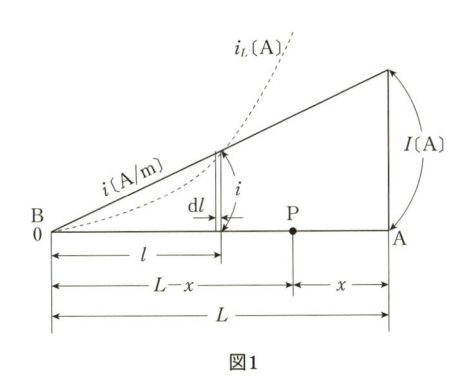

図1

$$i:I = l:L$$
$$i = \frac{l}{L}I \,\text{(A/m)} \tag{1}$$

戦術 ❷ ❷距離 l〔m〕の点の線電流 i_L〔A〕を求める．
$$i_L = \int_0^l i\,\mathrm{d}l = \int_0^l \frac{l}{L}I\,\mathrm{d}l = \frac{I}{L}\left[\frac{l^2}{2}\right]_0^l = \frac{I}{2L}l^2 \,\text{(A)} \tag{2}$$

戦術 ❸ ❸距離 l〔m〕の点の微小長さ $\mathrm{d}l$ における電圧降下 $\mathrm{d}V_B$〔V〕を求める．
配電線1線の単位長さ当たりの抵抗 R〔Ω/m〕とすると，
$$\mathrm{d}V_B = i_L R\,\mathrm{d}l = \frac{I}{2L}l^2 R\,\mathrm{d}l \,\text{(V)} \tag{3}$$

戦術 ❹ ❹B点からP点までの電圧降下 V_B〔V〕を求める．
(3)式を積分すると，
$$V_B = \int \mathrm{d}V_B = \int_0^{L-x} \frac{I}{2L}l^2 R\,\mathrm{d}l = \frac{IR}{2L}\left[\frac{l^3}{3}\right]_0^{L-x} = \frac{IR}{6L}(L-x)^3 \,\text{(V)} \tag{4}$$

〈A−P間の線電流からA−P間の電圧降下を求める〉

戦術 ❺ ❺A点からの距離 l〔m〕の点の負荷密度 i〔A/m〕を求める．
図2に示すように，配電線のこう長 L〔m〕とすると，
$$i = I - \frac{l}{L}I = \left(1 - \frac{l}{L}\right)I \,\text{(A/m)} \tag{5}$$

戦術 ❻ ❻距離 l〔m〕の点の線電流 i_L〔A〕を求める．
$$i_L = \int_0^l i\,\mathrm{d}l = \int_0^l \left(1 - \frac{l}{L}\right)I\,\mathrm{d}l = I\left[l - \frac{l^2}{2L}\right]_0^l = I\left(l - \frac{l^2}{2L}\right)$$
$$= \frac{I}{2L}(2Ll - l^2) \,\text{(A)} \tag{6}$$

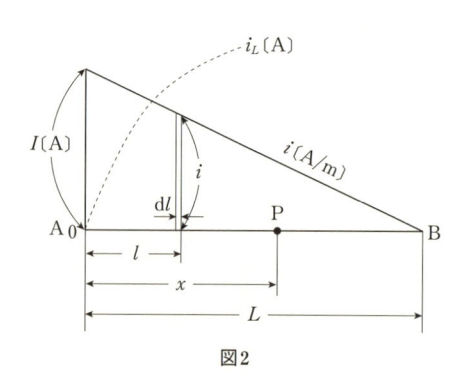

図2

戦術 ❼ ❼距離l〔m〕の点の微小長さdlにおける電圧降下dV_A〔V〕を求める.
配電線1線の単位長さ当たりの抵抗R〔Ω/m〕とすると,

$$dV_A = i_L R dl = \frac{IR}{2L}(2Ll - l^2)dl \text{〔V〕} \quad (7)$$

戦術 ❽ ❽A点からP点までの電圧降下V_A〔V〕を求める.
(7)式を積分すると,

$$V_A = \int dV_A = \int_0^x \frac{IR}{2L}(2Ll - l^2)dl$$

$$= \frac{IR}{2L}\left[\frac{2Ll^2}{2} - \frac{l^3}{3}\right]_0^x = \frac{IR}{2L}\left(Lx^2 - \frac{x^3}{3}\right) = \frac{IR}{6L}(3Lx^2 - x^3) \text{〔V〕} \quad (8)$$

戦術 ❾ ❾題意により,両端の電圧降下値が等しい点Pは,(4)式=(8)式で成り立つので,A点からのP点までの距離x〔m〕を求める.

$$\frac{IR}{6L}(L-x)^3 = \frac{IR}{6L}(3Lx^2 - x^3)$$

$$L^3 - 3L^2x + 3Lx^2 - x^3 = 3Lx^2 - x^3$$

$$L^3 - 3L^2x = 0$$

$$x = \frac{L}{3}\text{〔m〕}$$

〈答〉

A点から$\frac{L}{3}$〔m〕の点

■問題13

こう長2kmの三相3線式6.6kVの高圧配電線路がある．送電端の年間最大負荷電流が110Aの場合，最大負荷時における1線当たりの損失電力〔kW〕および線路の年間損失電力量〔MW・h〕を求めよ．

ただし，負荷は，全配電線路にわたり平等に分布し，同一の負荷曲線を有するものとし，年損失係数を0.3，1年間を8760時間とする．また，1線当たりの電線の抵抗は，0.93Ω/kmとする．

(電力・管理：平成9年問2)

着眼点 Focus Points

給電点から末端までの平等分布負荷である．平等分布負荷の配電線に流れる任意の点の電流は，給電点から末端に向かって直線的に減少する．

給電点から末端までの間の任意の点の配電線に流れる電流は，微小長さにおける電流を末端までの長さで積分して求める．

年間損失電力量は，三相3線式は電線が3条なので「1線の電力損失×3条×365日×24h/日×年間損失係数」で求める．

戦術 Tactics

❶給電点0点からx離れた点の微小長さdxの電流i_xを求める．
❷電流i_xを積分して，0点からx離れた点の電流I_xを求める．
❸微小長さdxにおける電力損失dpを求める．
❹❸で求めた式を積分して，配電線1線当たりの電力損失を求める．
❺❹で求めた式に数値を代入して1線当たりの電力損失を求める．
❻年間損失電力量を求める．

解答 Answer

戦術❶ ❶給電点0点からx〔m〕点の微小長さdxの電流i_x〔A〕を求める．

図に平等分布負荷の配電線路を示す．配電線のこう長L〔m〕，負荷電流i〔A〕とおくと，

$$i_x = i \text{〔A〕} \tag{1}$$

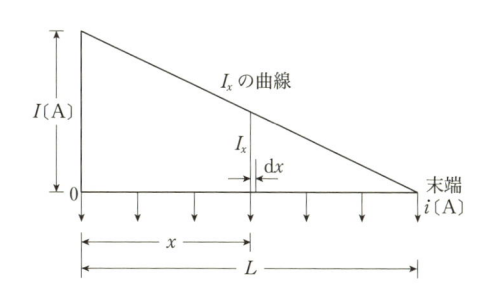

戦術❷ ❷給電点0点からx〔m〕離れた点の電流I_x〔A〕を求める.

(1)式を積分すると,

$$I_x = \int_x^L i\,dx = i[x]_x^L = i(L-x) \tag{2}$$

ここで，$x=0$のとき$I_x=I$であるから，(2)式に代入すると,

$$I = i(L-0) = iL$$
$$i = \frac{I}{L} \tag{3}$$

(3)式を(2)式へ代入するとI_x〔A〕は,

$$I_x = (L-x)\frac{I}{L} = \left(1-\frac{x}{L}\right)I \,\text{〔A〕} \tag{4}$$

戦術❸ ❸微小長さdxにおける電力損失dp〔W〕を求める.

配電線1線の単位長さ当たりの抵抗R〔Ω/m〕とすると,

$$dp = I_x^2 R\,dx = \left\{I\left(1-\frac{x}{L}\right)\right\}^2 R\,dx \,\text{〔W〕} \tag{5}$$

戦術❹ ❹配電線1線当たりの電力損失P〔W〕を求める.

(5)式を積分すると,

$$\begin{aligned}
P &= \int_0^L \left\{I\left(1-\frac{x}{L}\right)\right\}^2 R\,dx = \int_0^L I^2 R\left(1-\frac{2x}{L}+\frac{x^2}{L^2}\right)dx \\
&= I^2 R\left[x - \frac{2x^2}{2L} + \frac{x^3}{3L^2}\right]_0^L = I^2 R\left(L - \frac{2L^2}{2L} + \frac{L^3}{3L^2}\right) \\
&= I^2 R\left(L - L + \frac{L}{3}\right) = \frac{1}{3}I^2 RL \,\text{〔W〕}
\end{aligned} \tag{6}$$

戦術❺ ❺(6)式に数値を代入して，1線当たりの電力損失P〔kW〕を求める.

$$P = \frac{1}{3} \times 110^2 \times 0.93 \times 2 = 7\,502 \,\text{〔W〕} \fallingdotseq 7.50 \,\text{〔kW〕}$$

戦術❻ ❻年間損失電力量W〔MW・h〕を求める.

三相3線式であるので電線3条分の電力損失を求める必要があるから,

$$\begin{aligned}
W &= 3P \times 365\,\text{〔日〕} \times 24\,\text{〔h/日〕} \times 年間損失係数 \\
&= 3 \times 7\,502\,\text{〔W〕} \times 365\,\text{〔日〕} \times 24\,\text{〔h/日〕} \times 0.3 \\
&\fallingdotseq 59.1 \times 10^6 \,\text{〔W・h〕} = 59.1 \,\text{〔MW・h〕}
\end{aligned}$$

〈答〉

1線当たりの電力損失　7.50 kW

年間損失電力量　59.1 MW・h

■問題14

図1のように末端に行くほど直線的に大きくなる負荷が分布している配電線路を，図2のように電源の位置が逆になるように系統を変更した．図2の場合は，図1の場合に比較して電力損失が何パーセントになるか．ただし，配電線の線路特性は均一とし，電源電圧は一定であるものとする．

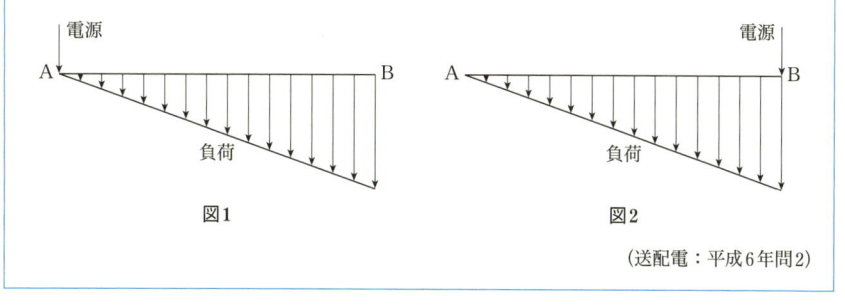

電源↓　　　　　　　　　　　　　　　　　　　　　　　　　電源↓
A────────────────B　　　　　A────────────────B
　↓↓↓↓↓↓↓↓↓↓↓↓↓↓↓　　　　　　↓↓↓↓↓↓↓↓↓↓↓↓↓↓↓
　　　　　負荷　　　　　　　　　　　　　　　　　負荷

　　　　　図1　　　　　　　　　　　　　　　　　図2

(送配電：平成6年問2)

着眼点 Focus Points

問題の図1は，A点電源で末端ほど大きくなる分布負荷である．図2は，B点電源で末端から送電端へいくほど大きくなる分布負荷である．

配電線に流れる任意の点の電流は，図1ではA点から末端に向かって緩やかに減少する曲線 $[y=1-ax^2]$ となり，図2ではB点から末端に向かって急激に減少する曲線 $[y=(1-ax)^2]$ となる．

給電点から末端までの間の任意の点の配電線に流れる電流は，微小長さにおける電流を末端までの長さで積分して求める．

戦術 Tactics

〈A端電源で末端ほど大きくなる負荷分布の配電線路〉
❶A点から x 離れた点の微小長さ dx の電流 i_x を求める．
❷電流 i_x を積分して，A点から x 離れた点の電流 I_x を求める．
❸微小長さ dx における電力損失 dp を求める．
❹❸で求めた式を積分して，配電線1線当たりの電力損失 (P_1) を求める．
〈B端電源で送電端ほど大きくなる負荷分布の配電線路〉
❺B点から x 離れた点の微小長さ dx の電流 i_x を求める．
❻電流 i_x を積分して，B点から x 離れた点の電流 I_x を求める．
❼微小長さ dx における電力損失 dp を求める．
❽❼で求めた式を積分して，配電線1線当たりの電力損失 (P_2) を求める．
❾電力損失の比 (P_2/P_1) を求める．

解答

図1は，A端電源で末端ほど大きくなる負荷分布の配電線路を示す．

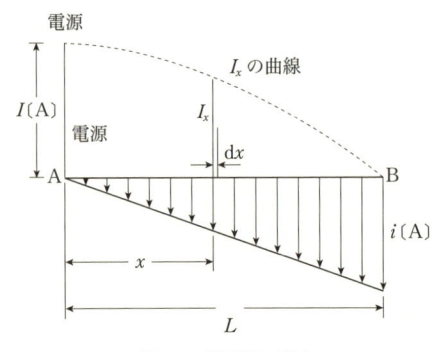

図1 A端電源の場合

❶ A点からx〔m〕点の微小長さdxの電流i_x〔A〕を求める．

配電線のこう長L〔m〕，B端の負荷電流i〔A〕とおくと，

$$i_x = \frac{x}{L} i \text{〔A〕} \tag{1}$$

❷ A点からx〔m〕離れた点の電流I_x〔A〕を求める．

(1)式を積分すると，

$$I_x = \int_x^L \frac{x}{L} i \, dx = i \left[\frac{x^2}{2L} \right]_x^L = \left(\frac{L^2}{2L} - \frac{x^2}{2L} \right) i = \left(\frac{L}{2} - \frac{x^2}{2L} \right) i \tag{2}$$

ここで，$x=0$のとき$I_x=I$であるから(2)式へ代入すると，

$$I = \left(\frac{L}{2} - 0 \right) i = \frac{L}{2} i$$

$$i = \frac{2}{L} I \tag{3}$$

(3)式を(2)式へ代入するとI_x〔A〕は，

$$I_x = \left(\frac{L}{2} - \frac{x^2}{2L} \right) \frac{2}{L} I = \left(1 - \frac{x^2}{L^2} \right) I \text{〔A〕} \tag{4}$$

❸ 微小長さdxにおける電力損失dp〔W〕を求める．

配電線1線の単位長さ当たりの抵抗R〔Ω/m〕とすると，

$$dp = I_x^2 R \, dx = \left\{ I \left(1 - \frac{x^2}{L^2} \right) \right\}^2 R \, dx \text{〔W〕} \tag{5}$$

❹ 配電線1線当たりの電力損失P_1〔W〕を求める．

(5)式を積分すると，

170　　　　　　　　　　　　　　　　　　　　　　　　　　　　4．配電

$$P_1 = \int_0^L \left\{ I\left(1-\frac{x^2}{L^2}\right) \right\}^2 R\,dx = \int_0^L I^2 R\left(1-\frac{2x^2}{L^2}+\frac{x^4}{L^4}\right)dx$$

$$= I^2 R\left[x - \frac{2x^3}{3L^2} + \frac{x^5}{5L^4}\right]_0^L = I^2 R\left(L - \frac{2L^3}{3L^2} + \frac{L^5}{5L^4}\right)$$

$$= I^2 R\left(L - \frac{2L}{3} + \frac{L}{5}\right) = \frac{8}{15} I^2 RL \text{ (W)} \tag{6}$$

図2は，B端電源で送電端ほど大きくなる負荷分布の配電線路を示す．

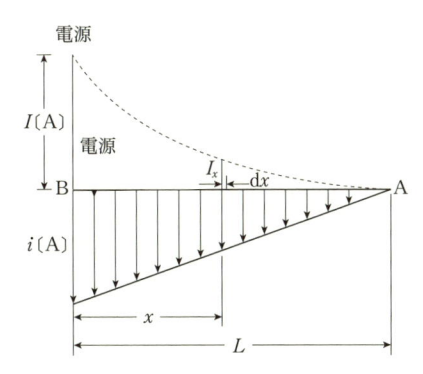

図2　B端電源の場合

戦術 ❺ ❺B点からx〔m〕点の微小長さdxの電流i_x〔A〕を求める．
配電線のこう長L〔m〕，B端の負荷電流i〔A〕とおくと，

$$i_x = \left(1 - \frac{x}{L}\right) i \text{ (A)} \tag{7}$$

戦術 ❻ ❻B点からx〔m〕離れた点の電流I_x〔A〕を求める．
(7)式を積分すると，

$$I_x = \int_x^L \left(1 - \frac{x}{L}\right) i\,dx = i\left[x - \frac{x^2}{2L}\right]_x^L = \left(L - \frac{L^2}{2L} - x + \frac{x^2}{2L}\right)i$$

$$= \left(\frac{L}{2} - x + \frac{x^2}{2L}\right)i \tag{8}$$

ここで，$x=0$のとき$I_x=I$であるから(8)式へ代入すると，

$$I = \left(\frac{L}{2} - 0 + 0\right)i = \frac{L}{2}i$$

$$i = \frac{2}{L} I \tag{9}$$

(9)式を(8)式へ代入するとI_x〔A〕は，

$$I_x = \left(\frac{L}{2} - x + \frac{x^2}{2L}\right)\frac{2}{L}I$$

$$= \left(1 - \frac{2x}{L} + \frac{x^2}{L^2}\right)I = \left(1 - \frac{x}{L}\right)^2 I \ (\mathrm{A}) \tag{10}$$

戦術 ❼ ❼微小長さ dx における電力損失 dp 〔W〕を求める．

配電線1線の単位長さ当たりの抵抗 R 〔Ω/m〕とすると，

$$dp = I_x^2 R dx = \left\{I\left(1 - \frac{x}{L}\right)^2\right\}^2 R dx \ (\mathrm{W}) \tag{11}$$

戦術 ❽ ❽配電線1線当たりの電力損失 P_2 〔W〕を求める．

(11)式を積分すると，

$$P_2 = \int_0^L \left\{I\left(1-\frac{x}{L}\right)^2\right\}^2 R dx = \int_0^L I^2 R\left(1 - \frac{2x}{L} + \frac{x^2}{L^2}\right)^2 dx$$

$$= \int_0^L I^2 R\left(1 + \frac{4x^2}{L^2} + \frac{x^4}{L^4} - \frac{4x}{L} + \frac{2x^2}{L^2} - \frac{4x^3}{L^3}\right)dx$$

$$= I^2 R\left[x + \frac{4x^3}{3L^2} + \frac{x^5}{5L^4} - \frac{4x^2}{2L} + \frac{2x^3}{3L^2} - \frac{4x^4}{4L^3}\right]_0^L$$

$$= I^2 R\left(L + \frac{4L^3}{3L^2} + \frac{L^5}{5L^4} - \frac{4L^2}{2L} + \frac{2L^3}{3L^2} - \frac{4L^4}{4L^3}\right)$$

$$= I^2 R\left(L + \frac{4L}{3} + \frac{L}{5} - 2L + \frac{2L}{3} - L\right) = \frac{1}{5}I^2 RL \ (\mathrm{W}) \tag{12}$$

戦術 ❾ ❾B端電源の電力損失とA端電源の電力損失との比 (P_2/P_1) を求める．

$$\frac{P_2}{P_1} \times 100 = \frac{\frac{1}{5}I^2 RL}{\frac{8}{15}I^2 RL} \times 100 = \frac{3}{8} \times 100 = 37.5 \ (\%)$$

〈答〉
37.5%

5. 施設管理

■問題1

流況曲線が右の上図に示されるような河川に設けたダムの直下に発電所を施設した調整池式発電所がある．この発電所の最大使用水量は豊水量に等しく，また，有効落差は 120 m，水車・発電機の総合効率は 89%で，使用水量に関係なく一定とするとき，次の値を求めよ．ただし，この調整池は，日間調整用のものとする．

(1) 発電所最大出力〔kW〕
(2) 最渇水の日における平均出力〔kW〕
(3) 最渇水の日において，調整池を利用し，右の下図のように発電所最大出力で連続運転を行うとき，連続運転時間 t〔h〕
(4) (3)のような運転を行うために最低必要な調整池の有効貯水容量〔m³〕

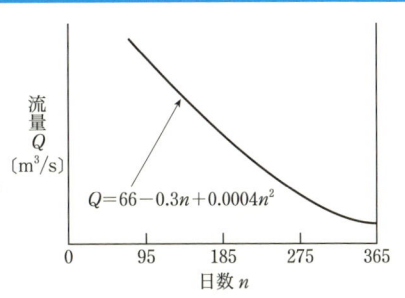

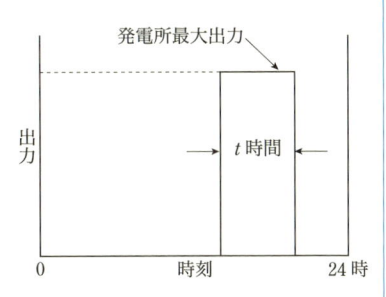

（法規：昭和59年問2）

グラフ：流量 Q〔m³/s〕 対 日数 n、$Q = 66 - 0.3n + 0.0004n^2$、横軸 0, 95, 185, 275, 365

グラフ：出力 対 時刻、発電所最大出力、t 時間、0 ～ 24時

着眼点 Focus Points

河川の流量は，季節ごとに変動があり，発電所の建設や発電計画に必要な最大使用水量，常時使用水量を決めるにあたり重要な要素である．河川流量の変化状況を流況曲線から求めることができる．

問題に出てくる豊水量とは，1年のうち95日はこれよりも下らない流量である．流量 Q の式に $n=95$ が入る．また，最渇水日は，1年で最も河川流量が少ない日であるので，流量 Q の式に $n=365$ が入る．

戦術 Tactics

(1) ❶題意により最大使用水量は豊水量（95日）に等しいので，流況曲線から最大使用水量を求める．
❷発電所の最大出力は，最大使用水量から求める．

(2) ❸最渇水日は365日であるので，このときの使用水量を流況曲線から求める．
❹最渇水日の使用水量から最渇水日における平均出力を求める．

(3) ❺最渇水日における1日の発電電力量を求める．
❻最渇水日において，調整池を利用しての最大出力での連続運転時間は「最渇水日における1日の発電電力量／最大出力」から求める．

(4) ❼(3)の運転を行うので，河川から調整池に流れる流量は「最大使用水量−最渇水日の使用水量」で求める．
❽調整池の有効貯水容量は，(4)の❼×(3)の❻から求める．

解答 Answer

(1)

戦術 ❶ ❶題意により最大使用水量は豊水量（95日）に等しいので，流況曲線から最大使用水量 Q_1〔m³/s〕を求める．
$$Q_1 = 66 - 0.3 \times 95 + 0.0004 \times 95^2 = 41.11 \text{〔m}^3/\text{s〕}$$

戦術 ❷ ❷有効落差 H〔m〕，水車・発電機の効率 η として，最大出力 P_1〔kW〕を求める．
$$P_1 = 9.8 Q_1 H \eta \tag{1}$$
$$= 9.8 \times 41.11 \times 120 \times 0.89 = 43\,027 \fallingdotseq 43\,000 \text{〔kW〕}$$

(2)

戦術 ❸ ❸最渇水日は365日であるので，流況曲線から最渇水日の使用水量 Q_2〔m³/s〕を求める．
$$Q_2 = 66 - 0.3 \times 365 + 0.0004 \times 365^2 = 9.79 \text{〔m}^3/\text{s〕}$$

戦術 ❹ ❹最渇水日における平均出力 P_2〔kW〕を求める．
$$P_2 = 9.8 Q_2 H \eta \tag{2}$$
$$= 9.8 \times 9.79 \times 120 \times 0.89 = 10\,247 \fallingdotseq 10\,200 \text{〔kW〕}$$

(3)

戦術 ❺ ❺最渇水日における1日の発電電力量 W〔kW·h〕を求める．
$$W = P_2 \times 24$$
$$= 10\,247 \times 24 = 245\,928 \text{〔kW·h〕}$$

戦術 ❻ ❻最渇水日において，調整池を利用しての最大出力での連続運転時間 t〔h〕を求める．

5. 施設管理

$$t = \frac{W}{P_1}$$ (3)

$$= \frac{245\,928}{43\,027} = 5.716 \fallingdotseq 5.72 \,(\mathrm{h})$$

(4)

❼ (3)の運転を行うとして，河川から調整池に流れる流量 Q 〔m³/s〕を求める．

$$Q = Q_1 - Q_2 = 41.11 - 9.79 = 31.32 \,(\mathrm{m^3/s})$$

❽ 調整池の有効貯水容量 V〔m³〕を求める．

$$V = Q \times 3\,600\,t = 31.32 \times 3\,600 \times 5.716 = 644\,490 \fallingdotseq 644\,000 \,(\mathrm{m^3})$$

〈答〉

(1)　43 000 kW

(2)　10 200 kW

(3)　5.72 h

(4)　644 000 m³

■問題2

図に示す流況曲線の河川において，最大使用流量 90 m³/s，有効落差 40 m の自流式水力発電所がある場合について，発電所の最大出力〔kW〕，年間の発生電力量〔GW·h〕，年間の発電所の利用率〔%〕を求めよ．ただし，総合効率は，流量を Q として，総合効率曲線 $\eta = 0.004Q + 0.49$ により算出されるものとする．

(電力・管理：平成11年問1)

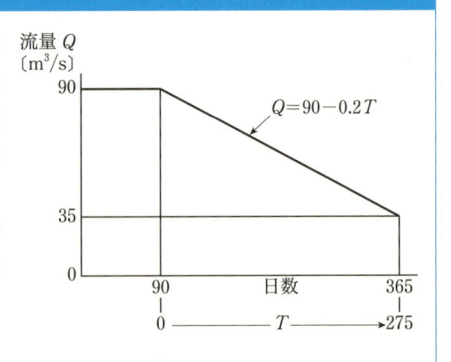

着眼点 Focus Points

発電所の出力は，河川の流況曲線式，水車・発電機の総合効率曲線式がそれぞれ与えられているので，これを使用して発電所出力の式を立てる．

また，発電所の最大出力は，題意に記載されているが，グラフから90日までが最大流量であるので，上記式に $T=0$ を代入して水車・発電機の総合効率を求めることができる．

発電所の年間発生電力量は，発電所出力の式に0日から365日までを積分して求める．

戦術 Tactics

❶発電所の最大出力を求めるため，最大使用流量のときの総合効率曲線の式から総合効率を算出する．

❷発電所の最大出力を「$P_m = 9.8 Q_m H \eta_m$」の式から求める．

❸年間の発生電力量を求めるには，流量が図のような曲線であり，水車・発電機の総合効率は流量により変化するので，積分を使用して算出する．

❹年間の発電所の利用率は「年間の発生電力量／最大出力で1年間連続運転した電力量」から求める．

解答 Answer

戦術❶

❶最大使用流量 Q_m〔m³/s〕のとき総合効率 η_m を求める．
題意の総合効率曲線の式により，
$$\eta_m = 0.004 Q_m + 0.49 = 0.004 \times 90 + 0.49 = 0.85$$

戦術❷

❷発電所の最大出力 P_m〔kW〕を求める．
$$P_m = 9.8 Q_m H \eta_m \tag{1}$$
$$= 9.8 \times 90 \times 40 \times 0.85 = 29\,988 \fallingdotseq 30\,000 \text{〔kW〕}$$

5. 施設管理

❸ 年間の発生電力量 W 〔GW·h〕は，流量が図のような曲線であり，水車・発電機の総合効率は流量により変わるため，積分を使用して求める．

$$W = \int_0^{365} P \times 24 \, dT \tag{2}$$

$$= \int_0^{90} P_m \times 24 \, dT + \int_0^{275} P \times 24 \, dT$$

ここで P は，

$$P = 9.8 Q H \eta = 9.8 \times (90 - 0.2T) H \times (0.004 Q + 0.49)$$

$$= 9.8 \times (90 - 0.2T) H \times \{0.004 \times (90 - 0.2T) + 0.49\}$$

よって，

$$W = \int_0^{90} P_m \times 24 \, dT$$

$$+ \int_0^{275} [9.8 \times (90 - 0.2T) H \times \{0.004 \times (90 - 0.2T) + 0.49\}] \times 24 \, dT$$

$$= P_m \times 24 \times 90$$

$$+ 9.8 \times 24 H \int_0^{275} (90 - 0.2T) \times \{0.004 \times (90 - 0.2T) + 0.49\} \, dT$$

$$= 24 \times 90 \times P_m + 9.8 \times 24 H \int_0^{275} (0.00016 T^2 - 0.242 T + 76.5) \, dT$$

$$= 24 \times 90 \times P_m$$

$$+ 9.8 \times 24 H \left[\frac{1}{3} \times 0.00016 T^3 - \frac{1}{2} \times 0.242 T^2 + 76.5 T \right]_0^{275}$$

$$= 24 \times 90 \times 29\,988 + 9.8 \times 24 \times 40$$

$$\times \left(\frac{1}{3} \times 0.00016 \times 275^3 - \frac{1}{2} \times 0.242 \times 275^2 + 76.5 \times 275 \right)$$

$$= 64\,774\,080 + 9\,408 \times (1\,109.167 - 9\,150.625 + 21\,037.5)$$

$$= 64\,774\,080 + 122\,266\,763 = 187\,040\,843 \, \text{〔kW·h〕}$$

$$\fallingdotseq 187 \, \text{〔GW·h〕}$$

❹ 年間の発電所の利用率〔%〕を求める．

$$\text{利用率} = \frac{W}{365 \times 24 \times P_m} \times 100 \tag{3}$$

$$= \frac{187\,040\,843}{365 \times 24 \times 29\,988} \times 100 \fallingdotseq 71.2 \, \text{〔%〕}$$

〈答〉

発電所の最大出力　30 000 kW

年間の発生電力量　187 GW·h

年間の発電所の利用率　71.2%

■問題3

一つの地方電力系統があり，その負荷は，一つの調整池式水力発電所の発電力と主幹系統からの受電によってまかなわれている．発電所は，最大出力20 MW，最大使用水量20 m³/sで，調整池の有効貯水容量は288 000 m³である．この系統の日負荷曲線（発電端）が図Aと図Bのそれぞれの場合において，主幹系統からの受電の最大電力を最小にするためには，ピーク時間およびオフピーク時間に，それぞれ何メガワットの発電を行えばよいか．ただし，河川の自然流量は8 m³/sとし，また，発電力は使用水量に比例するものとする．

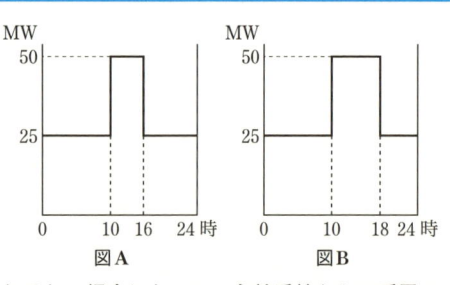

（法規：昭和55年問2）

着眼点 Focus Points

日負荷曲線，地方系統に属する発電所および主幹系統という「ことば」が出てきて問題をわかりづらくしている．整理すると，水力発電所の調整池を活用してのピーク時間帯の発電力とオフピーク時間帯の発電力を求める問題である．

題意により発電力は，使用水量に比例するので，発電所の最大出力20 MW，最大使用水量20 m³/sであることから1 MW＝1 m³/sの関係が求まる．

戦術 Tactics

(1) 日負荷曲線が図Aの場合
   ❶河川の自然流量があり，ピーク時間帯（6時間）に調整池を有効に使用して発電する水量が，調整池の有効貯水容量より小さいか算出する．
   ❷小さければ，ピーク時間帯の発電力が求まる．
   一方，大きければ調整池の有効貯水容量をフル活用して発電するものと考え，発電所が使用できる水量を求める．このときのピーク時間帯の発電力は，題意により発電力は使用水量に比例することから求める．
   ❸オフピーク時間帯（18時間）は，ピーク時間帯に使用する水量を貯水する必要がある．すべてを貯水することができなければ，超える分は発電することになり，オフピーク時間帯の発電力を求める．

(2) 日負荷曲線が図Bの場合においても図Aと同様にして求める．

解答
Answer

調整池を使用しての水力発電所の運用は，図に示すように発電所ピーク時間帯の出力は，河川の自然流量からオフピーク時間帯に使用する流量を引いたものが，調整池に貯水して活用することになる．

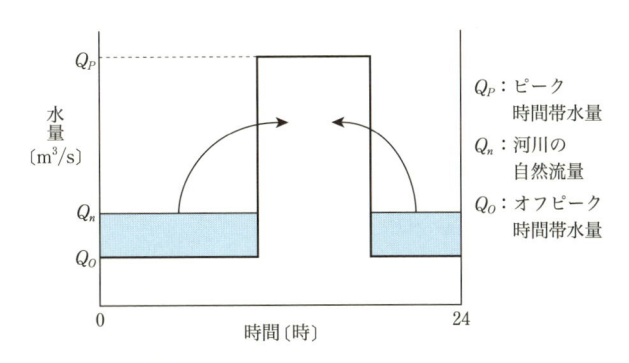

```
水量
〔m³/s〕

$Q_P$ ┄┄┄┄┄┄┄┄┄┄┄┄
            │       │
            │       │
$Q_n$ ▓▓▓▓▓│       │▓▓▓▓▓
$Q_O$ ▒▒▒▒▒│       │▒▒▒▒▒
      0              24
           時間〔時〕
```

Q_P：ピーク時間帯水量
Q_n：河川の自然流量
Q_O：オフピーク時間帯水量

(1) **日負荷曲線が図Aの場合**

戦術❶
❶ピーク時間帯に発電に有効に利用する水量と調整池の有効貯水量を比較する．

河川の自然流量 $Q_n = 8\ \mathrm{m^3/s}$，ピーク時間帯（6時間）に調整池を有効に使用して発電する水量 V〔m³〕は，

$$V = (20-8) \times 6 \times 3\,600 = 259\,200\ \mathrm{[m^3]}$$

調整池の有効貯水容量 $V' = 288\,000\ \mathrm{m^3}$ であるから，$V < V'$ となり，最大出力で調整池を有効に使用することができる．

戦術❷
❷ピーク時間帯の発電力 P_{AP}〔MW〕を求める．

$$P_{AP} = 20.0\ \mathrm{[MW]}$$

戦術❸
❸オフピーク時間帯（18時間）は，ピーク時間帯に使用する水量を貯水する必要がある．オフピーク時間帯の発電力を求める．

オフピーク時間帯に発電所が使える水量 Q_{AO}〔m³/s〕は，

$$Q_{AO} = Q_n - \frac{V}{18 \times 3\,600} \tag{1}$$

$$= 8 - \frac{259\,200}{18 \times 3\,600} = 4.00\ \mathrm{[m^3/s]}$$

オフピーク時間帯の発電力 P_{AO}〔MW〕は，題意により，発電力は使用水量に比例するので，

$$P_{AO} = 4.00\ \mathrm{[MW]}$$

(2) 日負荷曲線が図Bの場合

❹ ピーク時間帯に発電に有効に利用する水量と調整池の有効貯水量を比較する．

河川の自然流量 $Q_n = 8 \text{ m}^3/\text{s}$，ピーク時間帯（8時間）に調整池を有効に使用して発電する水量 $V \text{[m}^3\text{]}$ は，

$$V = (20 - 8) \times 8 \times 3\,600 = 345\,600 \text{ [m}^3\text{]}$$

調整池の有効貯水容量 $V' = 288\,000 \text{ m}^3$ であるから，$V > V'$ となり，最大出力で調整池を有効に使用することができない．

調整池の有効貯水容量 V' をフルに活用して発電するものと考えると，発電所が使用できる水量 $Q_{BP} \text{[m}^3/\text{s]}$ は，

$$Q_{BP} = Q_n + \frac{V'}{8 \times 3\,600} \tag{2}$$

$$= 8 + \frac{288\,000}{8 \times 3\,600} = 18.0 \text{ [m}^3/\text{s]}$$

❺ ピーク時間帯の発電力 $P_{BP} \text{[MW]}$ を求める．

題意により，発電力は使用水量に比例するので，

$$P_{BP} = 18 \text{ [MW]}$$

❻ オフピーク時間帯（16時間）は，ピーク時間帯に使用する水量を貯水する必要がある．オフピーク時間帯の発電力を求める．

オフピーク時間帯に発電所が使える水量 $Q_{BO} \text{[m}^3/\text{s]}$ は，

$$Q_{BO} = Q_n - \frac{V'}{16 \times 3\,600} \tag{3}$$

$$= 8 - \frac{288\,000}{16 \times 3\,600} = 3.00 \text{ [m}^3/\text{s]}$$

オフピーク時間帯の発電力 $P_{BO} \text{[MW]}$ は，題意により，発電力は使用水量に比例するので，

$$P_{BO} = 3.00 \text{ [MW]}$$

〈答〉
(1) 日負荷曲線が図Aの場合
　　ピーク時間帯の発電力　20.0 MW
　　オフピーク時間帯の発電力　4.00 MW
(2) 日負荷曲線が図Bの場合
　　ピーク時間帯の発電力　18.0 MW
　　オフピーク時間帯の発電力　3.00 MW

■問題4

最大出力300 MW，総落差375 m，損失水頭10 m（発電時・揚水時とも），上池容量340万m^3の純揚水式発電所において，水車・発電機およびポンプ・電動機の総合効率がそれぞれ86％および84％とするとき，次の問に答えよ．
(1) 上池が満水の状態から空の状態になるまで，最大出力で何時間発電できるか．
(2) 上池を空の状態から満水の状態にするのに必要な揚水電力量に相当する火力発電での重油焚き増し量kLは，いくらか．ただし，火力発電所の発電端熱効率40％，所内率4％，重油発熱量41 000 kJ/Lおよび送電損失率5％とし，また，下池容量は，上池容量より大きいものとする．

(法規：昭和61年問2)

着眼点 Focus Points

揚水発電所の上池の貯水容量をすべて使用して発電と揚水を行うため，火力発電所で揚水用の電力をまかなうのに必要な重油焚き増し量を求める問題である．

問題の中に送電損失率，火力発電所の所内率が出てくる．送電損失率は，送電線損失が送電電力に対して何％であるか，所内率は，発電所の機器を動かすために必要な電力が発電電力のうちで何％であるか，ということである．

戦術 Tactics

(1) ❶上池容量から揚水発電所の総発電電力量を求める．
❷総発電電力量から上池が満水から空になるまで，最大出力で発電するための発電時間を求める．
(2) ❸上池を空から満水にするのに必要な揚水電力量を求める．
❹火力発電所から送電する送電電力量を送電損失率を加味して求める．
❺送電電力量から火力発電所の重油焚き増し量を計算する．

解答 Answer

(1)

戦術❶

❶揚水発電所の総発電電力量W_G〔kW·h〕を求める．

上池の容量V〔m^3〕，総落差H〔m〕，損失水頭h〔m〕，水車・発電機の総合効率η_{TG}とすると，

$$W_G = \frac{9.8V(H-h)\eta_{TG}}{3\,600} \tag{1}$$

$$= \frac{9.8 \times 340 \times 10^4 \times (375-10) \times 0.86}{3\,600} \fallingdotseq 290.5 \times 10^4 \text{〔kW·h〕}$$

戦術❷ ❷最大出力 P_m〔kW·h〕で発電するための発電時間 T〔h〕を求める．
$$T = \frac{W_G}{P_m} = \frac{290.5 \times 10^4}{300 \times 10^3} \fallingdotseq 9.68 \text{〔h〕}$$

(2)

戦術❸ ❸上池を空から満水にするのに必要な揚水電力量 W_P〔kW·h〕を求める．
上池の容量 V〔m³〕，総落差 H〔m〕，損失水頭 h〔m〕，ポンプ・電動機の総合効率 η_{PM} とすると，

$$W_P = \frac{9.8 V (H+h)}{3\,600 \eta_{PM}} \tag{2}$$

$$= \frac{9.8 \times 340 \times 10^4 \times (375+10)}{3\,600 \times 0.84} \fallingdotseq 424.2 \times 10^4 \text{〔kW·h〕}$$

戦術❹ ❹火力発電所から送電する送電電力量 W_L〔kW·h〕を求める．
送電損失率が L_t であるから，

$$W_L = \frac{W_P}{1-L_t} \tag{3}$$

$$= \frac{424.2 \times 10^4}{1-0.05} \fallingdotseq 446.5 \times 10^4 \text{〔kW·h〕}$$

戦術❺ ❺重油焚き増し量 B〔kL〕を求める．
火力発電所の発電端熱効率 η，所内率 L，重油の発熱量 α〔kJ/L〕とする．
ここで，単位〔J〕=〔W·s〕であることに注意しよう．

$$B = \frac{3\,600 W_L}{\alpha \eta (1-L)} \tag{4}$$

$$= \frac{3\,600 \times 446.5 \times 10^4}{41\,000 \times 0.4 \times (1-0.04)} \fallingdotseq 1\,020 \times 10^3 \text{〔L〕} = 1\,020 \text{〔kL〕}$$

〈答〉
(1) 9.68 h
(2) 1 020 kL

■問題5

図のような日負荷曲線を有する最大電力1 800 MWの需要に火力発電および揚水発電を併用して供給しようとする．下記の条件において，火力発電電力量が最小となるように発電を行う場合，この日の火力発電の最大出力および発電電力量を求めよ．

(イ) 火力発電所は，図の最低負荷時8時間においても，この日の火力発電の最大出力の60%の出力で運転するものとする．

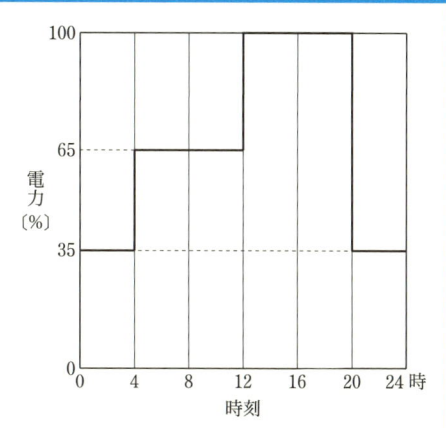

(ロ) 揚水発電所は，純揚水式であって，この日の揚水量に対応するだけの発電を行うものとし，総合効率は70%とする．

(ハ) 電力損失率は，発電端から需要端までおよび火力発電端から揚水発電所までのいずれも10%とする．

(法規：昭和50年問1)

着眼点 Focus Points

火力の発電電力量を最小にするには，揚水発電所において最低負荷時間帯（20時～4時）に余剰電力を使用して揚水し，最大負荷時間帯（12時～20時）で発電すればよい．

最低負荷時間帯に揚水発電所に供給される電力量の計算では，火力発電端から揚水発電所までの電力損失を加味すること．

最大負荷時間帯の揚水発電所で分担する発電電力量は，最低負荷時間帯に揚水発電所に蓄えられた水（電力量）を発電するので，揚水発電所の総合効率と発電端から需要家端までの電力損失を加味すること．

戦術 Tactics

❶最低負荷時間帯（20時～4時）は，火力発電が最大出力の60%で出力運転する必要があるので，揚水発電所に供給される電力量を求める．

❷最大負荷時間帯（12時～20時）における揚水発電所で分担する発電電力量を求める．

❸揚水発電所の総合効率が70%であるから，「❶で求めた揚水発電所に供給される電力量×0.7＝❷で求めた発電電力量」の関係があることがわかる．この関係式から火力発電の最大電力を求める．

❹火力発電の最大電力と日負荷曲線グラフから火力発電所の1日の発電

> 電力量を求める.

解答 Answer

戦術❶ ❶最低負荷時間帯（20時～4時）に揚水発電所に供給される電力量を求める.

火力発電の最大電力 P_S〔MW〕，負荷の最大電力 P〔MW〕，電力損失率 L とし，火力発電が最大出力の60%で出力運転する必要があるので，揚水発電所に供給される電力量 W_1〔MW·h〕は，

$$W_1 = \left(0.6P_S - \frac{0.35P}{1-L}\right) \times (1-L) \times 8 \tag{1}$$

戦術❷ ❷最大負荷時間帯（12時～20時）に揚水発電所で分担する発電電力量を求める.

負荷の最大電力 P〔MW〕，火力発電の電力 P_S〔MW〕であるので，揚水発電所で分担する発電電力量を W_2〔MW·h〕は，

$$W_2 = \left(\frac{P}{1-L} - P_S\right) \times 8 \tag{2}$$

戦術❸ ❸揚水発電所の総合効率が70%であるから(1)式，(2)式の関係式を立てる.

$0.7W_1 = W_2$

$$0.7 \times \left(0.6P_S - \frac{0.35P}{1-L}\right) \times (1-L) \times 8 = \left(\frac{P}{1-L} - P_S\right) \times 8 \tag{3}$$

(3)式に数値を代入すると，火力発電の最大電力 P_S〔MW〕は，

$$0.7 \times \left(0.6P_S - \frac{0.35 \times 1800}{1-0.1}\right) \times (1-0.1) \times 8 = \left(\frac{1800}{1-0.1} - P_S\right) \times 8$$

$0.378P_S - 441 = 2000 - P_S$

$P_S = 1771 ≒ 1770$〔MW〕

戦術❹ ❹火力発電所の1日の発電電力量 W〔MW·h〕を求める.

20時～4時：$0.6P_S \times 8$〔MW·h〕

4時～12時：$\dfrac{0.65P}{1-L} \times 8 = \dfrac{0.65 \times 1800}{1-0.1} \times 8 = 10400$〔MW·h〕

12時～20時：$P_S \times 8$〔MW·h〕

$W = 0.6P_S \times 8 + 10400 + P_S \times 8$

$\quad = 1.6 \times 1771 \times 8 + 10400 = 33069 ≒ 33100$〔MW·h〕

〈答〉

火力発電の最大電力　1770 MW

火力発電所の1日の発電電力量　33100 MW·h

■問題6

最大出力1 000 MW，年間発電電力量800×10^6 kW・hの純揚水発電所がある．いま，この発電所の年間経費を60億円（揚水用電力費を除く），揚水発電総合効率を70%とし，揚水用電力費を火力発電所の送電端で2円/kW・hとした場合，需要端におけるkW・h当たり電力原価を求めよ．ただし，送電損失率は揚水時，発電時ともにそれぞれ2.5%とし，送電線路の経費は考えないものとする．

(法規：昭和46年問1)

着眼点 Focus Points

揚水発電の受電端におけるkW・h当たりの電力原価を求める問題である．
受電端の電力原価〔円/(kW・h)〕は，「(揚水用電力費〔円〕＋年経費〔円〕)／需要端電力量〔kW・h〕」で表す．
注意点は，需要端電力量では送電損失率を，揚水用電力費では揚水発電総合効率と送電損失率を加味すること．

戦術 Tactics

❶需要端電力量は「年間発電電力量〔kW・h〕×(1－送電損失率)」から求める．
❷揚水用電力費は「年間発電電力量〔kW・h〕／揚水発電総合効率」から求める．
❸総経費は「揚水発電費〔円〕＋年経費〔円〕」から求める．
❹受電端の電力原価は「総経費〔円〕／需要端電力量〔kW・h〕」から求める．

解答 Answer

戦術❶

❶需要端電力量〔kW・h〕を求める．

$$\text{需要端電力量} = \text{年間発電電力量〔kW・h〕} \times (1 - \text{送電損失率}) \quad (1)$$
$$= 800 \times 10^6 \times (1 - 0.025)$$
$$= 780 \times 10^6 \text{〔kW・h〕}$$

戦術❷

❷揚水用電力費〔円〕を求める．

$$\text{揚水用電力費} = \frac{\text{年間発電電力量〔kW・h〕}}{\text{揚水発電総合効率}} \times \frac{1}{1 - \text{送電損失率}}$$
$$\times \text{電力費単価〔円/(kW・h)〕} \quad (2)$$
$$= \frac{800 \times 10^6}{0.7} \times \frac{1}{1 - 0.025} \times 2$$
$$\fallingdotseq 2\,344 \times 10^6 \text{〔円〕}$$

戦術❸

❸総経費〔円〕を求める．

$$\text{総経費} = \text{揚水発電費〔円〕} + \text{年経費〔円〕} \quad (3)$$
$$= 2\,344 \times 10^6 + 6\,000 \times 10^6 = 8\,344 \times 10^6 \text{〔円〕}$$

戦術 ❹

❹受電端の電力原価〔円/(kW·h)〕を求める.

$$受電端の電力原価 = \frac{総経費〔円〕}{需要端電力量〔kW·h〕} \tag{4}$$

$$= \frac{8\,344 \times 10^6}{780 \times 10^6} \fallingdotseq 10.7 〔円/(kW·h)〕$$

〈答〉
受電端における電力原価　10.7〔円/(kW·h)〕

■問題7

最大出力300 000 kW，総落差355 mの純揚水式発電所において，単価1.6円/(kW·h)の深夜電力で揚水する場合，kW·h当たりの発電単価はいくらか．

ただし，損失落差（発電時，揚水時とも）	5 m
発電時の機器効率	88%
揚水時の機器効率	80%
1日の発電時間（最大出力で）	4時間
発電所の建設費	100億円
建設費に対する年経費率（揚水発電費を除く）	8%

とする．

(発変電：昭和44年問1)

着眼点 Focus Points

揚水発電所のkW·h当たりの発電原価を求める問題である．

発電原価〔円/(kW·h)〕は，「(年間揚水動力費〔円〕+年経費〔円〕)／年間発電電力量〔kW·h〕」で表す．

問題6と同様な進め方で解いていく．

戦術 Tactics

❶年間発電電力量を求める．
❷年間発電電力量から揚水に必要な揚水量を求める．
❸揚水するのに必要な揚水電力量を求める．
❹年間揚水動力費は「単価〔円/(kW·h)〕×揚水電力量〔kW·h〕」から求める．
❺年経費は「発電所の建設費〔円〕×年経費率」から求める．
❻発電原価は「年間揚水動力費〔円〕+年経費〔円〕／年間発電電力量〔kW·h〕」から求める．

解答 Answer

戦術❶

❶1日4時間最大出力で発電するとし年間の発電電力量 W_G〔kW·h〕を求める．

$$W_G = 300\,000 \times 365 \times 4 = 4.38 \times 10^8 \text{ (kW·h)}$$

戦術❷

❷揚水に必要な揚水量 Q〔m³〕を求める．

総落差 H〔m〕，損失落差 h〔m〕，発電時の機器効率 η_G とすると，

$$Q = \frac{W_G}{9.8(H-h)\eta_G} \quad (1)$$

❸ ❸揚水するのに必要な揚水電力量 W_M〔kW·h〕を求める．

総落差H〔m〕，損失落差h〔m〕，揚水時の機器効率η_Mとすると，

$$W_M = \frac{9.8Q(H+h)}{\eta_M} \tag{2}$$

(1)式を(2)式へ代入すると，

$$W_M = \frac{9.8 \times \dfrac{W_G}{9.8(H-h)\eta_G} \times (H+h)}{\eta_M}$$

$$= \frac{H+h}{H-h} \times \frac{W_G}{\eta_G \eta_M} \text{〔kW·h〕} \tag{3}$$

$$= \frac{355+5}{355-5} \times \frac{4.38 \times 10^8}{0.88 \times 0.8} \fallingdotseq 6.4 \times 10^8 \text{〔kW·h〕}$$

❹ ❹年間揚水動力費〔円〕を求める．

$$\text{年間揚水動力費} = \text{単価〔円/(kW·h)〕} \times \text{揚水電力量 } W_M\text{〔kW·h〕} \tag{4}$$

$$= 1.6 \times 6.4 \times 10^8 = 10.24 \times 10^8 \text{〔円〕}$$

❺ ❺年経費〔円〕を求める．

$$\text{年経費} = \text{発電所の建設費〔円〕} \times \text{年経費率} \tag{5}$$

$$= 100 \times 10^8 \times 0.08 = 8 \times 10^8 \text{〔円〕}$$

❻ ❻発電原価〔円/(kW·h)〕を求める．

$$\text{発電原価} = \frac{\text{年間揚水動力費〔円〕} + \text{年経費〔円〕}}{\text{年間発電電力量〔kW·h〕}} \tag{6}$$

$$= \frac{10.24 \times 10^8 + 8 \times 10^8}{4.38 \times 10^8} \fallingdotseq 4.16 \text{〔円/(kW·h)〕}$$

〈答〉

発電原価　4.16〔円/(kW·h)〕

■問題8

一つの連系線でつながれたA，B二つの電力系統があって，その系統容量がそれぞれ12 000 MWおよび5 000 MW，系統の周波数特性定数（系統定数）がそれぞれ1.0%MW/0.1 Hzおよび0.8%MW/0.1 Hzであるとき，A系統で1 000 MWの負荷増加があった場合の周波数低下および連系線の潮流変化（電力および方向）を求めよ．

(法規：昭和53年問2)

着眼点 Focus Points

A，B系統間を連系線で接続されている系統において，A系統で負荷増加があった場合の周波数低下と連系線の潮流変化を求める問題である．

周波数変化と連系線の潮流変化は，A，B系統の系統周波数特性定数（系統容量換算）と負荷の増加量（または負荷脱落量）により求まる．

参考に周波数変化の流れを説明する．
① A系統で負荷が増加したので，A系統側の周波数が低下する．
② 同時に連系線にB系統からA系統に向けて応援電力が流れ，B系統の周波数が低下する．
③ A系統で応援電力を受電すると周波数は，応援電力を受電する前よりも幾分上がり，B系統の周波数と同一となる．

戦術 Tactics

❶ A，B系それぞれの系統周波数特性定数（系統容量換算）〔MW/Hz〕を求める．
❷ A系統で負荷が増加した場合の周波数低下は「$\Delta F=$ 負荷増加／A，B系統の系統周波数特性定数の和」から求める．
❸ 連系線の潮流変化は，ΔF，負荷増加およびA系統の系統周波数特性定数の関係式から求める．

解答 Answer

この問題を図に示す．

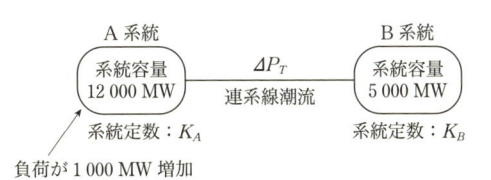

A系統　　　　　　　　　　B系統
系統容量　　ΔP_T　　系統容量
12 000 MW　連系線潮流　　5 000 MW

系統定数：K_A　　　　系統定数：K_B

↑
負荷が1 000 MW増加

❶ A，B系統それぞれの系統周波数特性定数（系統容量換算）を K_A〔MW/Hz〕，K_B〔MW/Hz〕を求める．
系統容量をそれぞれ P_A〔MW〕，P_B〔MW〕とすると，

$$K_A = P_A \text{〔MW〕} \times 1.0 \text{〔\%MW/0.1Hz〕} \times \frac{10}{100} \tag{1}$$

$$= 12\,000 \times \frac{1.0}{10} = 1\,200 \text{〔MW/Hz〕}$$

$$K_B = P_B \text{〔MW〕} \times 0.8 \text{〔\%MW/0.1Hz〕} \times \frac{10}{100} \tag{2}$$

$$= 5\,000 \times \frac{0.8}{10} = 400 \text{〔MW/Hz〕}$$

❷ A系統に負荷 P〔MW〕が増加した場合の周波数低下 ΔF〔Hz〕を求める．

$$\Delta F = \frac{P}{K_A + K_B} \tag{3}$$

$$= \frac{1\,000}{1\,200 + 400} = 0.625 \text{〔Hz〕}$$

❸ 連系線の潮流変化 ΔP_T〔MW〕を求める．
次の式が成り立つ．

$$\Delta P_T + K_A \Delta F = P \tag{4}$$

(4)式より ΔP_T〔MW〕は，

$$\Delta P_T = P - K_A \Delta F = 1\,000 - 1\,200 \times 0.625 = 250 \text{〔MW〕}$$

連系線の潮流の方向は，B系統からA系統へ流れる．

〈答〉
周波数低下　0.625 Hz
連系線の潮流変化と方向　B系統からA系統へ250 MW流れる

■問題9

A系統，B系統およびC系統の三つの電力系統が図のように連系されている場合における次の問に答えよ．

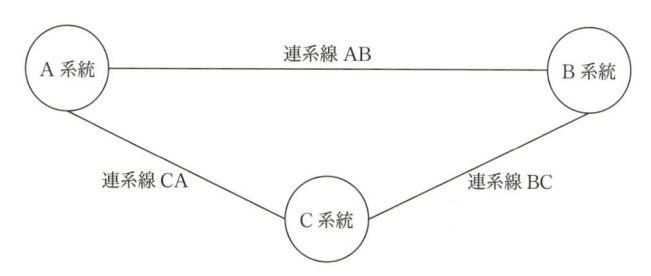

```
          連系線 AB
   A系統 ─────────── B系統
      \           /
   連系線CA      連系線BC
        \       /
          C系統
```

(1) A系統において負荷変化（ΔP_A〔MW〕）が発生した場合，系統全体の周波数変化量（ΔF〔Hz〕）を求める式を示せ．ただし，A系統，B系統およびC系統の系統周波数特性定数（系統容量換算）をそれぞれ，K_A〔MW/Hz〕，K_B〔MW/Hz〕およびK_C〔MW/Hz〕とする．

(2) 上記(1)の場合において，連系線ABの潮流変化量（ΔP_{TAB}〔MW〕）を求める式を ΔP_A〔MW〕，ΔF〔Hz〕，K_A〔MW/Hz〕，K_B〔MW/Hz〕およびK_C〔MW/Hz〕のうち，必要な項を使用して示せ．ただし，A系統の負荷変化によって，連系線BCに潮流変化は起こらないものと仮定する．

(3) 各系統が下表の系統条件であるとき，A系統に360 MWの負荷変化が起きた場合の系統全体の周波数変化量〔Hz〕を求めよ．

	A系統	B系統	C系統
系統容量〔MW〕	4 000	8 000	5 000
系統周波数特性定数（%換算）〔%MW/Hz〕	14	8	12

(4) 上記(2)および(3)の条件で，連系線ABおよび連系線CAの潮流変化量（ΔP_{TAB}およびΔP_{TCA}）〔MW〕を求めよ．

（電力・管理：平成18年問5）

着眼点 Focus Points

この問題は，問題8と異なり系統状態がA，Bの2系統からA，B，Cの3系統で相互に連系線で連系している．

題意によりA系統に負荷変化が発生してもBC系統間の連系線に潮流変化が起きないものと仮定しているので，問題8と同様な考え方でA，B，C系統の系統周波数特性定数（系統容量換算）と負荷変化量から周波数変化量と連系線潮流変化量を求める．

戦術 Tactics

(1) ❶問題8(3)式を参考にして求める.
(2) ❷題意により，BC系統間の連系線に潮流変化が起こらないので，系統周波数の変化によるB系統の電力変化となる.
❸系統の周波数変化量とB系統の系統周波数特性定数（系統容量換算）からAB系統間の連系線潮流変化量を求める.
(3) ❹A，B，C系統それぞれの系統周波数特性定数（系統容量換算）を求める.
❺(1)で求めた式に数値を代入して，周波数変化量を求める.
(4) ❻(2)で求めた式に数値を代入して，AB系統間の連系線潮流変化量を求める.
❼同様にして，AC系統間の連系線潮流変化量を求める.

解答 Answer

(1)

❶系統全体の周波数変化量ΔF〔Hz〕を求める.

A系統の負荷変化ΔP_A〔MW〕，A，B，C系統の系統周波数特性定数（系統容量換算）をK_A〔MW/Hz〕，K_B〔MW/Hz〕，K_C〔MW/Hz〕とすると，問題8(3)式を参考にして，

$$\Delta F = \frac{\Delta P_A}{K_A + K_B + K_C} \quad (1)$$

(2)

❷題意により，BC系統間の連系線に潮流変化が起こらないので，系統周波数の変化によるB系統の電力変化となる.

❸AB系統間の連系線潮流変化量ΔP_{TAB}〔MW〕を求める.

系統の周波数変化量ΔF〔Hz〕，B系統の系統周波数特性定数（系統容量換算）K_B〔MW/Hz〕とすると，

$$\Delta P_{TAB} = \Delta F \times K_B \quad (2)$$

(3)

❹A，B，C系統それぞれの系統周波数特性定数（系統容量換算）K_A〔MW/Hz〕，K_B〔MW/Hz〕，K_C〔MW/Hz〕を求める.

$$K_A = 4\,000 \times \frac{14}{100} = 560 \text{〔MW/Hz〕}$$

$$K_B = 8\,000 \times \frac{8}{100} = 640 \text{〔MW/Hz〕}$$

$$K_C = 5\,000 \times \frac{12}{100} = 600 \text{〔MW/Hz〕}$$

戦術 ❺ ❺(1)式より周波数変化量 ΔF〔Hz〕を求める.

$$\Delta F = \frac{360}{560+640+600} = 0.200 \text{〔Hz〕}$$

(4)

戦術 ❻ ❻AB系統間の連系線潮流変化量 ΔP_{TAB}〔MW〕を求める.

(2)式より,

$$\Delta P_{TAB} = \Delta F \times K_B = 0.2 \times 640 = 128 \text{〔MW〕}$$

戦術 ❼ ❼同様にして,AC系統間の連系線潮流変化量 ΔP_{TCA}〔MW〕を求める.

$$\Delta P_{TCA} = \Delta F \times K_C = 0.2 \times 600 = 120 \text{〔MW〕} \quad (3)$$

〈答〉

(1) $\Delta F = \dfrac{\Delta P_A}{K_A + K_B + K_C}$〔Hz〕

(2) $\Delta P_{TAB} = \Delta F \times K_B$〔MW〕

(3) $\Delta F = 0.200$ Hz

(4) $\Delta P_{TAB} = 128$ MW

　　$\Delta P_{TCA} = 120$ MW

■問題10

表に示す定格をもつ2台の三相変圧器を並行運転している．負荷がある値以下になると，並行運転するよりもB変圧器を停止する方が効率がよくなるが，この限界の負荷〔kW〕を求めよ．ただし，両変圧器の一次電圧，二次電圧，変圧比，結線および％インピーダンスは，それぞれ同一とし，負荷の力率は90％とする．

変圧器 項目	定格容量〔MV・A〕	鉄損〔kW〕	全負荷銅損〔kW〕
A	30	50	200
B	10	18.8	80

（発変電：昭和46年問2）

着眼点 Focus Points

B変圧器を停止する方が効率がよくなる限界の負荷を求めるには，A，B変圧器2台で並行運転した場合の各変圧器それぞれの損失の式とA変圧器のみ運転したときの損失の式を導き，方程式を立てて限界の負荷を求める．

注意点は，題意によりA，B変圧器とも％インピーダンスが等しいので，負荷分担は定格容量に比例する．また，各変圧器の損失計算において銅損は，負荷率の2乗に比例し，鉄損は負荷率に関係なく一定である．

戦術 Tactics

❶ A，B変圧器それぞれの負荷分担を求める．
❷ A，B変圧器が並行運転している場合のそれぞれの損失を求める．
❸ A変圧器のみが運転している場合の損失を求める．
❹ ❶❷❸からB変圧器を停止する方が効率がよくなる限界の負荷を求める．

解答 Answer

戦術❶

❶ 全負荷P〔MV・A〕，A，B変圧器それぞれの負荷分担P_A〔MV・A〕，P_B〔MV・A〕を求める．

％インピーダンスが両変圧器とも等しいので，負荷分担は定格容量に比例するから，

$$P = P_A + P_B$$

$$P_A = \frac{30}{30+10}P = \frac{3}{4}P \tag{1}$$

$$P_B = \frac{10}{30+10}P = \frac{1}{4}P \tag{2}$$

❷ A，B変圧器が並行運転している場合，A，B変圧器それぞれの損失 L_A 〔kW〕，L_B〔kW〕は，

A，B変圧器それぞれの鉄損，全負荷時銅損を P_{Ai}〔kW〕，P_{AC}〔kW〕，P_{Bi}〔kW〕，P_{BC}〔kW〕とすると，

$$L_A = P_{Ai} + P_{AC}\left(\frac{P_A}{30}\right)^2 = 50 + 200 \times \left(\frac{1}{30} \times \frac{3}{4}P\right)^2 = 50 + \frac{P^2}{8} \text{〔kW〕} \quad (3)$$

$$L_B = P_{Bi} + P_{BC}\left(\frac{P_B}{10}\right)^2 = 18.8 + 80 \times \left(\frac{1}{10} \times \frac{1}{4}P\right)^2 = 18.8 + \frac{P^2}{20} \text{〔kW〕} \quad (4)$$

❸ A変圧器のみが運転している場合の損失 $L_A{}'$〔kW〕を求める．

$$L_A{}' = P_{Ai} + P_{AC}\left(\frac{P}{30}\right)^2 = 50 + 200 \times \left(\frac{P}{30}\right)^2 = 50 + \frac{2}{9}P^2 \text{〔kW〕} \quad (5)$$

❹ B変圧器を停止する方が効率がよくなる限界の負荷を求める．
条件は，

$$L_A + L_B = L_A{}' \quad (6)$$

(3)(4)(5)式を(6)式に代入すると，効率がよくなる限界の負荷 P〔MV·A〕は，

$$50 + \frac{P^2}{8} + 18.8 + \frac{P^2}{20} = 50 + \frac{2}{9}P^2$$

$$P = \sqrt{\frac{18.8}{0.047222}} = 19.95 \fallingdotseq 20 \text{〔MV·A〕}$$

負荷力率が90%であるから，効率がよくなる限界の負荷 P'〔kW〕は，

$$P' = 0.9 \times P \times 10^3 = 0.9 \times 19.95 \times 10^3 \fallingdotseq 18\,000 \text{〔kW〕}$$

よって，18 000 kW で B 変圧器を停止する．

〈答〉
B変圧器を停止する方が効率がよくなる限界　18 000 kW

■問題11

定格容量10 000 kV·Aの同一形式の三相変圧器4台を並行運転して，図のような直線状の日負荷持続曲線を有する負荷に電力を供給している変電所がある．全負荷時における変圧器の鉄損と銅損の比は1:4である．変電所負荷が低く，負荷の最大電力Pがある限度以下である日においては，変圧器の運転台数を減じ，3台運転にして電力を供給する方が電力損失の面で有利であるが，この限度（負荷の最大電力）は何キロワットか．ただし，日負荷持続曲線の形状は最大電力Pの大きさにかかわらず，一定で図示のとおりとし，また，負荷の力率は常に1に保たれるものとする．

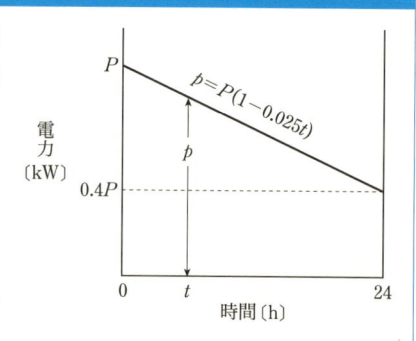

（法規：昭和57年問2）

着眼点 Focus Points

同一形式の変圧器4台が並行運転している．変圧器1台当たりの1日の電力損失を求めるには，積分を使用する．

変圧器1台を減じて3台運転した方が電力損失の面で有利となる限度負荷は，変圧器4台運転時の電力損失と3台運転時に電力損失とが等しくなる条件のときである．

変圧器の電力損失計算において「銅損は負荷率の2乗に比例し，鉄損は負荷率に関係なく一定である．」ことに留意する．

戦術 Tactics

❶変圧器1台当たりの電力損失を求める．
❷変圧器1台当たりの1日の変圧器の全電力損失は積分して求める．
❸変圧器1台を減じて3台運転で電力を供給した方が電力損失の面で有利となる限度（負荷の最大値）は「変圧器4台運転時の電力損失と3台運転時に電力損失とが等しくなる条件」を導いて求める．

解答 Answer

戦術❶

❶変圧器1台当たりの電力損失P_{L1}〔kW〕を求める．

最大出力P〔kW〕の日負荷持続曲線をもった負荷に供給している．

定格容量P_n〔kV·A〕，全負荷銅損P_{cn}〔kW〕の変圧器において，時間tのときの負荷をp〔kW〕，そのときの変圧器の鉄損および銅損をP_i〔kW〕およびP_c〔kW〕とする．なお，負荷力率は1であるから，

$$P_{L1} = P_i + P_c = P_i + P_{cn}\left(\frac{p}{P_n}\right)^2 = P_i + P_{cn}(1-0.025t)^2\left(\frac{P}{P_n}\right)^2 \quad (1)$$

ここで，題意により鉄損 P_i と銅損 P_{cn} との比が1：4であるから，
$$P_{cn} = 4P_i \quad (2)$$

(2)式を(1)式へ代入すると，
$$P_{L1} = P_i + 4P_i(1-0.025t)^2\left(\frac{P}{P_n}\right)^2$$
$$= P_i\left\{1 + 4\left(\frac{P}{P_n}\right)^2(1-0.025t)^2\right\} \quad (3)$$

戦術 ❷

❷変圧器1台当たりの損失 P_{L1} を24時間にわたって積分して，1日における変圧器の全電力損失 P_{L0} 〔kW・h〕を求める．

$$P_{L0} = \int_0^{24} P_{L1}\,dt = \int_0^{24} P_i\left\{1 + 4\left(\frac{P}{P_n}\right)^2(1-0.025t)^2\right\}dt$$
$$= \int_0^{24} P_i\left\{1 + 4\left(\frac{P}{P_n}\right)^2(1-0.05t+0.000625t^2)\right\}dt$$
$$= P_i\left\{24 + \left[4\times\left(\frac{P}{P_n}\right)^2\times\left(t - \frac{0.05t^2}{2} + \frac{0.000625t^3}{3}\right)\right]_0^{24}\right\}$$
$$= P_i\left\{24 + 12.48\times 4\times\left(\frac{P}{P_n}\right)^2\right\} = P_i\left\{24 + 49.92\times\left(\frac{P}{P_n}\right)^2\right\} \quad (4)$$

戦術 ❸

❸変圧器1台を減じて3台運転で電力を供給した方が電力損失の面で有利となる限度（負荷の最大値）P_x〔kW〕は，変圧器4台運転時の電力損失 P_{L4}〔kW・h〕と3台運転時に電力損失 P_{L3}〔kW・h〕とが等しくなる条件を導いて求める．

$$P_{L4} = 4P_i\left\{24 + 49.92\times\left(\frac{\frac{P_x}{4}}{P_n}\right)^2\right\} \quad (5)$$

$$P_{L3} = 3P_i\left\{24 + 49.92\times\left(\frac{\frac{P_x}{3}}{P_n}\right)^2\right\} \quad (6)$$

$$P_{L4} - P_{L3} = 0$$

$$4P_i\left\{24+49.92\times\left(\dfrac{\dfrac{P_x}{4}}{P_n}\right)^2\right\}-3P_i\left\{24+49.92\times\left(\dfrac{\dfrac{P_x}{3}}{P_n}\right)^2\right\}=0$$

$$24+199.68\times\dfrac{P_x^{\,2}}{16P_n^{\,2}}-149.76\times\dfrac{P_x^{\,2}}{9P_n^{\,2}}=0$$

$$149.76P_x^{\,2}\times16-199.68P_x^{\,2}\times9=24\times144\times P_n^{\,2}$$

$$599.04P_x^{\,2}=3\,456P_n^{\,2}$$

$$P_x=P_n\sqrt{\dfrac{3\,456}{599.04}}\fallingdotseq2.40P_n=2.40\times10\,000=24\,000\,[\mathrm{kW}]$$

〈答〉
3台運転が有利となる限度　24 000 kW

■問題12

送電端電圧22 000 V，周波数50 Hzの三相3線式1回線の専用配電線で電力の供給を受けている工場がある．配電線の電線1条当たりの抵抗およびリアクタンスはそれぞれ2 Ωおよび4 Ωであり，また，工場の負荷は10 000 kW，遅れ力率70%で，一定とする．この工場の受電点にコンデンサを設置して，受電電圧20 000 Vに保とうとする．次の問に答えよ．ただし，送電端電圧は，一定に保たれるものとし，また，配電線における電圧降下については近似式を用いるものとする．

(1) 負荷と並列にコンデンサを設置する場合，何キロバールのコンデンサを必要とするか．

(2) 直列コンデンサを設置する場合，1相当たり何マイクロファラッドのコンデンサを必要とするか

(法規：昭和58年問2)

着眼点 Focus Points

配電線から受電している工場の受電端電圧を20 000 Vに維持するために受電点に並列コンデンサ，直列コンデンサを設置する．それぞれのコンデンサ容量の算出にあたり，変電所の送電端電圧，工場の受電端電圧との間の式「$V_s ≒ V_r + \sqrt{3}I(r\cos\theta + x\sin\theta)$」の近似式を用いて求める．

〈留意点〉

・並列コンデンサ容量は，工場負荷の無効電力と受電端電圧20 000 Vに維持した場合の受電点の無効電力を算出することが必要である．

・直列コンデンサを設置すると変電所（送電端）から見た合成リアクタンスは，配電線1条当たりのリアクタンスと直列コンデンサ1相当たりのリアクタンスの合計になることに注目する．

戦術 Tactics

(1) ❶並列コンデンサ設置前の工場負荷の無効電力を求める．
❷送電端電圧，受電端電圧の関係式を求める．
❸$\sqrt{3}I\cos\theta$を求める．
❹配電線の電圧降下$\varDelta V$を求める．
❺$\varDelta V$の式から$\sqrt{3}I\sin\theta$を求める．
❻並列コンデンサ設置後の受電端から見た負荷の無効電力を求める．
❼❶と❻から並列コンデンサの容量を求める．

(2) ❽配電線1条当たりのリアクタンスと直列コンデンサ1相分のリアクタンスの合計が合成リアクタンスである．
❾送電端電圧，受電端電圧の関係式を求める．
❿配電線の電圧降下$\varDelta V$を求める．

⓫ $\sqrt{3}I\cos\theta$ が求まっているので,$\sqrt{3}I\sin\theta$ を求める式を導く.
⓬ ⓾と⓫から合成リアクタンスを求める.
⓭ ⓼と⓬から直列コンデンサ1相分のリアクタンスを求める.
⓮ 直列コンデンサ1相分のリアクタンスから1相当たりの静電容量を求める.

解答 Answer

(1) この問題を図で表すと図1になる.

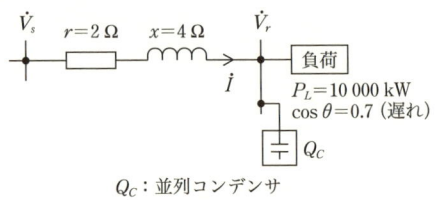

図1

❶ 並列コンデンサ設置前の負荷の無効電力 Q_L〔kvar〕を求める.

工場負荷 P_L〔kW〕,負荷力率 $\cos\theta$ とすると,

$$Q_L = P_L \frac{\sin\theta}{\cos\theta} = \frac{P}{\cos\theta}\sqrt{1-\cos^2\theta} \tag{1}$$

$$= \frac{10\,000 \times 10^3}{0.7}\sqrt{1-0.7^2} \fallingdotseq 10\,200 \times 10^3 = 10\,200 〔\text{kvar}〕$$

❷ 送電端電圧 V_s〔V〕,受電端電圧 V_r〔V〕,配電線1条当たりの抵抗 r〔Ω〕,リアクタンス x〔Ω〕,負荷電流 I〔A〕として関係式を求める.

$$V_s = V_r + \sqrt{3}I(\cos\theta - j\sin\theta)(r + jx)$$
$$= V_r + \sqrt{3}I(r\cos\theta + x\sin\theta) + j\sqrt{3}I(x\cos\theta - r\sin\theta)$$

配電線は距離が短いので,j の部分(虚数部分)は小さいから近似式を用いる.

$$V_s \fallingdotseq V_r + \sqrt{3}I(r\cos\theta + x\sin\theta) \tag{2}$$

❸ $\sqrt{3}I\cos\theta$〔A〕を求める.

工場負荷 P_L〔W〕,受電端電圧 V_r〔V〕とすると,

$$\sqrt{3}I\cos\theta = \frac{P_L}{V_r} = \frac{10\,000 \times 10^3}{20\,000} = 500 〔\text{A}〕$$

❹ 配電線の電圧降下 ΔV〔V〕を求める.

(2)式より,

5. 施設管理

$$\Delta V = V_s - V_r = \sqrt{3}I(r\cos\theta + x\sin\theta) \qquad (3)$$

戦術 ❺ ❺ $\sqrt{3}I\sin\theta$〔A〕を求める．

(3)式より，

$$\sqrt{3}I\sin\theta = \frac{V_s - V_r - r\sqrt{3}I\cos\theta}{x}$$

$$= \frac{22\,000 - 20\,000 - 2 \times 500}{4} = 250 \text{〔A〕}$$

戦術 ❻ ❻ 並列コンデンサ設置後の受電端から見た負荷の無効電力 Q〔kvar〕を求める．

$$Q = \sqrt{3}V_r I\sin\theta \qquad (4)$$

$$= 20\,000 \times 250 = 5\,000 \times 10^3 = 5\,000 \text{〔kvar〕}$$

戦術 ❼ ❼ 並列コンデンサの容量 Q_C〔kvar〕を求める．

$$Q_C = Q_L - Q = 10\,200 - 5\,000 = 5\,200 \text{〔kvar〕}$$

(2) この問題を図で表すと図2になる．

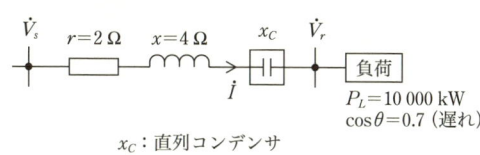

$\dot{V}_s \quad r=2\,\Omega \quad x=4\,\Omega \quad x_C \quad \dot{V}_r$

$\dot{I}$ 負荷

$P_L = 10\,000$ kW
$\cos\theta = 0.7$（遅れ）

x_C：直列コンデンサ

図2

戦術 ❽ ❽ 直列コンデンサを設置する場合の合成リアクタンスを求める．

配電線1相分リアクタンスとの合計となるので，配電線1条当たりのリアクタンス x〔Ω〕，直列コンデンサの1相分のリアクタンス x_C〔Ω〕とすると，合成リアクタンス $x_0 = j(x - x_C)$〔Ω〕

戦術 ❾ ❾ 送電端電圧 V_s〔V〕，受電端電圧 V_r〔V〕，配電線1条当たりの抵抗 r〔Ω〕，合成リアクタンス x_0〔Ω〕，負荷電流 I〔A〕として関係式を求める．

$$V_s = V_r + \sqrt{3}I(\cos\theta - j\sin\theta)(r + jx_0)$$
$$= V_r + \sqrt{3}I(r\cos\theta + x_0\sin\theta) + j\sqrt{3}I(x_0\cos\theta - r\sin\theta)$$

配電線は距離が短いので，j の部分（虚数部分）は小さいから簡略式を用いる．

$$V_s \fallingdotseq V_r + \sqrt{3}I(r\cos\theta + x_0\sin\theta) \qquad (5)$$

戦術 ❿ ❿ 配電線の電圧降下 ΔV〔V〕を求める．

(5)式より，

$$\varDelta V = V_s - V_r = \sqrt{3}I(r\cos\theta + x_0 \sin\theta) \tag{6}$$

⓫ $\sqrt{3}I\sin\theta$ 〔A〕を求める.

$\sqrt{3}I\cos\theta = 500$ 〔A〕であるから，(6)式より，

$$\sqrt{3}I\sin\theta = \sqrt{3}I\cos\theta \frac{\sin\theta}{\cos\theta} = \sqrt{3}I\cos\theta \frac{\sqrt{1-\cos^2\theta}}{\cos\theta} \tag{7}$$

⓬ 合成リアクタンス x_0 〔Ω〕を求める.

(7)式を(6)式へ代入すると，

$$x_0 = \frac{V_s - V_r - r\sqrt{3}I\cos\theta}{\sqrt{3}I\sin\theta}$$

$$= (V_s - V_r - r\sqrt{3}I\cos\theta)\frac{\cos\theta}{\sqrt{3}I\cos\theta \times \sqrt{1-\cos^2\theta}}$$

$$= (22\,000 - 20\,000 - 2 \times 500) \times \frac{0.7}{500 \times \sqrt{1-0.7^2}}$$

$$\fallingdotseq 1.96 \,〔Ω〕$$

⓭ 直列コンデンサ1相分のリアクタンス x_C 〔Ω〕を求める.

$$x_C = x - x_0 = 4 - 1.96 = 2.04 \,〔Ω〕$$

⓮ 1相当たりの静電容量 C 〔μF〕を求める.

周波数 f 〔Hz〕，直列コンデンサの1相分のリアクタンス x_C 〔Ω〕とすると，

$$C = \frac{1}{2\pi f x_C} \tag{8}$$

$$= \frac{1}{2\pi \times 50 \times 2.04} \fallingdotseq 1.56 \times 10^{-3} \,〔F〕= 1\,560 \,〔μF〕$$

〈答〉

(1)　5 200 kvar

(2)　1 560 μF

■問題13

図のような二つの負荷AおよびBに電力を供給し，かつ，力率改善のため5 000 kvarの電力用コンデンサを使用している変電所がある．ある日における負荷の最大電力は負荷Aが8 000 kW，負荷Bが5 000 kWで，変電所における負荷相互間の不等率は1.3であった．力率は，負荷Aが遅れ80%，負荷Bが遅れ70%で，1日を通じてそれぞれ一定に保たれ，また，総合負荷Cが最大となった時刻t_0における総合力率（コンデンサによる改善後の力率）は遅れ95%であった．この時刻におけるA，B両負荷の電力は，それぞれ何キロワットであったか．

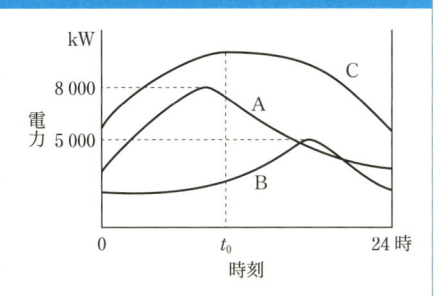

(法規：昭和56年問2)

着眼点 Focus Points

問題の図（グラフ）は，負荷Aと負荷Bの和がCの負荷曲線（総合負荷）になることを示している．負荷A，Bの総合した負荷の最大電力は，不等率から求まる．

負荷A，Bの皮相電力と力率に着目して，総合負荷が最大電力のときの有効電力と無効電力の式を導けば，負荷A，負荷Bの電力が求まる．

問題に取り掛かる前にベクトル図を描くことをお勧めする．ベクトル図を描くことにより有効電力，無効電力それぞれの式を導くことができる．

戦術 Tactics

❶負荷A，Bの総合した負荷の最大電力を求める．
❷最大電力が発生した時刻における負荷A，Bの皮相電力，電力コンデンサ使用後の最大電力と無効電力についてベクトル図を描く．
❸電力コンデンサ使用後の最大電力と力率95%（遅れ）より無効電力を求める．
❹負荷A，Bの皮相電力，電力コンデンサ容量および力率95%（遅れ）の無効電力から「無効電力の関係式」を立てる．
❺負荷A，Bの皮相電力，最大電力から「有効電力の関係式」を立てる．
❻❹❺から負荷A，Bの皮相電力を求める．
❼最大電力のときの負荷A，Bそれぞれの電力を皮相電力と力率から求める．

解答

戦術 ❶

❶ 負荷A，Bの総合した負荷の最大電力P_m〔kW〕を求める．

負荷Aの電力P_A〔kW〕，負荷Bの電力P_B〔kW〕，負荷AB相互間の不等率が1.3であるから，

$$P_m = \frac{P_A + P_B}{1.3} = \frac{8\,000 + 5\,000}{1.3} = 10\,000 \text{〔kW〕} \tag{1}$$

戦術 ❷

❷ 最大電力が発生した時刻t_0における負荷A，Bの皮相電力，電力コンデンサ使用後の最大電力と力率95％（遅れ）の無効電力について，ベクトル図を図に示す．

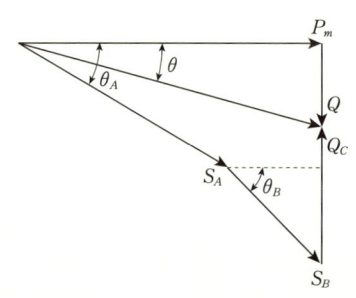

S_A：負荷Aの皮相電力　　P_m：負荷A，Bの総合した最大電力
S_B：負荷Bの皮相電力　　θ：負荷A，Bの総合負荷が
θ_A：負荷Aの力率角　　　　　　最大となったときの力率角
θ_B：負荷Bの力率角　　Q：負荷A，Bの総合負荷が
Q_C：電力コンデンサ容量　　　　　最大となったときの無効電力

戦術 ❸

❸ 力率95％（遅れ）のときの無効電力Q〔kvar〕を求める．

$$Q = P_m \tan\theta = P_m \frac{\sin\theta}{\cos\theta} = P_m \frac{\sqrt{1-\cos^2\theta}}{\cos\theta} \tag{2}$$

$$= 10\,000 \times \frac{\sqrt{1-0.95^2}}{0.95} \fallingdotseq 3\,287 \text{〔kvar〕}$$

戦術 ❹

❹ 負荷A，Bの皮相電力，力率をそれぞれS_A〔kV·A〕，$\cos\theta_A$，S_B〔kV·A〕，$\cos\theta_B$，電力コンデンサ容量Q_C〔kvar〕とすると無効電力の関係式を求める．

$$S_A \sin\theta_A + S_B \sin\theta_B = Q + Q_C$$

$$S_A \sqrt{1-\cos^2\theta_A} + S_B \sqrt{1-\cos^2\theta_B} = Q + Q_C$$

$$S_A \sqrt{1-0.8^2} + S_B \sqrt{1-0.7^2} = 3\,287 + 5\,000$$

$$0.6 S_A + 0.7141 S_B = 8\,287 \text{〔kvar〕} \tag{3}$$

戦術❺ ❺最大電力 P_m〔kW〕として有効電力の関係式を求める.

$$S_A \cos\theta_A + S_B \cos\theta_B = P_m$$
$$0.8S_A + 0.7S_B = 10\,000 \text{〔kW〕} \qquad (4)$$

戦術❻ ❻(3)(4)式から行列式を用いて S_A〔kV·A〕, S_B〔kV·A〕を求める.

$$S_A = \frac{\begin{vmatrix} 8\,287 & 0.7141 \\ 10\,000 & 0.7 \end{vmatrix}}{\begin{vmatrix} 0.6 & 0.7141 \\ 0.8 & 0.7 \end{vmatrix}} = \frac{8\,287 \times 0.7 - 10\,000 \times 0.7141}{0.6 \times 0.7 - 0.8 \times 0.7141}$$

$$\fallingdotseq 8\,858 \text{〔kV·A〕}$$

$$S_B = \frac{\begin{vmatrix} 0.6 & 8\,287 \\ 0.8 & 10\,000 \end{vmatrix}}{\begin{vmatrix} 0.6 & 0.7141 \\ 0.8 & 0.7 \end{vmatrix}} = \frac{0.6 \times 10\,000 - 0.8 \times 8\,287}{0.6 \times 0.7 - 0.8 \times 0.7141}$$

$$\fallingdotseq 4\,162 \text{〔kV·A〕}$$

戦術❼ ❼負荷 A, B の電力 P_A〔kW〕, P_B〔kW〕を求める.

$$P_A = S_A \cos\theta_A = 8\,858 \times 0.8 = 7\,086 \fallingdotseq 7\,090 \text{〔kW〕}$$
$$P_B = S_B \cos\theta_B = 4\,162 \times 0.7 = 2\,914 \fallingdotseq 2\,910 \text{〔kW〕}$$

〈答〉

負荷 A　7 090 kW

負荷 B　2 910 kW

■問題14

図1のように2群の負荷からなる配電系統において，各負荷群の1日の負荷曲線が図2のようであるとき，次の問に答えよ．

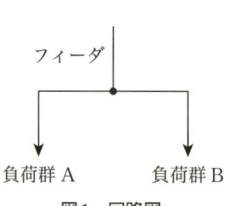

図1　回路図

図2　負荷曲線

(1) フィーダの最大需要負荷
(2) 負荷群Aと負荷群Bとの間の不等率
(3) 負荷の平均電力
(4) フィーダの負荷率

（電力・管理：平成8年問6）

着眼点 Focus Points

　最大電力，平均電力，不等率，負荷率を求める問題である．負荷曲線グラフから負荷群A，負荷群Bの最大電力，平均電力をそれぞれ求める．

　不等率は「負荷群A，Bのそれぞれの最大需要電力の和／負荷群A，Bの合成電力の最大」から求め，1より大きな値になる．

　負荷率は，一定期間の電力の使用が，なだらかか，なだらかでないかを示す数値で「平均電力／最大電力」から求める．

戦術 Tactics

(1) ❶フィーダの最大需要負荷は，負荷曲線グラフから時間別の負荷群A，Bの合計から最大値を求める．
(2) ❷不等率は「負荷群A，Bの最大需要電力の和／負荷群A，Bの合成電力の最大」から求める．
(3) ❸平均電力は「24時間分の電力合計（負荷曲線グラフの面積）を24時間で割ったもの」で，負荷群A，Bのそれぞれの平均電力を算出し，その合計を求める．
(4) ❹フィーダの負荷率は「平均電力／最大電力」から求める．

解答 Answer

戦術 ❶

(1)

❶フィーダの最大需要負荷を求める.

負荷曲線のグラフから時間別の負荷群A，Bの合計が最大であればよいので，12時から18時の間が一定で最大となる．

最大需要負荷 $P_m = 30 + 20 = 50 \,[\text{kW}]$

(2)

戦術 ❷

❷負荷群Aと負荷群Bとの間の不等率を求める．

$$\text{不等率} = \frac{\text{負荷群 A と負荷群 B の最大需要電力の和}}{\text{負荷群 A と負荷群 B の合成電力の最大}} \quad (1)$$

$$= \frac{30+30}{50} = 1.2$$

(3)

戦術 ❸

❸負荷群A，Bのそれぞれの平均電力を求める．

平均電力は，24時間分の電力合計（負荷曲線グラフの面積）を24時間で割ったものであるから，

負荷群Aの平均電力 $P_{aA}\,[\text{kW}]$ は，

$$P_{aA} = \frac{10 \times 6 + \frac{10+30}{2} \times (12-6) + \frac{30+10}{2} \times (24-12)}{24} = 17.5 \,[\text{kW}]$$

負荷群Bの平均電力 $P_{aB}\,[\text{kW}]$ は，

$$P_{aB} = \frac{\frac{0+30}{2} \times (18-0) + \frac{30+0}{2} \times (24-18)}{24} = 15.0 \,[\text{kW}]$$

負荷の平均電力 $P_a\,[\text{kW}]$ は，

$$P_a = P_{aA} + P_{aB} = 17.5 + 15.0 = 32.5 \,[\text{kW}]$$

(4)

戦術 ❹

❹フィーダの負荷率〔%〕を求める．

$$\text{負荷率} = \frac{P_a}{P_m} \times 100 = \frac{32.5}{50} \times 100 = 65.0 \,[\%] \quad (2)$$

〈答〉

(1)　50.0 kW

(2)　1.20

(3)　32.5 kW

(4)　65.0%

■問題15

三相7 500 kV·Aの変圧器1台を有する変電所から，配電線AおよびBの2回線により，表のような需要家群に電力を供給している．このとき，次の値を求めよ．ただし，各設備および配電線間の不等率は，無効電力についても表中の値が適用されるものとする．

(1) 変電所の総合最大電力〔kW〕および力率
(2) 変電所の総合負荷率
(3) 変電所が過負荷となる場合，変圧器定格容量以下に負荷を抑制するために必要なコンデンサの容量〔kvar〕

配電線	需要設備	設備容量〔kV·A〕	力率	需要率	負荷率	設備間の不等率	配電線間の不等率
A	a	4 000	0.95	0.75	0.70	1.25	1.1
A	b	3 500	0.70	0.70	0.80		
B	c	7 500	0.85	0.70	0.60	—	

（電力・管理：平成16年問6）

着眼点 Focus Points

需要設備，配電線，変電所それぞれについて最大電力を求める．
- 需要設備の最大電力は「設備容量×力率×需要率」で表す．
- 配電線Aの最大電力は「需要設備a，bの最大電力の和／設備間の不等率」で表す．
- 変電所の総合最大電力は「配電線A，Bの最大電力の和／配電線間の不等率」で表す．
- 変電所の総合負荷率は「需要設備a，b，cの平均電力の和／変電所の総合最大電力」で表す．

各無効電力についても最大電力と同様に需要率，不等率を用いて求める．
なお，需要率とは，電力供給設備の稼働の度合いを示すものである．

戦術 Tactics

(1) ❶需要設備a，b，cそれぞれの最大電力は，設備容量，力率および需要率から求める．
❷需要設備a，b，cの最大電力のときの無効電力（最大無効電力）を求める．
❸配電線Aの最大電力は，需要設備a，bの最大電力と設備間の不等率から求める．
❹配電線Aの最大電力のときの無効電力（最大無効電力）を求める．

❺変電所の総合最大電力は，配電線A，Bの最大電力と配電線間の不等率から求める．
❻変電所の総合最大電力のときの無効電力（総合最大無効電力）を求める．
❼変電所の総合最大力率は，変電所の総合最大電力と総合最大無効電力から求める．

(2) ❽需要設備a，b，cそれぞれの平均電力は，最大電力と負荷率から求める．
❾変電所の平均電力は，需要設備a，b，cの平均電力の合計である．
❿変電所の総合負荷率は，変電所の平均電力と変電所の総合最大電力から求める．

(3) ⓫変電所の最大皮相電力は，総合最大電力と総合最大無効電力から求める．
⓬変電所の変圧器容量と変電所の最大皮相電力とを比較し，変圧器が過負荷となるか検討する．
⓭変電所の変圧器容量と変電所の総合最大電力から無効電力を求める．
⓮変圧器が過負荷するので，変圧器定格容量以下に負荷を抑制するために必要なコンデンサ容量は「変電所の総合最大無効電力 − ⓭の無効電力」から求める．

解答 Answer

(1)

戦術 ❶

❶需要設備a，b，cそれぞれの最大電力P_A〔kW〕，P_B〔kW〕，P_C〔kW〕を求める．

需要設備a，b，cそれぞれの設備容量，力率，需要率をS_A〔kV·A〕，$\cos\theta_A$，α_A，S_B〔kV·A〕，$\cos\theta_B$，α_B，S_C〔kV·A〕，$\cos\theta_C$，α_Cとすると，

$P_A = \alpha_A S_A \cos\theta_A = 0.75 \times 4\,000 \times 0.95 = 2\,850$〔kW〕

$P_B = \alpha_B S_B \cos\theta_B = 0.70 \times 3\,500 \times 0.70 = 1\,715$〔kW〕

$P_C = \alpha_C S_C \cos\theta_C = 0.70 \times 7\,500 \times 0.85 = 4\,462.5$〔kW〕

戦術 ❷

❷需要設備a，b，c最大電力のときのそれぞれの最大無効電力Q_A〔kvar〕，Q_B〔kvar〕，Q_C〔kvar〕を求める．

$Q_A = \alpha_A S_A \sin\theta_A = 0.75 \times 4\,000 \times \sqrt{1-0.95^2} \fallingdotseq 936.7$〔kvar〕

$Q_B = \alpha_B S_B \sin\theta_B = 0.70 \times 3\,500 \times \sqrt{1-0.70^2} \fallingdotseq 1\,749.6$〔kvar〕

$Q_C = \alpha_C S_C \sin\theta_C = 0.70 \times 7\,500 \times \sqrt{1-0.85^2} \fallingdotseq 2\,765.6$〔kvar〕

❸ 需要設備a，bの設備間の不等率がβ_Aであるから，配電線Aの最大電力P_{LA}〔kW〕を求める．

$$P_{LA} = \frac{P_A + P_B}{\beta_A} = \frac{2\,850 + 1\,715}{1.25} = 3\,652 \text{〔kW〕}$$

配電線Bの最大電力P_{LB}〔kW〕は，

$$P_{LB} = P_C = 4\,462.5 \text{〔kW〕}$$

❹ 配電線Aの最大電力のときの最大無効電力Q_{LA}〔kvar〕を求める．

$$Q_{LA} = \frac{Q_A + Q_B}{\beta_A} = \frac{936.7 + 1\,749.6}{1.25} ≒ 2\,149 \text{〔kvar〕}$$

配電線Bの最大無効電力Q_{LB}〔kvar〕は，

$$Q_{LB} = Q_C = 2\,765.6 \text{〔kvar〕}$$

❺ 配電線間の不等率βであるから，変電所の総合最大電力P_M〔kW〕を求める．

$$P_M = \frac{P_{LA} + P_{LB}}{\beta} = \frac{3\,652 + 4\,462.5}{1.1} = 7\,376.8 ≒ 7\,380 \text{〔kW〕}$$

❻ 変電所の総合最大電力のときの総合最大無効電力Q_M〔kvar〕を求める．

$$Q_M = \frac{Q_{LA} + Q_{LB}}{\beta} = \frac{2\,149 + 2\,765.6}{1.1} ≒ 4\,467.8 \text{〔kvar〕}$$

❼ 変電所の総合最大力率$\cos\theta$を求める．

変電所の総合最大電力P_M〔kW〕，総合最大無効電力Q_M〔kvar〕とすると，

$$\cos\theta = \frac{P_M}{\sqrt{P_M^2 + Q_M^2}} = \frac{7\,376.8}{\sqrt{7\,376.8^2 + 4\,467.8^2}} ≒ 0.855$$

(2)

❽ 需要設備a，b，cそれぞれの平均電力を求める．

それぞれの最大電力，負荷率をP_A〔kW〕，γ_A，P_B〔kW〕，γ_B，P_C〔kW〕，γ_Cとすると平均電力P_{AA}〔kW〕，P_{AB}〔kW〕，P_{AC}〔kW〕は，

$$P_{AA} = \gamma_A P_A = 0.7 \times 2\,850 = 1\,995 \text{〔kW〕}$$
$$P_{AB} = \gamma_B P_B = 0.8 \times 1\,715 = 1\,372 \text{〔kW〕}$$
$$P_{AC} = \gamma_C P_C = 0.6 \times 4\,462.5 = 2\,677.5 \text{〔kW〕}$$

❾ 変電所の平均電力P_{AV}〔kW〕を求める．

$$P_{AV} = P_{AA} + P_{AB} + P_{AC} = 1\,995 + 1\,372 + 2\,677.5 = 6\,044.5 \text{〔kW〕}$$

❿ 変電所の総合負荷率γを求める．

$$\gamma = \frac{\text{変電所の平均電力}}{\text{変電所の総合最大電力}} = \frac{P_{AV}}{P_M} = \frac{6\,044.5}{7\,376.8} ≒ 0.819$$

(3)

戦術⓫ ❶変電所の最大皮相電力 S_M 〔kV·A〕を求める．

変電所の総合最大電力 P_M 〔kW〕，総合最大無効電力 Q_M 〔kvar〕とすると，
$$S_M = \sqrt{P_M{}^2 + Q_M{}^2} = \sqrt{7\,376.8^2 + 4\,467.8^2} \fallingdotseq 8\,624.3\,(\text{kV·A})$$

戦術⓬ ❷変電所の変圧器容量と変電所の最大皮相電力とを比較する．

変電所の変圧器容量：7 500 kV·A

変電所の最大皮相電力：8 624.3 kV·A

よって，変圧器容量＜最大皮相電力であるので，変圧器が過負荷となる．

戦術⓭ ❸変電所の変圧器容量 S〔kV·A〕で総合最大電力 P_M〔kW〕をまかなうための無効電力 Q〔kvar〕を求める．
$$Q = \sqrt{S^2 - P_M{}^2} = \sqrt{7\,500^2 - 7\,376.8^2} = 1\,353.8\,(\text{kvar})$$

戦術⓮ ❹変圧器定格容量以下に負荷を抑制するために必要なコンデンサ容量 Q_S〔kvar〕を求める．
$$Q_S = Q_M - Q = 4\,467.8 - 1\,353.8 = 3\,114 \fallingdotseq 3\,110\,(\text{kvar})$$

〈答〉

(1) 変電所の総合最大電力　7 380 kW

　　変電所の総合最大力率　0.855

(2) 0.819

(3) 3 110 kvar

■問題16

定格容量300 kV·A，無負荷損0.9 kW，定格運転時の負荷損4.8 kWの三相油入変圧器がある．この変圧器の1日における負荷の電力と力率が図のように変動するとき，次の問に答えよ．（答の有効数字は4けたとする．）

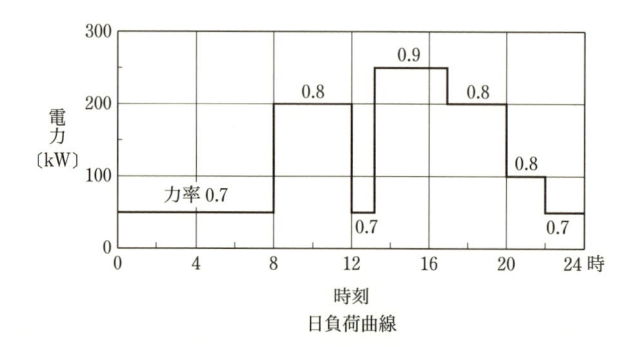

日負荷曲線

ただし，負荷は三相平衡負荷で力率はいずれも遅れとし，電圧は常に一定とする．

(1) 下表はこの変圧器の全日効率を計算する過程で作成した表の一部である．表中の(A)から(H)までの記号を付した空欄の値を計算せよ．

積算時間(h)	負荷			負荷損（電力量）(kW·h)
	電力(kW)	力率	電力量(kW·h)	
4	250	0.9	(A)	(E)
7	200	0.8	(B)	(F)
2	100	0.8	(C)	(G)
11	50	0.7	(D)	(H)

(2) 上記(1)の結果を用いて，この変圧器の全日効率〔%〕を求めよ．
(3) 図において，負荷の電力が250 kWおよび200 kWのときの力率を1に改善した場合の全日効率〔%〕を求めよ．

（電力・管理：平成14年問6）

着眼点 Focus Points

変圧器の全日効率は，「1日の出力電力量／(1日の無負荷損電力量＋1日の負荷損電力量＋1日の出力電力量)」で求める．

ここで，負荷損電力量は「定格運転時の負荷損×負荷率の2乗×積算時間」で求め，負荷率は「(電力／力率〔V·A〕)／定格容量〔V·A〕」である．

また，無負荷損電力量は，無負荷損電力が1日中一定であることから求める．

戦術 Tactics

(1) ❶負荷の電力量は「負荷電力×積算時間」で求める.

❷負荷損電力量は「定格運転時の負荷損×負荷率の2乗×積算時間」で求める.

(2) ❸変圧器の全日効率は「1日の出力電力量／(1日の無負荷損と負荷損電力量＋1日の出力電力量)」で求めるので，まず1日の出力電力量を求める.

❹1日の無負荷損電力量を求める.

❺1日の負荷損電力量を求める.

❻❸❹❺を使用して変圧器の全日効率を求める.

(3) ❼負荷電力 250 kW，力率1のときの負荷損電力量を求める.

❽負荷電力 200 kW，力率1のときの負荷損電力量を求める.

❾1日の負荷損電力量を求める.

❿力率改善後の変圧器の全日効率を求める.

解答 Answer

(1)

戦術❶ ❶負荷の電力量「負荷電力×積算時間」で求める.

(A) $250 \times 4 = 1\,000$ [kW·h]

(B) $200 \times 7 = 1\,400$ [kW·h]

(C) $100 \times 2 = 200.0$ [kW·h]

(D) $50 \times 11 = 550.0$ [kW·h]

戦術❷ ❷負荷損（電力量）を「定格運転時の負荷損×負荷率の2乗×積算時間」で求める.

(E) $4.8 \times \left(\dfrac{\frac{250}{0.9}}{300}\right)^2 \times 4 \fallingdotseq 16.46$ [kW·h]

(F) $4.8 \times \left(\dfrac{\frac{200}{0.8}}{300}\right)^2 \times 7 \fallingdotseq 23.33$ [kW·h]

(G) $4.8 \times \left(\dfrac{\frac{100}{0.8}}{300}\right)^2 \times 2 \fallingdotseq 1.667$ [kW·h]

(H) $4.8 \times \left(\dfrac{\frac{50}{0.7}}{300}\right)^2 \times 11 \fallingdotseq 2.993$ [kW·h]

(2)

戦術❸ ❸変圧器の全日効率 η [%] は(1)式で求め，1日中の出力電力量 W_L [kW·h] を求める.

$$\eta = \frac{1\text{日の出力電力量}}{1\text{日の無負荷損と負荷損電力量} + 1\text{日の出力電力量}} \times 100 \quad (1)$$

$$W_L = (A) + (B) + (C) + (D)$$
$$= 1\,000 + 1\,400 + 200.0 + 550.0 = 3\,150 \,[\text{kW·h}]$$

戦術 ❹ ❹ 1日の無負荷損電力量 W_i [kW·h]を求める．
1日中一定であるので，
$$W_i = 0.9 \times 24 = 21.6 \,[\text{kW·h}]$$

戦術 ❺ ❺ 1日の負荷損電力量 W_C [kW·h]を求める．
$$W_C = (E) + (F) + (G) + (H)$$
$$= 16.46 + 23.33 + 1.667 + 2.993 = 44.45 \,[\text{kW·h}]$$

戦術 ❻ ❻ 変圧器の全日効率 η [%]を求める．
$$\eta = \frac{W_L}{W_i + W_C + W_L} \times 100 = \frac{3\,150}{21.6 + 44.45 + 3\,150} \times 100 \fallingdotseq 97.95 \,[\%]$$

(3)

戦術 ❼ ❼ 負荷電力 250 kW，力率1のときの負荷損電力量 W_A [kW·h]を求める．
$$W_A = 4.8 \times \left(\frac{250}{300}\right)^2 \times 4 \fallingdotseq 13.33 \,[\text{kW·h}]$$

戦術 ❽ ❽ 負荷電力 200 kW，力率1のときの負荷損電力量 W_B [kW·h]を求める．
$$W_B = 4.8 \times \left(\frac{200}{300}\right)^2 \times 7 \fallingdotseq 14.93 \,[\text{kW·h}]$$

戦術 ❾ ❾ 1日の負荷損電力量 $W_C{'}$ [kW·h]を求める．
$$W_C{'} = W_A + W_B + (G) + (H)$$
$$= 13.33 + 14.93 + 1.667 + 2.993 = 32.92 \,[\text{kW·h}]$$

戦術 ❿ ❿ 力率改善後の変圧器の全日効率 η' [%]を求める．
$$\eta' = \frac{W_L}{W_i + W_C{'} + W_L} \times 100 = \frac{3\,150}{21.6 + 32.92 + 3\,150} \times 100 \fallingdotseq 98.30 \,[\%]$$

〈答〉
(1) (A) 1 000 kW·h   (E) 16.46 kW·h
    (B) 1 400 kW·h   (F) 23.33 kW·h
    (C) 200.0 kW·h   (G) 1.667 kW·h
    (D) 550.0 kW·h   (H) 2.993 kW·h
(2) 97.95%
(3) 98.30%

■問題17

表1に示す定格をもつ2台の変圧器を有する変電所がある．この変電所の全負荷 P〔MW〕が表2に示すとおり変化するとき，次の問に答えよ．なお，負荷の力率は0.8で一定とする．

表1

項目	容量〔MV·A〕	電圧〔kV〕	短絡インピーダンス〔%〕	無負荷損〔kW〕	定格負荷時の負荷損〔kW〕
変圧器A	45	77/22	10（定格容量ベース）	40	216
変圧器B	30	77/22	10（定格容量ベース）	30	144

表2

No.	時間帯	全負荷 P（MW）
①	0時から8時	12
②	8時から12時	18
③	12時から20時	25
④	20時から24時	10

(1) 2台の変圧器を並行運転した場合に，変圧器Aおよび変圧器Bがそれぞれ分担する負荷を P_A〔MW〕，P_B〔MW〕とする．P_A，P_Bをそれぞれ変電所の全負荷 P を用いて表せ．

(2) 変圧器Aを1台運転したときの全損失を P_{LA}〔kW〕，変圧器Bを1台運転したときの全損失を P_{LB}〔kW〕，2台の変圧器を並行運転したときの全損失を P_{LAB}〔kW〕とする．P_{LA}，P_{LB}，P_{LAB} をそれぞれ変電所の全負荷 P を用いて表せ．

(3) 表2の①から④の各時間帯において，変電所の効率が最大となる変圧器の運転台数を求めよ．なお，1台運転となる場合は，運転対象の変圧器（AまたはB）を示すこと．

(4) 上記(3)で求めた方法で運転した場合について，変電所の全日効率 η_d〔%〕を求めよ．

(電力・管理：平成22年問3)

着眼点 Focus Points

2台の変圧器で並行運転した場合の各変圧器の負荷分担を求めるには，まず各変圧器の短絡インピーダンスを基準容量に変換することが必要である．

変圧器の損失は，無負荷損と負荷損の和で求め，負荷損は「定格負荷時の負荷損×負荷率の2乗」から算出する．無負荷損は，負荷の大小にかかわらず一定である．

変圧器の効率が最大となるには「効率＝出力／(損失＋出力)」であるので，「出力が同じであれば，損失の最も小さいものが効率は最大となる」ことに注目する．

戦術 Tactics

(1) ❶変圧器A，Bそれぞれの短絡インピーダンスを45 MV·A基準に変換して求める．
❷変電所の全負荷において❶で求めた短絡インピーダンスから変圧器A，Bそれぞれの分担する負荷を求める．

(2) ❸変圧器A，Bそれぞれの変圧器定格負荷は，定格容量と負荷力率から求める．
❹変圧器A，Bそれぞれの全損失は，「鉄損＋定格負荷時の負荷損×負荷率の2乗」から求める．なお，負荷率は「変電所の全負荷／変圧器の定格負荷」である．
❺変圧器A，Bの2台並行運転時の全損失は，❷と同様に各変圧器別に「鉄損＋定格負荷時の負荷損×負荷率の2乗」から求めて合計する．なお，変圧器Aの負荷率は「変圧器Aに分担する負荷／変圧器Aの定格負荷」である．

(3) ❻変圧器の効率が最大となるには，出力が同じであれば損失の最も小さい場合が効率最大となるので，No.①の時間帯について変圧器A，Bそれぞれ1台運転および2台並行運転時の全損失を算出し，損失が最小となる運転方法を求める．
以下No.②の時間帯，No.③の時間帯，No.④の時間帯についてNo.①と同様にして求める．

(4) ❼1日の出力電力量を求める．
❽1日の損失電力量を求める．
❾変電所の全日効率を求める．

解答 Answer

戦術❶

(1)
❶変圧器A，Bそれぞれの短絡インピーダンスを基準容量45 MV·Aに変換する．
X_A〔%〕，X_B〔%〕は，

$$X = \frac{基準容量〔MV·A〕}{設備容量〔MV·A〕} \times \%X〔\%〕 \tag{1}$$

(1)式より，

$$X_A = \frac{45}{45} \times 10 = 10 \text{〔\%〕}$$

$$X_B = \frac{45}{30} \times 10 = 15 \text{〔\%〕}$$

戦術❷ ❷変電所の全負荷P〔MW〕において変圧器A，Bそれぞれの分担する負荷P_A〔MW〕，P_B〔MW〕を求める．

$$P_A = \frac{X_B}{X_A + X_B} \times P \tag{2}$$

$$= \frac{15}{10+15} \times P = 0.6P \text{〔MW〕}$$

$$P_B = \frac{X_A}{X_A + X_B} \times P \tag{3}$$

$$= \frac{10}{10+15} \times P = 0.4P \text{〔MW〕}$$

(2)

戦術❸ ❸変圧器A，Bそれぞれの定格容量P_n〔MV・A〕，負荷力率$\cos\theta$として，変圧器の定格負荷$P_A{}'$〔MW〕，$P_B{}'$〔MW〕を求める．

$$P' = P_n \cos\theta \text{〔MW〕} \tag{4}$$

(4)式より，

$$P_A{}' = 45 \times 0.8 = 36 \text{〔MW〕}$$

$$P_B{}' = 30 \times 0.8 = 24 \text{〔MW〕}$$

戦術❹ ❹変圧器A，Bそれぞれの鉄損，定格負荷時の負荷損をP_{iA}〔kW〕，P_{CA}〔kW〕，P_{iB}〔kW〕，P_{CB}〔kW〕として，全損失P_{LA}〔kW〕，P_{LB}〔kW〕を求める．

$$P_{LA} = P_{iA} + P_{CA}\left(\frac{P}{P_A{}'}\right)^2 = 40 + 216 \times \left(\frac{P}{36}\right)^2 = 40 + \frac{1}{6}P^2$$

$$\fallingdotseq 40 + 0.1667P^2 \text{〔kW〕} \tag{5}$$

$$P_{LB} = P_{iB} + P_{CB}\left(\frac{P}{P_B{}'}\right)^2 = 30 + 144 \times \left(\frac{P}{24}\right)^2 = 30 + \frac{1}{4}P^2$$

$$= 30 + 0.25P^2 \text{〔kW〕} \tag{6}$$

戦術❺ ❺変圧器A，Bの2台並行運転時の全損失P_{LAB}〔kW〕を求める．

$$P_{LAB} = P_{iA} + P_{CA}\left(\frac{P_A}{P_A{}'}\right)^2 + P_{iB} + P_{CB}\left(\frac{P_B}{P_B{}'}\right)^2$$

$$= 40 + 216 \times \left(\frac{0.6P}{36}\right)^2 + 30 + 144 \times \left(\frac{0.4P}{24}\right)^2$$

$$= 70 + 0.1P^2 \text{〔kW〕} \tag{7}$$

217

(3)

❻変圧器の効率が最大となるには，出力が同じであれば損失の最も小さい場合が効率は最大となるので，変圧器A，Bそれぞれ1台運転および2台並行運転時の全損失を算出し，損失が最小となる運転方法を求める．

変圧器Aの損失P_{LA}〔kW〕は(5)式，変圧器Bの損失P_{LB}〔kW〕は(6)式，2台並行運転時の損失P_{LAB}〔kW〕は(7)式から求める．

No.①の時間帯

$$P_{LA} = 40 + \frac{1}{6} \times 12^2 = 64 \text{〔kW〕}$$

$$P_{LB} = 30 + 0.25 \times 12^2 = 66 \text{〔kW〕}$$

$$P_{LAB} = 70 + 0.1 \times 12^2 = 84.4 \text{〔kW〕}$$

∴　変圧器Aの1台運転

No.②の時間帯

$$P_{LA} = 40 + \frac{1}{6} \times 18^2 = 94 \text{〔kW〕}$$

$$P_{LB} = 30 + 0.25 \times 18^2 = 111 \text{〔kW〕}$$

$$P_{LAB} = 70 + 0.1 \times 18^2 = 102.4 \text{〔kW〕}$$

∴　変圧器Aの1台運転

No.③の時間帯

$$P_{LA} = 40 + \frac{1}{6} \times 25^2 \fallingdotseq 144.17 \text{〔kW〕}$$

$$P_{LB} = 30 + 0.25 \times 25^2 = 186.25 \text{〔kW〕}$$

$$P_{LAB} = 70 + 0.1 \times 25^2 = 132.5 \text{〔kW〕}$$

∴　変圧器A，Bの2台運転

No.④の時間帯

$$P_{LA} = 40 + \frac{1}{6} \times 10^2 \fallingdotseq 56.67 \text{〔kW〕}$$

$$P_{LB} = 30 + 0.25 \times 10^2 = 55 \text{〔kW〕}$$

$$P_{LAB} = 70 + 0.1 \times 10^2 = 80 \text{〔kW〕}$$

∴　変圧器Bの1台運転

(4)　変電所の全日効率η〔%〕は，

$$\eta = \frac{1日の出力電力量}{1日の損失電力量 + 1日の出力電力量} \times 100 \tag{8}$$

戦術❼ ❼1日の出力電力量 W〔kW·h〕を求める．
$$W = 12 \times 10^3 \times 8 + 18 \times 10^3 \times 4 + 25 \times 10^3 \times 8 + 10 \times 10^3 \times 4$$
$$= 408 \times 10^3 \text{〔kW·h〕}$$

戦術❽ ❽1日の損失電力量 W_L〔kW·h〕を求める．
$$W_L = 64 \times 8 + 94 \times 4 + 132.5 \times 8 + 55 \times 4 = 2168 \text{〔kW·h〕}$$

戦術❾ ❾変電所の全日効率 η_d〔%〕を求める．

(8)式より，
$$\eta_d = \frac{W}{W_L + W} \times 100 = \frac{408 \times 10^3}{2168 + 408 \times 10^3} \times 100 \fallingdotseq 99.5 \text{〔%〕}$$

〈答〉

(1) $P_A = 0.6P$〔MW〕

　　$P_B = 0.4P$〔MW〕

(2) $P_{LA} = 40 + 0.1667P^2$〔kW〕

　　$P_{LB} = 30 + 0.25P^2$〔kW〕

　　$P_{LAB} = 70 + 0.1P^2$〔kW〕

(3) No.①の時間帯　変圧器Aの1台運転

　　No.②の時間帯　変圧器Aの1台運転

　　No.③の時間帯　変圧器A，Bの2台運転

　　No.④の時間帯　変圧器Bの1台運転

(4) $\eta_d = 99.5$〔%〕

■問題18

図のように三相3線式高圧配電系統から6 600 Vで受電している需要家がある．負荷の一部に定格入力容量600 kV·Aの三相の高調波発生機器があり，この機器から発生する第5次高調波電流は定格入力電流に対し17%である．次の問に答えよ．ただし，受電点より配電系統側のインピーダンスは10 MV·A基準で$j8$%，受電用変圧器の容量は1 000 kV·Aでそのインピーダンスは$j4$%，進相用コンデンサの容量は200 kvarとし，高調波発生機器は電流源とみなせるものとする．

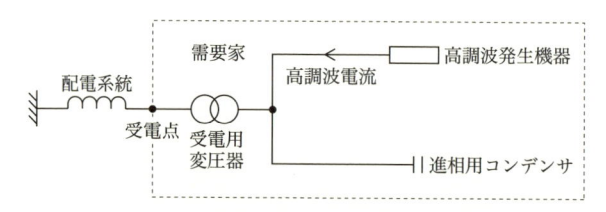

（1）機器から発生する第5次高調波電流の受電点電圧に換算した電流を求めよ．

（2）進相用コンデンサにそのリアクタンスの6%のリアクタンスを有する直列リアクトルを接続した場合，受電点から配電系統に流出する第5次高調波電流を求めよ．

(電力・管理：平成8年問5)

着眼点 Focus Points

第5次調波の問題である．まず，配電系統から高調波発生機器までの等価回路を描くことが問題を解く早道である．各機器の%リアクタンスは，基準容量に変換すること．今回の場合は，1 000 kV·A基準に変換するとよい．

第5次調波等価回路の%リアクタンスの値は，リアクトルでは基本波の5倍，コンデンサは基本波の1/5倍となることに注意する．

戦術 Tactics

(1) ❶高調波発生機器から発生する第5次調波電流は，高調波発生機器の定格入力容量，受電端電圧および第5次調波電流の含有率から求める．

(2) ❷1 000 kV·A基準とした各部の%リアクタンス（配電系統側，受電用変圧器，進相コンデンサ，直列リアクトル）を求める．
❸問題の回路を第5次調波の等価回路に変換する．
❹等価回路から受電点から配電系統に流出する第5次調波電流を求める．

(1)

❶機器から発生する第5次調波電流 I_5〔A〕を求める.

高調波発生機器の定格入力容量 S〔kV・A〕,受電端電圧 V_r〔V〕とすると,定格入力電流の17%であるから,

$$I_5 = \frac{S}{\sqrt{3}V_r} \times 0.17 = \frac{600 \times 10^3}{\sqrt{3} \times 6\,600} \times 0.17 ≒ 8.92 \text{〔A〕}$$

(2)

❷1 000 kV・A基準とした各部の%リアクタンスを求める.

配電系統側の%リアクタンス X_S〔%〕は,

$$X_S = \frac{1\,000}{10\,000} \times 8 = 0.8 \text{〔%〕}$$

受電用変圧器の%リアクタンス X_T〔%〕は, $X_T = 4$〔%〕

進相コンデンサの%リアクタンス X_C〔%〕は,

$$X_C = \frac{1\,000}{200} \times 100 = 500 \text{〔%〕}$$

直列リアクトルの%リアクタンス X_L〔%〕は,

$$X_L = 0.06 X_C = 0.06 \times 500 = 30 \text{〔%〕}$$

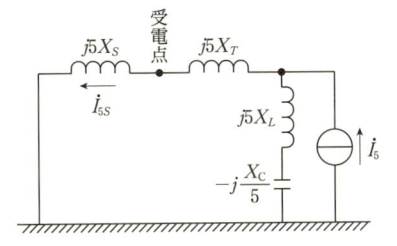

❸図に第5次調波等価回路を示す.

❹受電点から配電系統に流出する第5次調波電流 I_{5S}〔A〕を求める.

$$I_{5S} = \frac{5X_L - \dfrac{X_C}{5}}{5X_S + 5X_T + 5X_L - \dfrac{X_C}{5}} \times I_5$$

$$= \frac{5 \times 30 - \dfrac{500}{5}}{5 \times 0.8 + 5 \times 4 + 5 \times 30 - \dfrac{500}{5}} \times 8.92 ≒ 6.03 \text{〔A〕}$$

〈答〉

(1) 8.92 A

(2) 6.03 A

■問題19

低い接地抵抗が要求される変電所の接地網の接地抵抗の測定は，交流電圧降下法によって行われる．図は測定回路の一例である．これについて，次の問に答えよ．

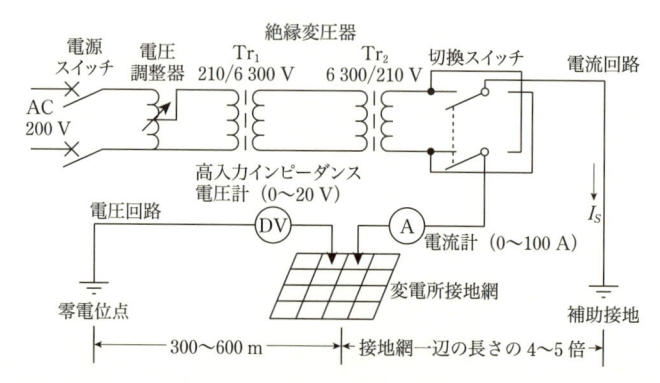

図の回路において，電圧回路に対する誘導電圧の影響並びに接地電流その他による大地漂遊電位の影響に基づく誤差を除くために，次の①，②および③の測定を行い，それぞれの計器の読み V_0，V_{S1} および V_{S2} を得た．これらの測定結果から接地系の電位上昇の真値 V_{S0}〔V〕を求め，真の接地抵抗値 R_0〔Ω〕を求める計算式を示せ．

なお，測定値 V_0，V_{S1}，V_{S2} および電位上昇の真値 V_{S0} の関係をベクトル図で示すと次のようになる．

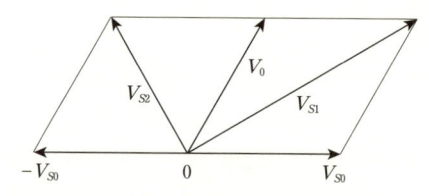

① 電源スイッチを開放して，電流回路の接地電流 $I_S=0$ にしたとき，電圧回路の高入カインピーダンス電圧計の読み ………………………………………………… V_0〔V〕
② 電源スイッチを投入し，電圧調整器により電流回路の電流を I_S〔A〕に調整したとき，電圧回路の高入カインピーダンス電圧計の読み ……………………………… V_{S1}〔V〕
③ 電流の極性を切換スイッチで逆転し，②と同様に電流を I_S〔A〕に調整したとき，電圧回路の高入カインピーダンス電圧計の読み ……………………………… V_{S2}〔V〕

（電力・管理：平成15年問3改）

着眼点 Focus Points

変電所接地網の接地抵抗測定の問題である．測定結果から電圧計の読みをベクトル図に表すことで，真の接地系電位上昇値を導くことができる．

真の接地系電位上昇値を求めるには，ベクトル図から三角形の「余弦定理」を利用して式を立てることが必要である．

真の接地系電位上昇値が求まれば，電流回路の接地電流から接地抵抗値が求まる．

戦術 Tactics

❶測定結果をもとにベクトル図を描く．
❷ベクトル図から三角形の余弦定理を利用して式を立てる．
❸❷の式から接地系の電位上昇真値を求める．
❹真の接地抵抗値を求める．

解答 Answer

戦術❶

❶測定結果をもとにしたベクトル図を図に示す．

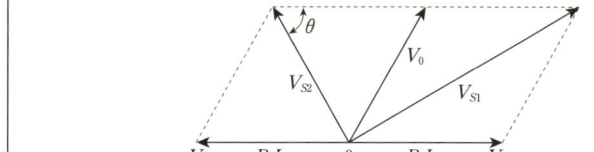

V_0：①の測定における電圧計の読み（誘導電圧）
V_{S1}，V_{S2}：②③における電圧計の読み（メッシュの電位上昇値）
V_{S0}：真の接地系電位上昇値

戦術❷

❷ベクトル図から三角形の「余弦定理」を利用して式を立てる．

$$V_0^2 = V_{S0}^2 + V_{S2}^2 - 2V_{S0}V_{S2}\cos\theta \quad (1)$$

$$V_{S1}^2 = (2V_{S0})^2 + V_{S2}^2 - 2(2V_{S0}V_{S2}\cos\theta) \quad (2)$$

(1)(2)式を $\cos\theta =$ の式に変換すると，

$$\cos\theta = \frac{V_{S0}^2 + V_{S2}^2 - V_0^2}{2V_{S0}V_{S2}} \quad (3)$$

$$\cos\theta = \frac{4V_{S0}^2 + V_{S2}^2 - V_{S1}^2}{4V_{S0}V_{S2}} \quad (4)$$

戦術❸

❸(3)式＝(4)式より，接地系の電位上昇真値 V_{S0}〔V〕を求める．

$$\frac{V_{S0}^2 + V_{S2}^2 - V_0^2}{2V_{S0}V_{S2}} = \frac{4V_{S0}^2 + V_{S2}^2 - V_{S1}^2}{4V_{S0}V_{S2}}$$

$$2V_{S0}^2 + 2V_{S2}^2 - 2V_0^2 = 4V_{S0}^2 + V_{S2}^2 - V_{S1}^2$$

$$2V_{S0}^2 = V_{S1}^2 + V_{S2}^2 - 2V_0^2$$

$$V_{S0} = \sqrt{\frac{V_{S1}^2 + V_{S2}^2 - 2V_0^2}{2}} \ \text{(V)}$$

戦術❹ ❹真の接地抵抗値 R_0 〔Ω〕を求める.

$$R_0 = \frac{V_{S0}}{I_S} = \frac{1}{I_S}\sqrt{\frac{V_{S1}^2 + V_{S2}^2 - 2V_0^2}{2}} \ \text{(Ω)}$$

〈答〉

真の接地系電位上昇値 　$V_{S0} = \sqrt{\dfrac{V_{S1}^2 + V_{S2}^2 - 2V_0^2}{2}}$ 〔V〕

真の接地抵抗値 　$R_0 = \dfrac{1}{I_S}\sqrt{\dfrac{V_{S1}^2 + V_{S2}^2 - 2V_0^2}{2}}$ 〔Ω〕

■問題20

変電所の同一母線から非接地式6.6 kVの三相3線式架空電線路3回線（1回線のこう長50 km）と地中電線路1回線（こう長4 km）が出ている．これらの電線路に接続する柱上変圧器の低圧側に施すB種接地工事の抵抗値は，一般に，何オーム以下でなければならないか．ただし，地絡電流の実測値は，得られないものとする．

(法規：昭和51年問1)

着眼点 Focus Points

高圧側電路に接続する柱上変圧器の低圧側に施すB種接地工事の抵抗値を求める問題である．高圧側の1線地絡電流が実測値から得られないので，電気設備の技術基準の解釈の式を用いて求める．

B種接地工事の抵抗値は，電気設備の技術基準の解釈に基づいて算出する．

戦術 Tactics

❶高圧側電路の1線地絡電流は，実測値から得られないので電気設備の技術基準の解釈第17条の式から求める．

❷B種接地工事の抵抗値は，電気設備の技術基準の解釈第17条の表「抵抗値≦150/1線地絡電流」の式から求める．

解答 Answer

戦術❶

❶高圧側電路の1線地絡電流 I_1〔A〕を求める．

題意により実測値から得られないので，電気設備の技術基準の解釈第17条の式を用いる．

$$I_1 = 1 + \frac{\frac{V}{3}L - 100}{150} + \frac{\frac{V}{3}L' - 1}{2} \tag{1}$$

ただし，

I_1：1線地絡電流〔A〕

V：電路の公称電圧を1.1で除した電圧〔kV〕

L：同一母線に接続される高圧架空電線路の電線延長〔km〕

L'：同一母線に接続される高圧地中電線路の電線延長〔km〕

(1)式に数値を代入すると，

$$V = \frac{6.6}{1.1} = 6 \text{〔kV〕}$$

$$L = 50 \times 3 \times 3 = 450 \text{〔km〕}$$

$$L' = 4 \text{〔km〕}$$

$$I_1 = 1 + \frac{\frac{6}{3} \times 450 - 100}{150} + \frac{\frac{6}{3} \times 4 - 1}{2}$$
$$= 1 + 5.33 + 3.5 = 9.83 \fallingdotseq 10 \text{ (A)}$$

❷B種接地工事の抵抗値 R〔Ω〕を求める.
電気設備の技術基準の解釈第17条から,

$$R \leq \frac{150}{I_1} \tag{2}$$
$$R \leq \frac{150}{10} = 15.0 \text{ (Ω)}$$

〈答〉
15.0 Ω以下

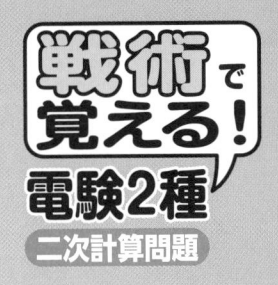

戦術で覚える！
電験2種
二次計算問題

機械・制御

1. 変圧器

■問題1

定格容量300 kV·A，定格一次電圧6 600 V，定格二次電圧440 V，定格周波数60 Hz の単相変圧器がある．この変圧器の二次側の端子を開放して，一次側に定格周波数，定格一次電圧を印加したところ，一次側に0.483 Aの電流が流れ，力率は0.325（遅れ）であった．

また，負荷力率1で運転したとき，定格容量の30％負荷時の効率と定格容量の70％負荷時の効率とが等しくなった．

この変圧器について，次の値を求めよ．ただし，損失は鉄損と銅損以外は無視できるものとする．

(1) 鉄損〔W〕
(2) 定格負荷で運転したときの銅損〔W〕
(3) 負荷力率1で負荷率を変えて運転したときの最大効率〔％〕

(機械・制御：平成22年問2)

着眼点 Focus Points

変圧器の損失に注目したオーソドックスな問題である．変圧器の効率を求める問題では，損失が定格容量に比べて小さくなり，桁数や単位の異なった数の足し算を行う際などにケアレスミスをすることが多い．試験本番では，時間にも追われて落ち着いて計算することが難しいと思われるので，普段から本番を意識して解くようにしよう．

変圧器の損失とその特徴を以下にまとめる．

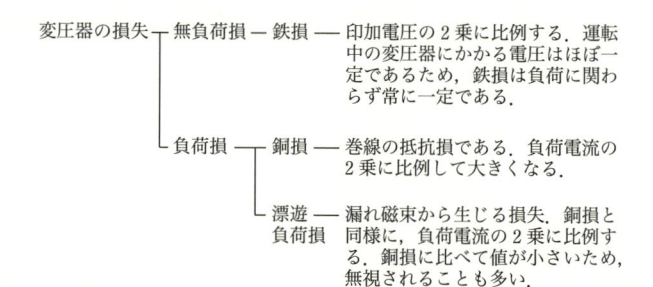

変圧器の損失
- 無負荷損 ─ 鉄損 ── 印加電圧の2乗に比例する．運転中の変圧器にかかる電圧はほぼ一定であるため，鉄損は負荷に関わらず常に一定である．
- 負荷損
  - 銅損 ── 巻線の抵抗損である．負荷電流の2乗に比例して大きくなる．
  - 漂遊負荷損 ── 漏れ磁束から生じる損失．銅損と同様に，負荷電流の2乗に比例する．銅損に比べて値が小さいため，無視されることも多い．

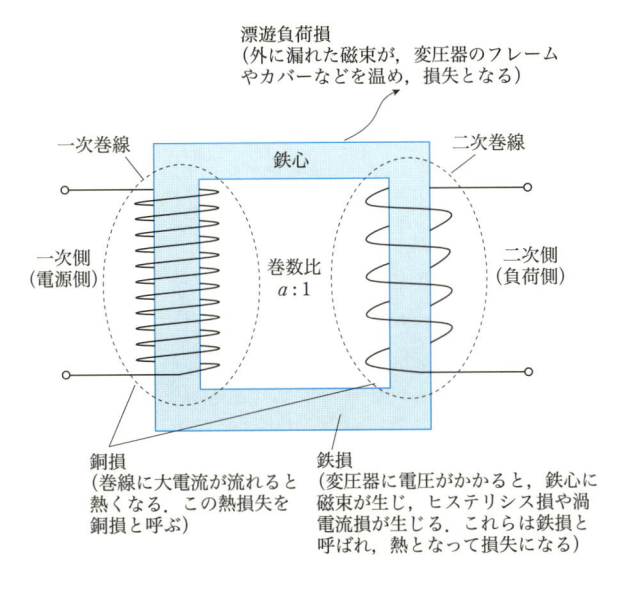

漂遊負荷損
(外に漏れた磁束が, 変圧器のフレーム
やカバーなどを温め, 損失となる)

一次巻線　　鉄心　　二次巻線

一次側　　巻数比　　二次側
(電源側)　$a:1$　(負荷側)

銅損
(巻線に大電流が流れると
熱くなる. この熱損失を
銅損と呼ぶ)

鉄損
(変圧器に電圧がかかると, 鉄心に
磁束が生じ, ヒステリシス損や渦
電流損が生じる. これらは鉄損と
呼ばれ, 熱となって損失になる)

戦術 Tactics

❶無負荷時の電流値から無負荷損(鉄損 W_i)を求める.
❷「効率 $\eta = \alpha P_0 \cos\theta / (\alpha P_0 \cos\theta + \alpha^2 W_c + W_i)$」を用いて方程式をつくる.
❸方程式を解いて定格負荷時の負荷損(銅損 W_c)を求める.
❹最大効率の条件は「負荷損＝無負荷損, $\alpha^2 W_c = W_i$」であることを利用して, 最大効率時の負荷率 α_{max} を求める.
❺最大効率を求める.

解答 Answer

(1) 鉄損

戦術❶
❶無負荷時の電流値から無負荷損(鉄損 W_i)を求める.

二次側の端子を開放し, 変圧器一次側に定格電圧を印加したときの入力は, 無負荷損(鉄損 W_i)となるので,
$$W_i = 6\,600 \times 0.483 \times 0.325 = 1\,036.0 \,[\text{W}]$$

(2) 定格負荷で運転したときの銅損

戦術❷
❷「効率 $\eta = \alpha P_0 \cos\theta / (\alpha P_0 \cos\theta + \alpha^2 W_c + W_i)$」を用いて方程式をつくる.

負荷率を α, 定格負荷を P_0, 定格負荷時の銅損を W_c, 力率を $\cos\theta$ とすると, 変圧器の効率 η は, 次のようになる.

$$\eta = \frac{負荷容量}{負荷容量 + 負荷損 + 無負荷損}$$
$$= \frac{\alpha P_0 \cos\theta \,(\text{W})}{\alpha P_0 \cos\theta \,(\text{W}) + \alpha^2 W_c \,(\text{W}) + W_i \,(\text{W})}$$

力率 $\cos\theta = 1$ で30%負荷のときの効率 η_{30} と70%負荷のときの効率 η_{70} が等しいので，それぞれを代入して方程式を導くと，

$\eta_{30} = \eta_{70}$

$$\frac{0.3 \times 300 \times 10^3 \times 1.0}{0.3 \times 300 \times 10^3 \times 1.0 + 0.3^2 W_c + W_i} = \frac{0.7 \times 300 \times 10^3 \times 1.0}{0.7 \times 300 \times 10^3 \times 1.0 + 0.7^2 W_c + W_i}$$

戦術 ❸ ❸方程式を解いて定格容量時の負荷損（銅損 W_c）を求める．

(1)の解から $W_i = 1\,036$ W であるので，

$$\frac{0.3 \times 300 \times 1\,000}{0.3 \times 300 \times 1\,000 + 0.3^2 W_c + 1\,036} = \frac{0.7 \times 300 \times 1\,000}{0.7 \times 300 \times 1\,000 + 0.7^2 W_c + 1\,036}$$

$$\frac{90\,000}{91\,036 + 0.09 W_c} = \frac{210\,000}{211\,036 + 0.49 W_c}$$

∴ $W_c = 4933.3$ 〔W〕

> ### けた数の多い計算に注意
>
> 変圧器の効率の計算では，けたが大きくなりやすく計算間違いをしやすい．代入して計算するだけと侮っていると，致命的なミスを犯してしまう．また，損失・効率を求める際は，有効数字を多めにとっておかないと，けた落ちなどが起きて解に影響することもある．
> とにかく多くの問題を解いて慣れ，普段から実際に手を動かして数値を求める訓練をしておくことが重要である．

(3) 負荷力率1で負荷率を変えて運転したときの最大効率

戦術 ❹ ❹「負荷損 ＝ 無負荷損」のときに最大効率 η_{max} となるので，最大効率の負荷率を α_{max} とすれば，

$\alpha_{max}{}^2 W_c = W_i$

$\alpha_{max}{}^2 \times 4\,933.3 = 1\,036.0$

∴ $\alpha_{max} = \sqrt{\dfrac{1\,036.0}{4\,933.3}} = 0.4583$

戦術 ❺

❺最大効率 η_{max} を求める．

$$\eta_{max} = \frac{\alpha_{max} P_0 \cos\theta}{\alpha_{max} P_0 \cos\theta + \alpha_{max}^2 \times W_c + W_i} = \frac{\alpha_{max} P_0 \cos\theta}{\alpha_{max} P_0 \cos\theta + 2W_i}$$

$$= \frac{0.4583 \times 300 \times 1\,000}{0.4583 \times 300 \times 1\,000 + 2 \times 1\,036} = 0.9852$$

∴ $\eta_{max} ≒ 98.5$ [%]

〈答〉
(1) 1 040 W
(2) 4 930 W
(3) 98.5%

■問題2

定格容量100 kV·A，定格電圧における無負荷損460 Wの電力用変圧器があり，力率1で運転したとき，定格容量の40%負荷時の効率と定格容量の70%負荷時の効率とが等しくなった．
　この変圧器について，次の問に答えよ．
(1) 力率1で定格容量運転を行ったときの負荷損 W_{c1}〔W〕を求めよ．
(2) 力率0.9で定格容量運転を行ったときの効率 η_{100}〔%〕を求めよ．
(3) 力率0.9で運転したとき，最大効率を与える負荷 P_1〔kW〕および最大効率 η_{max}〔%〕を求めよ．
(4) 力率0.9で運転したとき，定格容量運転時と効率が等しくなる負荷 P_2〔kW〕およびその負荷における負荷損 W_{c2}〔W〕を求めよ．

(機械・制御：平成11年問2)

着眼点 Focus Points

　変圧器の損失に関する問題である．負荷の力率が変化すること以外は前問とほぼ同様である．細かな計算が多く計算間違いをしやすいので，電卓を使いこなして数値を求めよう．
　話は少しそれるが，試験には通常の電卓は持込み可能であるが，関数電卓は使用できないことになっている．電験では$\sqrt{\ }$の計算が必ずといっていいほど登場するので，$\sqrt{\ }$の計算ができる電卓を用意しよう．
　ここで，電卓を使ううえで便利なテクニックを二つ紹介する．
・数値の後に[×]を2回押して[＝]を押すと，数値の2乗を求めることができる．
・数値の後に[÷]を2回押して[＝]を押すと，数値の逆数を求めることができる．
　こういった電卓の機能を使いこなすことができれば，計算ミス防止はもちろん時間短縮にもつながる．機会があれば利用してほしい．

戦術 Tactics

(1) ❶40%負荷時の効率 η_{40} と70%負荷時の効率 η_{70} が等しいことから方程式を導く．
❷方程式を解いて，力率1，定格容量時の負荷損 W_{c1} を求める．
(2) ❸力率0.9，定格容量運転のときの効率 η_{100} を求める．
(3) ❹最大効率の条件は「負荷損＝無負荷損，$\alpha^2 W_c = W_i$」であることを利用して，最大効率時の負荷率 α_{max} を求める．
❺そのときの最大効率 η_{max} を求める．
(4) ❻定格容量時と同じ効率になる負荷率 α_2 を求める（kW，Wの単位

の混同に注意する).

解答 Answer

(1)

❶力率1で40%負荷のときと，70%負荷のときの効率が等しいことをもとに方程式を導く．

無負荷損をW_i，定格容量時の負荷損をW_{c1}，定格容量をP_0，力率を$\cos\theta$とすると，

$$\eta_{40} = \eta_{70}$$

$$\frac{0.4 P_0 \cos\theta}{0.4 P_0 \cos\theta + 0.4^2 W_{c1} + W_i} = \frac{0.7 P_0 \cos\theta}{0.7 P_0 \cos\theta + 0.7^2 W_{c1} + W_i}$$

❷方程式にそれぞれの値を代入する．

$$\frac{0.4 \times 100 \times 10^3 \times 1}{0.4 \times 100 \times 10^3 \times 1 + 0.4^2 W_{c1} + 460} = \frac{0.7 \times 100 \times 10^3 \times 1}{0.7 \times 100 \times 10^3 \times 1 + 0.7^2 W_{c1} + 460}$$

$$\frac{0.4}{40\,460 + 0.16 W_{c1}} = \frac{0.7}{70\,460 + 0.49 W_{c1}}$$

$$\therefore W_{c1} = \frac{138}{0.084} = 1\,642.9 \,\text{(W)}$$

(2)

❸負荷率1，力率0.9のときの効率η_{100}を求める．

$$\eta_{100} = \frac{1.0 \times P_0 \times 0.9}{1.0 \times P_0 \times 0.9 + 1.0^2 \times W_{c1} + W_i} = \frac{90\,000}{90\,000 + 1\,643 + 460}$$

$$= \frac{90\,000}{92\,103} = 0.97717$$

$$\therefore \eta_{100} = 97.7 \,(\%)$$

(3)

❹最大効率の条件が「負荷損＝無負荷損」であることを利用して，最大効率時の負荷率α_{max}を求める．

$$\alpha_{max}^2 W_{c1} = W_i$$

$$\alpha_{max}^2 \times 1\,642.9 = 460$$

$$\therefore \alpha_{max} = \sqrt{\frac{460}{1\,642.9}} = 0.5291$$

❺そのときの最大効率η_{max}を求める．

このときの負荷容量をP_1〔kW〕は，

$$P_1 = \alpha P \cos\theta = 0.5291 \times 100 \times 0.9 = 47.62$$

$$\therefore P_1 = 47.6 \,\text{(kW)}$$

$$\eta_{max} = \frac{P_1}{P_1 + \alpha_{max}{}^2 \times W_{c1} + W_i} = \frac{P_1}{P_1 + 2W_i}$$

$$= \frac{47.610 \times 10^3}{47.610 \times 10^3 + 2 \times 460} = 0.98105$$

∴ $\eta_{max} = 98.1$ 〔%〕

電卓活用テクニック

変圧器の計算では，電卓を駆使して解を求める問いが多く出題される．たかが電卓と侮るなかれ，電卓の使い方一つでケアレスミスは大幅に減らすことができる．効果的に電卓を使う例を以下に記すので参考にしてほしい．

次式を例に計算する．

$$\eta_{max} = \frac{0.5291 \times 100 \times 10^3 \times 0.9}{0.5291 \times 100 \times 10^3 \times 0.9 + 0.5291^2 \times 1\,642.9 + 460}$$

①分母を電卓のメモリ機能を使って計算する．
（戦術に記したとおり，2乗の計算は[×][×][=]を使うと便利である．）
・[0.5291][×][100][×][1 000][×][0.9][M+]
・[0.5291][×][×][=][×][1642.9][M+]
・[460][M+]

②分子の計算を行う．
・[0.5291][×][100][×][1 000][×][0.9][=]

③メモリを呼び出して，「分子」÷「分母」を計算する．
・[÷][MR][=]

解0.98105を得ることができただろうか？

電験では，電卓をいかに使いこなすかが大きなポイントになっている．慣れれば計算も速くなり，ケアレスミスも減る．本番前に必ず電卓の使い方をマスターしておこう．

(4)

戦術❻ ❻定格容量時と同じ効率になる負荷率α_2を求める（kW，Wの単位の混同に注意する）．

定格容量時の効率η_{100}が0.97717であるから，

$$\eta = \frac{0.9\alpha_2 \times 10^3 \times 1\,000}{0.9\alpha_2 \times 100 \times 10^3 + \alpha_2^2 \times 1\,642.9 + 460} = 0.97717$$

α_2について解くと，

$$1\,642.9\alpha_2^2 + 90\,000\alpha_2 + 460 = 92\,102.7\alpha_2$$
$$1\,642.9\alpha_2^2 - 2\,102.7\alpha_2 + 460 = 0$$
$$\alpha_2 = \frac{2\,102.7 \pm \sqrt{2\,102.7^2 - 4 \times 1\,642.9 \times 460}}{2 \times 1\,642.9}$$
$$= 1.00 \text{ または } 0.280$$

負荷率 $\alpha_2 = 100\%$ は不適なので，$\alpha_2 = 28.0\%$ である．
このときの負荷 P_2，銅損 W_{c2} はそれぞれ，
$$P_2 = 0.9 \times 0.280 \times P_0 = 0.9 \times 0.280 \times 100 = 25.2 \text{ (kW)}$$
$$W_{c2} = 0.280^2 \times W_c = 0.280^2 \times 1\,642.9 = 129 \text{ (W)}$$

〈答〉
(1) $W_{c1} = 1\,640$ W
(2) $\eta_{100} = 97.7\%$
(3) $P_1 = 47.6$ kW，$\eta_{max} = 98.1\%$
(4) $P_2 = 25.2$ kW，$W_{c2} = 129$ W

■問題3

定格容量500 kV·A，定格一次電圧6 600 V，定格二次電圧440 V，定格周波数60 Hz の単相変圧器がある．この変圧器の一次巻線の抵抗は0.625 Ω，二次巻線の抵抗は 0.00224 Ωである．この変圧器の二次側を開いて，一次側に定格周波数，定格一次電圧 を印加して無負荷試験を行ったところ，一次側に0.638 Aの電流が流れ，力率は0.254 （遅れ）であった．この変圧器について，次の値を求めよ．ただし，この変圧器の鉄損 と銅損以外の損失は小さいので無視できるものとする．また，答の有効数字が5けた 目を四捨五入した4けたとする．

(1) 変圧器の鉄損〔kW〕
(2) 変圧器を定格負荷で運転しているときの銅損〔kW〕
(3) 変圧器を定格負荷，力率1で運転しているときの効率〔%〕
(4) 変圧器を力率1で運転しているときの最大効率〔%〕

（機械・制御：平成19年問2）

着眼点 Focus Points

これまで同様，変圧器の損失に注目した問題である．このように細かな パラメータを与えられている問題では，すぐに解き始めるのではなく等価 回路を描いて問題を整理してから計算にとりかかるとよい．変圧器の問題 ではL形等価回路を用いた計算が基本となる．等価回路の意味や計算，パ ラメータの換算方法などは必ず覚えておくようにしよう．

戦術 Tactics

❶L形等価回路を描き，諸パラメータを求める．
❷等価回路を用いて鉄損 W_i を求める．
❸等価回路を用いて銅損 W_c を求める．
❹鉄損 W_i，銅損 W_c を用いて定格運転時の効率 η を求める．
❺最大効率の条件は「負荷損＝無負荷損」であることを利用して，最大 効率時の負荷率 α_{max} を求める．
❻最大効率 η_{max} を求める．

解答

L形等価回路とT形等価回路

変圧器は，一次側と二次側で電圧値や電流値が異なるため，このままでは回路計算が複雑になる．また，変圧器の鉄心は，ヒステリシスや磁気飽和特性などの非線形性を持っており，簡単に計算することができない．これらをすべて一つの線形回路に換算して簡単に計算しようというのが等価回路である．

T形等価回路は，精密な計算をする場合に用いられるが，電験第2種でこの回路を使った計算を求められることはほとんどない．L形等価回路は，一次巻線インピーダンスを二次側の負荷側に移動した簡易等価回路で，損失や効率などを簡単に計算することができる．電験第2種ではL形等価回路を使った計算が頻出する．必ず使いこなせるようにしよう．

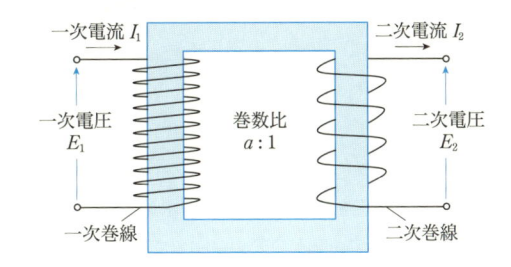

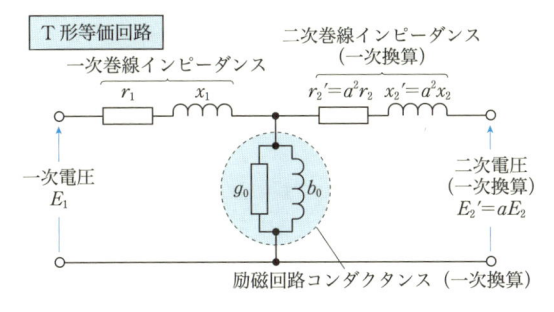

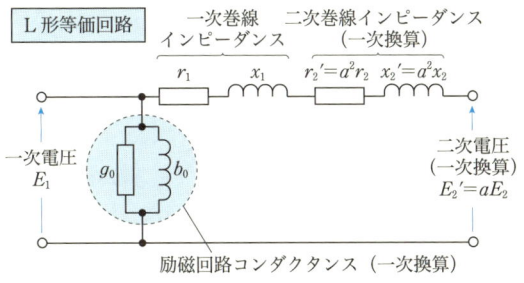

一次電流 I_1　　　　　　　　　　　　　二次電流 I_2

一次電圧 E_1　　巻数比 $a:1$　　二次電圧 E_2

一次巻線　　　　　　　　　　　　　　二次巻線

T形等価回路

一次巻線インピーダンス　　二次巻線インピーダンス（一次換算）
r_1　x_1　　$r_2'=a^2 r_2$　$x_2'=a^2 x_2$

一次電圧 E_1　　g_0　b_0　　二次電圧（一次換算）$E_2'=aE_2$

励磁回路コンダクタンス（一次換算）

L形等価回路

一次巻線インピーダンス　二次巻線インピーダンス（一次換算）
r_1　x_1　　$r_2'=a^2 r_2$　$x_2'=a^2 x_2$

一次電圧 E_1　g_0　b_0　　二次電圧（一次換算）$E_2'=aE_2$

励磁回路コンダクタンス（一次換算）

(1)

戦術 ❶

❶問題からL形等価回路を描き，諸パラメータを求める．
　巻線比aは，

$$a = \frac{6\,600}{440} = 15$$

であるので，二次抵抗の一次換算値は，

$$r_2' = a^2 r_2 = 15^2 \times 0.00224 = 0.504 \,(\Omega)$$

これをもとにL形等価回路を描くと，次のようになる．

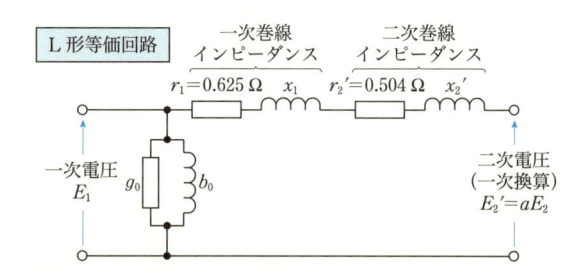

L形等価回路
一次巻線インピーダンス　$r_1 = 0.625\,\Omega$　x_1
二次巻線インピーダンス　$r_2' = 0.504\,\Omega$　x_2'
一次電圧 E_1　　g_0　b_0　　二次電圧（一次換算）$E_2' = aE_2$

戦術 ❷

❷等価回路を用いて鉄損W_iを求める．
　無負荷試験時，二次側は開放されているため，L形等価回路で考えれば，電流が流れるのは励磁回路のみである．そのため無負荷試験時の入力電力P_{01}は，g_0による損失（鉄損W_i）と等しくなる．入力電力P_{01}は，一次電流の力率が0.254であるので

$$P_{01} = W_i = 6\,600 \times 0.638 \times 0.254 = 1\,069.54 \,(W) = 1.070 \,(kW)$$

(2)

戦術 ❸

❸等価回路を用いて銅損W_cを求める．
　定格運転時，二次電圧$E_2' = 6\,600\,V$，負荷容量500 kV·Aであるので，巻線を流れる電流Iは

$$I = \frac{500 \times 10^3}{6\,600} = 75.758 \,(A)$$

銅損W_cは，巻線抵抗にて消費される損失であるので，

$$W_c = I^2(r_1 + r_2') = 75.758^2 \times (0.625 + 0.504) = 6\,479.6 \,(W) = 6.480 \,(kW)$$

(3)

戦術 ❹

❹鉄損W_i，銅損W_cを用いて定格運転時の効率ηを求める．

$$\eta = \frac{\alpha P_0 \cos\theta}{\alpha P_0 \cos\theta + \alpha^2 W_c + W_i} = \frac{1.0 \times 500 \times 10^3 \times 1.0}{1.0 \times 500 \times 10^3 \times 1.0 + 1.0^2 \times 6\,479.6 + 1\,069.5}$$

$$= 0.9851$$

$$\therefore \eta = 98.51〔\%〕$$

(4)

戦術❺ ❺最大効率の条件は「負荷損＝無負荷損」であることを利用して，最大効率時の負荷率 α_{max} を求める．

$$\alpha_{max}{}^2 W_c = W_i$$

$$\alpha_{max}{}^2 \times 6\,479.6 = 1\,069.5$$

$$\therefore \alpha_{max} = \sqrt{\frac{1\,069.5}{6\,479.6}} = 0.40627$$

戦術❻ ❻最大効率 η_{max} を求める．

$$\eta_{max} = \frac{\alpha_{max} P_0 \cos\theta}{\alpha_{max} P_0 \cos\theta + \alpha_{max}{}^2 \times W_c + W_i} = \frac{\alpha_{max} P_0 \cos\theta}{\alpha_{max} P_0 \cos\theta + 2W_i}$$

$$= \frac{0.40627 \times 500 \times 10^3}{0.40627 \times 500 \times 10^3 + 2 \times 1\,069.5} = 0.98958$$

$$\eta_{max} = 98.96〔\%〕$$

〈答〉

(1) 1.070 kW，(2) 6.480 kW，(3) 98.51%，(4) 98.96%

変圧器の損失計算の近似

　変圧器では，巻線インピーダンスの電圧降下により，二次電圧の一次換算値 E_2' に比べて一次電圧 E_1 は高くなる．通常，問題文に特に指定がない場合は，負荷側の電圧（二次電圧）E_2' が定格電圧であるとして解くことになる．

　設問(1)にて鉄損を求める際は，変圧器の一次電圧 E_1 が定格電圧として計算したが，これは設問にて条件が示されているためである．そのため，定格運転時に二次電圧 E_2' が定格電圧となるときを考えれば，E_1 は定格値よりも電圧降下分だけ高くなり，その分，鉄損も若干ではあるが増える．増えた鉄損分を計算にて求めようとすると巻線の誘導成分（x_1 や x_2'）のパラメータが必要であり，計算も複雑になる．そもそもL形等価回路は，簡易的な近似等価回路であり，L形等価回路を使って損失を正確に求める意味はあまりない．そのため電験第2種では，こういった細かな計算は無視できることになっている．

　本問にかぎらず，電験では暗黙の近似計算が頻出する．基本問題を解くときはあまり考えずにパターン化された解法で解くこともできるが，いざ応用問題が出ると，どこを近似できるのかよくわからなくなってしまう．余裕がある人は，これらの近似箇所やその意味について把握しておくとよいだろう．

■問題4

定格容量 100 kV·A，一次電圧 6 600 V，二次電圧 220 V，定格周波数 60 Hz，耐熱クラスAの単相油入変圧器がある．この変圧器の無負荷損は 980 W である．この変圧器の一次巻線および二次巻線の抵抗を 25°C で，直流で測定したところ，それぞれ $r_1=0.328\,\Omega$，$r_2=0.00467\,\Omega$ であった．また，25°C で，二次側を短絡して，一次巻線に定格周波数 60 Hz の低電圧を加えると，一次電流が定格電流に等しくなったときの電力（インピーダンスワット）は 1 120 W であった．交流抵抗は直流抵抗と同じであると見なして，この変圧器について，次を値を求めよ．ただし，巻線の材質は銅である．

なお，温度 t 〔°C〕における抵抗を r_e 〔Ω〕とすれば，温度 t' 〔°C〕のときの抵抗 $r_{t'e}$ 〔Ω〕は

$$r_{t'e}=r_e\cdot\left(\frac{235+t'}{235+t}\right) \qquad ①$$

で与えられる．

また，温度 t 〔°C〕における漂遊負荷損を P_{st} 〔W〕とすれば，温度 t' 〔°C〕のときの漂遊負荷損 $P_{t'st}$ 〔W〕は

$$P_{t'st}=P_{st}\cdot\left(\frac{235+t}{235+t'}\right) \qquad ②$$

で与えられる．

(1) 25°C での一次側に換算した等価抵抗〔Ω〕
(2) 75°C での巻線の抵抗損〔W〕
(3) 75°C での漂遊負荷損〔W〕
(4) 定格負荷，力率 0.8 で運転したとき，温度は 75°C であった．このときの変圧器の規約効率〔%〕

（機械・制御：平成18年問2）

着眼点 Focus Points

温度変化による抵抗値の増減をもとに，損失を求める問題である．問題文によって式を与えられると，それだけで困惑して焦ってしまう方もいるだろう．しかし，実はこのような問題こそねらい目である．見慣れない式が出てくるときは，それ以外の部分では簡単な場合がほとんどなので，設問が誘導するまま素直に解いていけばよい．

戦術 Tactics

❶ 25°C のL形等価回路を描く．
❷ 一次巻線抵抗 r_1 と二次巻線抵抗 r_2' の和から，25°C の等価抵抗 R_{25} を得る．
❸ L形等価回路を使って，定格負荷時，25°C の巻線抵抗損（銅損） W_{c25} を求める．

❹75℃に換算した巻線抵抗損（銅損）W_{c75}を求める.
❺インピーダンスワットから25℃の巻線抵抗損（銅損）W_{c25}を引いて，25℃漂遊負荷損W_{st25}を得る．
❻漂遊負荷損W_{st25}を75℃に換算する．
❼各損失（W_{st75}，W_{c75}）から，効率を求める．

解答 Answer

(1)

戦術❶ ❶25℃のL形等価回路を描く．

一次電圧6 600 V，二次電圧220 Vであるので，巻線比aは，

$$a = \frac{6\,600}{220} = 30$$

二次巻線抵抗r_2を一次換算すると，

$$r_2' = a^2 r_2 = 30^2 \times 0.00467 = 4.203 \,(\Omega)$$

これらをもとに25℃のL形等価回路を描くと次のようになる．

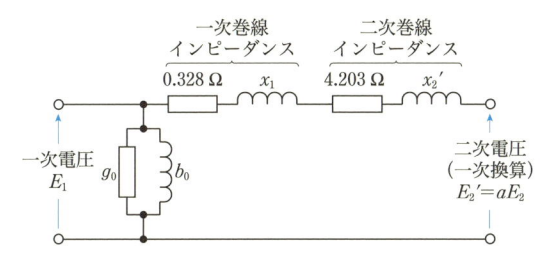

一次巻線インピーダンス 0.328 Ω　x_1
二次巻線インピーダンス 4.203 Ω　x_2'
一次電圧 E_1　g_0　b_0
二次電圧（一次換算）$E_2' = aE_2$

戦術❷ ❷一次巻線抵抗r_1と二次巻線抵抗r_2'の和から，25℃等価抵抗R_{25}を得る．

一次換算の等価抵抗は，一次換算した巻線インピーダンスの和であるので，

$$R_{25} = r_1 + r_2' = 0.328 + 4.203 = 4.531 \,(\Omega)$$

問題文に隠された情報を読みとる　その1「等価抵抗」

設問にある「等価抵抗」は，あまり聞きなれない単語ではないだろうか．「等価抵抗」ではなく，「巻線の合成抵抗の一次換算値」などと記載されていればわかりやすいのだが，そんな親切な問題ばかりが出るとはかぎらない．こういうときは，問題の条件やほかの設問などから出題者の意図，問題の流れを想像して，情報を補っていく必要がある．

聞き慣れない単語が出てきたときは，問題文や設問，これまでの経験などから推測して解くしかない．焦らず落ち着いて考えよう．

(2)

❸ L形等価回路を使って，定格負荷時の抵抗損を求める．

定格負荷時の二次電流（一次換算値）I_{20}' は，

$$I_{20}' = \frac{100\,000}{6\,600} = 15.152 \text{〔A〕}$$

このときの巻線抵抗損 W_{c25} は，

$$W_{c25} = I_{20}'^2 R_{25} = 15.152^2 \times 4.531 = 1\,040.2 \text{〔W〕}$$

❹ 75℃に換算した巻線抵抗損を求める．

問題文から，抵抗値の75℃換算方法は，

$$R_{75} = R_{25} \times \frac{235 + 75}{235 + 25}$$

である．抵抗損は抵抗値に比例するため，

$$W_{c75} = W_{c25} \times \frac{235 + 75}{235 + 25} = 1\,040.2 \times \frac{235 + 75}{235 + 25} = 1\,240.2 \text{〔W〕}$$

(3)

❺ インピーダンスワットから25℃の巻線抵抗損 W_{c25} を引いて，25℃漂遊負荷損 W_{st25} を得る．

$$W_{st25} = 1\,120 - 1\,040.2 = 79.8 \text{〔W〕}$$

❻ 漂遊負荷損 W_{st25} を75℃に換算する．

問題文にて与えられた換算式に代入すれば，

$$W_{st75} = W_{st25} \times \frac{235 + 25}{235 + 75} = 79.8 \times \frac{235 + 25}{235 + 75} = 66.93 \text{〔W〕}$$

(4)

❼ 各損失（W_{st75}，W_{c75}）から，効率 η を求める．

$$\eta = \frac{0.8P}{0.8P + W_{c75} + W_{st75} + W_i} = \frac{0.8 \times 100\,000}{0.8 \times 100\,000 + 1\,240.2 + 66.93 + 980}$$

$$= 0.9722$$

$$\therefore\ \eta = 97.2 \text{〔%〕}$$

〈答〉

(1) 4.53 Ω

(2) 1 240 W

(3) 66.9 W

(4) 97.2%

■問題5

図は，定格容量12 MV·A，定格二次電圧22 kVの単相変圧器の二次側に換算した簡易等価回路である．定格負荷時（12 MV·A，力率遅れ0.8）の効率を求めよ．

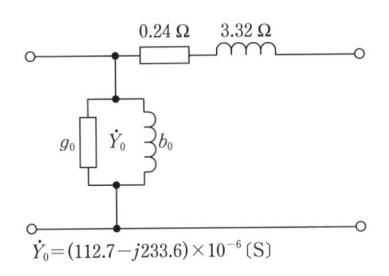

回路図：0.24 Ω と 3.32 Ω が直列接続された後，$\dot{Y}_0$（g_0, b_0）が並列接続されている．

$\dot{Y}_0 = (112.7 - j233.6) \times 10^{-6}$ [S]

（機械：平成4年問2）

着眼点 Focus Points

与えられたL形等価回路を用いて，変圧器の損失を求める問題である．等価回路の意味を理解していれば簡単に解けるだろう．通常，等価回路では一次側に換算することが多いが，この問題では一次パラメータを二次側に換算した等価回路を用いているので注意が必要である．

普段から問題を解くときは，等価回路を描き，求めた電圧値や電流値を書き込むようにしておくと勘違いによるミスは大幅に減る．図や等価回路を多用して，ミスのない解答を心掛けよう．

戦術 Tactics

❶ 与えられた等価回路を使い，二次電流 I_2 を求める．
❷ 二次電流 I_2 を使って銅損 W_c を求める．
❸ 複素数計算を用いて二次換算の一次電圧 E_1' を求める．
❹ E_1' を用いて鉄損 W_i を求める．
❺ 銅損 W_c，鉄損 W_i を使って効率 η を求める．

解答 Answer

問題文に隠された情報を読みとる　その2「前提条件」

本問は等価回路の意味を正確に理解することから始まる．

今回は二次側に換算した等価回路を指定されているが，一次側に換算した等価回路と解き方はそう大きく変わらない．

問題文に記述はないが，通常，負荷は変圧器二次側に接続され，変圧器は二次電圧を目標値（ここでは定格値）とするように制御されている．この前提条件に気付かないと問題を解くことはできない．

一次電圧から計算をしはじめてしまうミスをすることもあるので，解き方について整理しておこう．

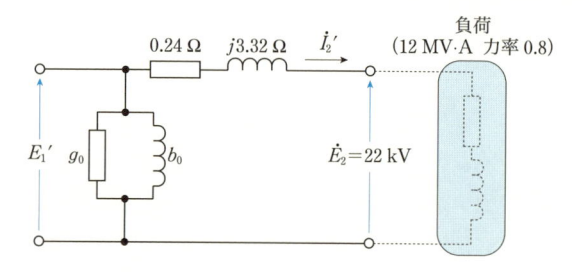

回路図：$0.24\,\Omega$，$j3.32\,\Omega$，$\dot{I_2}'$，負荷（$12\,\text{MV·A}$ 力率 0.8），$\dot{E_1}'$，g_0，b_0，$\dot{E_2}=22\,\text{kV}$

戦術❶

❶ $E_2=22\,\text{kV}$ であって，負荷が定格容量 $P=12\,\text{MV·A}$ で力率が $\cos\theta=0.8$ であることから，二次電流 $\dot{I_2}$ を求める．

二次電圧 $\dot{E_2}$ を基準にし，二次電流 $\dot{I_2}$ として複素ベクトルで考えると，

$$\dot{E_2}\overline{\dot{I_2}} = P\cos\theta + jP\sin\theta = 12\times 10^6 \times 0.8 + j12\times 10^6 \times \sqrt{1-0.8^2}$$
$$= 9.6\times 10^6 + j7.2\times 10^6$$

$$\overline{\dot{I_2}} = \frac{9.6\times 10^6}{22\,000} + j\frac{7.2\times 10^6}{22\,000}$$

$$\dot{I_2} = \frac{9.6\times 10^6}{22\,000} - j\frac{7.2\times 10^6}{22\,000} = 436.364 - j327.273$$

$$|\dot{I_2}| = |436.364 - j327.273| = \sqrt{436.364^2 + 327.273^2}$$
$$= 545.45\,\text{(A)}$$

次は損失に目を向ける．

等価回路上には巻線回路と励磁回路それぞれに抵抗があり，銅損 W_c と鉄損 W_i に対応している．

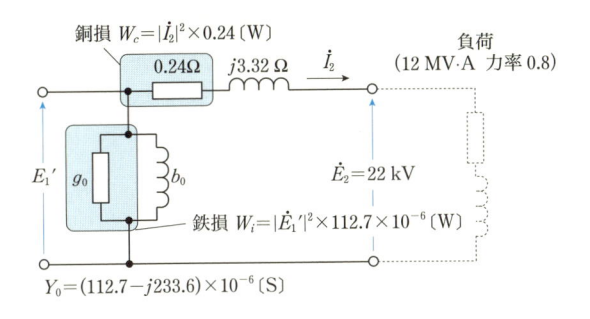

銅損 $W_c=|\dot{I}_2|^2\times 0.24$ (W)

負荷 (12 MV·A 力率0.8)

$\dot{E}_2=22$ kV

鉄損 $W_i=|\dot{E}_1'|^2\times 112.7\times 10^{-6}$ (W)

$Y_0=(112.7-j233.6)\times 10^{-6}$ (S)

戦術❷ ❷二次電流値を使って銅損 W_c を求める．

巻線抵抗に流れる電流は二次電流 I_2 であるから，

$W_c=|\dot{I}_2|^2\times 0.24 = 545.45^2\times 0.24 = 71\,404$ (W)

戦術❸ ❸複素数計算を用いて g_0 に加わる電圧 E_1' を求める．

ベクトル図のススメ

複素数計算を用いて電圧値や電流値を求めるときは，計算間違いを防ぐためにも簡単なベクトル図を描くくせをつけておくとよい．

今回のように，巻線に電流が流れて電圧降下が起きる場合のベクトル図は，変圧器にかぎらずどの分野でも頻出する図である．負荷端電圧を基準としていれば，毎回似た形のベクトル図となるので，考えなくても描けるようになるまで覚えてしまうのがよいだろう．

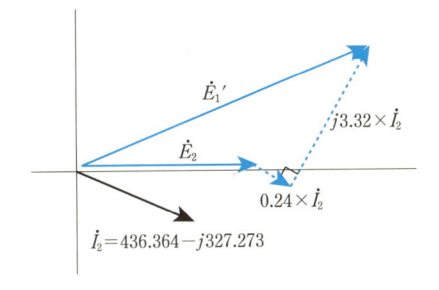

$\dot{I}_2 = 436.364 - j327.273$

$\dot{E}_1' = (0.24+j3.32)\dot{I}_2 + \dot{E}_2$
$= (0.24+j3.32)(436.364-j327.273)+22\,000$
$= 23\,191.3 + j1\,370.2$ (V)

$|\dot{E}_1'| = \sqrt{23.1913^2+1.3702^2}$ (kV) $= 23.232$ (kV)

❹ E_1' を用いて鉄損 W_i を求める．
$$W_i = g_0 |\dot{E}_1'|^2 = 112.7 \times 10^{-6} \times 23\,232^2 = 60\,827 \,(\text{W})$$

❺ 銅損 W_c，鉄損 W_i を使って効率 η を求める．
$$\eta = \frac{P \times 0.8}{P \times 0.8 + W_c + W_i}$$
$$= \frac{12 \times 10^6 \times 0.8}{12 \times 10^6 \times 0.8 + 71\,404 + 60\,827} = 0.9864$$
$$\eta = 98.6 \,(\%)$$

〈答〉
98.6%

■問題6

容量6 000 kV·A，一次電圧60 000 V，二次電圧6 000 Vの単相変圧器がある．変圧器の二次側を短絡し，一次巻線に定格電流を流したときの一次側の電圧は3 000 Vで，入力は60 kWであった．この場合の(1)から(3)までの問に答えよ．

(1) 百分率インピーダンス降下はいくらか．
(2) 百分率リアクタンス降下はいくらか．
(3) 負荷力率が遅れ80%のときの電圧変動率%はいくらか．

(機械・制御：平成7年問2)

着眼点 Focus Points

電圧変動率εを求める問題である．電圧変動率とは，定格負荷，定格電圧の変圧器において，突然負荷を切り離した（無負荷状態にした）ときの二次電圧の上昇率を表すものである．この計算には，近似式を使った計算方法と，複素ベクトルを使った計算方法の2種類の解法がある．

今回は，設問に従って近似式を使い電圧変動率を求める，オーソドックスな問題である．基本問題となるので，取りこぼさないように注意して解こう．

戦術 Tactics

❶インピーダンス電圧から百分率インピーダンス降下q_zを求める．
❷インピーダンスワットから百分率抵抗降下q_rを求める．
❸q_zとq_rから百分率リアクタンス降下q_xを求める．
❹近似式$\varepsilon = q_r \cos\theta + q_x \sin\theta$を使って電圧変動率$\varepsilon$を求める．

解答 Answer

短絡試験

変圧器の一方を短絡して，もう一方から電圧をかけて試験を行うことを短絡試験という．

この試験の目的は，定格負荷時における電圧降下と銅損を実試験によって計測することである．そして短絡試験時の電源電圧をインピーダンス降下，入力電力をインピーダンスワットと呼ぶ．これらの用語とその意味は必ず覚えておこう．用語がわからないと，手も足も出ない．

短絡試験の問題では，電圧変動率の計算を求める問いが多い．これらの解法はパターン化されているので，何度も解いて自分のものにしよう．

(1)

戦術 ❶

❶インピーダンス電圧から百分率インピーダンス降下q_zを求める．

短絡試験時の等価回路は次のようになる．

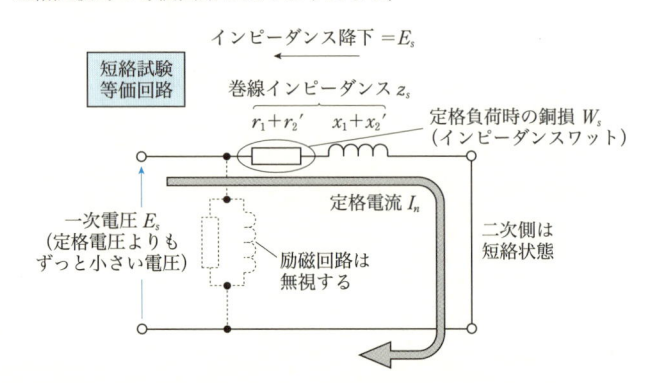

```
短絡試験          インピーダンス降下 $=E_s$
等価回路          巻線インピーダンス $z_s$
                 $r_1+r_2'$   $x_1+x_2'$
                                          定格負荷時の銅損 $W_s$
                                          （インピーダンスワット）
         一次電圧 $E_s$      定格電流 $I_n$
       （定格電圧よりも                        二次側は
        ずっと小さい電圧）   励磁回路は        短絡状態
                            無視する
```

百分率インピーダンス降下q_zは，巻線インピーダンスz_sをパーセントインピーダンス法にて表記したものである．

基準インピーダンスをZ_nとすれば，定格電圧E_n，定格電流I_nを使って，

$$q_z = \frac{z_s}{Z_n} \times 100 = \frac{I_n z_s}{I_n Z_n} \times 100 = \frac{I_n z_s}{E_n} \times 100 = \frac{E_s}{E_n} \times 100$$

$$= \frac{3\,000}{60\,000} \times 100 = 5.00$$

∴ $q_z = 5.00$〔%〕

(2)

戦術 ❷

❷インピーダンスワットから百分率抵抗降下q_rを求める．

百分率抵抗降下q_rは，巻線抵抗r_1+r_2'をパーセント表記したものである．インピーダンスワットW_sと定格容量P_nを使えば，

$$q_r = \frac{r_1+r_2'}{Z_n} \times 100 = \frac{I_n^2(r_1+r_2')}{I_n E_n} \times 100 = \frac{W_s}{P_n} \times 100$$

$$= \frac{60}{6\,000} \times 100 = 1.00$$

∴ $q_r = 1.00$〔%〕

戦術 ❸

❸q_zとq_rから百分率リアクタンス降下q_xを求める．

q_r，q_xはそれぞれ，巻線インピーダンスの抵抗成分とリアクタンス成分を意味している．

$$q_z\,[\%] = \sqrt{q_r\,[\%]^2 + q_x\,[\%]^2}$$

であるので，
$$q_x = \sqrt{q_z^2 - q_r^2} = \sqrt{5.00^2 - 1.00^2} = 4.899 \, (\%)$$

(3)

戦術❹ ❹近似式 $\varepsilon = q_r \cos\theta + q_x \sin\theta$ を使って電圧変動率 ε を求める．

電圧変動率 ε は，近似式に値を代入して，
$$\varepsilon = q_r \cos\theta + q_x \sin\theta = 1.0 \times 0.8 + 4.899 \times 0.6 = 3.74 \, (\%)$$

〈答〉
(1) 5.00%
(2) 4.90%
(3) 3.74%

パーセントインピーダンス降下とパーセント抵抗降下の公式の暗記

インピーダンスワットやインピーダンス降下を使ったこれらの計算はパターン化されており，頻出する．毎回導出して考えてもよいが，公式として覚える価値も十分にあるだろう．

パーセントインピーダンス降下 q_z は，定格電圧 E_n に対するインピーダンス電圧 E_s の割合となる．

$$q_z \, (\%) = \frac{E_s}{E_n} \times 100$$

パーセント抵抗降下 q_r は，定格容量 P_n に対するインピーダンスワット W_s の割合となる．

$$q_r \, (\%) = \frac{W_s}{P_n} \times 100$$

■問題7

定格容量300 kV·A，定格電圧（一次／二次）6 600/210 V，定格周波数60 Hzの単相変圧器について，無負荷試験および短絡試験を行ったところ，次のデータが得られた．ただし，諸量は75℃に換算してある．

試験名	一次電圧〔V〕	一次電流〔A〕	電力〔W〕
無負荷試験	6 600	1.13	720
短絡試験	247.5	45.45	4 150

この試験データから，次の値を求めよ．ただし，インピーダンス，抵抗分およびリアクタンス分は基準インピーダンスに対する％値で表すものとする．

(1) 短絡インピーダンス〔％〕
(2) 短絡インピーダンスの抵抗分〔％〕
(3) 短絡インピーダンスのリアクタンス分〔％〕
(4) 定格負荷での電圧変動率〔％〕．ただし，力率は遅れ0.8とする．
(5) 変圧器の最大効率〔％〕．ただし，負荷の力率は1とし，答の有効数字は4けたとする．

(機械・制御：平成15年問2)

着眼点 Focus Points

損失と効率，電圧変動率をパーセント値で求める問題である．設問数は多いが，どれもオーソドックスな問題なので，慣れていれば簡単に解けるだろう．

本問では，パーセントインピーダンス法を使っている点に注意しよう．変圧器にかぎらず，パーセントインピーダンス法やp.u.法はさまざまな機会に頻出する．慣れれば非常に便利なものなので，ぜひ積極的に使ってもらいたい．

なお，(5)では有効数字は4桁と指定されている．電卓をうまく使いこなして，計算間違いのないように気を付けよう．

戦術 Tactics

❶短絡試験の結果から，短絡インピーダンス q_z を求める．
❷短絡試験のインピーダンスワット W_s から，抵抗分 q_r を求める．
❸❶❷の結果を用いてリアクタンス分 q_x を求める．
❹近似式 $\varepsilon = q_r \cos\theta + q_x \sin\theta$ を用いて電圧変動率 ε を求める．
❺最大効率となるときの条件は「負荷損＝無負荷損」であることから，最大効率のときの負荷率 α_{max} を求める．
❻最大効率 η_{max} を求める．

解答 Answer

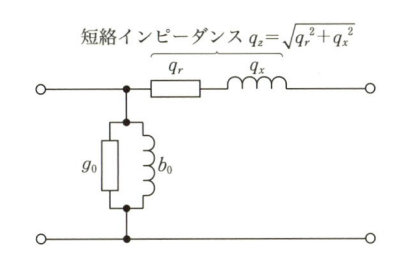

短絡インピーダンス $q_z=\sqrt{q_r^2+q_x^2}$

(1)

戦術❶

❶短絡試験の結果から，短絡インピーダンスq_zを求める．

短絡試験時の一次電圧E_s（インピーダンス電圧降下）を使えば，

$$q_z = \frac{E_s}{V_n} = \frac{247.5}{6\,600} \times 100 = 3.7500 \text{ (\%)}$$

(2)

戦術❷

❷短絡試験のインピーダンスワットW_sから，抵抗分q_rを求める．

$$q_r = \frac{W_s}{P_n} = \frac{4\,150}{300 \times 10^3} \times 100 = 1.3833 \text{ (\%)}$$

(3)

戦術❸

❸❶❷の結果を用いてリアクタンス分q_xを求める．

$$q_x = \sqrt{q_z^2 - q_r^2} = \sqrt{3.7500^2 - 1.3833^2} = 3.4855 \text{ (\%)}$$

(4)

戦術❹

❹近似式を用いて電圧変動率εを求める．

電圧変動率εを求める近似式は

$$\varepsilon = q_r \cos\theta + q_x \sin\theta$$

である．

負荷の力率は0.8であるので，

$$\varepsilon = q_r \cos\theta + q_x \sin\theta = 1.3833 \times 0.8 + 3.4855 \times \sqrt{1-0.8^2}$$
$$= 3.1979 \text{ (\%)}$$

(5)

戦術❺

❺最大効率となるときの条件は「負荷損＝無負荷損」であることから，最大効率のときの負荷率α_{max}を求める．

$W_i = 720.0$ W であるので，インピーダンスワットW_sを用いて

$$\alpha_{max}^2 W_s = W_i$$

$$\alpha_{max}^2 \times 4\,150 = 720$$

$$\alpha_{max} = \sqrt{\frac{720}{4\,150}} = 0.41653$$

戦術❻ ❻最大効率 η_{max} を求める．

定格容量 $P_n = 300$ kW，力率 $\cos\theta = 1$ であるので，

$$\eta_{max} = \frac{\alpha_{max} P_n \cos\theta}{\alpha_{max} P_n \cos\theta + \alpha_{max}{}^2 W_s + W_i} \times 100 = \frac{\alpha_{max} P_n \cos\theta}{\alpha_{max} P_n \cos\theta + 2W_i} \times 100$$

$$= \frac{0.41653 \times 300 \times 10^3 \times 1.0}{0.41653 \times 300 \times 10^3 \times 1.0 + 2 \times 720} \times 100 = 98.86 \,(\%)$$

〈答〉

(1)　3.75%

(2)　1.38%

(3)　3.49%

(4)　3.20%

(5)　98.86%

■問題8

定格容量100 kV·A，定格一次電圧6.6 kV，定格周波数60 Hzの単相変圧器があり，その特性は次のとおりである．

定格容量，力率1における効率	98.0%
定格容量，力率1における電圧変動率	1.6%
無負荷電流	5.0%

この変圧器について次の問に答えよ．

ただし，リアクタンス降下は抵抗降下の1.5倍とし，鉄心の飽和は無視するものとする．

また，図の等価回路のように励磁回路を励磁インピーダンスで表現するものとし，鉄損抵抗r_Mは周波数にかかわらず一定とする．

(1) 定格電圧，周波数60 Hzで運転したときの次の値を求めよ．
 a. 無負荷損〔W〕
 b. 力率0.8における電圧変動率〔%〕
 c. 励磁電流〔A〕および鉄損抵抗〔Ω〕

(2) 定格電圧，周波数50 Hzで運転したときの無負荷損〔W〕を求めよ．ただし，励磁電流の計算では，鉄損抵抗は励磁リアクタンスに比べて十分小さいものとしてよい．

(3) 周波数50 Hzで運転したときの全損失を，周波数60 Hzで運転したときの全損失と同一とするためには，負荷容量kV·Aがいくらになるかを求めよ．ただし，いずれの場合も電圧は定格値とする．

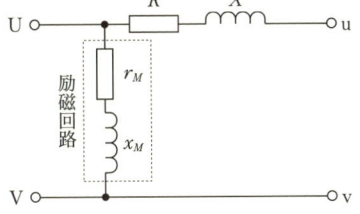

R：巻線抵抗
X：巻線リアクタンス
r_M：鉄損抵抗
x_M：励磁リアクタンス

(機械・制御：平成13年問2)

着眼点 Focus Points

変圧器の損失に関する応用問題である．最初に変圧器の効率や電圧変動率が与えられており，そこから諸パラメータを逆算する計算を行わなくてはならない．等価回路についても，通常のL形等価回路とは違い，励磁回路を抵抗とリアクタンスを直列に接続した回路で考えるよう指示があり，やや凝った問題であるといえるだろう．

一般的に変圧器を使用する際，周波数が低くなると，銅損は変化しないが鉄損は大きくなる性質をもっている．論述問題で出題されることもあるので覚えておこう．

戦術 Tactics

(1) ❶電圧変動率の値から，パーセント抵抗降下 q_r を求める．
❷パーセント抵抗降下 q_r を使って定格負荷時の銅損（インピーダンスワット W_s）の値を求める．
❸効率 η と銅損 W_s を使って，無負荷損 W_i を逆算する．
❹リアクタンス降下 q_x が抵抗降下 q_r の1.5倍であることから，q_x を求める．
❺力率0.8のときの電圧変動率 $\varepsilon_{0.8}$ を求める．
❻条件から励磁電流を求め，無負荷損 W_i の値を使って鉄損抵抗値 r_M を求める．

(2) ❼周波数が変わったときの無負荷損 $W_i{}'$ を電気回路による計算にて求める．

(3) ❽前問で求めた50 Hzのときの無負荷損 $W_i{}'$ をもとに，全体の損失が60 Hz時と同じになるときの負荷率 α' を求める．

解答 Answer

(1) a．無負荷損

戦術❶ ❶電圧変動率の値から，パーセント抵抗降下 q_r の値を求める．

電圧変動率の近似式は以下で与えられる．

$$\varepsilon = q_r \cos\theta + q_x \sin\theta \,(\%)$$

力率 $\cos\theta = 1.0$，電圧変動率 $\varepsilon = 1.6\%$ であるので，

$$1.6 = q_r \times 1.0$$

$$\therefore\ q_r = 1.6 \,(\%)$$

戦術❷ ❷パーセント抵抗降下 q_r を使って定格負荷時の銅損（インピーダンスワット W_s）の値を求める．

定格負荷時の銅損（インピーダンスワット W_s）は，定格容量 P_n を使って

$$q_r\,(\%) = \frac{W_s}{P_n} \times 100$$

と表される．パーセント抵抗降下 q_r と定格容量 P_n を代入すれば，

$$1.6\,(\%) = \frac{W_s}{100 \times 10^3} \times 100$$

$$\therefore\ W_s = 1\,600 \,(\text{W})$$

となる．

戦術❸ ❸効率 η と銅損 W_s を使って，無負荷損 W_i を逆算する．

負荷率 $\alpha = 1$，力率 $\cos\theta = 1.0$ を使って効率 η を求める公式に代入すれば，

$$\eta = \frac{\alpha P_n \cos\theta}{\alpha P_n \cos\theta + \alpha^2 W_s + W_i}$$

$$0.980 = \frac{100 \times 10^3 \times 1.0}{100 \times 10^3 \times 1.0 + 1\,600 + W_i}$$

$$100\,000 + W_i + 1\,600 = \frac{100\,000}{0.98}$$

$$W_i = 440.82 \,(\text{W})$$

b. 力率0.8における電圧変動率

戦術 ❹

❹リアクタンス降下が抵抗降下の1.5倍であることから，q_xを求める．

$q_r = 1.6\%$ であったので，

$$q_x = 1.6 \times 1.5 = 2.4 \,(\%)$$

戦術 ❺

❺力率0.8のときの電圧変動率を求める．

力率$\cos\theta = 0.8$，$q_r = 1.6\%$，$q_x = 2.4\%$ を近似式に代入すれば，

$$\varepsilon = q_r \cos\theta + q_x \sin\theta = 1.6 \times 0.8 + 2.4 \times 0.6 = 2.72 \,(\%)$$

c. 励磁電流および鉄損抵抗

戦術 ❻

❻条件から励磁電流を求め，無負荷損W_iの値を使って鉄損抵抗値r_Mを求める．

無負荷電流＝励磁電流であり，励磁電流I_iが鉄損抵抗r_Mに流れたときの損失が無負荷損であるので，

$$I_i = \frac{100 \times 10^3}{6.6 \times 10^3} \times 0.05 = 0.75758 \,(\text{A})$$

$$W_i = r_M I_i^2$$

$$r_M = \frac{440.82}{0.75758^2} = 768.1 \,(\Omega)$$

(2)

戦術 ❼

❼周波数が変わったときの無負荷損$W_i{'}$を電気回路による計算にて求める．

問題条件より，励磁回路において抵抗成分はリアクタンス成分に比べて非常に小さく無視することができる．そのため，励磁電流の大きさは励磁回路のリアクタンス成分に反比例する．

周波数が60 Hzから50 Hzに1/1.2倍になれば，励磁電流は1.2倍になる．よって，周波数が50 Hzのときの励磁電流を$I_i{'}$とし，無負荷損を$W_i{'}$とすれば，

$$I_i{'} = 0.75758 \times 1.2 = 0.90910 \,(\text{A})$$

$$W_i{'} = r_M I_i{'}^2 = 768.1 \times 0.90910^2 = 634.80 \,(\text{W})$$

(3)

戦術 ❽

❽前問で求めた50 Hzのときの無負荷損$W_i{'}$をもとに，全体の損失が60 Hz時と同じになるときの負荷率α'を求める．

60 Hz のときの全損失 W_{60} は，

$$W_{60} = \frac{0.02 \times 100 \times 10^3}{0.980} = 2\,041 \text{ (W)}$$

50 Hz のときの全損失が 60 Hz 時と同じになるためには，50 Hz のときの負荷率を α'，定格容量時の銅損を W_s' とすれば

$$W_{60} = \alpha'^2 W_s' + W_i'$$

$$\alpha'^2 W_s' = W_{60} - W_i' = 2\,040.8 - 634.8 = 1\,406 \text{ (W)}$$

定格容量時の銅損 W_s' は定格電流が流れたときの抵抗 R での消費電力である．これは，周波数が 50 Hz でも 60 Hz でも変化なく 1 600 W だから，

$$\alpha'^2 W_s' = \alpha'^2 \times 1\,600 = 1\,406$$

$$\alpha' = \sqrt{\frac{1\,406}{1\,600}} = 0.9374$$

50 Hz で運転しているときの負荷容量 P' は，

$$P' = \alpha' P_n = 0.9374 \times 100 \times 10^3 = 93.7 \text{ (kV·A)}$$

〈答〉
(1) a. 441 W，b. 2.72%，c. 励磁電流　0.758 A，鉄損抵抗　768 Ω
(2) 635 W
(3) 93.7 kV·A

周波数の変化と鉄損

本問で計算したように，変圧器は周波数が小さくなればなるほど鉄損が大きくなる．そのため，60 Hz 定格で製作された変圧器を 50 Hz で使おうとすると，過大な励磁電流が流れ，実用に適さない場合があるので注意しよう．

変圧器の鉄損のほとんどはヒステリシス損である．ヒステリシス損は横軸に磁界の強さ H，縦軸に磁束密度 B をとった"ヒステリシスループ"を使って説明することができる．このヒステリシスループは変圧器の鉄心の性質を表したものであるため，変圧器それぞれによってその特性は異なる．

ファラデーの法則から，変圧器の磁束密度 B は引加電圧 E の積分値に比例する．$\frac{E}{2\pi f} \propto B$ となるので，電圧を一定にしたまま周波数 f を低くすると，その分磁束密度 B は大きくなることがわかる．もともと，鉄心は経済性の面から，周波数に応じた設計をしているため，周波数が下がると磁束飽和領域に達し，過大な励磁電流が流れることになる．

■問題9

定格容量1 000 kV·A，定格一次電圧6.6 kV，定格二次電圧210 V，定格周波数50 Hz の三相変圧器があり，星形一相換算の諸量は次のとおりである．

 一次巻線抵抗（r_1） 0.29 Ω
 一次巻線漏れリアクタンス（x_1） 1.15 Ω
 二次巻線抵抗（r_2） 0.25 mΩ
 二次巻線漏れリアクタンス（x_2） 1.2 mΩ
 励磁コンダクタンス（g_0） 0.043 mS

この変圧器の二次側を定格電圧に保ち，容量1 000 kV·A，力率0.8（遅れ）の負荷を接続して運転する場合について，次の値を求めよ．

(1) 星形一相一次換算の二次巻線の抵抗r_2'〔Ω〕と漏れリアクタンスx_2'〔Ω〕
(2) 一次電圧V_1の大きさ（線間）〔V〕
(3) 電圧変動率ε〔%〕
(4) 効率η〔%〕

ただし，計算にはL形等価回路を用いるものとする． （機械・制御：平成16年問2）

着眼点 Focus Points

L形等価回路の問題である．基本解法はこれまでと同様であるが，三相変圧器であることを忘れてはならない．三相変圧器では，単相変圧器と違い$\sqrt{3}$や3などの係数を使って計算する必要がある．忘れやすいのでよく見直し，フォローしよう．また(3)では，近似式を用いない方法で電圧変動率εを求めることになる．近似式ばかりに頼っていると，いざこのような問題が出たときに対処できない．この機会に，電圧変動率εについて復習しておこう．

戦術 Tactics

(1) ❶二次巻線のパラメータを一次換算する．
  ❷星形1相分のL形等価回路を描く．
  ❸星形L形等価回路で用いる電圧は，線間電圧の$1/\sqrt{3}$倍であることに注意して，ベクトル図を用いて一次電圧E_1を求める．
  ❹E_1を$\sqrt{3}$倍して一次線間電圧V_1を得る．
(2) ❺電圧変動率$\varepsilon = (V_1 - V_{1n})/V_{1n}$を用いて計算する．
(3) ❻L形等価回路を用いて銅損，鉄損を求め，効率ηを計算する．
  （銅損・鉄損を3倍することを忘れないこと）

解答

(1)

❶ 二次巻線のパラメータを一次換算する．

$$r_2' = a^2 r_2 = \left(\frac{6\,600}{210}\right)^2 \times 0.25 \times 10^{-3} = 0.2469\,[\Omega]$$

$$x_2' = a^2 x_2 = \left(\frac{6\,600}{210}\right)^2 \times 1.2 \times 10^{-3} = 1.185\,[\Omega]$$

(2)

❷ 星形1相分のL形等価回路を描く．

L形等価回路における一次換算の合成抵抗 r'，合成リアクタンス x' は，

$$r' = r_1 + r_2' = 0.29 + 0.2469 = 0.5369\,[\Omega]$$

$$x' = x_1 + x_2' = 1.15 + 1.185 = 2.335\,[\Omega]$$

これをもとにL形等価回路を描くと次のようになる．

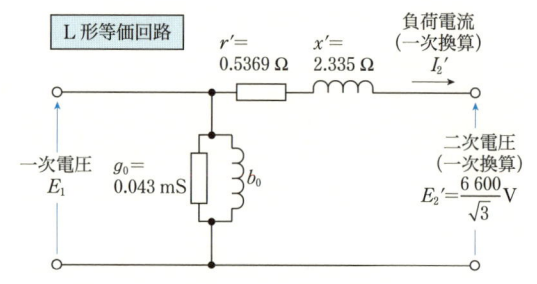

（L形等価回路の図：一次電圧 E_1，$g_0 = 0.043\,\text{mS}$，b_0，$r' = 0.5369\,\Omega$，$x' = 2.335\,\Omega$，負荷電流(一次換算) I_2'，二次電圧(一次換算) $E_2' = \dfrac{6\,600}{\sqrt{3}}\,\text{V}$）

❸ 星形L形等価回路で用いる電圧は線間電圧の $1/\sqrt{3}$ 倍であることに注意して，ベクトル図を用いて一次電圧 E_1 を求める．

負荷電流の一次換算値 I_2' は，一次換算値であることに注意すれば，

$$|I_2'| = \frac{1\,000 \times 10^3}{\sqrt{3} \times 6\,600} = 87.48\,[\text{A}]$$

また，このベクトルは二次電圧に対して遅れ力率0.8であるので，二次電圧を基準にベクトル図にすると，図のようになる．

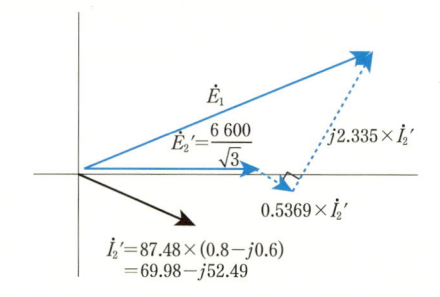

（ベクトル図：$\dot{E}_1$，$\dot{E}_2' = \dfrac{6\,600}{\sqrt{3}}$，$0.5369 \times \dot{I}_2'$，$j2.335 \times \dot{I}_2'$，$\dot{I}_2' = 87.48 \times (0.8 - j0.6) = 69.98 - j52.49$）

複素数計算を使って E_1 を求めると，

$$\dot{E}_1 = \dot{E}_2' + (r' + jx')\dot{I}_2'$$
$$= \frac{6\,600}{\sqrt{3}} + (0.5369 + j2.335)(69.98 - j52.49)$$
$$= 3\,971 + j135.2$$

$$|\dot{E}_1| = \sqrt{3971^2 + 135.2^2} = 3\,973 \,[\text{V}]$$

戦術 ❹

❹ E_1 を $\sqrt{3}$ 倍して一次線間電圧 V_1 を得る．

ここでは線間電圧が問われているので，

$$V_1 = \sqrt{3}\,|\dot{E}_1| = \sqrt{3} \times 3\,973 = 6\,881 \,[\text{V}]$$

(3)

戦術 ❺

❺ 電圧変動率 $\varepsilon = (V_1 - V_{1n})/V_{1n}$

電圧変動率 ε は，定格負荷時の一次線間電圧 V_1，定格線間電圧 V_{1n} を使って，

$$\varepsilon = \frac{V_1 - V_{1n}}{V_{1n}} = \frac{6\,881 - 6\,600}{6\,600} = 0.04258$$
$$= 4.26 \,[\%]$$

電圧変動率の意味と近似式

普段から近似式ばかり使っているとつい忘れがちだが，電圧変動率とは，定格運転時に負荷を遮断したときの電圧上昇率を指している．

$$\varepsilon = \frac{V_1 - V_{1n}}{V_{1n}}$$

電験第2種ではこの式を使って求めなければならないことも多いので，必ず覚えておこう．

電圧変動率の近似式は，パーセント抵抗降下 q_r とパーセントリアクタンス降下 q_x を用いて

$$\varepsilon = q_r \cos\theta + q_x \sin\theta \,[\%]$$

と表される．ちなみに電験第1種では，二次式まで含めた近似計算を求める問題が出題されたこともある．二次近似まで行うと一次近似よりもさらに正確な答えを導くことができる．余裕がある人は，以下の式も併せて覚えておこう．

$$\varepsilon = q_r \cos\theta + q_x \sin\theta + \frac{(q_x \sin\theta - q_x \cos\theta)^2}{200} \,[\%]$$

(4)

戦術 ❻

❻ L形等価回路を用いて銅損，鉄損を求め，効率 η を計算する．

（損失をそれぞれ3倍することを忘れないこと）

等価回路を用いれば，銅損 W_c，鉄損 W_i はそれぞれ，

$W_c = 3(r')I_2'^2$

$W_i = 3g_0 E_1^2$

となる．全体の効率 η は

$$\eta = \frac{P_n \cos\theta}{P_n \cos\theta + W_c + W_i} = \frac{P_n \cos\theta}{P_n \cos\theta + 3rI_2'^2 + 3g_0 E_1^2}$$

$$= \frac{1\,000 \times 10^3 \times 0.8}{1\,000 \times 10^3 \times 0.8 + 3 \times 0.5369 \times 87.477^2 + 3 \times 0.043 \times 10^{-3} \times \frac{6\,881^2}{3}}$$

$$= 0.9824 = 98.2 \text{ (\%)}$$

〈答〉

(1) $r_2' = 0.247\ \Omega$，$x_2' = 1.19\ \Omega$

(2) $V_1 = 6\,880$ V

(3) $\varepsilon = 4.26\%$

(4) $\eta = 98.2\%$

$\sqrt{3}$ と 3 の使い方

三相の問題が出たときに，どこに $\sqrt{3}$，3 を掛けたらいいかわからなくなってしまうという経験はないだろうか．試験本番でそうならないためにも，ここで簡単に整理しよう．

変圧器にかぎらず，一般的に等価回路は Y 形 1 相分を模擬している．そのため，等価回路では以下の値を使うことになる．

電圧　　：対地電圧　（線間電圧の $1/\sqrt{3}$ 倍した値）
電流　　：線電流　（変わらないのでそのまま）
出力，損失：1/3 倍した値

三相変圧器の問題でよくあるミスとしては，
・効率を求める際，等価回路上で損失を求め，最後に 3 倍し忘れる
・電圧を求める際，等価回路上で電圧を $1/\sqrt{3}$ 倍し忘れる
があげられる．

ある程度慣れも必要であるが，慣れていたとしても忘れてしまうのが人間である．見直しをする際に，三相か単相か，$\sqrt{3}$ を忘れていないかどうか，チェックするくせをつけよう．

■問題10

単相変圧器1 000 kV·A，変圧比33 000/6 600の変圧器の高圧側にコンデンサを負荷として接続し，低圧側に6 600 Vを加えたときに高圧側の電流が15.5 Aであった．
　この変圧器の高圧側および低圧側のインピーダンスは各々次の値である．

　　　高圧側：$\dot{Z}_H = 8.5 + j30.5$ 〔Ω〕

　　　低圧側：$\dot{Z}_L = 0.08 + j1.36$ 〔Ω〕

　これらの条件で，次の問に答えよ．ただし，コンデンサ回路の抵抗分や誘導性リアクタンス分はないものとし，変圧器の励磁電流および鉄損は無視できるものとする．

(1) 低圧側電流I_Lは何〔A〕となるか．

(2) 低圧側6 600 Vを基準とした，この変圧器のインピーダンス（短絡インピーダンス）の抵抗R_T〔Ω〕とリアクタンスX_T〔Ω〕を求めよ．また，この変圧器の自己容量基準の短絡インピーダンスZ_T〔%〕を求めよ．

(3) コンデンサが接続された状態での変圧器高圧側の端子電圧V_H〔V〕を求めよ．また，高圧側に接続したコンデンサは定格電圧が33 000 Vである．接続したコンデンサの定格電圧での定格容量Q_C〔kvar〕を求めよ．

　　　　　　　　　　　　　　　　　　　　　　　（機械・制御：平成20年問2）

着眼点 Focus Points

変圧器の負荷にコンデンサをつないだ場合の現象を計算する問題である．変圧器を昇圧変圧器として用いているため，低圧側から高圧側へと電流が流れるので注意しよう．本問のように，負荷にコンデンサのような容量性負荷を接続した場合は，二次側の電圧が一次側に比べて高くなるフェランチ現象が起きる．これらの条件が受験者のケアレスミスを誘っているので，一つひとつ条件を整理して解いていくことが重要である．

戦術 Tactics

(1) ❶電流の向きと巻数比に注意し，低圧側の電流値I_Lを求める．

(2) ❷条件をもとに，等価回路を描く．

❸抵抗値やリアクタンス値を合成し，自己容量基準のパーセントインピーダンスを求める．

(3) ❹負荷が容量性であることに注意して，ベクトル図を描き二次電圧を求める．

❺二次電圧と二次電流から，容量リアクタンスX_Cを求め，定格容量Q_Cを求める．

解答 Answer

(1)

❶ 電流の向きと巻数比に注意し，低圧側の電流値を求める．

問題では低圧側から電圧を印加しているので，電流の向きに従って一次，二次とすれば，変圧器一次側は低圧側，変圧器二次側は高圧側となる．

すなわち，一次/二次巻数比 a は $a<1$ となり，

$$a = \frac{6\,600}{33\,000} = 0.2$$

二次電流 I_2 が 15.5 A であるので，

$$I_2 = aI_1 = 15.5\,[\text{A}]$$

$$I_L = I_1 = \frac{15.5}{0.2} = 77.5\,[\text{A}]$$

(2)

❷ 条件をもとに，等価回路を描く．

条件から二次パラメータを一次換算すると，

$$r_2' = a^2 r_2 = 0.2^2 \times 8.5 = 0.34\,[\Omega]$$

$$x_2' = a^2 x_2 = 0.2^2 \times 30.5 = 1.22\,[\Omega]$$

これをもとに等価回路を描くと次のようになる．
（条件から励磁回路は無視することができる）

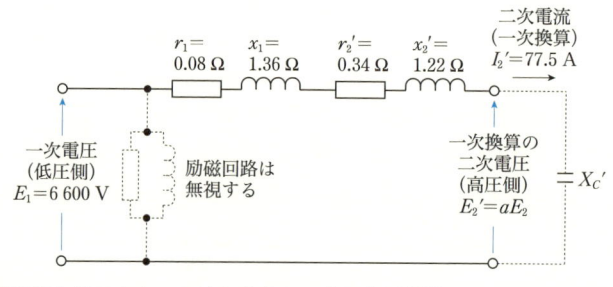

```
                    r₁=      x₁=       r₂'=     x₂'=      二次電流
                   0.08 Ω   1.36 Ω    0.34 Ω   1.22 Ω    （一次換算）
                                                         I₂'=77.5 A
    一次電圧                                        一次換算の
    （低圧側）     励磁回路は                         二次電圧
    E₁=6 600 V    無視する                          （高圧側）      = Xc'
                                                    E₂'=aE₂
```

❸ 抵抗値やリアクタンス値を合成し，自己容量基準のパーセントインピーダンスを求める．

$$R_T = r_1 + r_2' = 0.08 + 0.34 = 0.42\,[\Omega]$$

$$X_T = x_1 + x_2' = 1.36 + 1.22 = 2.58\,[\Omega]$$

$$Z_T = \sqrt{R_T^2 + X_T^2} = \sqrt{0.42^2 + 2.58^2} = 2.614\,[\Omega]$$

これを自己容量基準に直すと，

$$z_T\,[\%] = \frac{Z_T \times P_n}{V_n^2} = \frac{2.614 \times 1\,000 \times 10^3}{6\,600^2} \times 100 = 6.001 \fallingdotseq 6.00\,[\%]$$

(3)

戦術❹ ❹負荷が容量性であることに注意して，方程式から二次電圧を求める．

まずは，方程式を導く前にベクトル図を描こう．

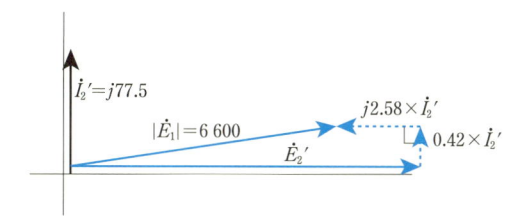

ベクトル図を使った解法

負荷が容量性であるため，電圧降下のベクトル図はいつもと少し違った形になる．容量性負荷の場合は，E_1 よりも E_2' の方が大きくなることがあるので，ベクトルの大きさに注意しよう．

また，今回のようにベクトル図が簡単に描ける問題では，方程式ではなくベクトル図から電圧 E_2 の大きさを求めた方が実はずっと簡単である．

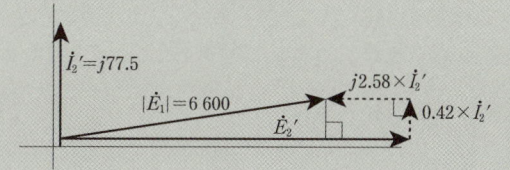

上図のように，一次電圧 E_1 の先端から垂線を下ろせば，図形上で直角三角形と長方形とに分けることができ，図形から簡単に E_2' の長さを求めることができる．

電圧降下について複素数計算を使うと，

$$\dot{E}_1 = \dot{E}_2' + (R_T + jX_T)\dot{I}_2' = \dot{E}_2' + (0.42 + j2.58)(j77.5)$$
$$= \dot{E}_2' - 199.95 + j32.55$$

ここで，$|\dot{E}_1| = 6\,600$ V であることがわかっているので，

$$|\dot{E}_1| = \sqrt{(|\dot{E}_2'| - 199.95)^2 + 32.55^2} = 6\,600 \text{ (V)}$$

$$(|\dot{E}_2'| - 199.95)^2 + 32.55^2 = 6\,600^2$$

$$|\dot{E}_2'|^2 - 399.9|\dot{E}_2'| - 43\,518\,961 = 0$$

$$|\dot{E_2}'| = \frac{399.9 \pm \sqrt{399.9^2 + 4 \times 43\,518\,961}}{2}$$
$$= 6\,799.9,\ -6\,400.0\,(\text{V})$$

$|\dot{E_2}'| > 0$ より

$|\dot{E_2}'| = 6\,800\,(\text{V})$

V_H は，二次電圧 E_2' であるから，

$$V_H = |\dot{E_2}| = \frac{|\dot{E_2}'|}{a} = \frac{6\,800}{0.2} = 34\,000\,(\text{V})$$

戦術❺ ❺二次電圧と二次電流からコンデンサのリアクタンス X_C' を求め，定格容量 Q_C を求める．

容量リアクタンス（一次換算）X_C' は

$$X_C' = -\frac{|\dot{E_2}'|}{I_2'} = -\frac{6\,800}{77.5} = -87.74\,(\Omega)$$

（遅れ方向のリアクタンス成分を正としているため，X_C' は負の値となる）

一次換算値ではわかりにくいので，二次側の値を求めれば，

$$X_C = \frac{1}{a^2} X_C' = \frac{-87.74}{0.2^2} = -2\,193.5\,(\Omega)$$

$$Q_C = \frac{33\,000^2}{-2\,193.5} = -496\,470$$

∴ $Q_C = 496\,(\text{kvar})$

（コンデンサが進み無効電力をとるのは自明であり，符号は＋でも－でも正解である）

〈答〉

(1) $I_L = 77.5\,\text{A}$

(2) $R_T = 0.420\,\Omega$, $X_T = 2.58\,\Omega$, $Z_T = 6.00\%$

(3) $V_H = 34\,000\,\text{V}$, $Q_C = 496\,\text{kvar}$

■問題11

定格一次電圧66 kV，定格二次電圧6.6 kVのA，B 2台の変圧器がある．変圧器Aの定格容量は20 MV·A，百分率リアクタンス降下は12%である．一方，変圧器Bの定格容量は10 MV·Aで，百分率リアクタンス降下は不明である．これら2台の変圧器を定格二次電圧で並行運転したところ，負荷電力が22.5 MV·Aとなったところで変圧器Bが定格容量に達した．励磁電流および抵抗分は無視するものとして，次の値を求めよ．

(1) 変圧器Bの百分率リアクタンス降下（自己容量基準）〔%〕
(2) この負荷条件における電圧変動率〔%〕．ただし，負荷力率は0.8（遅れ）とする．

(機械・制御：平成21年問2)

着眼点 Focus Points

2台の変圧器を並行運転した場合の負荷分担を問う問題である．変圧器の負荷分担を考える問題では，パーセントインピーダンスを使って計算することが多い．

パーセントインピーダンスを扱う計算では，必ずその基準容量に気を付けてほしい．特に記述がない場合，パーセントインピーダンス値はそれぞれの変圧器の自己容量を基準とした値である．容量が異なる複数台の変圧器の計算をする際には，基準容量を合わせる必要があるので，忘れないようにしよう．

戦術 Tactics

(1) ❶A号機の変圧器のパーセントリアクタンスを10 MV·A基準に合わせる．

❷A号機とB号機の電圧降下が等しいことを利用して，B号機のパーセントリアクタンス値を求める．

(2) ❸A号機とB号機の合成パーセントリアクタンスを求め，22.5 MV·A基準に変換する．

❹近似式を使って，電圧変動率を求める．

解答 Answer

(1)

戦術❶ ❶A号機の変圧器のパーセントリアクタンスを10 MV·A基準に合わせる．

A号機のパーセントリアクタンス値は，20 MV·A基準であるので，10 MV·A基準のA号機のパーセントリアクタンス値%x_A'は，

$$\%x_A' = \%x_A \times \frac{10}{20} = 12 \times \frac{10}{20} = 6.0 \text{〔%〕}$$

またB号機の負荷分担容量P_Bは，定格容量であるので，

$P_B = 10 (\mathrm{MV \cdot A})$

足し合わせた容量が 22.5 MV·A であることから，A 号機の容量 P_A は，
$P_A = 22.5 - 10 = 12.5 (\mathrm{MV \cdot A})$

❷ B 号機と A 号機の電圧降下が等しいことを式にし，B 号機のパーセントリアクタンス値を求める．

ここで，A 号機と B 号機の並行運転を図にすると下図のようになる．

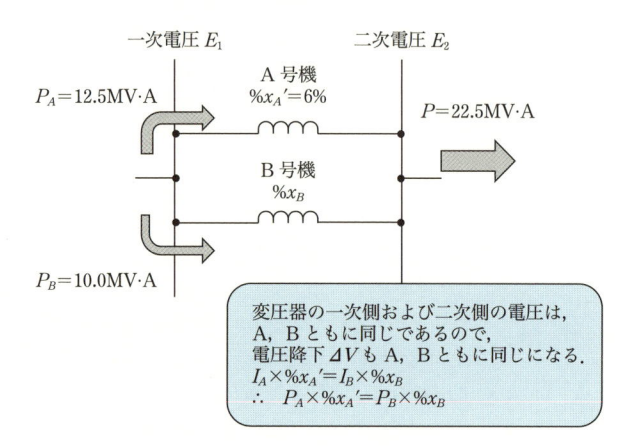

一次電圧 E_1　　　　　二次電圧 E_2

$P_A = 12.5\mathrm{MV \cdot A}$　A 号機　%$x_A' = 6$%　　$P = 22.5\mathrm{MV \cdot A}$

B 号機　%x_B

$P_B = 10.0\mathrm{MV \cdot A}$

> 変圧器の一次側および二次側の電圧は，A，B ともに同じであるので，電圧降下 $\varDelta V$ も A，B ともに同じになる．
> $I_A \times \%x_A' = I_B \times \%x_B$
> ∴　$P_A \times \%x_A' = P_B \times \%x_B$

A 号機と B 号機ではその電圧降下は等しいので，

$P_A \%x_A' = P_B \%x_B$

$12.5 \times 6.0 = 10.0 \times \%x_B$

$\%x_B = 7.5 (\%)$

(2)

❸ A 号機と B 号機の合成パーセントリアクタンスを求め，22.5 MV·A 基準に変換する．

全体の電圧変動率を求めるときは，複数台の変圧器を合成して 1 台の変圧器として考えると簡単である．

変圧器の合成リアクタンス %x は

$$\%x = \frac{\%x_A' \times \%x_B}{\%x_A' + \%x_B} = \frac{6 \times 7.5}{6 + 7.5} = \frac{10}{3} (\%)$$

電圧変動率の近似式に用いる百分率リアクタンス降下は，その変圧器の容量基準にならなければいけない．今回 2 台の変圧器を並行運転した場合の容量は 22.5 MV·A であるので，基準容量を 22.5 MV·A に変換した合成リアクタンス %x' は，

$$\%x' = \frac{10}{3} \times \frac{22.5}{10} = 7.5 [\%]$$

戦術 ❹ ❹近似式を使って，電圧変動率を求める．

電圧変動率εを求めるには近似式を用いると簡単である．

$$\varepsilon = q_r \cos\theta + q_x \sin\theta = 0 \times 0.8 + \%x' \times \sqrt{1-0.8^2}$$
$$= 7.5 \times 0.6 = 4.5 [\%]$$

〈答〉

(1) 7.50%

(2) 4.50%

変圧器負荷分担の公式

複数台の変圧器の並行運転時における負荷分担を計算する公式として，全体負荷Pを使った公式を覚えている方も多いだろう．

$$P_A = \frac{\%x_B}{\%x_A + \%x_B} P$$

$$P_B = \frac{\%x_A}{\%x_A + \%x_B} P$$

しかし，この公式は覚えづらくはないだろうか．Aを求めるためにBを使っており，非常に紛らわしい．また，この公式は3台以上の変圧器の並行運転には応用することができない．

そのため，電験第2種二次試験では以下の形の式を使うことをお勧めする．

$$P_A \%x_A = P_B \%x_B = P_C \%x_C = \cdots$$

(この公式は，変圧器一次および二次の電圧が等しいという条件から，簡単に導きだすことができるもので，公式というほどのものでもない．形さえ覚えておけば，特に丸暗記する必要はないだろう．)

電験は試験範囲が広く，公式を覚えるだけでも大変である．覚える公式を精査することは非常に重要であるので，よく吟味してほしい．

■**問題12**

2種類の三相油入変圧器がある．一方の変圧器は定格容量が500 kV·A，無負荷損が1.28 kW，定格負荷時の負荷損が7.35 kW，短絡インピーダンスが定格容量基準で3%であり，他方の変圧器は定格容量が300 kV·A，無負荷損が0.92 kW，定格負荷時の負荷損が4.8 kW，短絡インピーダンスが定格容量基準で4%である．また，定格運転時の熱平衡状態での最終温度上昇値はいずれの変圧器も50 Kである．

これらの変圧器について，次の問に答えよ．ただし，電圧および周囲温度は一定とし，熱平衡状態では巻線と油の温度上昇値は同一とする．

(1) 500 kV·Aの変圧器2台を並行運転して700 kW，力率1の負荷をかけたとき，変圧器1台の全損失〔kW〕と，熱平衡状態に達したときの最終温度上昇値〔K〕を求めよ．

(2) 500 kV·Aおよび300 kV·Aの変圧器各1台を並行運転して700 kW，力率1の負荷をかけたとき，各変圧器の負荷分担〔kW〕を求めよ．ただし，各変圧器のインピーダンス降下の位相差は無視するものとする．

(3) 上記(2)の運転状態における各変圧器の全損失〔kW〕と，熱平衡状態に達したときの最終温度上昇値〔K〕を求めよ．

(機械・制御：平成14年問2)

着眼点 Focus Points

2台の変圧器の並行運転時における損失と温度上昇について問う問題である．変圧器の損失には鉄損や銅損，漂遊負荷損などがあるが，これらはどれも熱となって消費される．これらの損失が大きければ大きいほど，変圧器の温度上昇値は大きくなる．一般的に油入変圧器の温度上昇値は，全損失の0.8乗程度に比例するといわれている．電験で出題された場合，関数電卓が使用できないので0.8乗の計算はできない．解答に断りを入れ，温度上昇値が全損失の1乗に比例するとして計算しよう．

戦術 Tactics

(1) ❶変圧器1台当たりの負荷が350 kV·Aとなる．このときの変圧器の全損失を求める．
❷損失と温度上昇値が比例すると考え，定格時の温度上昇値を使って350 kV·Aのときの温度上昇値を求める．

(2) ❸2台の変圧器の電圧降下が等しいことを式にし，それぞれの負荷を計算する．

(3) ❹変圧器の全損失を求め，温度上昇値をそれぞれ求める．

解答

(1)

　500 kV·A の変圧器を2台並行運転して700 kV·A の負荷をかけた場合，特性が同じ変圧器であるので，負荷分担はちょうど350 kV·A ずつとなる．
　変圧器の負荷損は負荷率の2乗に比例するので，

❶このときの負荷損は，

$$\alpha^2 \cdot W_c = \left(\frac{350}{500}\right)^2 \times 7.35 = 3.6015 \,[\text{kW}]$$

無負荷損 W_i は負荷にかかわらず一定であるので，全体の損失 $W_{all}{'}$ は，

$$W_{all}{'} = \alpha^2 W_c + W_i = 3.6015 + 1.28 = 4.882 \,[\text{kW}]$$

❷損失と温度上昇値が比例すると考え，定格時の温度上昇値を使って350 kW 時の温度上昇値を求める．
　全負荷時の損失は，

$$W_{all} = 1.28 + 7.35 = 8.63 \,[\text{kW}]$$

であり，そのときの温度上昇値が50 K であるので，そのときの温度上昇値を $\Delta T'$ とすれば，

$$\Delta T' = \frac{W_{all}{'}}{W_{all}} \times 50 = \frac{4.882}{8.63} \times 50 = 28.3 \,[\text{K}]$$

(2)

❸2台の変圧器の電圧降下が等しいことを式にし，それぞれの負荷を計算する．
　300 kV·A 機の基準容量を500 kV·A に変換したパーセントインピーダンス %$Z_B{'}$ は

$$\%Z_B{'} = \frac{500}{300} \times \%Z_B = \frac{500}{300} \times 4 = 6.667 \,[\%]$$

2台が並行運転している状態を図に表すと下図のようになる．

　　　　　一次電圧 E_1　　　　　　　二次電圧 E_2

　　　　　　　　　500 kV·A 機
　　　　　　　　　%Z_A＝3%
P_A[kV·A]　　　　　　　　　　　　$P_A + P_B$＝700 kV·A
　　　　　　　　　300 kV·A 機
　　　　　　　　　%$Z_B{'}$＝6.667%

P_B[kV·A]

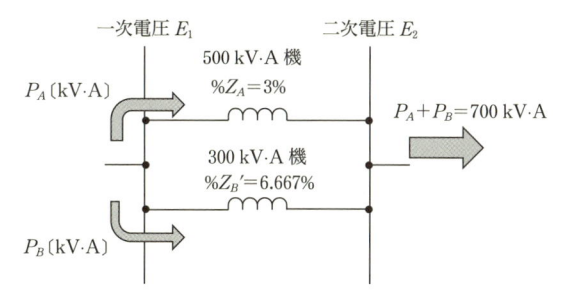

　ここで，インピーダンス降下の位相差は無視することができるので，各変圧器の抵抗・リアクタンス比は同じであるとみなし，

$$P_A \times \%Z_A = P_B \times \%Z_B{}'$$
$$P_A \times 3 = P_B \times 6.667$$
$$P_A = 2.222 P_B$$

ここで，$P_A + P_B = 700$ であるので，代入すれば

$$P_A + P_B = 2.222 P_B + P_B = 700$$
$$P_B = \frac{700}{3.222} = 217 \text{ (kW)}$$
$$P_A = 700 - 217 = 483 \text{ (kW)}$$

(3)

❹ 変圧器の全損失を求め，温度上昇値をそれぞれ求める．

500 kV・A 変圧器の全損失を W_A，300 kV・A 変圧器の全損失を W_B とすると，

$$W_A = 1.28 + \left(\frac{483}{500}\right)^2 \times 7.35 = 8.138 \text{ (kW)}$$

$$W_B = 0.92 + \left(\frac{217}{300}\right)^2 \times 4.8 = 3.431 \text{ (kW)}$$

500 kV・A 変圧器も 300 kV・A 変圧器も，定格時の温度上昇値は 50 K であるので，それぞれの温度上昇値を $\Delta T_A{}'$，$\Delta T_B{}'$ とすると，

$$\Delta T_A{}' = \frac{W_A}{W_{all}} \times 50 = \frac{8.138}{8.63} \times 50 = 47.1 \text{ (K)}$$

$$\Delta T_B{}' = \frac{W_B}{0.92 + 4.8} \times 50 = \frac{3.431}{0.92 + 4.8} \times 50 = 30.0 \text{ (K)}$$

〈答〉
(1) 変圧器1台の全損失　4.88 kW
　　最終温度上昇値　28.3 K
(2) 500 kV・A 変圧器の負荷分担　483 kW
　　300 kV・A 変圧器の負荷分担　217 kW
(3) 500 kV・A 変圧器の全損失　8.14 kW，最終温度上昇値　47.1 K
　　300 kV・A 変圧器の全損失　3.43 kW，最終温度上昇値　30.0 K

■問題13

巻数比がa_a,二次側に換算したインピーダンスが$\dot{Z}_a$の単相変圧器と巻数比がa_b,二次側に換算したインピーダンスが$\dot{Z}_b$の単相変圧器とを並行運転した場合について,次の問に答えよ.ただし,変圧器の一次電圧を$\dot{V}$とする.
(1) 負荷電流が$\dot{I}$である場合,各変圧器の分担電流はいくらか.
(2) 無負荷時の横流はいくらか.

(機械:昭和56年問1)

着眼点 Focus Points

タップに注目した変圧器の並行運転問題である.並行運転している変圧器のタップ値が異なる場合,タップ差が電位差となって循環電流を生じる.タップ差のある変圧器に関する問題はこれまでも何度か出題されているが,本問はそのなかでも基本となる問題である.何回も解いて解法を完全に身に付けよう.

戦術 Tactics

(1) ❶2台の変圧器それぞれを電圧源とみなし,等価回路を描く.
❷等価回路をもとに,方程式を導く.
❸方程式を解いて分担電流を求める.
(2) ❹無負荷時の等価回路を描く.
❺等価回路をもとに,無負荷時の横流を求める.

解答 Answer

(1)

戦術❶

❶2台の変圧器それぞれを電圧源とみなし,等価回路を描く.

変圧器の巻線比やタップ値に違いがある場合,それぞれの二次電圧が異なるため,電位差が生じる.そのため,それぞれを電圧源とみなすと計算がしやすい.

負荷のインピーダンスを$\dot{Z}$,それぞれの変圧器に流れる電流を$\dot{I}_a$,$\dot{I}_b$とすれば,等価回路は次のようになる.

(この等価回路はすべてのパラメータを変圧器二次側に換算した値であるので注意してほしい.)

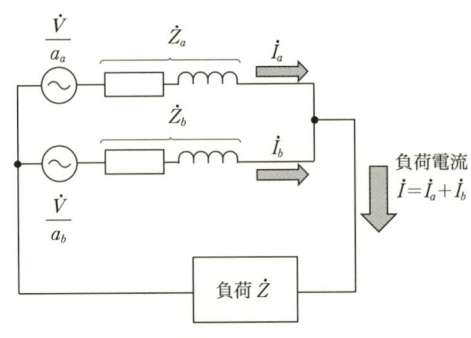

❷等価回路をもとに，方程式を導く．

等価回路から，それぞれの電圧源において電圧降下を方程式とすると，

$$\frac{\dot{V}}{a_a} = \dot{Z}_a \dot{I}_a + \dot{Z}\dot{I}$$

$$\frac{\dot{V}}{a_b} = \dot{Z}_b \dot{I}_b + \dot{Z}\dot{I}$$

上式の差をそれぞれとると，一つの方程式が得られる．

$$\left(\frac{\dot{V}}{a_a} - \frac{\dot{V}}{a_b}\right) = \dot{Z}_a \dot{I}_a - \dot{Z}_b \dot{I}_b$$

❸方程式を解いて分担電流を求める．

負荷電流 $\dot{I} = \dot{I}_a + \dot{I}_b$ であるので，上式に $\dot{I}_b = \dot{I} - \dot{I}_a$ を代入すれば，

$$\left(\frac{\dot{V}}{a_a} - \frac{\dot{V}}{a_b}\right) = (\dot{Z}_a + \dot{Z}_b)\dot{I}_a - \dot{Z}_b \dot{I}$$

式を整理して，

$$\dot{I}_a = \frac{\dot{Z}_b}{\dot{Z}_a + \dot{Z}_b}\dot{I} + \frac{\dot{V}}{\dot{Z}_a + \dot{Z}_b}\left(\frac{1}{a_a} - \frac{1}{a_b}\right)$$

同様に，

$$\dot{I}_b = \frac{\dot{Z}_a}{\dot{Z}_a + \dot{Z}_b}\dot{I} - \frac{\dot{V}}{\dot{Z}_a + \dot{Z}_b}\left(\frac{1}{a_a} - \frac{1}{a_b}\right)$$

(2)

❹無負荷時の等価回路を描く．

無負荷時の変圧器間に流れる横流（循環電流）を $\dot{I}_c$ とすれば，等価回路は，次のようになる．

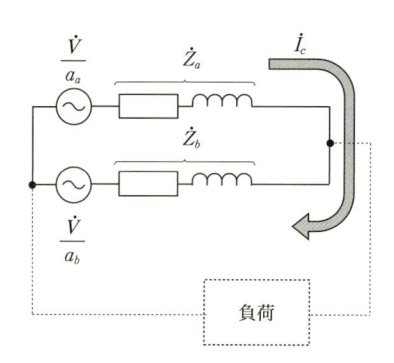

戦術 ❺ ❺等価回路をもとに，無負荷時の横流を求める．

等価回路には電圧源が二つあるが，二つの電圧源の電位差から横流$\dot{I}_c$が生じているので，巻数比がa_aの変圧器に流れる電流を＋とすれば，電位差は，

$$\frac{\dot{V}}{a_a} - \frac{\dot{V}}{a_b}$$

よって循環電流$\dot{I}_c$は，

$$\dot{I}_c = \left(\frac{\dot{V}}{a_a} - \frac{\dot{V}}{a_b}\right) \cdot \frac{1}{\dot{Z}_a + \dot{Z}_b} = \frac{\dot{V}}{\dot{Z}_a + \dot{Z}_b}\left(\frac{1}{a_a} - \frac{1}{a_b}\right)$$

〈答〉
(1) 巻数比a_aの変圧器の分担電流$\dot{I}_a$

$$\dot{I}_a = \frac{\dot{Z}_b}{\dot{Z}_a + \dot{Z}_b}\dot{I} + \frac{\dot{V}}{\dot{Z}_a + \dot{Z}_b}\left(\frac{1}{a_a} - \frac{1}{a_b}\right)$$

巻数比a_bの変圧器の分担電流$\dot{I}_b$

$$\dot{I}_b = \frac{\dot{Z}_a}{\dot{Z}_a + \dot{Z}_b}\dot{I} - \frac{\dot{V}}{\dot{Z}_a + \dot{Z}_b}\left(\frac{1}{a_a} - \frac{1}{a_b}\right)$$

(2) 無負荷時の横流$\dot{I}_c$

$$\dot{I}_c = \frac{\dot{V}}{\dot{Z}_a + \dot{Z}_b}\left(\frac{1}{a_a} - \frac{1}{a_b}\right)$$

タップ差のある変圧器並行運転時の等価回路の作り方

タップの異なった変圧器を複数台並行運転している場合の等価回路を作る際に，以下の点に注意してほしい．

①変圧器の巻線インピーダンスは，電圧源の二次側におく．

→巻線インピーダンスを電圧源の一次側においても理論上間違いではないように感じるかもしれない．しかし，これはある種の暗黙のルールである．割り切って覚えよう．

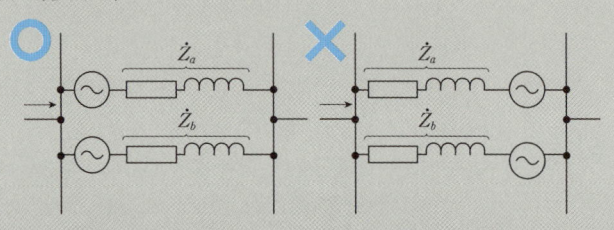

②負荷は P 〔V·A〕ではなく，Z〔Ω〕として模擬する

→変圧器の問題では，負荷が電圧変動に関わらず一定容量であるとして，〔V·A〕の単位で表すことが多い．しかし，タップ差のある問題において負荷を定容量性負荷〔V·A〕とおいて等価回路を作ろうとすると，計算がうまくいかない．この場合は，負荷のインピーダンスを定インピーダンスとして Z〔Ω〕とおき，等価回路を作らなければならない．

③電圧源を一つに省略しない．

→受験者のなかには，右側の等価回路を描いてしまう人がいる．これは無負荷時に循環電流を求める際のみに使用できる等価回路である．電験第2種では，変圧器すべてを電圧源としてみなした等価回路を描くくせをつけよう．

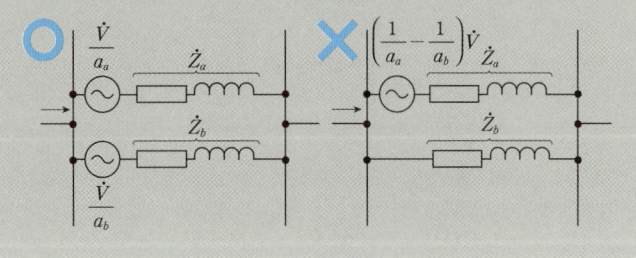

■問題14

定格容量 50 kV·A，定格電圧一次（U−V）6 300 V／二次（u−v）210 V の単相二巻線変圧器がある．この変圧器の巻線を図のように結線し単巻変圧器として使用する場合について，次の値を求めよ．ただし，励磁電流および巻線のインピーダンス降下は無視でき，一次側と二次側のボルトアンペア値は等しいものとする．また，直列巻線の絶縁は十分であるとする．

(1) 分路巻線の定格電流〔A〕
(2) 直列巻線の定格電流〔A〕
(3) 電圧 V_L に対する電圧 V_H の比の値
(4) 電流 I_L に対する電流 I_H の比の値
(5) 供給できる負荷容量 P_L〔kV·A〕

(機械・制御：平成17年問2)

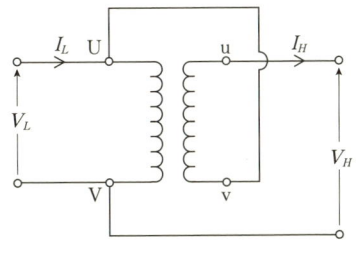

着眼点 Focus Points

単巻変圧器に関する問題である．単巻変圧器は，巻線の一部を一次側と二次側で共有する変圧器であり，容量の割に小さく，低コストでつくることができるという特徴をもっている．通常，単巻変圧器といえばそれ専用の変圧器を指すが，今回のように複巻の変圧器でも，結線を工夫することで単巻変圧器として使うこともできる．

共有している巻線部分を「分路巻線」と呼び，他方の巻線を「直列巻線」と呼ぶ．こういった用語をあらかじめ覚えておかないと，設問の意味が理解できない．特殊な用語は必ずチェックしておこう．

難しい計算は必要なく，変圧器の基本さえ理解していれば簡単に解ける問題ばかりである．これまで同様，細かいミスに気を付けて全問正解を目指そう．

戦術 Tactics

(1)(2) ❶単巻変圧器の結線を描き，各巻線の定格電圧・電流値を求める．
(3)(4) ❷電圧値から変圧比を求める．
(5)   ❸巻線が定格値となった場合のそれぞれの巻線に流れる電流値を計算し，両巻線が定格以下となる最大の容量を求める．

解答 Answer

戦術 ❶

(1)(2)
❶単巻変圧器の結線を描き，各巻線の定格電圧・電流値を求める．
以下に，結線を単巻変圧器の形に描き直した図を示す．

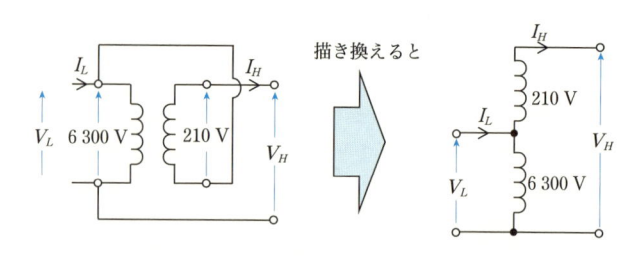

「着眼点」にも記したように，分路巻線とは一次・二次側で共用の巻線であるから，本問では一次側（定格電圧6 300 V）の巻線を指す．また，直列巻線は，本問では二次側（定格電圧210 V）の巻線を指す．

ここで，それぞれの巻線の定格容量P_nはどちらも$P_n=50\,\text{kV}\cdot\text{A}$であるので，分路巻線（一次側巻線）の定格電流$I_{分路}$は，

$$I_{分路}=\frac{P_n}{V_L}=\frac{50\times 10^3}{6\,300}=7.936\,[\text{A}]$$

同様に，直列巻線の定格電流$I_{直列}$は，

$$I_{直列}=\frac{P_n}{V_s}=\frac{50\times 10^3}{210}=238.1\,[\text{A}]$$

(3)(4)

❷ 電圧値から変圧比を求める．

上記の単巻変圧器をいつもの変圧器に書き換えると，次のようになる．

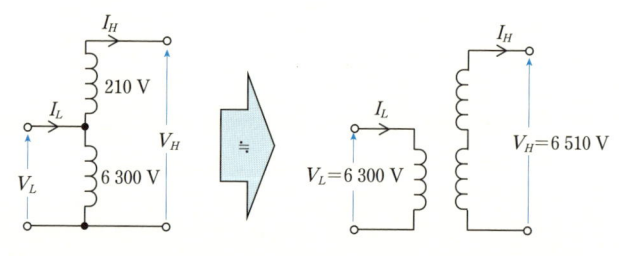

図のとおり$V_L=6\,300\,\text{V}$，$V_H=6\,300+210=6\,510\,\text{V}$であるので，

$$\frac{V_H}{V_L}=\frac{6\,510}{6\,300}=1.033$$

また変圧器では，電流比は電圧比の逆数になるので，

$$\frac{I_H}{I_L}=\frac{V_L}{V_H}=\frac{6\,300}{6\,510}=0.9677$$

(5)

❸巻線が定格値となった場合のそれぞれの巻線の容量を計算し，両巻線が定格以下となる最大の容量を求める．

直列巻線に定格電流が流れた場合を考える．

直列巻線に流れる電流 $I_{直列}=I_H=238.1$ A のとき，以下のようになる．

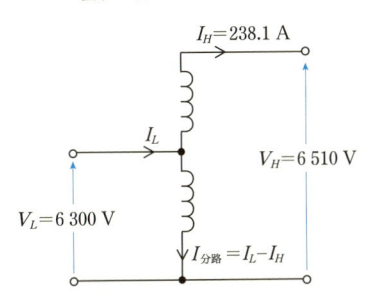

$I_H=238.1$ A
I_L
$V_H=6510$ V
$V_L=6300$ V
$I_{分路}=I_L-I_H$

ここで，変圧器の一次側と二次側でボルトアンペア（容量）が等しくなるので，

$V_L I_L = V_H I_H$

$V_H I_H = 6510 \times 238.1 = 1\,550\,031$

このとき，分路巻線に流れる電流 $I_{分路}$ を考えると，

$I_L = \dfrac{1\,550\,031}{6\,300} = 246.04$

$I_{分路} = I_L - I_H = 246.04 - 238.1 = 7.94$ 〔A〕

となる．

ここで，この値は(1)で求めた分路巻線の定格容量と同じであり，このとき，分路巻線および直列巻線はどちらも定格容量となっていることがわかる．

供給可能な最大負荷容量 P_L はこのときの負荷であるので，

$P_L = V_L I_L = V_H I_H = 1\,550\,031 = 1\,550$ 〔kV·A〕

〈答〉

(1) 7.94 A

(2) 238 A

(3) 1.03

(4) 0.968

(5) $P_L = 1\,550$ kV·A

単巻変圧器で覚えておくこと

単巻変圧器に関しては，さほど難しい問題は出題されない傾向にあるので，本番では全問正解を狙ってほしい．しかし，前述したように，単巻変圧器には特有の用語がいくつかある．これらの専門用語を覚えておかないと，せっかくチャンス問題が出たとしても，設問の意味が理解できない，という事態に陥りかねない．最低限，下記の用語に関しては覚えておこう．

分路巻線：一次・二次で共有している巻線
直列巻線：分路巻線以外の巻線
定格容量 P_n：変圧器全体として見た容量（通過容量，線路容量と呼ぶこともある．）
自己容量 P_0：単巻変圧器を複巻変圧器として利用した場合の容量
巻数分比 γ：小さくなればなるほど，単巻変圧器を使うことによって削減できたコストが大きいという指標になる．通常1よりも小さい値となる．$\gamma = P_0/P_n$ である．

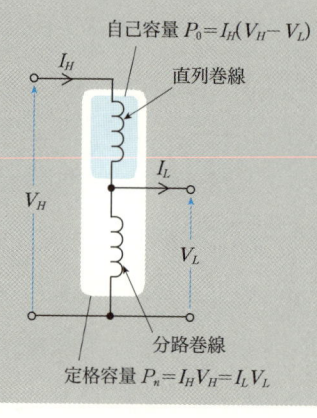

自己容量 $P_0 = I_H(V_H - V_L)$
直列巻線
分路巻線
定格容量 $P_n = I_H V_H = I_L V_L$

■問題15

図に示すような容量 5 kV·A，端子 U−V 間の電圧 200 V，端子 u−v 間の電圧 100 V の単相二巻線変圧器がある．これを，一次電圧 300 V，二次電圧 200 V の単巻変圧器として用いる場合について，次の問に答えよ．ただし，二巻線変圧器の効率は，遅れ力率 0.8 の定格負荷時で 96% である．

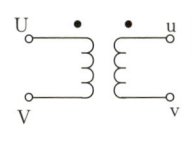

(1) 単巻変圧器としての結線図を描き，一次側端子および二次側端子を明示せよ．（解答用紙に図を写し取り，これを基に完成せよ．）
(2) 単巻変圧器としての負荷容量〔kV·A〕はいくらか．
(3) 遅れ力率 0.8 の全負荷時における単巻変圧器の効率〔%〕はいくらか．

(機械・制御：平成10年問2)

着眼点 Focus Points

前問同様，単巻変圧器に関する問題である．変圧器の極性を考えて結線をつなぐ問題があるため，じっくり考えて答えを導き出す必要がある．問題自身はさほど難しくないので，全問正解を目指そう．

戦術 Tactics

(1) ❶極性に注意して，単巻変圧器の図を描く．
❷❶で描いた図をもとに与えられた変圧器の結線方法を考える．
(2) ❸巻線が定格値となった場合のそれぞれの巻線の容量を計算し，両巻線が定格以下となる最大の容量 P_L を求める．
(3) ❹条件から定格負荷時の損失を求め，単巻変圧器として使用した際の効率を求める．

解答 Answer

(1)
❶極性に注意して，単巻変圧器の図を描く．

問題のとおり，一次電圧 300 V，二次電圧 200 V の単巻変圧器を考えると，次のようになる．

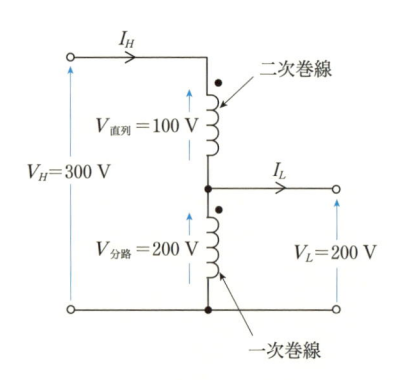

❷❶で描いた図をもとに与えられた変圧器の結線方法を考える．

①の図となるように，与えられた変圧器に結線をすると，

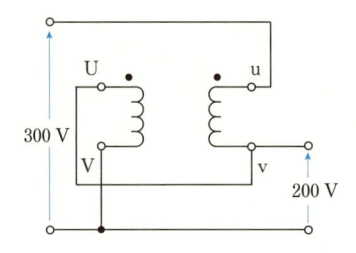

となる．

(2)

❸巻線が定格値となった場合のそれぞれの巻線の容量を計算し，両巻線が定格以下となる最大の容量P_Lを求める．

直列巻線に定格電流が流れた場合を考える．

直列巻線に流れる電流が定格電流のとき，

$$I_{直列} = I_H = \frac{5 \times 10^3}{100} = 50.0 \, \text{[A]}$$

ここで，変圧器の一次側と二次側でボルトアンペア（容量）が等しくなるので，

$$V_L I_L = V_H I_H$$
$$V_H I_H = 300 \times 50.0 = 15\,000 \, \text{[V·A]}$$

このとき，分路巻線に流れる電流$I_{分路}$を考えると，

$$I_L = \frac{15\,000}{200} = 75.0 \, \text{[A]}$$

$$I_{分路} = I_L - I_H = 75.0 - 50.0 = 25.0 \, \text{[A]}$$

となる．ここで，分路巻線の定格電流 $I_{分路n}$ は，

$$I_{分路n} = \frac{5\,000}{200} = 25.0 \text{（A）} = I_{分路}$$

であり，このとき，分路巻線も直列巻線もともに定格電流を流している状態であることがわかる．

単巻変圧器の負荷容量は，両巻線が定格となる状態の容量を指すので，
$$P_L = V_H I_H = 300 \times 50.0 = 15\,000 = 15.0 \text{（kV·A）}$$

(3)

❹ 条件から定格負荷時の損失を求め，単巻変圧器として使用した際の効率を求める．

単巻変圧器が定格負荷をとっているとき，分路巻線も直列巻線もともに定格負荷をとっているので，このときの損失は二巻線変圧器の定格負荷時の全損失と等しくなる．

損失 W_{all} は二巻線変圧器の効率 $\eta_{二巻}$ が 96% であるので，

$$\eta_{二巻} = \frac{5\,000 \times 0.8}{5\,000 \times 0.8 + W_{all}} = 0.96$$

$$W_{all} = \frac{5\,000 \times 0.8}{0.96} - 5\,000 \times 0.8 = 166.7 \text{（W）}$$

単巻変圧器の効率 $\eta_{単巻}$ は，

$$\eta_{単巻} = \frac{15\,000 \times 0.8}{15\,000 \times 0.8 + W_{all}} \times 100 = \frac{12\,000}{12\,000 + 166.7} \times 100 = 98.6 \text{（%）}$$

〈答〉

(1) 解答の図のとおり

(2) 15.0 kV·A

(3) 98.6%

出題の意図を考える

　電験では，機器の特徴を理解していれば，計算をしなくてもある程度答えを予想することのできる問題が多い．

　単巻変圧器は巻線を共有しているため，同容量の複巻変圧器に比べて低コストで小形・軽量にすることができる．本問のように，変圧器を結線によって単巻変圧器として使用する場合は，それまでの使用方法に比べて負荷容量を大幅に大きくすることができ，高効率にすることができる．

　今回の問題でいえば，もともと変圧器の容量が $5\,\mathrm{kV\cdot A}$ であったのに対して，これを単巻変圧器として使用することで，見かけ上の容量を $15\,\mathrm{kV\cdot A}$ とすることができた．これをいい換えると，$15\,\mathrm{kV\cdot A}$ 容量の変圧器をつくるのに $5\,\mathrm{kV\cdot A}$ 分の銅の量で済んだということである．

　この銅の削減率（コスト削減率）の目安となるのが巻数分比 γ である．今回は $\gamma=5/15=0.333$ となる．

　電験の計算問題の大部分は，機器の特徴を裏付けるための計算である．今回の問題は，単巻変圧器が通常の変圧器に比べて効率が高いことを裏付けるための問題であったのだ．

　このように，あらかじめ出題の意図がわかっていれば，計算間違いも防ぎやすい．本問で最終的に効率が低くなってしまった場合は，どこかで計算間違いをしている可能性が高い．それぞれの設問が何を意図しているかを考え，イメージを固めてから計算を始めるのも一つの手である．

■問題16

図に示すように，線間電圧110kVの対称三相交流にスコット結線した2台の単相変圧器T_m（主座変圧器）およびT_t（T座変圧器）を接続した．各変圧器の二次側定格出力は，ともに皮相電力10MV・A，電圧60kVで，二次側の電圧および電流の位相はいずれも主座変圧器がT座変圧器に対して90°遅れているものとする．

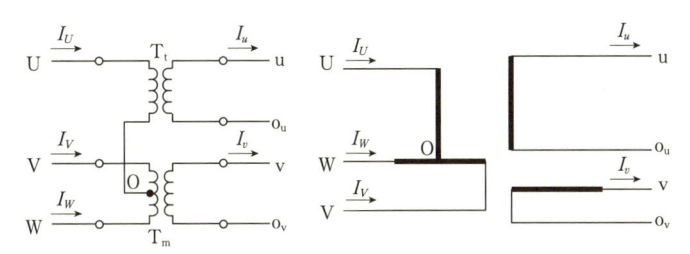

変圧器の励磁電流および短絡インピーダンスは無視できるものとして，次の問に答えよ．

(1) 主座変圧器およびT座変圧器それぞれについて次の値を求めよ．ただし，主座変圧器に関する値の記号は添字m，T座変圧器に関する値の記号は添え字tを付している．
   a. 巻数比（一次巻線の巻数の二次巻線の巻数に対する比）a_m，a_t
   b. 定格皮相電力を出力したときの一次巻線に流れる電流I_V，I_U
   c. 一次巻線の容量P_m，P_t

(2) このスコット結線変圧器の総合での利用率を求めよ．

（機械・制御：平成23年問2）

着眼点 Focus Points

スコット結線変圧器についての問題である．スコット変圧器とは，三相交流を直交する二相交流に変換する変圧器である．一次試験にもよく出題されるため，これまでに一度は触れたことがあるだろう．しかし，わかったようなつもりになっていても，位相や電圧比についてきちんと考えると意外と難しい．自分でベクトル図を描けるようになっておこう．

戦術 Tactics

(1) ❶変圧器の電圧の関係をベクトル図にし，線間電圧比が60：110となる巻数比を求める．
❷巻線比からI_Uを求める．負荷が二相平衡電流のとき，一次側は三相平衡電流となるので，$I_U=I_V$である．
❸それぞれの巻線に加わる電圧・電流をもとに一次巻線容量を計算

する．

(2) ❹一次巻線容量に対する変圧器出力の割合を求める．

解答

(1)

❶変圧器の電圧の関係をベクトル図にし，線間電圧比が60：110となる巻数比を求める．

スコット変圧器を考えるにはベクトル図を使って考えるのが一番効果的である．

一次電源電圧が三相平衡である条件をもとにベクトル図を描くと，次のようになる．

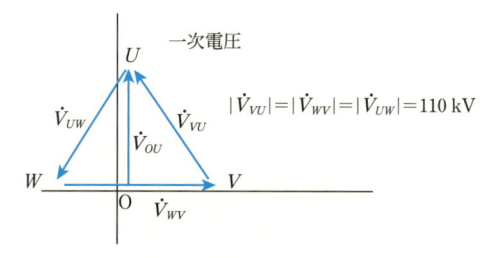

$|\dot{V}_{VU}|=|\dot{V}_{WV}|=|\dot{V}_{UW}|=110\,\mathrm{kV}$

このとき，主座変圧器に加わる電圧は，一次側が $\dot{V}_{WV}$，二次側が $\dot{V}_{o_v v}$ である．これらの電圧ベクトルの向きは同じになりその大きさは110：60であるから，主座変圧器のベクトル図は，次のようになる．

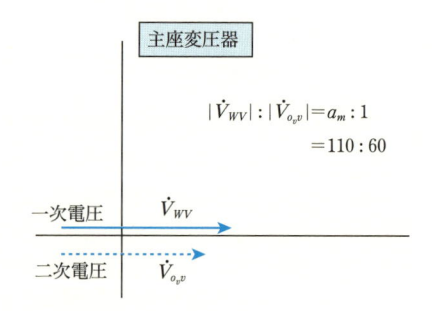

主座変圧器

$|\dot{V}_{WV}|:|\dot{V}_{o_v v}|=a_m:1$
$=110:60$

一次電圧 $\dot{V}_{WV}$
二次電圧 $\dot{V}_{o_v v}$

$|\dot{V}_{WV}|:|\dot{V}_{o_v v}|=a_m:1=110:60$

$a_m=\dfrac{110}{60}=1.833$

同様にしてT座変圧器のベクトル図は，次のようになる．

T座変圧器

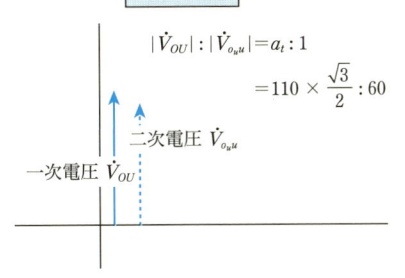

$|\dot{V}_{OU}|:|\dot{V}_{O_uu}|=a_t:1$
$=110\times\dfrac{\sqrt{3}}{2}:60$

一次電圧 $\dot{V}_{OU}$　二次電圧 $\dot{V}_{O_uu}$

電圧の大きさに注目すると，

$$|\dot{V}_{OU}|:|\dot{V}_{O_uu}|=a_t:1=110\times\dfrac{\sqrt{3}}{2}:60$$

$$a_t=\dfrac{110}{60}\times\dfrac{\sqrt{3}}{2}=1.588$$

戦術❷

❷巻線比から$|\dot{I}_U|$を求める．負荷が二相平衡電流のとき，一次側は三相平衡電流となるので，$|\dot{I}_U|=|\dot{I}_V|$である．

T座変圧器に流れる電流は，一次側が$\dot{I}_U$であり，二次側に流れる電流$\dot{I}_u$と同じ向きになる．各変圧器の二次電圧は60 kV，出力10 MV・Aであるので，二次電流の大きさ$|\dot{I}_u|$は，

$$|\dot{I}_u|=\dfrac{10\times10^6}{60\times10^3}=166.7〔A〕$$

T座変圧器の変圧比$a_t=1.588$なので，

$$|\dot{I}_U|=\dfrac{|\dot{I}_u|}{1.588}=105〔A〕$$

負荷が二相平衡電流のとき，一次側は三相平衡電流となり，

$$|\dot{I}_V|=|\dot{I}_U|=105〔A〕$$

戦術❸

❸それぞれの巻線に加わる電圧・電流をもとに一次巻線容量を計算する．

$$P_t=|\dot{I}_U|\times|\dot{V}_{OU}|=105\times110\times10^3\times\dfrac{\sqrt{3}}{2}$$
$$=10.00\times10^6〔V\cdot A〕=10.0〔MV\cdot A〕$$
$$P_m=|\dot{I}_V|\times|\dot{V}_{OV}|+|\dot{I}_W|\times|\dot{V}_{WO}|=|\dot{I}_V|\times|\dot{V}_{WV}|$$
$$=105\times110\times10^3=11.55\times10^6〔V\cdot A〕=11.6〔MV\cdot A〕$$

(2)

戦術❹

❹一次巻線容量に対する変圧器出力の割合を求める．

変圧器の出力はそれぞれ10 MV・Aであるから，その利用率は，

$$\frac{10.0+10.0}{11.55+10.0}\times 100 = 92.80 \doteq 92.8 \text{[\%]}$$

〈答〉
(1) a. $a_m = 1.83$, $a_t = 1.59$
　　b. $I_V = I_U = 105$ A
　　c. $P_m = 11.6$ MV·A, $P_t = 10.0$ MV·A
(2) 92.8%

スコット変圧器の電流ベクトル図の描き方

本解答では電流のベクトル図を割愛したが，二次電流が定格のときの電流ベクトル図は次のように描けばよい．

負荷の力率が1であるとすると，二次電流のベクトル図およびT座変圧器のベクトル図は次のようになる．

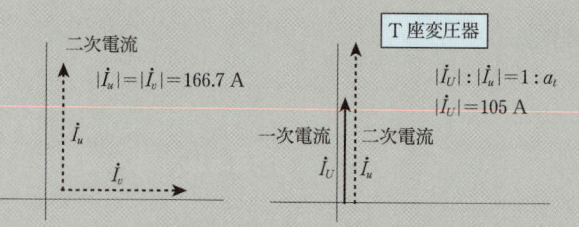

二次電流
$|\dot{I}_u| = |\dot{I}_v| = 166.7$ A

T座変圧器
$|\dot{I}_U| : |\dot{I}_u| = 1 : a_t$
$|\dot{I}_U| = 105$ A

一次電流　二次電流
$\dot{I}_U$　$\dot{I}_u$

一方，主座変圧器の一次電流は少し複雑である．一次電流$\dot{I}_V$は主座変圧器の一次巻線の真ん中の点Oまで流れ，点Oから先は$-\dot{I}_W$が流れるので，一次巻線に流れる電流は，$(\dot{I}_V - \dot{I}_W)/2$とみなすことができる．

ここで，一次電流には$\dot{I}_U + \dot{I}_V + \dot{I}_W = 0$の関係があるので，T座変圧器にて求めた$\dot{I}_U$を使って，$-\dot{I}_U/2 = (\dot{I}_V + \dot{I}_W)/2$を図上に描き，$(\dot{I}_V - \dot{I}_W)/2$と足し合わせれば$|\dot{I}_V|$を求めることができる．$\dot{I}_W$に関しても同様である．参考にしてほしい．

主座変圧器

$\left|\dfrac{\dot{I}_V - \dot{I}_W}{2}\right| : |\dot{I}_v| = 1 : a_m$

$\left|\dfrac{\dot{I}_V - \dot{I}_W}{2}\right| = \dfrac{166.7}{1.833} = 90.91$ A

$-\dfrac{\dot{I}_U}{2} = \dfrac{\dot{I}_V + \dot{I}_W}{2}$　　$\dfrac{\dot{I}_V - \dot{I}_W}{2}$　　$\dot{I}_V = \left|\dfrac{\dot{I}_V - \dot{I}_W}{2}\right| - j\dfrac{\dot{I}_U}{2} = 90.91 - j\dfrac{105}{2}$

$|\dot{I}_V| = \sqrt{90.91^2 + 52.5^2} = 105$ A

■問題17

2台の容量の等しい単相変圧器T_1, T_2を図1のようにスコット結線に接続して，一次側対称三相交流電圧から二次側に電圧の大きさが同じで90°位相の異なる2組の二相交流電圧を得るものとする．二次側には平衡した二相の負荷電流が流れるものとし，次の問に答えよ．なお，図2は電圧ベクトル図を示す．

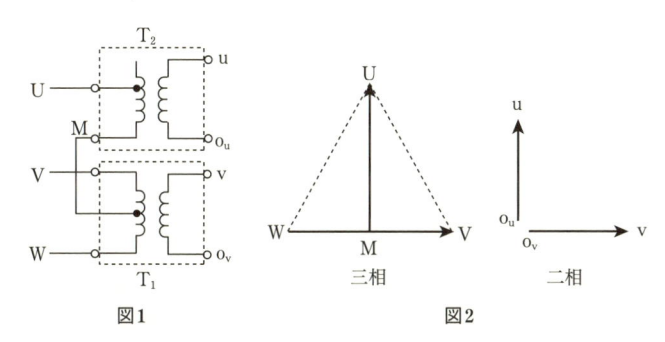

図1　　　　　　　　　図2

(1) T_1を主座変圧器（M座），T_2をT座変圧器として用いるものとし，T_1変圧器の巻数比を$a:1$とするとき，T_2の巻数比はいくらにすればよいか．

(2) 上記(1)における変圧器の総合利用率〔％〕を求めよ．

(3) 一次線間電圧6 600 Vの対称三相交流回路から，二次側に200 V，80 kV·Aの二相交流電力を得る場合について，次の値を求めよ．
　a．T_1およびT_2の巻数比
　b．二次電流I_2〔A〕
　c．一次電流I_1〔A〕
　d．単相変圧器に必要な容量S〔kV·A〕

（機械・制御：平成16年追加問2）

着眼点 Focus Points

前問同様スコット変圧器に関する問題である．基本問題であるが，スコット変圧器を考えること自身が応用問題のようなものであるため，難しいと感じる方は多いだろう．今回は問題にて電圧ベクトル図が用意されているので，それを利用すれば比較的簡単に解ける．とにかく，ベクトル図を正確に描いて全体像を理解できるかどうかが大きなポイントである．

戦術 Tactics

(1) ❶図2の電圧ベクトル図をもとにそれぞれの変圧器の変圧比を考える．

(2) ❷二つの変圧器の容量が等しい点に注意して，容量と出力の比を計算する．

(3) ❸出力から二次電流を求め，変圧比を用いて一次電流に換算する．

解答 Answer

戦術❶

(1)

❶図2の電圧ベクトル図をもとにそれぞれの変圧比を考える．

T_1変圧器の変圧比は，

$$V_{WV} : V_{o_pv} = a : 1$$

一方，T_2変圧器の変圧比は，

$$V_{MU} : V_{o_uu} = \frac{\sqrt{3}V_{WV}}{2} : V_{o_pv} = \frac{\sqrt{3}a}{2} : 1$$

(2)

戦術❷

❷二つの変圧器の容量が等しい点に注意して，容量と出力の比を計算する．

平衡状態にあれば，電圧値・電流値はどちらの変圧器でも同じであるので，T_1変圧器を使って電圧比について考える．

一次側の線間電圧をV_1とすれば，二次電圧V_2は，

$$V_2 = \frac{1}{a} V_1$$

T_2変圧器を使って電流比について考えれば，一次側の線電流をI_1とすれば，二次電流I_2は，

$$I_2 = \frac{\sqrt{3}a}{2} I_1$$

総合利用率は，

$$\frac{V_2 I_2}{V_1 I_1} = \frac{\frac{V_1}{a} \times \frac{\sqrt{3}a}{2} I_1}{V_1 I_1} = \frac{\sqrt{3}}{2} = 0.866$$

となる．

(3)

戦術❸

❸出力から二次電流を求め，変圧比を用いて一次電流に換算する．

a. T_1およびT_2の巻数比

電圧比を使えば，T_1変圧器の巻数比は，

$$a = \frac{V_1}{V_2} = \frac{6\,600}{200} = 33.0$$

T_2変圧器の巻数比は，

$$a \times \frac{\sqrt{3}}{2} = 33.0 \times \frac{\sqrt{3}}{2} = 28.57$$

1. 変圧器

b. 二次電流 I_2〔A〕

一つの変圧器の出力は $40\,\mathrm{kV\cdot A}$ であるので，

$$I_2 = \frac{40 \times 10^3}{200} = 200\,〔\mathrm{A}〕$$

c. 一次電流 I_1〔A〕

二次電流と変圧比を用いて考えれば，

$$I_1 = \frac{2}{\sqrt{3}\,a} I_2 = \frac{2 \times 200}{\sqrt{3} \times 33.0} = 6.998\,〔\mathrm{A}〕$$

d. 単相変圧器に必要な容量 S〔kV·A〕

$$S = V_1 I_1 = 6\,600 \times 6.998 = 46\,190\,〔\mathrm{V\cdot A}〕$$

$$\therefore\ S = 46.2\,〔\mathrm{kV\cdot A}〕$$

〈答〉

(1) $\dfrac{\sqrt{3}\,a}{2} : 1$

(2) 86.6%

(3) a. T_1 の巻数比　33.0，T_2 の巻数比　28.6

　　b. $I_2 = 200\,\mathrm{A}$

　　c. $I_1 = 7.00\,\mathrm{A}$

　　d. $S = 46.2\,\mathrm{kV\cdot A}$

スコット変圧器の利用率

　前問ではスコット変圧器の総合利用率は 92.8% であったのに対し，本問では 86.6% となった．同じスコット変圧器であるにもかかわらず，なぜ総合利用率が違う値となったのだろうか．

　本問では，T座変圧器と主座変圧器の二つの変圧器に，同容量のものを使用した．しかしT座変圧器は，主座変圧器に比べて，一次側にかかる電圧が $\sqrt{3}/2 \fallingdotseq 0.866$ 倍である．つまり，T座変圧器は主座変圧器よりも 0.866 倍の容量があれば十分である．本問では二つの変圧器を同容量としたため，その分，総合利用率が小さい値となった．

■問題18

一次巻線容量100 kV·A，一次定格電圧10 kV，二次巻線容量および三次巻線容量50 kV·A，二次定格電圧および三次定格電圧100 Vの単相3巻線変圧器がある．各2巻線間の百分率インピーダンス電圧は，100 kV·A基準で，一次と二次間10%，一次と三次間10%，二次と三次間5%であった．次の問に答えよ．

(1) 励磁アドミタンスと抵抗分を無視して，3巻線変圧器の等価回路を下図のように表したとき，各ブランチの百分率インピーダンス電圧%IX_1，%IX_2，%IX_3は，100 kV·A基準でそれぞれ何パーセントになるか．

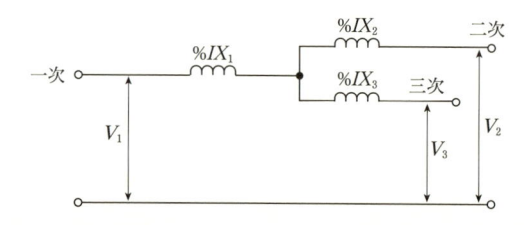

(2) 一次端子電圧を定格電圧10 kVに保ち，三次端子を開放したまま二次端子を短絡したとき，三次端子電圧はいくらになるか．

(3) 上記(2)で，二次端子を短絡しても三次端子電圧が90 V以下に降下しないためには，二次と三次間の百分率インピーダンス電圧を何パーセント以上にすればよいか．ただし，一次と二次間および一次と三次間の百分率インピーダンス電圧は10%のままとする．

(機械・制御：平成8年問2)

着眼点 Focus Points

三巻線変圧器の問題である．これもパターン化された問題の一つなので，解法を身に付けることが重要である．一次二次間のインピーダンスがX_{12}のとき，一次巻線のインピーダンスX_1，二次巻線のインピーダンスX_2には，$X_1+X_2=X_{12}$の関係がある．必ず覚えておこう．

戦術 Tactics

(1) ❶巻線間のインピーダンスをもとに，それぞれの巻線インピーダンスを求める．

(2) ❷二次端子を短絡したときの三次端子電圧をp.u.表記にて計算し，最後に三次端子定格電圧を掛ける．

(3) ❸三次端子電圧が90 Vになるとき，一次巻線インピーダンスと二次巻線インピーダンスの比率は9:1であるのを利用し，それぞれの巻線インピーダンスを求め，二次三次間のインピーダンスを求める．

解答

戦術 ❶

(1)

❶ 巻線間のインピーダンスをもとに，それぞれの巻線インピーダンスを求める．

問題文から，それぞれの巻線インピーダンスを$\%X_1$, $\%X_2$, $\%X_3$とすれば，

$$\%IX_1 + \%IX_2 = 10 [\%]$$
$$\%IX_2 + \%IX_3 = 5 [\%]$$
$$\%IX_3 + \%IX_1 = 10 [\%]$$

である．

それぞれを計算するためには，三つの式を足し合わせて2で割り，合成インピーダンスを引けばよい．

$$2(\%IX_1 + \%IX_2 + \%IX_3) = 25$$
$$\therefore \%IX_1 + \%IX_2 + \%IX_3 = 12.5$$
$$\%IX_1 = 12.5 - 5 = 7.5 [\%]$$
$$\%IX_2 = 12.5 - 10 = 2.5 [\%]$$
$$\%IX_3 = 12.5 - 10 = 2.5 [\%]$$

(2)

戦術 ❷

❷ 二次端子を短絡したときの三次端子電圧をp.u.表記にて計算し，最後に三次端子定格電圧を掛ける．

二次端子を短絡すると，次のようになる．

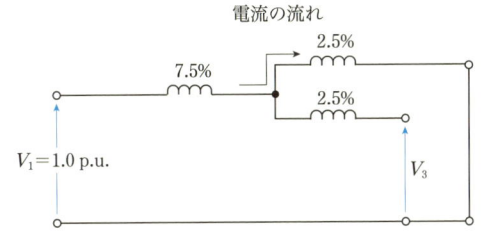

電流の流れ
7.5%　2.5%
　　　2.5%
$V_1 = 1.0$ p.u.　　V_3

三次端子電圧V_3を考えると，電圧降下から，

$$V_3 = 1.0 \times \frac{2.5}{7.5 + 2.5} = 0.25 [\text{p.u.}]$$

となる．

三次端子では，1 p.u.が100 Vであるので，

$$V_3 = 0.25 [\text{p.u.}] = 100 \times 0.25 [\text{V}] = 25.0 [\text{V}]$$

> **電流が流れなければ，電圧降下は生じない**
>
> 電圧降下は素子に電流が流れてはじめて生じるものである．
> 電圧降下は $\dot{V}=\dot{I}\dot{Z}$ で表される．今回のように結線が開放されていて電流が流れない場合は，$\dot{I}=0$ であるので電圧降下は生じない．
> 本問では，三次巻線インピーダンス $\%IX_3$ には電流は流れないため電圧降下は生じない．注意しよう．

(3)

❸ 三次端子電圧が90 Vになるとき，一次巻線インピーダンスと二次巻線インピーダンスの比率は9：1であるのを利用し，それぞれの巻線インピーダンスを求め，二次三次間のインピーダンスを求める．

三次端子電圧が90 Vになるとき0.9 p.u.になる，ということなので，
$$\%IX_1' : \%IX_2' = 1 : 9$$
となる．

問題文から，$\%IX_1' + \%IX_2' = 10\%$ であるので，
$$\%IX_1' = 1 \, [\%]$$
$$\%IX_2' = 9 \, [\%]$$

また，同様に問題文から，$\%IX_3' + \%IX_1' = 10\%$ であるので，
$$\%IX_3' = 10 - 1 = 9 \, [\%]$$

よって，
$$\%IX_2' + \%IX_3' = 9 + 9 = 18 \, [\%]$$

二次三次間のインピーダンスは18％以上となればよい．

〈答〉
(1) $\%IX_1 = 7.50\%$，$\%IX_2 = 2.50\%$，$\%IX_3 = 2.50\%$
(2) 25.0 V
(3) 18.0％以上

2. 直流機

■問題1

定格電圧220 Vの直流分巻電動機がある．端子電圧220 Vで，ある負荷状態のとき，電機子電流は50 A，回転速度は1 600 min^{-1}であった．このときの電動機の発生トルク〔N·m〕および効率〔%〕を求めよ．ただし，電機子抵抗（ブラシの抵抗を含む）は0.2 Ω，界磁抵抗は200 Ωとする．

（機械：平成6年問1）

着眼点 Focus Points

直流分巻電動機を使った基本問題である．

直流機の問題を解くうえで特に注意しなくてはならないのは，分巻／直巻や電動機／発電機などの条件である．どの場合も使う公式は同じであるが，回路の分岐や電流の向きなどによって，方程式の導き方が異なる．直流機の問題が出たら，必ず等価回路を描くようにしよう．

条件を見落とさないよう，問題文をよく読んでから解き始めることが重要である．

戦術 Tactics

❶等価回路を描いて問題文を整理する．
❷トルクTを求めるには，$P=T\omega$を使う．
❸回路損失には，電機子抵抗損失と界磁抵抗損失がある．

解答 Answer

戦術❶

❶等価回路を描いて問題文を整理する．

等価回路は，次のようになる．

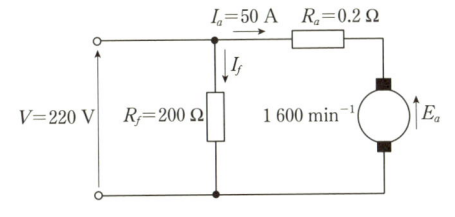

$I_a=50$ A, $R_a=0.2$ Ω, I_f, $V=220$ V, $R_f=200$ Ω, 1 600 min^{-1}, E_a

戦術❷

❷トルクTを求めるには，$P=T\omega$を使う．

トルクTを求めるために，電動機の出力P〔W〕を求める．

誘導起電力E_aは，

$$E_a = V - R_a \cdot I_a = 220 - 0.2 \times 50 = 210 \text{(V)}$$

となるので，電動機出力 P は，

$$P = E_a \cdot I_a = 210 \times 50 = 10\,500 \text{(W)}$$

電動機トルク T は，$P = T\omega$ で表されるので，

$$T = \frac{P}{\omega} = \frac{P}{2\pi f} = \frac{10\,500}{2\pi \frac{1\,600}{60}} = 62.7 \text{(N·m)}$$

戦術❸ ❸回路損失には，電機子抵抗損失と界磁抵抗損失がある．

電機子抵抗損失 W_a は，

$$W_a = I_a^2 \cdot R_a = 50^2 \times 0.2 = 500 \text{(W)}$$

界磁抵抗損失 W_f は，

$$W_f = I_f^2 \cdot R_f = \frac{V^2}{R_f} = \frac{220^2}{200} = 242 \text{(W)}$$

よって効率 η は，

$$\eta = \frac{10\,500}{10\,500 + 500 + 242} = 0.9340 = 93.4 \text{(\%)}$$

〈答〉
発生トルク　62.7 N·m
効率　93.4%

2. 直流機

■問題2

電圧が220 V一定の電源に接続された直流分巻電動機がある。(1)から(4)までの問に答えよ。ただし、補極を含む電機子巻線の抵抗は0.13 Ω、界磁巻線の抵抗は73.3 Ω、ブラシ電圧降下の合計は2 Vである。また、磁気回路に飽和はなく、電機子反作用は無視するものとする。

(1) 入力電流75 Aのときの電機子電流[A]と誘導起電力[V]を求めよ。
(2) 上記(1)の場合トルク[N·m]を求めよ。ただし、回転速度は$1\,200\,\mathrm{min}^{-1}$とする。
(3) 上記(2)で求めたトルク[N·m]を保ったまま界磁回路の抵抗を1.5倍としたときの電機子電流[A]を求めよ。
(4) 上記(3)の場合の誘導起電力[V]と回転速度[min^{-1}]を求めよ。

(機械・制御：平成7年問1)

着眼点 Focus Points

直流分巻電動機の問題である。本問のように、ブラシの電圧降下については、抵抗値で与えられずに単位[V]で与えられることが多いので慣れておこう。

直流電動機のトルクTは、純粋な電磁力によって生じており、磁束Φと電機子電流I_aに比例する性質をもっている。

戦術 Tactics

(1) ❶等価回路を描く。
   ❷電機子電流は、入力電流から界磁電流を引けば求まる。
(2) ❸電動機の公式$P=T\omega$を使ってトルクを求める。
(3) ❹電動機のトルクには$T \propto I_a \cdot I_f$の関係がある。
(4) ❺電機子電流I_a'から誘導起電力E_a'を求め、$P'=T\omega'$を使って回転速度Nを求める。

解答 Answer

(1)
戦術❶
❶等価回路を描く。
等価回路は次図のようになる。

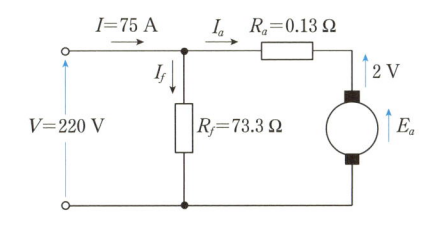

$I=75\,\mathrm{A}$, I_a, $R_a=0.13\,\Omega$, I_f, $V=220\,\mathrm{V}$, $R_f=73.3\,\Omega$, $2\,\mathrm{V}$, E_a

❷ ❷電機子電流I_aは，入力電流Iから界磁電流I_fを引けば求まる．
界磁電流I_fは，

$$I_f = \frac{220}{73.3} = 3.00 \text{(A)}$$

電機子電流I_aは，入力電流Iから界磁電流I_fを引いて
$$I_a = I - I_f = 75 - 3.00 = 72.0 \text{(A)}$$

また，電動機の誘導起電力E_aは，端子電圧Vから電機子抵抗による電圧降下とブラシによる電圧降下を引いたものとなるので，
$$E_a = V - R_a \cdot I_a - 2 = 220 - 0.13 \times 72.0 - 2 = 208.64 \text{(V)}$$

(2)

❸ ❸電動機の公式$P = T\omega$を使ってトルクを求める．
電動機出力Pは，
$$P = E_a \cdot I_a = 208.64 \times 72.0 = 15\,022 \text{(W)}$$

電動機トルクは$P = T\omega$の公式で与えられるので，回転数$1\,200\,\text{min}^{-1}$のとき，

$$T = \frac{P}{\omega} = \frac{P}{2\pi f} = \frac{15\,022}{2\pi \times \dfrac{1\,200}{60}} = 119.5 \text{(N·m)}$$

(3)

❹ ❹電動機のトルクには$T \propto I_a \cdot I_f$の関係がある．
電動機のトルクは，磁束Φと電機子電流I_aによる電磁力で生じているので，
$$T \propto I_a \Phi \propto I_a I_f$$

界磁回路の抵抗を1.5倍にしたとき，界磁電流I_f'は$1/1.5$倍になるので，トルクを一定に保つためには，電機子電流I_a'は1.5倍にならなければならない．
$$I_a' = I_a \times 1.5 = 72.0 \times 1.5 = 108 \text{(A)}$$

(4)

❺ ❺電機子電流I_a'から誘導起電力E_a'を求め，$P' = T\omega'$を使って回転速度N'を求める．
このときの誘導起電力E_a'は，
$$E_a' = V - R_a \cdot I_a' - 2 = 220 - 0.13 \times 108 - 2 = 203.96 \fallingdotseq 204 \text{(V)}$$

電動機の出力P'は，
$$P' = E_a' \cdot I_a' = 203.96 \times 108 = 22\,027 \text{(W)}$$

トルクは不変であるので，

$$\omega' = 2\pi f' = \frac{P'}{T}$$

$$f' = \frac{P'}{2\pi T}$$

$$N' = 60 f' = 60 \cdot \frac{P'}{2\pi T} = 60 \times \frac{22\,027}{2\pi \times 119.5} = 1\,760 \,(\text{min}^{-1})$$

〈答〉

(1) 電機子電流　72.0 A，誘導起電力　209 V

(2) 120 N·m

(3) 108 A

(4) 誘導起電力　204 V，回転速度 1 760 min^{-1}

弱め界磁制御

本問で求めたように，直流機の界磁を弱めると回転速度は上昇する．界磁回路の抵抗を 1.5 倍にすることで，回転速度は $\frac{1\,760}{1\,200} \fallingdotseq 1.5$ 倍となった．

このように直流機の界磁を弱めることで速度を上昇させる制御法を弱め界磁制御と呼ぶ．概要をおさえた後に計算を行うと計算間違いを防止することができる．

論述対策にもなるのでぜひ覚えておいてほしい．

■問題3

定格出力500 kW，定格電圧600 Vの直流分巻発電機がある．この発電機の電機子回路の抵抗を0.025 Ω，界磁回路の抵抗を200 Ω，鉄損および機械損の合計を10 kWとすると，全負荷時効率および最高効率はそれぞれいくらか．
(機械：平成3年問1)

着眼点 Focus Points

直流分巻発電機の問題である．発電機の場合，電動機のときとは電流の向きが逆になる．誘導起電力 E_a > 端子電圧 V となるので注意しよう．また，電流においても電動機とは違い，電機子電流 I_a = 負荷電流 I + 界磁電流 I_f となる．これらは，わかっていてもミスしてしまう箇所であるので，等価回路を描き，何度も確認しながら解くようにしよう．

最高効率 η_{max} を求める問題では，変圧器で最高効率を求めるときと同様，「負荷損＝無負荷損」となるときの条件を考えればよい．なお，「鉄損および機械損の合計」は固定損と呼ばれ，無負荷損の一つである．

戦術 Tactics

❶ 問題文に沿って等価回路を描く．
❷ 界磁電流 I_f を求める．
❸ 定格出力の条件から定格時の電機子電流 I_a を求める．
❹ 界磁抵抗損 W_f と電機子抵抗損 W_a，固定損 W_0 を使って定格時の効率を求める．
❺ 「電機子抵抗損＝界磁抵抗損＋固定損」となるとき，最高効率 η_{max} となる．

解答 Answer

戦術❶
❶ 問題文に沿って等価回路を描く．
問題文の条件を等価回路に表すと次のようになる．

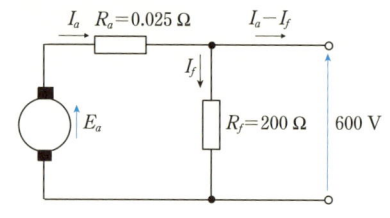

戦術❷
❷ 界磁電流 I_f を求める．
界磁電流 I_f は，等価回路を使って，
$$I_f = \frac{600}{200} = 3.00 \text{ [A]}$$

戦術 ❸

❸定格出力の条件から定格時の電機子電流 I_a を求める．

発電機出力 P_G は，端子電圧×負荷電流である．これが 500 kW となるので，
$$P_G = V(I_a - I_f) = 500 \times 10^3 \text{ [W]}$$

電機子電流 I_a は，
$$I_a = \frac{P_G}{V} + I_f = \frac{500 \times 10^3}{600} + 3.00 = 833.33 + 3.00 = 836.33 \text{ [A]}$$

戦術 ❹

❹界磁抵抗損 W_f と電機子抵抗損 W_a，固定損 W_0 を使って定格時の効率を求める．

定格負荷時の界磁抵抗損 W_f は，
$$W_f = I_f^2 \cdot R_f = 3.00^2 \times 200 = 1\,800 \text{ [W]}$$

電機子抵抗損 W_a は，
$$W_a = I_a^2 \cdot R_a = 836.33^2 \times 0.025 = 17\,486 \text{ [W]}$$

固定損 W_0 は 10 kW であるので，定格出力時の効率 η_0 は，
$$\eta_0 = \frac{P}{P + W_a + W_f + W_0} = \frac{500}{500 + 17.486 + 1.80 + 10}$$
$$= 94.47 \text{ [\%]}$$

戦術 ❺

❺「電機子抵抗損＝界磁抵抗損＋固定損」となるとき，最高効率 η_{max} となる．

それぞれの損失の特性について考える．

直流分巻発電機では，端子電圧は出力によって多少増減するものの，その増減量は微々たるものである．そのため，界磁抵抗損 W_f は出力にかかわらずほぼ一定とみなすことができる．

電機子抵抗損 W_a は電機子電流 I_a の2乗に比例するが，「電機子電流≒負荷電流」であるので，負荷率の2乗に比例するとみなせる．

すなわち，

　負荷損：電機子抵抗損 W_a'

　無負荷損：界磁抵抗損 W_f ＋固定損 W_0

として考えれば，最高効率 η_{max} となるとき「負荷損＝無負荷損」となる．このときの負荷率を α とすれば，
$$W_a' = \alpha^2 W_a = W_f + W_0 = 1.80 + 10 = 11.8 \text{ [kW]}$$

このときの出力 P' は，
$$P' = \alpha P = \sqrt{\frac{W_a'}{W_a}} \cdot P = \sqrt{\frac{11.8}{17.486}} \times 500 = 410.7 \text{ [kW]}$$

よって最高効率 η_{max} は，

$$\eta_{max} = \frac{P'}{P' + W_a' + W_f + W_0} = \frac{410.7}{410.7 + 11.8 + 11.8} = 0.946$$
$$= 94.6 〔\%〕$$

〈答〉

全負荷時効率　94.5%

最高効率　94.6%

発電機と電動機の「出力」の違い

発電機と電動機では「出力」の指すものが異なるので，注意しなくてはならない．電動機出力 P_M は，電動機の機械エネルギーを指すのに対し，発電機出力 P_G は，発電機の生み出したエネルギーから回路損失を引いたものを指す．

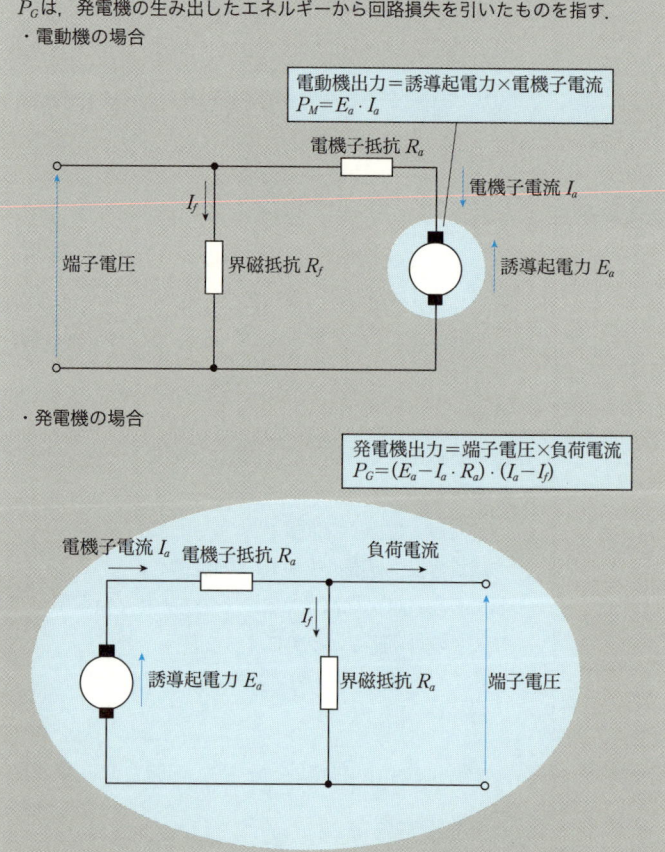

・電動機の場合

電動機出力＝誘導起電力×電機子電流
$P_M = E_a \cdot I_a$

電機子抵抗 R_a

電機子電流 I_a

I_f

端子電圧　　界磁抵抗 R_f　　誘導起電力 E_a

・発電機の場合

発電機出力＝端子電圧×負荷電流
$P_G = (E_a - I_a \cdot R_a) \cdot (I_a - I_f)$

電機子電流 I_a　電機子抵抗 R_a　負荷電流

I_f

誘導起電力 E_a　界磁抵抗 R_a　端子電圧

■問題4

極数4,回転速度720 min^{-1},並列回路数4の重ね巻の直流電動機がある.スロット数は144,1スロット内の1層当たりのコイル辺数は2,各巻線は2ターンである.また,1極当たりの磁束は0.02 Wb,電機子電流は100 Aである.この直流電動機について,次の諸量の値を求めよ.

(1) 電機子導体の総数Z
(2) 誘導起電力（逆起電力）E〔V〕
(3) 一つの電機子回路に流れる電流I〔A〕
(4) 電動機の出力P_a〔kW〕
(5) 発生トルクT〔N·m〕

（機械・制御：平成10年問1）

着眼点 Focus Points

直流電動機の電機子導体数Zに注目した問題である.電機子導体総数や,これを使った誘導起電力の求め方については,ある程度は暗記するしかない.出題頻度はそんなに高くないが,覚えるだけで解ける問題であるので,覚悟を決めて暗記してほしい.

なお,本問では問題文に記載されているが,並列回路数aは,重ね巻にしたときと波巻にしたときとで考え方が異なる.これを問う問題も過去に何度か出題されているので,巻線の巻き方と並列回路数の関係についても再度復習しておこう.

戦術 Tactics

(1) ❶電機子導体の総数Z＝スロット数×1スロット内の1層当たりのコイル辺数×巻線ターン数である.
(2) ❷誘導起電力$E=pZn\phi/60a$となる.
(3) ❸一つの電機子回路に流れる電流は,電機子電流I_aを並列回路数aで割ればよい.
(4) ❹電動機の出力は,誘導起電力E×電機子電流I_aである.
(5) ❺電動機の公式$P=T\omega$を使ってトルクTを求める.

解答 Answer

(1)

❶電機子導体の総数Z＝スロット数×1スロット内の1層当たりのコイル辺数×巻線ターン数である.

公式に当てはめれば,電機子導体の総数Zは,
$Z=144\times2\times2=576$

(2)

❷誘導起電力 $E=pZn\phi/60a$ となる．

誘導起電力 E は，電機子の磁束密度 B〔T〕，電機子導体の有効長さ l〔m〕，周辺速度 v〔m/s〕，並列回路数 a を使えば，次式で表される．

$$E = Blv\frac{Z}{a}$$

ここで，周辺速度 v および磁束密度 B は，電機子直径 D〔m〕，回転速度 n〔min^{-1}〕，磁極数 p，毎極の有効磁束数 ϕ〔Wb〕を使って，

$$v = \pi D\frac{n}{60}, \quad B = \frac{p\phi}{\pi Dl}$$

と表すことができる．これらを代入すれば，

$$E = \frac{p\phi}{\pi Dl}l\pi D\frac{n}{60}\frac{Z}{a} = \frac{pZ}{60a}n\phi = \frac{4\times 576}{60\times 4}\times 720\times 0.02 = 138.24 \text{〔V〕}$$

(3)

❸一つの電機子回路に流れる電流は，電機子電流 I_a を並列回路数 a で割ればよい．

一つの電機子回路に流れる電流を I とすれば，

$$I = \frac{I_a}{a} = \frac{100}{4} = 25.0 \text{〔A〕}$$

(4)

❹電動機出力は，誘導起電力 $E \times$ 電機子電流 I_a である．

電動機出力を P_a とすれば，

$$P_a = EI_a = 138.24 \times 100 = 13\,824 \text{〔W〕}$$

(5)

❺電動機の公式 $P = T\omega$ を使ってトルク T を求める．

トルク T は，

$$T = \frac{P_a}{\omega} = \frac{P_a}{2\pi\times\frac{n}{60}} = \frac{13\,824}{2\pi\times\frac{720}{60}} = 183.3 \text{〔N・m〕}$$

〈答〉

(1) $Z=576$

(2) $E=138$ V

(3) $I=25.0$ A

(4) $P_a=13.8$ kW

(5) $T=183$ N・m

■問題5

極数$2p$が6，電機子は単重重ね巻で全導体数Zが600，1極当たりの磁束Φが0.01 Wbの直流他励電動機がある．この電動機Mを図に示すようにチョッパ制御しているとき，直流電源電圧Eは200 V，電動機出力P_mは5 kW，回転速度nは1 200 min^{-1}であった．Dは環流ダイオード，リアクトルLの抵抗分を含む電機子回路の全抵抗R_aは0.1 Ω，Lのインダクタンスは十分大きく電機子電流は連続しているものとして，次の値を求めよ．ただし，ブラシの電圧降下，電機子反作用，鉄損，風損および摩擦損は無視するものとする．なお，単重重ね巻では並列回路数$2a=2p=6$である．

(1) 発生トルク T〔N・m〕
(2) 誘導起電力（逆起電力）E_a〔V〕
(3) 電機子電流 I_a〔A〕
(4) チョッパの通流率 α

（機械・制御：平成17年問1改）

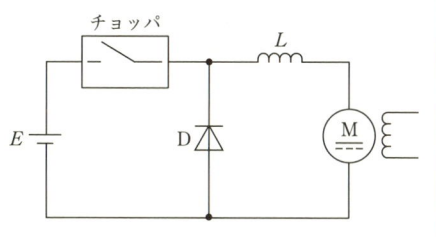

着眼点 Focus Points

他励式直流機の問題である．

このように，直流機はチョッパと組み合わせて出題されることが多い．本問では，チョッパは電動機の端子電圧を制御しているだけであり，チョッパの特性をよく知らなくても解くことができる．パワエレに自信がない人も，通流率αについて再度復習しておくとよいだろう．

完全解答を目指して解いてほしい．

戦術 Tactics

(1) ❶$P_m=T\omega$を使ってトルクTを求める．
(2) ❷単重重ね巻であるので，並列回路数$a=p$となる．
　　❸誘導起電力$E_a=pZn\Phi/60a$となる．
(3) ❹電動機出力$P_m=E_a \cdot I_a$を使って電機子電流I_aを求める．
(4) ❺通流率αはチョッパ出力電圧／入力電圧である．

解答 Answer

(1)

戦術❶ ❶$P_m=T\omega$を使ってトルクTを求める．

電動機トルクTは$P_m=T\omega$で表されるので，

$$T=\frac{P_m}{\omega}=\frac{P_m}{2\pi f}=\frac{P_m}{2\pi \times \dfrac{n}{60}}=\frac{5\,000}{2\pi \times \dfrac{1\,200}{60}}=39.79 \text{〔N・m〕}$$

(2)

❷ 単重重ね巻であるので，並列回路数 $a = p$ となる．

単重重ね巻であるので，並列回路数 a は，

$2a = 2p = 6$

∴ $a = 3$

❸ 誘導起電力は，$E_a = pZn\Phi/60a$ となる．

誘導起電力 E_a は，

$$E_a = \frac{p\Phi}{\pi Dl} l\pi D \frac{n}{60} \frac{Z}{a} = \frac{pZ}{60a} n\Phi = \frac{3 \times 600}{60 \times 3} \times 1200 \times 0.01 = 120.0 \text{〔V〕}$$

(3)

❹ 電動機出力 $P_m = E_a \cdot I_a$ を使って電機子電流 I_a を求める．

電機子電流 I_a は，P_m と E_a を使って表すことができるので，

$$I_a = \frac{P_m}{E_a} = \frac{5\,000}{120.0} = 41.67 \text{〔A〕}$$

(4)

❺ 通流率 α はチョッパ出力電圧／入力電圧である．

チョッパの出力電圧 V は，

$V = E_a + I_a \times 0.1 = 120.0 + 41.67 \times 0.1 = 124.167 \text{〔V〕}$

チョッパの通流率 α はチョッパの出力電圧／入力電圧であるから，

$$\alpha = \frac{V}{E} = \frac{124.167}{200} = 0.621$$

〈答〉

(1) $T = 39.8$ N·m

(2) $E_a = 120$ V

(3) $I_a = 41.7$ A

(4) $\alpha = 0.621$

3. 誘導機

■問題 1

三相誘導電動機があり，星形一次換算1相分のL形等価回路の諸量は次のとおりである．

一次抵抗 r_1	0.1 Ω
一次漏れリアクタンス x_1	0.5 Ω
二次抵抗（一次換算値）r_2'	0.19 Ω
二次漏れリアクタンス（一次換算値）x_2'	0.5 Ω
励磁コンダクタンス g_0	0.02 S
励磁サセプタンス b_0	0.1 S

　この電動機が電源電圧（線間）220 V，電源周波数60 Hz，滑り4%で運転されているとき，次の値を求めよ．
　ただし，漂遊負荷損は無視するものとする．
(1)　一次負荷電流 I_1' [A]
(2)　鉄損 P_i [W]
(3)　一次銅損 P_{c1} [W]
(4)　二次入力 P_2 [kW]
(5)　二次銅損 P_{c2} [W]
(6)　出力 P_o [kW]
(7)　電動機の効率 η [%]

（機械・制御：平成13年問1）

着眼点 Focus Points

　誘導機の等価回路を使った基本問題である．本問にかぎらず，誘導機では，L形等価回路をいかに使いこなせるかが大きなポイントになる．L形等価回路はY形1相分の等価回路である．損失や出力などを求める際には，回路上で求めた値を3倍することを忘れないようにしよう．
　また，一次入力，二次入力など，電動機ならではの用語が多く登場するので注意してほしい．

戦術 Tactics

(1) ❶Y形一次換算1相分のL形等価回路を描く．
　　❷一次負荷電流 I_1' を求める．
(2) ❸鉄損 P_i は，励磁コンダクタンス g_0 で消費される損失である．
(3) ❹一次銅損 P_{c1} は，一次抵抗 r_1 で消費される損失である．
(4) ❺二次入力 P_2 は，二次銅損と出力を足したものであり，抵抗 r_2'/s で消費される電力とみなすことができる．
(5) ❻二次銅損 P_{c2} は，二次抵抗 r_2' で消費される損失である．
(6) ❼出力 P_o は，等価負荷抵抗 $(1-s)r_2'/s$ で消費される電力である．
(7) ❽電動機の効率を，出力と鉄損，一次銅損，二次銅損を使って求める．

解答 Answer

(1)

戦術❶

❶Y形一次換算1相分のL形等価回路を描く．
　Y形一次換算1相分のL形等価回路は次のようになる．

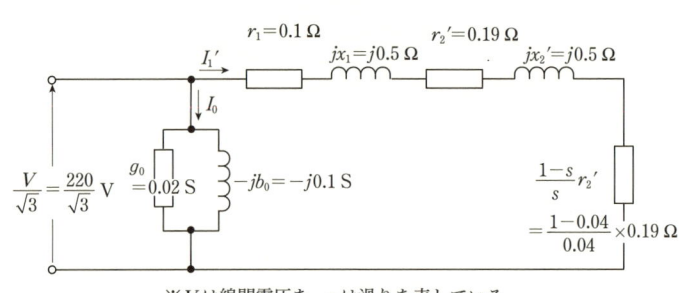

（回路図：$r_1=0.1\,\Omega$，$jx_1=j0.5\,\Omega$，$r_2'=0.19\,\Omega$，$jx_2'=j0.5\,\Omega$，$\dfrac{V}{\sqrt{3}}=\dfrac{220}{\sqrt{3}}\,\mathrm{V}$，$g_0=0.02\,\mathrm{S}$，$-jb_0=-j0.1\,\mathrm{S}$，$\dfrac{1-s}{s}r_2'=\dfrac{1-0.04}{0.04}\times 0.19\,\Omega$）

※ V は線間電圧を，s は滑りを表している．

戦術❷

❷一次負荷電流 I_1' を求める．
　一次負荷電流 I_1' は，

$$I_1'=\frac{\dfrac{V}{\sqrt{3}}}{\sqrt{\left(r_1+r_2'+\dfrac{1-s}{s}r_2'\right)^2+(x_1+x_2')^2}}$$

$$=\frac{\dfrac{220}{\sqrt{3}}}{\sqrt{\left(0.1+0.19+\dfrac{1-0.04}{0.04}\times 0.19\right)^2+(0.5+0.5)^2}}=25.65\,[\mathrm{A}]$$

(2)

戦術❸

❸鉄損 P_i は，励磁コンダクタンス g_0 で消費される損失である．
　鉄損 P_i は，励磁コンダクタンス g_0 で消費される損失であるので，コンダ

クタンスの単位が〔S〕（Ωの逆数）であることに注意すれば，

$$\frac{P_i}{3} = \left(\frac{V}{\sqrt{3}}\right)^2 g_0 = \left(\frac{220}{\sqrt{3}}\right)^2 \times 0.02 = \frac{968}{3} \text{〔W〕}$$

∴ $P_i = 968$〔W〕

(3)

戦術 ❹

❹一次銅損 P_{c1} は，一次抵抗 r_1 で消費される損失である．

一次銅損 P_{c1} は，一次抵抗 r_1 で消費される損失であるので，

$$\frac{P_{c1}}{3} = I_1'^2 r_1 = 25.65^2 \times 0.1 = 65.79 \text{〔W〕}$$

∴ $P_{c1} = 3 \times 65.79 = 197$〔W〕

(4)

戦術 ❺

❺二次入力 P_2 は，二次銅損と出力を足したものであり，抵抗 r_2'/s で消費される電力とみなすことができる．

二次入力 P_2 は，抵抗 r_2'/s で消費される電力であるから，

$$\frac{P_2}{3} = I_1'^2 \frac{r_2'}{s} = 25.65^2 \times \frac{0.19}{0.04} = 3\,125 \text{〔W〕}$$

∴ $P_2 = 3 \times 3\,125 = 9\,380$〔W〕$= 9.38$〔kW〕

(5)

戦術 ❻

❻二次銅損 P_{c2} は，二次抵抗 r_2' で消費される損失である．

二次銅損 P_{c2} は，

$$\frac{P_{c2}}{3} = I_1'^2 r_2' = 25.65^2 \times 0.19 = 125.0 \text{〔W〕}$$

∴ $P_{c2} = 3 \times 125.0 = 375$〔W〕

(6)

戦術 ❼

❼出力 P_o は，等価負荷抵抗 $(1-s)r_2'/s$ で消費される電力である．

出力 P_o は，

$$\frac{P_o}{3} = I_1'^2 \frac{1-s}{s} r_2' = 25.65^2 \times \frac{1-0.04}{0.04} \times 0.19 = 3\,000 \text{〔W〕}$$

∴ $P_o = 3 \times 3\,000 = 9\,000$〔W〕$= 9.00$〔kW〕

(7)

戦術 ❽

❽電動機の効率を出力と鉄損，一次銅損，二次銅損を使って求める．

効率 η は，

$$\eta = \frac{P_o}{P_o + P_i + P_{c1} + P_{c2}} = \frac{9\,000}{9\,000 + 968 + 197 + 375} = 85.4 \text{〔％〕}$$

〈答〉
(1) $I_1' = 25.7$ A
(2) $P_i = 968$ W
(3) $P_{c1} = 197$ W
(4) $P_2 = 9.38$ kW
(5) $P_{c2} = 375$ W
(6) $P_o = 9.00$ kW
(7) $\eta = 85.4\%$

誘導機のL形等価回路

誘導機のL形等価回路と，その損失・出力についてまとめる．等価回路のどの部分が何にあたるかを復習してほしい．また，計算する際は3倍することを忘れないように気を付けよう．

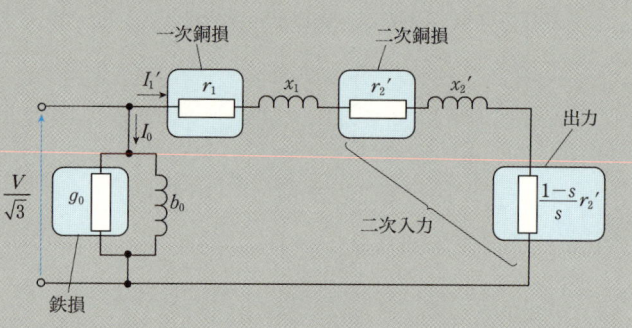

（回路図：一次側に $\frac{V}{\sqrt{3}}$，励磁回路 g_0, b_0（鉄損），一次銅損 r_1，x_1，二次銅損 r_2'，x_2'，出力 $\frac{1-s}{s}r_2'$，二次入力．電流 I_1'，I_0．）

※L形等価回路を描くときに，二次側を $r_2' + \dfrac{1-s}{s}r_2' = \dfrac{r_2'}{s}$ とし，一つにまとめて描くこともある．どちらを使っても中身は同じであるが，混同しないように注意が必要である．

■問題2

定格電圧200 V，定格周波数50 Hz，4極の三相かご形誘導電動機がある．この電動機の試験を行って次の結果を得た．

試験名	端子電圧〔V〕	入力電流〔A〕	入力〔W〕
無負荷試験	200	2.5	120
拘束試験	40	8.0	240
固定子巻線抵抗（線間，75℃換算）1.0 Ω			

この電動機について次の値を求めよ．ただし，計算には図に示す星形一相換算のL形等価回路を用いるものとし，一次リアクタンスx_1と二次リアクタンスx_2（一次換算値）の値は等しいものとする．

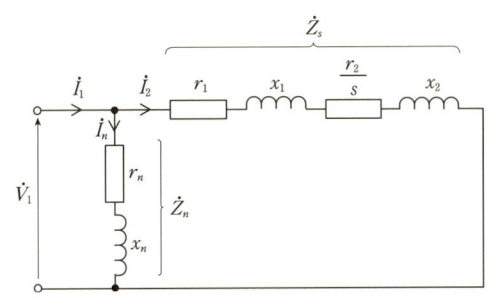

(1) 星形一相換算の一次巻線抵抗r_1〔Ω〕．
(2) 等価回路中のインピーダンス$|\dot{Z}_n|$〔Ω〕，抵抗r_n〔Ω〕およびリアクタンスx_n〔Ω〕．ただし，ここでは$\dot{Z}_s$の影響は無視してよい．
(3) 等価回路中のインピーダンス$|\dot{Z}_s|$〔Ω〕，Z_sの抵抗分R_s〔Ω〕およびリアクタンス分X_s〔Ω〕．ただし，ここでは励磁回路の影響は無視してよい．
(4) 二次抵抗（一次換算値）r_2〔Ω〕および二次リアクタンス（一次換算値）x_2〔Ω〕．
(5) この電動機の滑りsが4%のときの出力P_o〔kW〕．　　（機械・制御：平成12年問1）

着眼点 Focus Points

誘導機の無負荷試験，拘束試験に関する問題である．無負荷試験時は負荷が要求するトルクがゼロであるから，誘導機は同期速度で回転する．そのため，滑り$s=0$として等価回路を解けばよい．一方，拘束試験時には誘導機は回転しないので，滑り$s=1$として等価回路を解けばよい．

なお，どちらの場合も電動機出力$P_o=0$となり，入力されたエネルギーはすべて励磁抵抗もしくは巻線抵抗によって，熱損失として消費される．

戦術 Tactics

(1) ❶端子間の抵抗値をRとすれば，Y形1相分に変換すると，$R/2$となる．

(2) ❷無負荷試験時には$s=0$となる．$r_2/s=\infty$となり，Z_sは無限大に大きくなる．

(3) ❸拘束試験時には$s=1$となる．負荷回路のインピーダンスZ_sは小さくなって大電流が流れるため，励磁回路に流れる電流やその影響は無視できる．

(5) ❹出力P_oは，$(1-s)r_2/s$で消費されるエネルギーを3倍したものである．

解答 Answer

(1)

戦術❶ ❶端子間の抵抗値をRとすれば，Y形1相分に変換すると，$R/2$となる．

Y形に結線された固定子巻線を図にすれば，次のようになる．

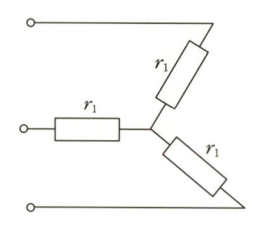

このとき，線間の抵抗値は$2r_1$であるから，

$2r_1 = 1.0\,[\Omega]$

∴ $r_1 = 0.5\,[\Omega]$

(2)

戦術❷ ❷無負荷試験時には$s=0$となる．$r_2/s=\infty$となり，Z_sは無限大に大きくなる．

無負荷試験時には，滑り$s=0$となる．このとき，$|\dot{Z}_s|$は無限大に大きくなるため，負荷回路側を開放したことと同義になる．

そのため，無負荷試験時の等価回路は次のようになる．

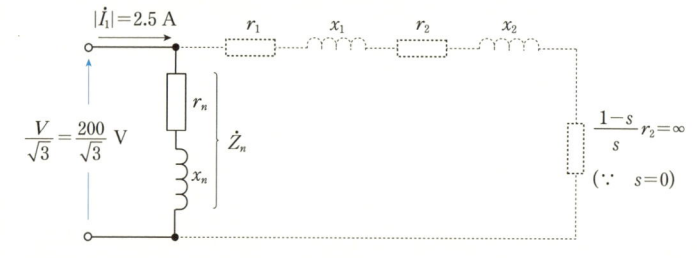

端子電圧200 Vのときの入力電流が2.5 Aであるので，

$$|\dot{Z}_n| = \frac{V}{\sqrt{3}} \cdot \frac{1}{|\dot{I}_1|} = \frac{200}{\sqrt{3}} \times \frac{1}{2.5} = 46.18 \text{[Ω]}$$

また，このときの入力が120 Wであるから，

$$3r_n|\dot{I}_1|^2 = 120 \text{[W]}$$

$$\therefore \quad r_n = \frac{120}{3|\dot{I}_1|^2} = \frac{120}{3 \times 2.5^2} = 6.4 \text{[Ω]}$$

$|\dot{Z}_n| = \sqrt{r_n^2 + x_n^2}$ であるので，

$$x_n = \sqrt{|\dot{Z}_n|^2 - r_n^2} = \sqrt{46.18^2 - 6.4^2} = 45.73 \text{[Ω]}$$

(3)

❸ 拘束試験時には $s=1$ となり，励磁回路を無視できる．

$s=1$ のとき，負荷回路のインピーダンス Z_s は小さくなり，負荷回路には励磁回路に比べて大きな電流が流れる．そのため，励磁回路に流れる電流やその影響は無視して考えることができ，等価回路は次のようにみなすことができる．

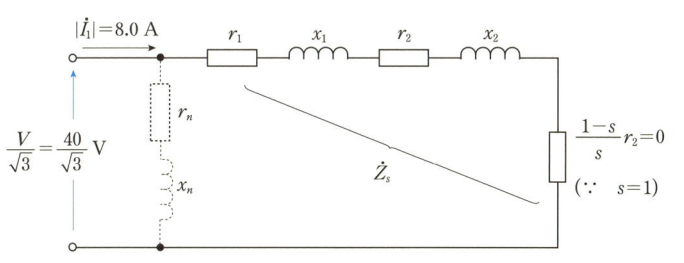

端子電圧40 Vのとき，入力電流が8.0 Aとなるので，

$$|\dot{Z}_s| = \frac{V}{\sqrt{3}} \cdot \frac{1}{|\dot{I}_1|} = \frac{40}{\sqrt{3}} \times \frac{1}{8.0} = 2.887 \text{[Ω]}$$

またこのときの入力は，巻線抵抗 r_1 および r_2 で消費された損失の合計なので，

$$3(r_1 + r_2)|\dot{I}_1|^2 = 240 \text{[W]}$$

$$R_s = r_1 + r_2 = \frac{240}{3|\dot{I}_1|^2} = \frac{240}{3 \times 8.0^2} = 1.25 \text{[Ω]}$$

$|\dot{Z}_s| = \sqrt{R_s^2 + X_s^2}$ であるので，

$$X_s = \sqrt{|\dot{Z}_s|^2 - R_s^2} = \sqrt{2.887^2 - 1.25^2} = 2.601 \text{[Ω]}$$

(4)

等価回路より，

$$R_s = r_1 + \frac{r_2}{s} = r_1 + r_2$$

であるので，
$$r_2 = R_s - r_1 = 1.25 - 0.5 = 0.75 \,(\Omega)$$

また，x_1 と x_2 は等しいので，
$$X_s = x_1 + x_2 = 2x_2$$
$$\therefore \quad x_2 = \frac{X_s}{2} = \frac{2.601}{2} = 1.30 \,(\Omega)$$

(5)

❹出力 P_o は，$(1-s)r_2/s$ で消費されるエネルギーを3倍したものである．P_o を求めれば，

$$P_o = 3I_2^2 \frac{1-s}{s} r_2 = \frac{3V_1^2}{\left(r_1 + \dfrac{r_2}{s}\right)^2 + (x_1 + x_2)^2} \cdot \frac{1-s}{s} r_2$$

$$= \frac{3\left(\dfrac{200}{\sqrt{3}}\right)^2}{\left(0.5 + \dfrac{0.75}{0.04}\right)^2 + (1.30 + 1.30)^2} \times \frac{1 - 0.04}{0.04} \times 0.75$$

$$= 1\,908 \,(\text{W}) = 1.91 \,(\text{kW})$$

〈答〉
(1) $r_1 = 0.500 \,\Omega$
(2) $|\dot{Z}_n| = 46.2 \,\Omega,\ r_n = 6.40 \,\Omega,\ x_n = 45.7 \,\Omega$
(3) $|\dot{Z}_s| = 2.89 \,\Omega,\ R_s = 1.25 \,\Omega,\ X_s = 2.60 \,\Omega$
(4) $r_2 = 0.75 \,\Omega,\ x_2 = 1.30 \,\Omega$
(5) $P_o = 1.91 \,\text{kW}$

■問題3

定格出力350 kW，定格周波数50 Hz，極数8の三相巻線形誘導電動機がある．スリップリング間で測定した回転子の抵抗は0.5 Ωで，スリップリングを短絡して全負荷運転したときの滑りは2%であった．スリップリングを開き，各相に1 Ωの抵抗をY接続として挿入して運転し，入力電流が全負荷電流と等しくなったときの回転速度および出力を求めよ．

(機械：平成元年問1)

着眼点 Focus Points

　誘導機の回転子に，スリップリングを使って外部抵抗を挿入する問題である．誘導機の特性は，二次巻線抵抗r_2によって変化する．スリップリングを使って外部抵抗Rを挿入すれば，二次抵抗がr_2+Rとなり，誘導機の出力やトルク特性を変化させることができる．

　本問のように細かなパラメータが示されていない問題では，どこから解けばよいかを考えるのが難しい．問題をよく読んで条件を読みとり，戦術を練る練習をするとよいだろう．

戦術 Tactics

❶外部抵抗Rを挿入したとき，二次巻線抵抗はr_2+Rとなる．
❷入力電流が等しいということは，抵抗Rを挿入した際，定格運転時と比べて回路インピーダンスが変化しないということである．
❸出力P_oは，$(1-s)r_2'/s$で消費されるエネルギーを3倍したものである．

解答 Answer

戦術❶

❶外部抵抗Rを挿入したとき，二次巻線抵抗はr_2+Rとなる．
　回転子の抵抗値が線間で0.5 Ωであるので，Y形1相分に換算すれば，

$$r_2 = \frac{1}{2} \times 0.5 = 0.25 \text{（Ω）}$$

挿入した抵抗をY形1相換算すれば$R=1.0$ Ωであるので，
抵抗挿入後の二次巻線抵抗値は，

$$r_2 + R = 0.25 + 1.0 = 1.25 \text{（Ω）}$$

となる．

戦術❷

❷入力電流が等しいということは，抵抗Rを挿入した際，定格運転時と比べて回路インピーダンスが変化しないということである．
　定格運転時の滑りをs_0，抵抗挿入後の滑りをs_1とすれば，L形等価回路は次のようになる．定格運転時と抵抗挿入後を比べると，変化したのは二次抵抗と滑りの2点のみである．

定格運転時

抵抗挿入後

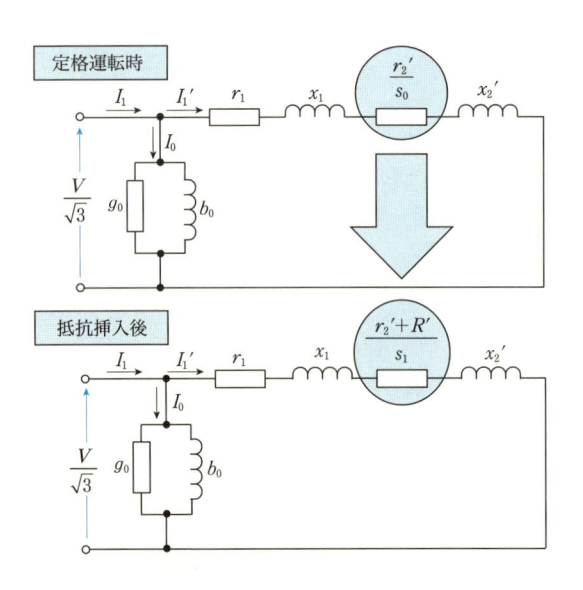

負荷電流I_1'が変化しないということは，回路インピーダンスが変化しないということである．

つまり，$\dfrac{r_2'}{s_0} = \dfrac{r_2' + R'}{s_1}$ が成り立つ．

ここで正確にいえば，L形等価回路で用いるパラメータは，r_2を一次換算したr_2'である．同様に，外部抵抗Rに関しても一次換算したR'を用いるが，これらは単純比例するので，$\dfrac{r_2}{s_0} = \dfrac{r_2 + R}{s_1}$ が成り立つ．

$s_0 = 2\%$, $r_2 = 0.25\,\Omega$, $R = 1.0\,\Omega$ を代入すれば，

$$s_1 = \dfrac{s_0}{r_2}(r_2 + R) = \dfrac{0.02}{0.25} \times (1 + 0.25) = 0.1 = 10.0\,(\%)$$

極数が8で，周波数50 Hzであるので，このときの回転速度N_1は，

$$N_1 = \dfrac{60 \times 50}{\dfrac{8}{2}} \times (1 - 0.1) = 675\,[\text{min}^{-1}]$$

戦術❸

❸出力P_oは，$(1-s)r_2'/s$で消費されるエネルギーを3倍したものである．
定格運転時の出力P_oは，

$$P_o = 3 \cdot I_1'^2 \cdot \dfrac{1 - s_0}{s_0} r_2'$$

同様に抵抗挿入後の出力P_1は，

$$P_1 = 3 \cdot I_1'^2 \cdot \frac{1-s_1}{s_1}(r_2' + R')$$

ここで，P_o と P_1 の比を考えれば，

$$\frac{P_1}{P_o} = \frac{\dfrac{1-s_1}{s_1}(r_2' + R')}{\dfrac{1-s_0}{s_0}r_2'} = \frac{1-s_1}{1-s_0}$$

$$\therefore \quad \frac{r_2' + R'}{s_1} = \frac{r_2'}{s_0}$$

よって，抵抗挿入後の出力 P_1 は，

$$P_1 = P_o \frac{1-s_1}{1-s_0} = 350 \times \frac{1-0.1}{1-0.02} = 321.4 \text{ (kW)}$$

〈答〉

回転速度　675 min^{-1}

出力　321 kW

電動機のスリップリングと抵抗挿入

　三相電動機のスリップリングを使った問題では，イメージがわかないと，線間抵抗値なのか，Y形1相分の抵抗値なのか混乱しやすい．次のように考えるといいだろう．

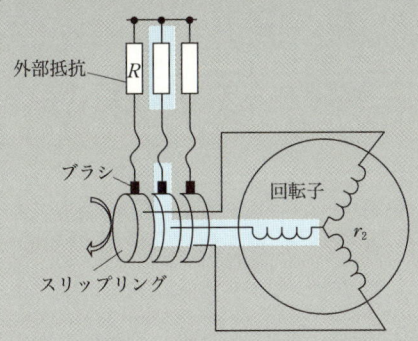

[図：外部抵抗 R，ブラシ，スリップリング，回転子 r_2]

　図の青色で示した部分が，Y形1相分の二次抵抗 ($r_2 + R$) に対応する部分である．スリップリング間で巻線抵抗を計測する場合，計測された値は2本分の巻線抵抗値となるので注意してほしい．

■問題4

定格出力100 kW，極数4，二次巻線抵抗値$r_2 = 0.12$ Ωの三相巻線形誘導電動機がある．端子電圧400 V，周波数50 Hzで全負荷運転したとき，回転速度は1 470 min^{-1}であった．この誘導電動機の二次側に抵抗Rを挿入して運転したところ，回転速度は1 380 min^{-1}となり，入力電流が全負荷電流と等しくなった．このとき，次の値を求めよ．ただし，r_2およびRの値はL形等価回路における星形1相一次側に換算した値である．

(1) 抵抗挿入後の滑り〔%〕
(2) 挿入した抵抗R〔Ω〕
(3) 機械的出力〔kW〕
(4) 発生トルク〔N・m〕

(機械・制御：平成20年問1)

着眼点 Focus Points

誘導機に抵抗を挿入する問題である．前問同様，抵抗挿入時の入力電流が定格電流時と等しい，という条件を使って解くことになる．
解法は前問と変わらないので，確実に解けるようになってほしい．

戦術 Tactics

(1) ❶滑りsは，回転速度N，同期速度N_0を使って，$s = (N_0 - N)/N_0$と表される．

(2) ❷定格運転時と抵抗挿入時とで回路インピーダンスが等しくなることに注目する．

(3) ❸出力P_0は，$(1-s)r_2'/s$で消費されるエネルギーを3倍したものである．

(4) ❹電動機の公式$P = T\omega$を使ってトルクTを求める．

解答 Answer

(1)

❶滑りsは，回転速度N，同期速度N_0を使って，$s = (N_0 - N)/N_0$と表される．

同期速度N_0〔min^{-1}〕は，

$$N_0 = \frac{60f}{\frac{p}{2}} = \frac{60 \times 50}{2} = 1\,500 \text{〔min}^{-1}\text{〕}$$

よって，抵抗挿入後の滑りs_2は，

$$s_2 = \frac{N_0 - N}{N_0} = \frac{1\,500 - 1\,380}{1\,500} = 0.08 = 8.00 \text{〔%〕}$$

(2)

❷ 定格運転時と抵抗挿入時とで回路インピーダンスが等しくなることに注目する．

定格運転時と抵抗挿入時で入力電流が等しいということは，回路インピーダンスが等しいということである．

定格運転時と抵抗挿入時の等価回路は次のようになる．

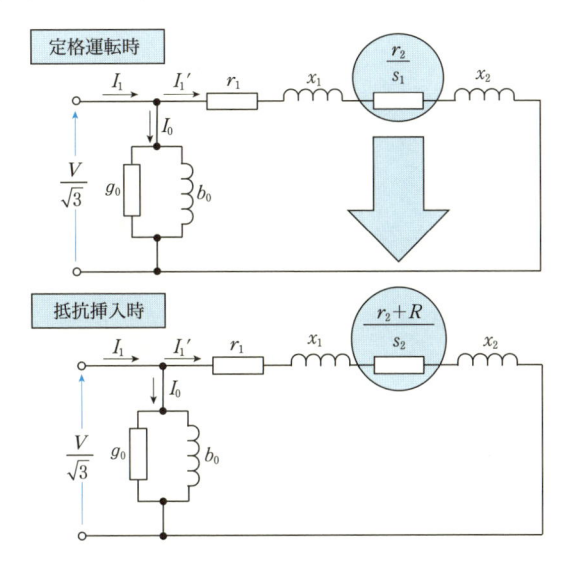

変化した箇所に注目すれば，

$$\frac{r_2}{s_1} = \frac{r_2 + R}{s_2}$$

$$\therefore R = \left(\frac{s_2}{s_1} - 1\right) r_2$$

ここで定格運転時の滑り s_1 は，

$$s_1 = \frac{1\,500 - 1\,470}{1\,500} = 0.02 = 2.00 \, [\%]$$

であるので，これを代入して，

$$R = \left(\frac{s_2}{s_1} - 1\right) \times r_2 = \left(\frac{0.08}{0.02} - 1\right) \times 0.12 = 0.36 \, [\Omega]$$

(3)

❸ 出力 P_0 は，$(1-s)r_2'/s$ で消費されるエネルギーを3倍したものである．

定格時の出力を P_1 とすれば，

$$P_1 = 3 \cdot I_1'^2 \cdot \frac{1-s_1}{s_1} r_2$$

また抵抗挿入時の出力 P_2 は,

$$P_2 = 3 \cdot I_1'^2 \cdot \frac{1-s_2}{s_2} (r_2 + R)$$

ここで, P_1 と P_2 の比を考えれば,

$$\frac{P_2}{P_1} = \frac{\frac{1-s_2}{s_2}(r_2+R)}{\frac{1-s_1}{s_1}r_2} = \frac{1-s_2}{1-s_1} \quad \therefore \quad \frac{r_2+R}{s_2} = \frac{r_2}{s_1}$$

よって, 抵抗挿入時の出力 P_2 は,

$$P_2 = P_1 \frac{1-s_2}{1-s_1} = 100 \times \frac{1-0.08}{1-0.02} = 93.88 \text{ (kW)}$$

(4)

❹ 電動機の公式 $P = T\omega$ を使ってトルク T を求める.

このときのトルク T_2 は,

$$T_2 = \frac{P_2}{\omega_2} = \frac{93.88 \times 10^3}{2\pi \times \frac{1380}{60}} = 650.2 \text{ (N·m)}$$

〈答〉

(1) 8.00%

(2) $R = 0.36\ \Omega$

(3) 93.9 kW

(4) 650 N·m

■問題5

一次，二次巻線ともY結線されている定格電圧200 V，定格周波数50 Hz，4極の三相巻線形誘導電動機がある．L形等価回路において星形1相一次換算の抵抗値およびリアクタンス値は，次のとおりである．

　　一次抵抗 $r_1 = 0.0812\ \Omega$，一次漏れリアクタンス $x_1 = 0.184\ \Omega$
　　二次抵抗 $r_2' = 0.0823\ \Omega$，二次漏れリアクタンス $x_2' = 0.278\ \Omega$

この電動機に回転速度に比例するトルクの負荷をかけ，二次抵抗制御を行って運転するとき，次の問に答えよ．

(1) 二次側に外部抵抗を挿入せず，定格電圧，定格周波数の電源に接続し，回転速度 $1\,455\ \mathrm{min^{-1}}$ で運転しているとき，次の値を求めよ．
　a. 滑り s_1 〔%〕
　b. 出力 P 〔kW〕
　c. トルク T_1 〔N・m〕

(2) 二次側に外部抵抗を挿入して，回転速度 $1\,155\ \mathrm{min^{-1}}$ で運転するとき，次の値を求めよ．ただし，電動機の滑りとトルクの関係は直線で表せる範囲にあるものとする．
　d. トルク T_2 〔N・m〕
　e. 二次側に挿入する抵抗の値 r_x 〔Ω〕

（機械・制御：平成16年追加問1）

着眼点 Focus Points

誘導機のトルクに注目した問題である．誘導機の滑り s とトルク T の関係を，トルクー速度特性曲線と呼び，その概形は図のようになる．通常，誘導機は，滑り s が十分に小さい範囲（回転速度が同期速度に近い範囲）で運転している．そのため，制動運転や発電時，始動時などの特殊な場合を除けば，特に断りがなくても $T \propto s$ として計算することができるので覚えておこう．

本問では上記に加えて負荷の特性として，回転速度 N に負荷トルク T が比例するという条件が示されているので，誘導機はこれら二つの特性曲線が交わる点で運転することになる．

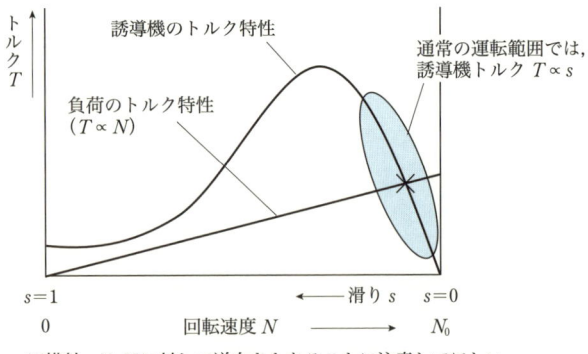

```
         トルク
          T                 誘導機のトルク特性
                                              通常の運転範囲では,
                    負荷のトルク特性              誘導機トルク T∝s
                    (T∝N)



                                    ←― 滑り s
          s=1                                s=0
          0           回転速度 N              N₀
```

※横軸 s は N に対して逆向きとなることに注意してほしい

戦術 Tactics

(1) ❶L形等価回路を描いて整理する.
❷滑りは,回転速度 N,同期速度 N_0 を使って $s=(N_0-N)/N_0$ となる.
❸出力 P は,$(1-s)r_2'/s$ で消費されるエネルギーを3倍したものである.
❹電動機の公式 $P=T\omega$ を使ってトルクを求める.

(2) ❺負荷トルクの特性として,回転速度 N とトルク T が比例することを利用し,抵抗挿入時の負荷トルク T_2 を求める.
❻抵抗挿入前に T_2 と同じだけのトルクを出すときの滑り s' を求める.
❼比例推移を使い,$r_2'/s'=(r_2'+r_x)/s_2$ となることを利用する.

解答 Answer

(1)
❶L形等価回路を描いて整理する.
  定格運転時,等価回路は次のようになる.

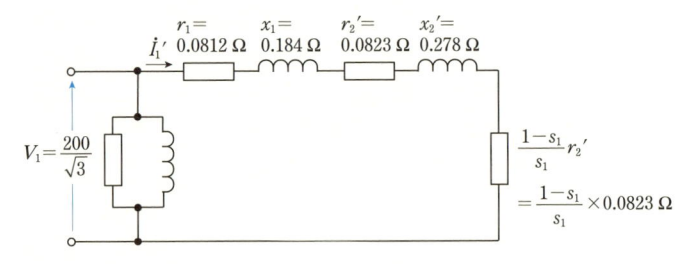

```
            r₁=      x₁=      r₂'=     x₂'=
   İ₁'     0.0812 Ω  0.184 Ω  0.0823 Ω  0.278 Ω


                                        1-s₁
                                        ──── r₂'
   V₁= 200/√3                            s₁

                                        1-s₁
                                      = ──── × 0.0823 Ω
                                        s₁
```

a. 滑り s_1

❷滑りは,回転速度 N,同期速度 N_0 を使って,$s=(N_0-N)/N_0$ となる.
  同期速度 N_0 は,

$$N_0 = \frac{60f}{\frac{p}{2}} = \frac{60 \times 50}{2} = 1\,500\,(\mathrm{min}^{-1})$$

であるから，

$$s_1 = \frac{N_0 - N}{N_0} = \frac{1\,500 - 1\,455}{1\,500} = 3.00\,(\%)$$

b. 出力 P

❸ 出力 P は，$(1-s)r_2'/s$ で消費されるエネルギーを3倍したものである．

等価回路を使って一次負荷電流 I_1' を求めれば，

$$I_1' = \frac{V_1}{\sqrt{\left(r_1 + \frac{r_2'}{s_1}\right)^2 + (x_1 + x_2')^2}}$$

$$= \frac{\frac{200}{\sqrt{3}}}{\sqrt{\left(0.0812 + \frac{0.0823}{0.03}\right)^2 + (0.184 + 0.278)^2}} = 40.345\,(\mathrm{A})$$

出力 P は，$\dfrac{1-s_1}{s_1}r_2'$ で消費されるエネルギーを3倍したものであるから，

$$P = 3\frac{1-s_1}{s_1}r_2'I_1'^2 = 3 \times \frac{1-0.03}{0.03} \times 0.0823 \times 40.345^2$$

$$= 12\,994\,(\mathrm{W})$$

∴ $P = 13.0\,(\mathrm{kW})$

c. トルク T_1

❹ 電動機の公式 $P = T\omega$ を使ってトルクを求める．

回転角速度を ω とすれば，トルク $T_1 = \dfrac{P}{\omega}$ であるので，トルク T_1 は，

$$T_1 = \frac{P}{\omega} = \frac{12\,994}{2\pi \times \frac{1\,455}{60}} = 85.28\,(\mathrm{N\cdot m})$$

(2) トルクおよび抵抗値

d. トルク T_2

❺ 負荷トルクの特性として，回転速度 N とトルク T が比例することを利用し，抵抗挿入時の負荷トルク T_2 を求める．

題意より，負荷の特性として回転速度 N とトルク T は比例するので，

$$T_2 = T_1 \frac{N_2}{N_1} = 85.28 \times \frac{1155}{1455} = 67.70 \text{[N·m]}$$

e. 二次側に挿入する抵抗の値 r_x

❻抵抗挿入前に T_2 と同じだけのトルクを出すときの滑り s' を求める.

抵抗挿入前の回路にて，T_2 と同じだけのトルクを出すときの滑り s' は，滑りとトルクが比例することを利用して，

$$s' = \frac{T_2}{T_1} \cdot s_1 = \frac{67.70}{85.28} \times 0.03 = 0.02382 = 2.382 \text{[\%]}$$

❼比例推移を使い，$r_2'/s' = (r_2' + r_x)/s_2$ となることを利用する.

回転速度 1155 min^{-1} で運転するときの滑りを s_2 とすれば，

$$s_2 = \frac{1500 - 1155}{1500} = 0.23 = 23.0 \text{[\%]}$$

抵抗挿入前と抵抗挿入後で同一トルクとなるとき，$r_2'/s' = (r_2' + r_x)/s_2$ が成り立つ（比例推移）ので，

$$\frac{r_2'}{s'} = \frac{r_2' + r_x}{s_2}$$

$$r_x = \frac{s_2}{s'} \cdot r_2' - r_2' = \frac{0.23}{0.02382} \times 0.0823 - 0.0823 = 0.7125$$

∴ $r_x = 0.713 \text{[Ω]}$

トルク－速度特性曲線とそれぞれの関係は，次のようになる.

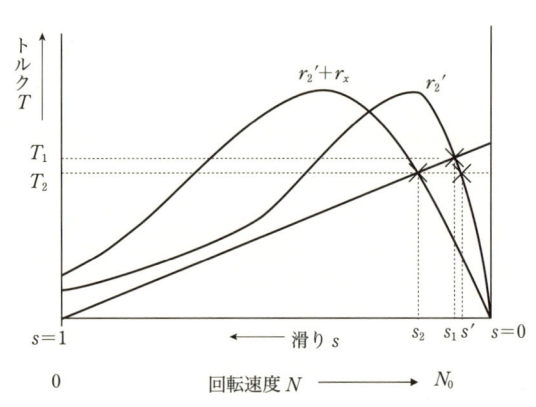

〈答〉

(1) a. $s_1 = 3.00\%$

    b. $P = 13.0$ kW

    c. $T_1 = 85.3$ N·m

(2) d. $T_2 = 67.7$ N·m

    e. $r_x = 0.713$ Ω

誘導機の比例推移

抵抗挿入前と挿入後でトルクが同じとき，二次抵抗値と滑りの比率は変化しないことを比例推移という．頻出事項であるので，確実に押さえておこう．

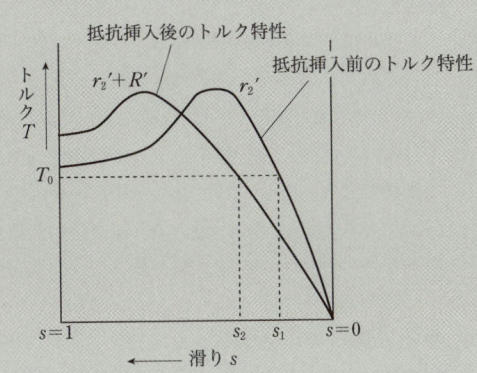

図のように，スリップリングを通じて回転子r_2'に二次抵抗R'を挿入すると，トルク－速度特性曲線は変化する．しかし，二つのカーブにおいて同じトルクの点について注目すれば，$\dfrac{r_2' + R'}{s_2} = \dfrac{r_2'}{s_1}$ が成り立つ．

■問題6

二次巻線の1相当たりの抵抗が0.002 Ωである60 Hz，8極の巻線形三相誘導電動機の二次端子に一相当たりの抵抗が0.004 Ωの三相抵抗器を接続して864 min^{-1}で運転した場合のトルクが160 N·mであった．三相抵抗器を切り離して，この電動機の二次側を短絡して同じ回転速度864 min^{-1}で運転すれば，出力はいくらになるか．ただし，二次抵抗が，一定の場合，トルクは滑りに比例するものとする．　　　（機械：平成5年問2）

着眼点 Focus Points

抵抗挿入時の比例推移を使った問題である．同様の問題が過去に何度も出題されているので，確実に解けるようになってほしい．

本問のように負荷のトルク特性がわかっていれば，トルクが同一という条件がなくても，比例推移を使って抵抗挿入前，挿入後の関係を導き出すことができる．

比例推移の問題では，最初にトルク特性曲線を描いて問題のイメージをつかむことが大切である．図を描いて，問題を整理するくせを付けよう．

戦術 Tactics

❶864 min^{-1}のときの滑りsを求める．

❷比例推移を使って，抵抗器を切り離し，トルクが160 N·mとなるときの滑りs'を求める．

❸滑りsとトルクTが比例することを使って，抵抗器を切り離した状態で滑りをsとしたときのトルクT''を求める．

❹電動機の公式$P = T''\omega''$を使って出力Pを求める．

解答 Answer

戦術❶

❶864 min^{-1}のときの滑りsを求める．

60 Hz，8極機であるので，同期速度N_0は，

$$N_0 = \frac{120 \times 60}{8} = 900 \text{ (min}^{-1}\text{)}$$

回転速度が$N = 864$ min^{-1}のときの滑りをsとすれば，

$$s = \frac{N_0 - N}{N_0} = \frac{900 - 864}{900} = 0.04 = 4.00 \text{ (\%)}$$

戦術❷

❷比例推移を使って，抵抗器を切り離し，トルクが160 N·mとなるときの滑りs'を求める．

抵抗器を切り離す前と切り離した後において，トルク－速度特性曲線を描くと次のようになる．

3. 誘導機

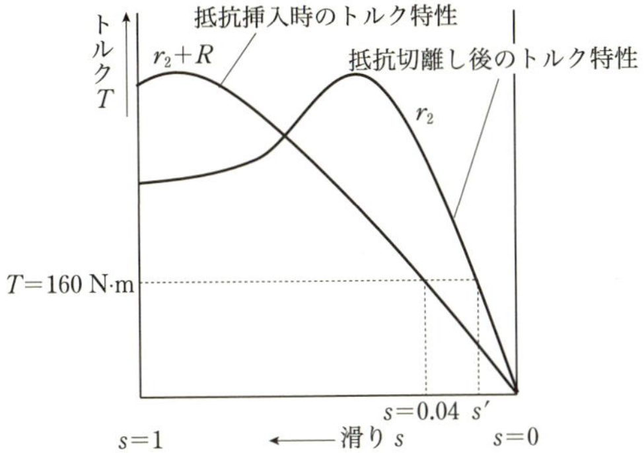

二次巻線のY形1相分抵抗値をr_2，抵抗器の抵抗値をRとすれば，比例推移が成り立つので，

$$\frac{r_2+R}{s}=\frac{r_2}{s'}$$

$$s'=\frac{r_2}{r_2+R}s=\frac{0.002}{0.002+0.004}\times 0.04=\frac{0.04}{3}=1.333〔\%〕$$

戦術❸

❸滑りsとトルクTが比例することを使って，抵抗器を切り離した状態で滑りをsとしたときのトルクT''を求める．

抵抗器を切り離した状態で，回転数を864 min^{-1}としたときのトルクをT''とすれば，このときの滑りは$s=4.00\%$であるので，

$$T''=\frac{T}{s'}\cdot s=\frac{160}{1.333}\cdot 4.00=480.0〔\mathrm{N\cdot m}〕$$

なお，トルク特性曲線上では，この点は図の位置に示される．

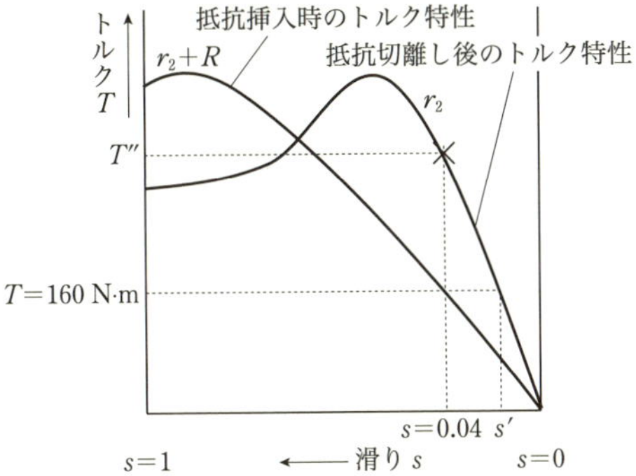

戦術❹

❹電動機の公式$P=T''\omega''$を使って出力Pを求める．

電動機の公式を用いれば，出力Pは，

$$P = T''\omega'' = 480.0 \times 2 \times \pi \times \frac{864}{60} = 43\,430\,(\text{W}) = 43.4\,(\text{kW})$$

〈答〉

43.4 kW

トルク－速度特性曲線の描き方

比例推移の問題では，さまざまな条件に分けて計算をしなくてはならない．しかし条件が多いと，どの運転点について計算をしているかわからなくなってしまうことがある．そのため本番では，計算結果をトルク－速度特性曲線に書き込みながら解いていくことが，ミスを減らす大きなポイントになる．

特性曲線を描くときは次の2点に注意するとよい．
① 二次抵抗値が大きくなればなるほど，トルク特性曲線は左方向になだらかになる．
② 二次抵抗値が変化しても，最大トルク値 T_{max} は変化しない

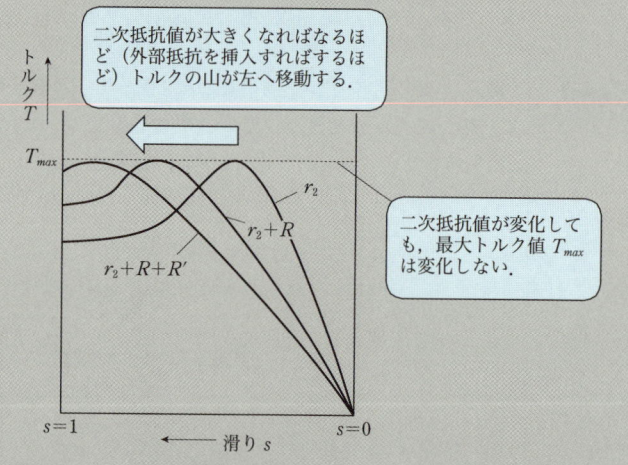

> 二次抵抗値が大きくなればなるほど（外部抵抗を挿入すればするほど）トルクの山が左へ移動する．

> 二次抵抗値が変化しても，最大トルク値 T_{max} は変化しない．

（縦軸：トルク T，T_{max}，曲線 r_2，r_2+R，r_2+R+R'，横軸：滑り s，$s=1$ から $s=0$）

上記に加えて，通常の運転状態では，滑りとトルクが比例する特徴をもっている．これらを使えば，三角形の相似などを使って図形問題として解くこともできるので，ぜひ図を有効に活用してほしい．

■問題7

定格電圧200 V，定格周波数50 Hz，4極の三相かご形誘導電動機があり，L形等価回路において星形1相一次換算の抵抗値およびリアクタンス値は，次のとおりである．

一次抵抗 $r_1 = 0.0707\ \Omega$

一次漏れリアクタンス $x_1 = 0.172\ \Omega$

二次抵抗 $r_2' = 0.0710\ \Omega$

二次漏れリアクタンス $x_2' = 0.267\ \Omega$

この電動機に回転速度の2乗に比例するトルクを要求する負荷をかけ，一次周波数制御を行って運転しているとき，次の問に答えよ．

(1) 一次周波数を定格値に保ち，回転速度 $1\,455\ \text{min}^{-1}$ で運転しているときのトルク〔N·m〕を求めよ．

(2) 回転速度 $1\,200\ \text{min}^{-1}$ で運転しているときに負荷が要求するトルク〔N·m〕，および定格一次周波数にてこのトルクを発生させるための電動機の滑り〔%〕を求めよ．

(3) 問(2)で求めた負荷トルクを負って $1\,200\ \text{min}^{-1}$ で運転するための，電動機の一次周波数Hzを求めよ．ただし，電動機の周期速度に対する滑りは，トルクが同一ならば一次周波数に関わらず一定とし，また，電動機の滑りとトルクの関係は直線で表せる範囲にあるものとする．

(機械・制御：平成9年問1)

着眼点 Focus Points

誘導機のトルクに関する問題である．負荷の特性として，トルクが回転速度の2乗に比例するという条件が与えられているので注意しよう．

負荷の特性は，その問題によってさまざまである．誘導機の用途がファンなのか，ポンプなのか，常時回転しているか否かなどによっても大きく変化する．負荷特性について多くのパターンを練習しておくとよいだろう．

本問の回路は，電源の一次周波数を変化させることにより，所望の回転数とトルクが同時に得られる回路となっている．

戦術 Tactics

(1) ❶回転速度から滑り s を求め，L形等価回路を使って誘導機出力 P を求める．

❷ $P = T\omega$ を使って，このときのトルク T を求める．

(2) ❸負荷が要求するトルク T' は，題意から回転速度の2乗に比例する．

❹トルクと滑りが比例することを用いて，トルク T' となるときの滑り s' を求める．

(3) ❺トルクが同一であれば，周波数が変動しても滑り s は変化しないという条件を利用する．

解答

(1)

❶ 回転速度から滑り s を求め，L形等価回路を使って誘導機出力 P を求める．

50 Hz，4極の誘導機であるので，その同期速度 N_0 は，

$$N_0 = \frac{120 \times 50}{4} = 1\,500 \,[\mathrm{min}^{-1}]$$

$1\,455\,\mathrm{min}^{-1}$ で回転しているときの滑りを s とすれば，

$$s = \frac{1\,500 - 1\,455}{1\,500} = 0.03 = 3.00 \,[\%]$$

ここで，L形等価回路を使って，一次負荷電流 I_1' について考えれば，

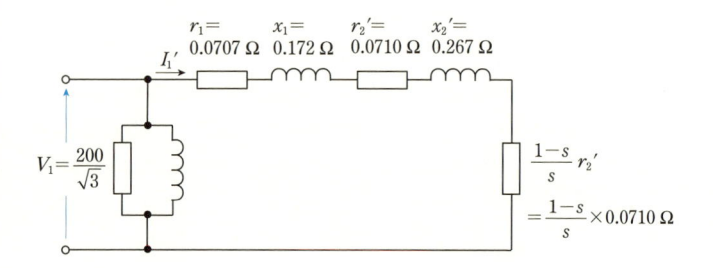

$$I_1' = \frac{\dfrac{V}{\sqrt{3}}}{\sqrt{\left(r_1 + \dfrac{r_2}{s}\right)^2 + (x_1 + x_2)^2}}$$

$$= \frac{\dfrac{200}{\sqrt{3}}}{\sqrt{\left(0.0707 + \dfrac{0.0710}{0.03}\right)^2 + (0.172 + 0.267)^2}} = 46.62 \,[\mathrm{A}]$$

誘導機出力 P は，$(1-s)r_2'/s$ で消費されるエネルギーを3倍したものであるので，

$$P = 3 I_1'^2 \frac{1-s}{s} r_2' = 3 \times 46.62^2 \times \frac{1-0.03}{0.03} \times 0.0710$$

$$= 14\,968 \,[\mathrm{W}]$$

❷ $P = T\omega$ を使って，このときのトルク T を求める．

トルク T は，

$$T = \frac{P}{\omega} = \frac{14\,968}{2\pi \times \dfrac{1\,455}{60}} = 98.24 \,[\mathrm{N \cdot m}]$$

(2)

戦術 ❸

❸負荷が要求するトルク T' は，題意から回転速度の2乗に比例する．

回転数が $1\,200\ \mathrm{min}^{-1}$ のときに，負荷が要求するトルク T' は，

$$T' = \left(\frac{1\,200}{1\,455}\right)^2 \times T = \left(\frac{1\,200}{1\,455}\right)^2 \times 98.24 = 66.82\ (\mathrm{N\cdot m})$$

戦術 ❹

❹トルクと滑りが比例することを用いて，トルク T' となるときの滑り s' を求める．

T' を出すときの滑りを s' とすれば，

$$s' = \frac{T'}{T} \cdot s = \frac{66.82}{98.24} \times 0.03 = 0.0204 = 2.04\ (\%)$$

(3)

戦術 ❺

❺トルクが同一であれば，周波数が変動したとしても滑り s は変化しないという条件を利用する．

周波数を変化させたときの滑りを s'' とすれば，$s'' = s' = 0.0204$ となる．

このときの回転数が $1\,200\ \mathrm{min}^{-1}$ であるので，このときの一次周波数を f'' とすれば，

$$N'' = (1 - s'') \cdot \frac{60 f''}{\frac{p}{2}} = (1 - 0.0204) \cdot 30 \cdot f'' = 1\,200$$

$$\therefore\ f'' = \frac{1\,200}{30 \times (1 - 0.0204)} = 40.83\ (\mathrm{Hz})$$

〈答〉

(1)　$98.2\ \mathrm{N\cdot m}$

(2)　トルク　$66.8\ \mathrm{N\cdot m}$，滑り　2.04%

(3)　$40.8\ \mathrm{Hz}$

■問題8

定格出力15 kW，定格周波数50 Hz，4極の三相かご形誘導電動機があり，定格回転速度が1 440 min^{-1}，定格運転時の効率が88.5%である．この電動機について，次の値を求めよ．

ただし，滑りとトルクは比例関係にあり，負荷損は銅損で代表し，また，一次銅損と二次銅損は常に等しいものとする．

(1) 出力15 kW時の滑りs_1〔%〕およびトルクT_1〔N·m〕
(2) 出力15 kW時の二次銅損P_{c21}〔W〕および固定損P_F〔W〕
(3) 出力7.5 kW時の滑りs_2〔%〕およびトルクT_2〔N·m〕　　（機械・制御：平成16年問1）

着眼点 Focus Points

誘導機のトルクと出力，損失に注目した問題である．

電動機の損失には，銅損，鉄損のほかにも，機械損と呼ばれる損失があり，電動機の軸受部の摩擦損や風損などがそれにあたる．

損失の問題の解法は，分野を問わずどれでも同じである．電動機だろうと変圧器だろうと，各損失を負荷損と無負荷損に分けて考えることがポイントになる．

無負荷損は固定損と呼ばれることもある．言葉の意味や使い方に注意してほしい．

戦術 Tactics

(1) ❶定格回転数1 440 min^{-1}のときの滑りs_1を求め，$P=T\omega$を使って定格トルクT_1を求める．
(2) ❷出力P_1は，$(1-s)r_2'/s$で消費されるエネルギーを3倍したものである．二次銅損P_{c21}は，r_2'で消費されるエネルギーを3倍したものである．
(3) ❸7.5 kWのときの滑りs_2を用いて，そのときのトルクT_2と回転数ω_2を表し，$P_2=T_2\omega_2$を使って方程式を導く．

解答 Answer

(1)

戦術❶ 定格回転数1 440 min^{-1}のときの滑りs_1を求め，$P=T\omega$を使って定格トルクT_1を求める．

50 Hz，4極の誘導機であるので，同期速度N_0は，

$$N_0 = \frac{60f}{\frac{p}{2}} = \frac{60 \times 50}{2} = 1\,500 \text{〔min}^{-1}\text{〕}$$

3. 誘導機

よって定格運転時の滑り s_1 は，

$$s_1 = \frac{N_0 - N}{N_0} = \frac{1\,500 - 1\,440}{1\,500} \times 100 = 0.04 = 4.00 \text{ (\%)}$$

電動機には $P = T\omega$ が成り立つので，定格トルク T_1 は，

$$T_1 = \frac{P_1}{\omega_1} = \frac{P_1}{2\pi \frac{N}{60}} = \frac{15 \times 10^3}{2\pi \times \frac{1\,440}{60}} = 99.47 \text{ (N·m)}$$

(2)

戦術❷ ❷出力 P_1 は，$(1-s)r_2'/s$ で消費されるエネルギーを3倍したものである．二次銅損 P_{c21} は，r_2' で消費されるエネルギーを3倍したものである．

誘導機のL形等価回路と損失の関係を調整すると次のようになる．

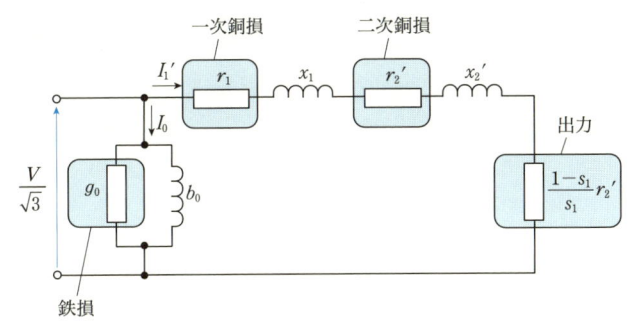

二次銅損 P_{c21} と出力 P_1 について注目すれば，

$$P_1 = 3 \cdot \frac{1-s_1}{s_1} \cdot r_2' \cdot I_1'^2$$

$$P_{c21} = 3 \cdot r_2' \cdot I_1'^2$$

となるので，つまり，

$$P_1 : P_{c21} = \frac{1-s_1}{s_1} : 1$$

出力 $P_1 = 15 \times 10^3$ (W)，滑り $s_1 = 4.00$ (%) を代入して，

$$P_1 : P_{c21} = 15\,000 : P_{c21} = \frac{1 - 0.04}{0.04} : 1$$

$$\therefore \quad P_{c21} = 15\,000 \times \frac{0.04}{1 - 0.04} = 625 \text{ (W)}$$

定格時の効率 η が88.5%であるので，全損失を P_{loss} とすれば，

$$\eta = \frac{P}{P + P_{loss}} = 0.885$$

$$\therefore\ P_{loss} = 15\,000 \times \left(\frac{1}{0.885} - 1\right) = 1\,949 \text{ (W)}$$

題意より一次銅損は二次銅損と同じであり，固定損P_Fは全損失から一次銅損P_{c1}および二次銅損P_{c21}を引けば求まるので，

$$P_F = P_{loss} - P_{c21} - P_{c1} = 1\,949 - 625 - 625 = 699 \text{ (W)}$$

(3)

❸ 7.5 kWのときの滑りs_2を用いて，そのときのトルクT_2と回転数ω_2を表し，$P_2 = T_2 \omega_2$を使って方程式を導く．

出力7.5 kWのときの滑りをs_2とすれば，トルクと滑りが比例するので，そのときのトルクT_2は，

$$T_1 : T_2 = s_1 : s_2$$

$$\therefore\ T_2 = T_1 \left(\frac{s_2}{s_1}\right) = 99.47 \times \frac{s_2}{0.04}$$

また，このときの角速度ω_2は，

$$\omega_2 = 2\pi \cdot \frac{N_2}{60} = 2\pi \cdot \frac{N_0(1-s_2)}{60} = 2\pi \cdot \frac{1500 \cdot (1-s_2)}{60}$$
$$= 157.08 \cdot (1-s_2)$$

電動機の公式$P = T\omega$に代入すれば，

$$P_2 = T_2 \omega_2 = 99.47 \times \frac{s_2}{0.04} \cdot 157.08 \cdot (1-s_2) = 7.5 \times 10^3$$

展開して整理し，

$$s_2^2 - s_2 + 0.0192 = 0$$

$$s_2 = \frac{1 \pm \sqrt{1 - 4 \times 0.0192}}{2} = \frac{1 \pm 0.96083}{2} = 0.9804 \text{ または } 0.01958$$

$$\therefore\ s_2 = 0.01958 \fallingdotseq 1.96 \text{ (\%)}$$

このときのトルクT_2は，

$$T_2 = \frac{P_2}{\omega_2} = \frac{P_2}{2\pi \dfrac{N_0(1-s_2)}{60}} = \frac{P_2}{2\pi \dfrac{N_0(1-s_2)}{60}}$$

$$= \frac{7.5 \times 10^3}{2\pi \times \dfrac{1\,500 \times (1 - 0.01958)}{60}} = 48.70 \text{ (N·m)}$$

〈答〉
(1) $s_1 = 4.00\%$，$T_1 = 99.5$ N·m
(2) $P_{c21} = 625$ W，$P_F = 699$ W

3. 誘導機

(3)　$s_2 = 1.96\%$，$T_2 = 48.7 \, \text{N·m}$

トルク－速度特性曲線と出力 P の関係

　本問は，出力・トルク・滑りの関係について問う問題であった．このようなとき，トルク特性曲線を応用することで，図を使って解くこともできる．

　出力 P は $P = T\omega$ と表されるので，図の四角形の面積と比例することがわかるだろう．面積の条件と三角形の相似を使うことで，解を図形上で求めることができる．

　計算量は変わらないが，図を描いて整理すれば，解の概算や解の大小などを一目で理解することができるため，ミスを防止することができるだろう．

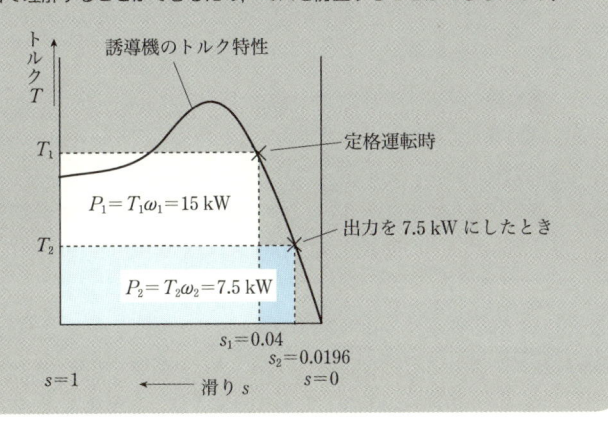

```
トルク T
        誘導機のトルク特性
T_1 ─────────────×───── 定格運転時
        P_1 = T_1ω_1 = 15 kW
T_2 ─────────────────×── 出力を 7.5 kW にしたとき
          P_2 = T_2ω_2 = 7.5 kW

                 s_1 = 0.04
                      s_2 = 0.0196
   s = 1  ←──── 滑り s    s = 0
```

■問題9

6極，定格周波数60 Hz，回転子巻線が星形結線の三相巻線形誘導電動機がある．回転子巻線を短絡し，定格電圧，定格周波数の電源にこの電動機を接続して全負荷トルクで運転すると回転速度は1 140 min^{-1}であり，スリップリングを介して回転子巻線の各相に0.225 Ωの外部抵抗を挿入して同じ負荷トルクで運転すると回転速度は600 min^{-1}であった．この電動機について，次の問に答えよ．ただし，外部抵抗は星形結線で，スリップリングの抵抗は無視できるものとする．

(1) 回転速度が600 min^{-1}のときの滑りs_1と回転速度が1 140 min^{-1}のときの滑りs_fの比$\frac{s_1}{s_f}$を求めよ．

(2) 電動機の回転子巻線の1相分の抵抗〔Ω〕はいくらか．

(3) 電動機を全負荷トルクで始動するために，回転子巻線の各相に挿入すべき外部抵抗の値〔Ω〕はいくらか．

(4) 回転子巻線の各相に0.1 Ωの外部抵抗を挿入して，全負荷トルクでこの電動機を運転したときの回転速度〔min^{-1}〕はいくらか．　　　(機械・制御：平成18年問1)

着眼点 Focus Points

誘導機の比例推移に関する基本問題である．問題は難しくないので，計算ミスをしないよう，一つひとつ整理して解いていくことが重要である．
始動時のトルクを考えるときは，回転速度$N=0$であるので，滑り$s=1$となるときのトルクについて考えればよい．

戦術 Tactics

(1) ❶滑りsは，回転速度N，同期速度N_0を使って，$s=(N_0-N)/N_0$となる．

(2) ❷抵抗挿入前と挿入時でトルクが同じであるとき，$r_2/s=(r_2+R)/s'$となる（比例推移）．

(3) ❸始動時を考える場合，滑り$s=1$とすればよい．

解答 Answer

(1)
❶滑りsは，回転速度N，同期速度N_0を使って，$s=(N_0-N)/N_0$となる．

　　　同期速度N_0は，

$$N_0 = \frac{60f}{\frac{p}{2}} = \frac{60 \times 60}{3} = 1\,200 \text{〔min}^{-1}\text{〕}$$

よって，滑り s_1, s_f はそれぞれ，

$$s_1 = \frac{N_0 - N_1}{N_0} = \frac{1200 - 600}{1200} = 0.5 = 50.0 \text{〔\%〕}$$

$$s_f = \frac{N_0 - N_f}{N_0} = \frac{1200 - 1140}{1200} = 0.05 = 5.00 \text{〔\%〕}$$

$$\therefore \quad \frac{s_1}{s_f} = \frac{0.5}{0.05} = 10.0$$

(2)

❷抵抗挿入前と挿入時でトルクが同じであるとき，$r_2/s = (r_2 + R)/s'$ となる（比例推移）．

回転子巻線1相分の抵抗値を r_{20}，挿入した抵抗を R_1 とすれば，

$$\frac{r_{20}}{s_f} = \frac{r_{20} + R_1}{s_1}$$

それぞれ代入して，

$$\frac{r_{20}}{0.05} = \frac{r_{20} + 0.225}{0.5}$$

$$\therefore \quad r_{20} = \frac{1}{18} \times \frac{0.225}{0.5} = 0.025 \text{〔Ω〕}$$

(3)

❸始動時を考える場合，滑り $s = 1$ とすればよい．

始動時，回転速度はゼロである．挿入する抵抗を R_2 とすれば，

$$\frac{r_{20}}{s_f} = \frac{r_{20} + R_2}{s_2}$$

それぞれの値を代入して，

$$\frac{0.025}{0.05} = \frac{0.025 + R_2}{1.0}$$

$$\therefore \quad R_2 = 0.5 \times 1.0 - 0.025 = 0.475 \text{〔Ω〕}$$

この関係をトルク－速度特性曲線で表すと次のようになる．

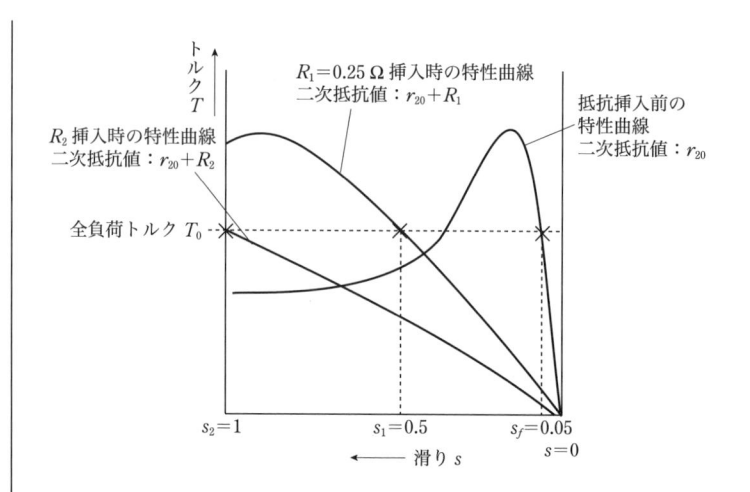

トルク T

$R_1=0.25\,\Omega$ 挿入時の特性曲線
二次抵抗値：$r_{20}+R_1$

R_2 挿入時の特性曲線
二次抵抗値：$r_{20}+R_2$

抵抗挿入前の特性曲線
二次抵抗値：r_{20}

全負荷トルク T_0

$s_2=1$　　$s_1=0.5$　　$s_f=0.05$　　$s=0$

← 滑り s

(4)　$R_3=0.1\,\Omega$ の外部抵抗を挿入したときの滑りを s_3 とすれば，

$$\frac{r_{20}}{s_f}=\frac{r_{20}+R_3}{s_3}$$

∴ $s_3=\dfrac{r_{20}+R_3}{r_{20}}s_f=\dfrac{0.025+0.1}{0.025}\times 0.05=0.25=25.0\,[\%]$

このときの回転速度 N_3 は，

$$N_3=N_0(1-s_3)=1\,200\times(1-0.25)=900\,[\text{min}^{-1}]$$

〈答〉

(1)　$\dfrac{s_1}{s_f}=10.0$

(2)　$0.0250\,\Omega$

(3)　$0.475\,\Omega$

(4)　$900\,\text{min}^{-1}$

■問題10

4極の三相誘導電動機がある．端子電圧400 V，周波数50 Hzで運転したところ，滑り25%のときに最大トルク100 N·mを発生した．これを同一の端子電圧で60 Hzにて運転するとき，発生する最大トルクと，そのときの滑りはいくらか．また，最大トルクを50 Hz運転時と同一にするためには，端子電圧をいくらにする必要があるか．ただし，一次抵抗は無視できるものとし，二次抵抗は周波数により変化しないものとする．

(機械：昭和63年問1)

着眼点 Focus Points

誘導機の最大トルクに注目した問題である．基本事項が整理できていないと解けない難問である．与えられる条件も少なく，設問による誘導もないため，戦術を練らないとどこから解けばよいかわからなくなる．落ち着いて一つずつ整理して解いてほしい．

誘導機が最大トルクを出すとき，負荷回路の可変部と不変部のインピーダンス値は等しくなる．つまりL形等価回路において，滑りsが$r_2'/s = |r_1 + j(x_1 + x_2')|$を満たすとき，誘導機は最大トルクを出す．

なお，リアクタンスx_1，x_2は，周波数に比例するので，60 Hzの電源をつないだ場合は50 Hzのときに比べ1.2倍の値となる．

戦術 Tactics

❶ x_1，x_2'は周波数に比例するので，60 Hzとした場合は，60/50＝1.2倍の値となる．
❷ 最大トルクとなる回転数のとき，$r_2'/s = |r_1 + j(x_1 + x_2')|$が成り立つ．
❸ $T = P/\omega$を使って，各周波数の最大トルク比を求める．
❹ 電圧がα倍になると，一次負荷電流もα倍になることを利用する．

解答 Answer

戦術❶

❶ x_1，x_2'は周波数に比例するので，60 Hzとした場合は，60/50＝1.2倍の値となる．

リアクタンス値の変化に注意して50 Hzと60 HzのL形等価回路を描くと，次のようになる．なお，題意から一次抵抗r_1は省略する．

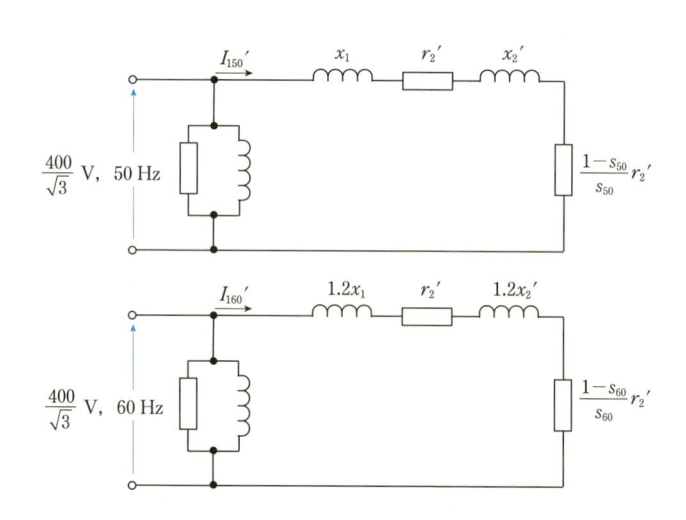

❷最大トルクとなる回転数のとき，$r_2'/s = |r_1 + j(x_1 + x_2')|$ が成り立つ．

最大出力となるとき，$\dfrac{r_2'}{s} = |r_1 + j(x_1 + x_2')|$ が成り立つ．ここで題意より r_1 は無視できるので，50 Hz のとき最大トルクを出すときの滑りを s_{50} とすれば，

$$\frac{r_2'}{s_{50}} = x_1 + x_2'$$

$$\therefore \ s_{50} = \frac{r_2'}{x_1 + x_2'} = 0.25 = 25 \,[\%]$$

同様に，60 Hz のとき最大トルクを出すときの滑りを s_{60} とし，負荷回路のインピーダンスについて考えれば，

$$\frac{r_2'}{s_{60}} = 1.2x_1 + 1.2x_2'$$

$$\therefore \ s_{60} = \frac{r_2'}{1.2 \times (x_1 + x_2')} = \frac{1}{1.2} \times s_{50} = \frac{0.25}{1.2} = 0.2083 = 20.8 \,[\%]$$

❸ $T = P/\omega$ を使って，最大トルクの比を求める

60 Hz のときの負荷回路インピーダンスは，50 Hz の 1.2 倍となるので，一次負荷電流 I_1' は，$1/1.2$ 倍となる．

これを数式で表せば，

$$\frac{Z_{60}}{Z_{50}} = \frac{\left|\frac{r_2'}{s_{60}} + j(1.2x_1 + 1.2x_2')\right|}{\left|\frac{r_2'}{s_{50}} + j(x_1 + x_2')\right|} = 1.2$$

$$\frac{I_{160}'}{I_{150}'} = \frac{\frac{400}{\sqrt{3}Z_{60}}}{\frac{400}{\sqrt{3}Z_{50}}} = \frac{Z_{50}}{Z_{60}} = \frac{1}{1.2}$$

ここでトルク T について,電動機の公式 $T = P/\omega$ を使って展開すれば,

$$T = \frac{P}{\omega} = \frac{3I_1'^2 \frac{1-s}{s} r_2'}{2\pi \frac{f}{2}(1-s)} = \frac{3r_2'}{\pi} \cdot \frac{I_1'^2}{fs}$$

となるので,50 Hz と 60 Hz のトルク比 T_{60}/T_{50} について考えれば,

$$\frac{T_{60}}{T_{50}} = \frac{\frac{3r_2'}{\pi} \cdot \frac{I_{160}'^2}{60 \cdot s_{60}}}{\frac{3r_2'}{\pi} \cdot \frac{I_{150}'^2}{50 \cdot s_{50}}} = \left(\frac{I_{160}'}{I_{150}'}\right)^2 \frac{5s_{50}}{6s_{60}} = \left(\frac{1}{1.2}\right)^2 \times \frac{5 \times 0.25}{6 \times 0.2083} = \frac{1}{1.44}$$

$$\therefore\ T_{60} = T_{50} \times \frac{1}{1.44} = 100 \times \frac{1}{1.44} = 69.44\,[\mathrm{N \cdot m}]$$

❹ 電圧が α 倍になると,一次負荷電流も α 倍になることを利用する.

電圧が増減しても,最大トルクとなるときの滑りは,$s_{60} = 20.8\%$ で変化しない.一方,一次負荷電流 I_1' は,端子電圧に比例して大きくなるので,60 Hz で電圧を α 倍としたときの最大トルクを $T_{60\alpha}$ とすれば,

$$\frac{T_{60\alpha}}{T_{50}} = \frac{\frac{3r_2'}{\pi} \cdot \frac{(\alpha I_{160}')^2}{60 \cdot s_{60}}}{\frac{3r_2'}{\pi} \cdot \frac{I_{150}'^2}{50 \cdot s_{50}}} = \frac{\alpha^2}{1.44} = 1$$

$$\alpha^2 = 1.44$$

$$\therefore\ \alpha = 1.2$$

よって,端子電圧 V' は,

$$V' = \alpha \cdot V = 1.2 \times 400 = 480\,[\mathrm{V}]$$

〈答〉

最大トルク 69.4 N·m

滑り 20.8%

端子電圧 480 V

■問題11

三相誘導電動機の逆相制動について，電動機の慣性モーメントをJ〔kg·m²〕，同期回転角速度をω_0〔rad/s〕，回転角速度をω〔rad/s〕とし，負荷の反抗トルクおよび回転部分の摩擦はないものとするとき，
　a. 逆相制動時の滑りsを，ω_0およびωを用いて表せ．
　b. 二次銅損P_{c2}〔W〕を，J，ω_0，ωおよび$d\omega/dt$を含む式として示せ．
　c. 電動機が停止するまでの間に，二次回路で消費される全エネルギーW_c〔J〕を，Jおよびω_0を用いて表せ．ただし，逆相制動開始時の電動機回転角速度ωはω_0とする．

(機械・制御：平成15年問1改)

着眼点 Focus Points

誘導機の逆相制動運転に関する問題である．逆相制動とは，誘導機を急激に停止させる方法の一つであり，誘導機が運転している際に急に結線を入れ換えることにより実現する．通常の運転状態では，滑りsは0～1の範囲であるが，逆相制動運転時は滑りsが1～2の範囲となるので注意してほしい．

逆相制動を行った場合，誘導機の運動エネルギーは，回路にて熱損失として消費される．

戦術 Tactics

❶逆相制動をすると，同期回転角速度がω_0から$-\omega_0$へ変わる．
❷二次銅損P_{c2}と出力P_0には，$P_{c2}:P_0=1:(1-s)/s$の関係がある．
❸トルクは，慣性定数を使って$T=Jd\omega/dt$と表すことができる．
❹二次銅損P_{c2}を誘導機が停止するまで積分したものが，回路で熱となって消費されるエネルギーである．

解答 Answer

a. 逆相制動時の滑りs

戦術❶ ❶逆相制動をすると，同期回転角速度がω_0から$-\omega_0$へ変わる．

逆相制動を行ったとき，これまでの回転方向とは逆方向に磁束が回転するため，同期回転角速度がω_0から$-\omega_0$へと変化する．

そのため滑りsは，

$$s=\frac{-\omega_0-\omega}{-\omega_0}=\frac{\omega_0+\omega}{\omega_0}$$

b. 二次銅損P_{c2}

戦術❷ ❷二次銅損P_{c2}と出力P_0には，$P_{c2}:P_0=1:(1-s)/s$の関係がある．

図のように，二次銅損P_{c2}はr_2'で消費されるエネルギーと対応し，出力

3. 誘導機

P_0 は，$(1-s)r_2'/s$ で消費されるエネルギーと対応するので，

$$P_{c2} : P_0 = 3r_2'I_1'^2 : 3\frac{1-s}{s}r_2'I_1'^2 = 1 : \frac{1-s}{s}$$

$$\therefore \quad P_{c2} = P_0 \frac{s}{1-s}$$

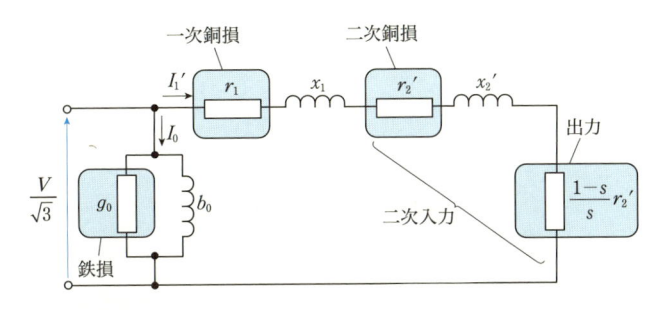

また，電動機の公式 $P_0 = T\omega$ が成り立つので代入すれば，

$$P_{c2} = P_0 \times \frac{s}{1-s} = T\omega \frac{s}{1-s}$$

$$= \frac{T\omega}{1-\frac{\omega_0+\omega}{\omega_0}} \times \frac{\omega_0+\omega}{\omega_0} = -(\omega_0+\omega)T$$

戦術❸ ❸トルクは，慣性定数を使って $T = Jd\omega/dt$ と表すことができる．

ここで，トルクは慣性定数を使って

$$T = J\frac{d\omega}{dt}$$

と表せるので，代入すれば，

$$P_{c2} = -(\omega_0+\omega)T = -J(\omega_0+\omega)\frac{d\omega}{dt}$$

c.

戦術❹ ❹二次銅損 P_{c2} を誘導機が停止するまで積分したものが，回路で熱となって消費されるエネルギーである．

逆相制動時，二次銅損が回路で熱エネルギーとなって消費されるので，

$$W_c = \int_0^{t'} P_{c2} dt = \int_{\omega_0}^0 -J(\omega_0+\omega)\frac{d\omega}{dt} \cdot dt = \int_{\omega_0}^0 -J(\omega_0+\omega)d\omega$$

$$= -J\left[\omega_0\omega + \frac{1}{2}\omega^2\right]_{\omega_0}^0 = J\left(\omega_0^2 + \frac{1}{2}\omega_0^2\right) = \frac{3}{2}J\omega_0^2 \text{ (J)}$$

〈答〉

a. $s = \dfrac{\omega_0 + \omega}{\omega_0}$

b. $P_{c2} = -J(\omega_0 + \omega)\dfrac{d\omega}{dt}$ 〔W〕

c. $W_c = \dfrac{3}{2} J\omega_0^2$ 〔J〕

逆相制動運転の特性

逆相制動領域のトルク－速度特性曲線は次のようになる．

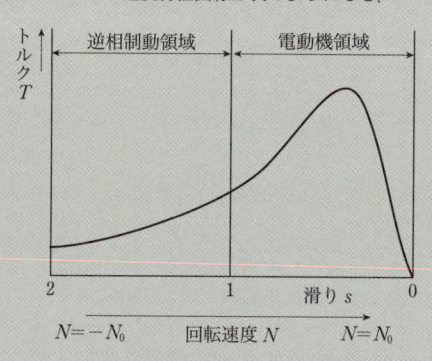

注意してほしいのは，逆相制動領域では，誘導機は磁界と逆向きに回転するので，回転速度が負の値をとるということである．
（本問とは逆に，同期回転速度を正にとれば，回転速度は負になる．）
そのため，出力 $P_0 = T\omega$ において，ω が負の値となり，出力 P_0 が負の値をとる．二次入力 P_2，二次銅損 P_{c2}，出力 P_0 には，$P_2 = P_{c2} + P_0$ の関係があるが，制動運転の際は $P_2 < P_{c2}$ となって，二次側に入力した以上のエネルギーが，回路にて熱となって消費されることになる．

■問題12

定格電圧200 V，定格周波数50 Hz，4極の三相かご形誘導電動機がある．L形等価回路の一次巻線抵抗$r_1=0.1\ \Omega$，一次漏れリアクタンス$x_1=0.3\ \Omega$，二次巻線抵抗の一次側換算値$r_2'=0.15\ \Omega$，二次漏れリアクタンスの一次側換算値$x_2'=0.4\ \Omega$である．誘導電動機を定格電圧，定格周波数の三相交流電源に接続して運転するとき，次の問に答えよ．ただし，励磁電流による電圧降下と鉄損は無視できるものとする．

(1) 滑りが$s=0.05$のときのトルクT〔N・m〕を求めよ．
(2) 最大トルクが得られる滑りs_{max}を求めよ．
(3) 誘導電動機が同期速度で回転しているものとする．三相交流電源のうち2線を入れ替えて逆相制動を行うとき，静止するまでの間で制動トルクが最大となる回転速度を求めよ．
(4) 上記(3)で2線を入れ替えた直後の制動トルクを求めよ．

(機械・制御：平成23年問1)

着眼点 Focus Points

誘導機のトルクに注目した複合問題である．誘導機の最大トルクを計算するときは，トルクTを滑りsで微分した解がゼロとなる条件を求めればよい．しかし，本番ではあまり時間がないので，こういった導出を一から行っていると解答時間が足りなくなるおそれがある．最大トルク時，$r_2'/s=|r_1+j(x_1+x_2')|$を満たすということを覚えておいたほうがよいだろう．

逆相制動時の計算を行う際は，回転方向や速度，トルクの符号に注意して解くことが重要である．

戦術 Tactics

(1) ❶L形等価回路を描き，トルクTを求める．
(2) ❷最大トルクとなるとき，$r_2'/s=|r_1+j(x_1+x_2')|$を満たす．
(3) ❸誘導機のトルクー速度特性曲線を描く．
(4) ❹同期速度で運転中の誘導機の2線を入れ換えた直後，滑りsは$s=2$となる．

解答 Answer

(1)
❶L形等価回路を描き，トルクTを求める．
　L形等価回路は次のようになる．

343

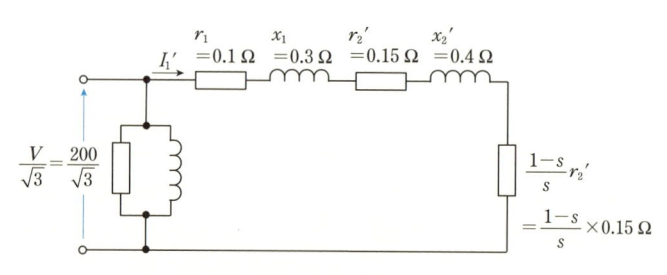

滑り $s=0.05$ のとき，一次負荷電流 I_1' は，

$$I_1' = \frac{\dfrac{V}{\sqrt{3}}}{\sqrt{\left(r_1+\dfrac{r_2'}{s}\right)^2+(x_1+x_2')^2}} = \frac{\dfrac{200}{\sqrt{3}}}{\sqrt{\left(0.1+\dfrac{0.15}{0.05}\right)^2+(0.3+0.4)^2}}$$

$$= \frac{115.47}{\sqrt{3.1^2+0.7^2}} = 36.334 \,[\mathrm{A}]$$

このときのトルク T は，

$$T = \frac{P_0}{\omega} = \frac{3I_1'^2 \cdot \left(\dfrac{1-s}{s}r_2'\right)}{2\pi\dfrac{2f}{p}(1-s)} = \frac{3 \times 36.334^2 \times \dfrac{1-0.05}{0.05} \times 0.15}{2\pi \times 25 \times (1-0.05)}$$

$$= 75.64 \,[\mathrm{N \cdot m}]$$

(2)

❷ 最大トルクとなるとき，$r_2'/s = |r_1+j(x_1+x_2')|$ を満たす．

トルク T は，L形等価回路を用いて次のように展開できる．

$$T = \frac{3I_1'^2\dfrac{1-s}{s}r_2'}{2\pi\dfrac{2f}{p}(1-s)} = \frac{p}{4\pi f} \cdot \frac{V^2}{\left(r_1+\dfrac{r_2'}{s}\right)^2+(x_1+x_2')^2} \cdot \frac{r_2'}{s}$$

この最大値を求めるために，$\dfrac{\mathrm{d}T}{\mathrm{d}\left(\dfrac{r_2'}{s}\right)} = 0$ となる点について考えれば，

$$\frac{\mathrm{d}T}{\mathrm{d}\left(\frac{r_2'}{s}\right)} = \frac{\mathrm{d}}{\mathrm{d}\left(\frac{r_2'}{s}\right)}\left[\frac{pV^2}{4\pi f} \cdot \frac{\frac{r_2'}{s}}{\left(r_1+\frac{r_2'}{s}\right)^2 + (x_1+x_2')^2}\right]$$

$$= \frac{pV^2}{4\pi f} \cdot \frac{\left(r_1+\frac{r_2'}{s}\right)^2 + (x_1+x_2')^2 - 2\left(r_1+\frac{r_2'}{s}\right)\left(\frac{r_2'}{s}\right)}{\left\{\left(r_1+\frac{r_2'}{s}\right)^2 + (x_1+x_2')^2\right\}^2} = 0$$

$$\therefore\ r_1^2 + (x_1+x_2')^2 - \left(\frac{r_2'}{s}\right)^2 = 0$$

よって，このときの滑りを s_{max} とすれば，

$$s_{max} = \frac{r_2'}{\sqrt{r_1^2+(x_1+x_2')^2}} = \frac{0.15}{\sqrt{0.1^2+(0.3+0.4)^2}}$$

$$= 0.21213 \fallingdotseq 21.2\,[\%]$$

(3)

戦術 ❸

❸誘導機のトルク－速度特性曲線を描く．

誘導機のトルク－速度特性曲線は次のようになる．

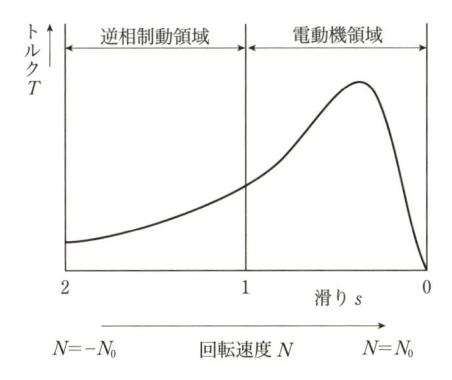

最大トルクとなる点を過ぎてしまえば，滑りが大きくなるに従ってトルクは単調減少する．s が1～2の範囲でトルクが最大となる点は $s=1$ のとき，つまり回転速度 $N=0$ のときである．

(4)

戦術 ❹

❹同期速度で運転中の誘導機の2線を入れ換えた直後，滑り s は $s=2$ となる．

同期速度で回転しているとき，滑りは $s=2$ であるので，一次負荷電流は，

$$I_1' = \frac{\frac{200}{\sqrt{3}}}{\sqrt{\left(0.1+\frac{0.15}{2.0}\right)^2+(0.3+0.4)^2}} \fallingdotseq 160.03 \text{[A]}$$

$$T = \frac{P_0}{\omega} = \frac{3I_1'^2 \cdot \left(\frac{1-s}{s}r_2'\right)}{2\pi \frac{2f}{p}(1-s)} = \frac{3\times 160.03^2 \times \frac{1-2.0}{2.0}\times 0.15}{2\pi \times 25 \times (1-2.0)}$$

$$= 36.68 \text{[N·m]}$$

〈答〉
(1) $T = 75.6$ N·m
(2) $s_{max} = 21.2\%$
(3) 0
(4) 36.7 N·m

■問題13

三相誘導電動機の電源側遮断器を運転中に開放すると，誘導電動機の一次電圧はすぐ零とならず，いわゆる残留電圧が現れる．この残留電圧に関し，次の問に答えよ．

(1) 誘導電動機回転子に鎖交する磁束は二次電流に比例して減衰する．このときの開路時定数 T_0〔s〕を求めよ．ただし，誘導電動機は定格周波数が60 Hz，一次側に換算したT形等価回路の定数は，一次抵抗 $r_1 = 0.0198\ \Omega$，一次漏れリアクタンス $\omega_0 L_1 = 0.501\ \Omega$，二次抵抗 $r_2 = 0.0198\ \Omega$，二次漏れリアクタンス $\omega_0 L_2 = 0.501\ \Omega$ および励磁リアクタンス $\omega_0 L_m = 20.4\ \Omega$ とする．ここでは，$\omega_0 = 2\pi \times 60 = 377$ rad/s として計算せよ．

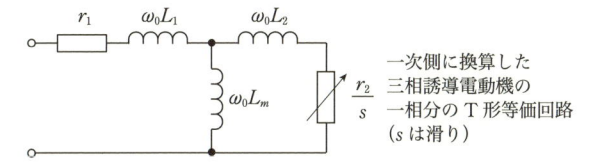

一次側に換算した三相誘導電動機の一相分のT形等価回路
(s は滑り)

(2) ある相の残留電圧波形が遮断器開放時点からの時刻 t を用いて近似的に次式で表されるものとする．

$$v_a = -\sqrt{2}\omega_m L_m I_{20} e^{-\frac{t}{T_0}} \sin(\omega_m t + \theta_0) = -\sqrt{2} V_a(t) \sin(\omega_m t + \theta_0)$$

ここで，ω_m は2極機として考えたときの回転子角速度，I_{20} は遮断器開放直後の二次電流の実効値，θ_0 は遮断器開放直後の電圧位相角である．

時刻 $\dfrac{T_0}{2}$〔s〕において，回転子角速度 ω_m が遮断器開放直後の80%となった．このとき残留電圧の大きさ $V_a(t)$ は遮断器開放直後の電圧の何倍であるかを求めよ．ただし，自然対数の底 e の値は2.718とする．

(機械・制御：平成21年問1改)

着眼点 Focus Points

誘導機の残留電圧に関する問題である．

誘導電動機の運転中に電源を切り離した場合，端子電圧はすぐにゼロとはならない．これを誘導機の残留電圧と呼ぶ．

電源が遮断されると，界磁巻線には電源からの励磁電流の供給はなくなるが，巻線のリアクタンスの作用によってその電流値は一定に保たれようとする．一方，回転子は慣性に従ってしばらくの間回転を続けるので，誘導機はあたかも同期発電機のように振る舞い，端子間に電圧を生じる．

知らないと解けないうえ，過去に類題もなく，難問である．余裕がある人は，論述対策も兼ねて復習しておくとよいだろう．

戦術 Tactics

(1) ❶二次回路の時定数を求める．
(2) ❷与えられた式に$t=T_0/2$，$\omega_m=0.8\omega_0$を代入する．

解答 Answer

(1)

戦術❶ ❶二次回路の時定数を求める．

電源を切り離すと，二次回路にはリアクタンスの作用により，一定の電流が流れようとする．これは直流電流であり，二次回路の抵抗値r_2や巻線リアクタンスL_2，L_mによって，その電流減衰率は大きく変化する．

なお，電源を切り離した時点で，誘導機としての等価回路は役に立たないので注意が必要である．

二次回路はRL回路であるので，その時定数T_0は，

$$T_0 = \frac{L_2 + L_m}{r_2} = \frac{\frac{0.501}{377} + \frac{20.4}{377}}{0.0198} = 2.800 \text{ (s)}$$

(2)

戦術❷ ❷与えられた式に$t=T_0/2$，$\omega_m=0.8\omega_0$を代入する．

題意より，残留電圧v_aは，

$$v_a = -\sqrt{2}\omega_m L_m I_{20} e^{-\frac{t}{T_0}} \sin(\omega t + \theta_0)$$

この電圧実効値を$V_a(t)$とすれば，

$$V_a(t) = \omega_m L_m I_{20} e^{-\frac{t}{T_0}} \text{ (V)}$$

遮断器開放直後$t=0$の電圧値は$V_a(0)$であるから，$V_a(T_0/2)$と比べれば，

$$\frac{V_a\left(\frac{T_0}{2}\right)}{V_a(0)} = \frac{0.8\omega_m L_m I_{20} e^{-\frac{T_0}{2T_0}}}{\omega_m L_m I_{20} e^{-\frac{0}{T_0}}} = 0.8 e^{-\frac{T_0}{2T_0}}$$

$$= \frac{0.8}{\sqrt{e}} = \frac{0.8}{\sqrt{2.718}} = 0.485$$

よって，時刻$T_0/2$のときの残留電圧の大きさは，遮断器開放直後の電圧の大きさの0.485倍となる．

〈答〉
(1) $T_0 = 2.80$ s
(2) 0.485倍

4. 同期機

■問題1

図は，三相同期発電機の星形一相分のベクトル図を示す．この図を参照して次の問に答えよ．ただし，電機子抵抗による電圧降下は無視するものとする．

(1) 電圧変動率の定義を述べよ．
(2) 同一発電機でも力率が悪くなると，電圧変動率が大きくなる理由を図を利用して説明せよ．
(3) 短絡比の定義を述べよ．
(4) 短絡比の大きな機械は電圧変動率が小さい理由を説明せよ．
(5) 定格出力 $5\,000\,\mathrm{kV\cdot A}$，定格電圧 $6.6\,\mathrm{kV}$，短絡比 1.1 の三相同期発電機について，力率 0.9 における電圧変動率％を求めよ．

$\dot{E}_0$：誘導起電力　　x_s：同期リアクタンス
$\dot{V}$：端子電圧　　　　δ：負荷角
$\dot{I}_a$：電機子電流　　　ϕ：力率角

（機械・制御：平成12年問2）

着眼点 Focus Points

同期発電機に関する問題である．同期機分野からの出題は近年減少傾向にあるものの，2～3年に1度のペースで出題は続いている．オーソドックスな問題が比較的多いので，基本事項を復習しておけば，いざ出題されたときに点数をとりやすいだろう．

日本で用いられている発電機のほとんどは同期発電機である．そのベクトル図は同期発電機だけでなく，他分野にも簡単に応用が効く形であり，考え方や等価回路も非常にシンプルなものとなる．

戦術 Tactics

(1) ❶電圧変動率 ε とは，定格運転状態から突然発電機を切り離したときの電圧上昇率である．
(2) ❷ベクトル図を描くときは，端子電圧 $\dot{V}$ を基準にするとよい．
(3) ❸短絡比 K_s は，発電機が短絡した際の短絡電流の大きさの度合いを示す指標である．
(4) ❹短絡比 K_s は，同期インピーダンス x_s を単位法表示した数の逆数で

(5) ❺単位法を用いて考えると便利である．その場合，基準は端子電圧 $6.6\,\mathrm{kV}=1.0\,\mathrm{p.u.}$，出力 $5\,000\,\mathrm{kV\cdot A}=1.0\,\mathrm{p.u.}$ となる．

解答

(1)

❶電圧変動率 ε とは，定格運転状態から突然発電機を切り離したときの電圧上昇率である．

定格電圧を $|\dot{V}_n|$ とし，定格運転状態から発電機を突然系統から切り離した場合の電圧を $|\dot{E}_0|$ とすれば，電圧変動率 ε は次式にて与えられる．

$$\varepsilon = \frac{|\dot{E}_0|-|\dot{V}_n|}{|\dot{V}_n|} \times 100\,(\%) \qquad ①$$

(2)

❷ベクトル図を描くときは，端子電圧 $\dot{V}$ を基準にするとよい．

端子電圧 $\dot{V}$ を基準にしてベクトル図を描き換えると，次のようになる．

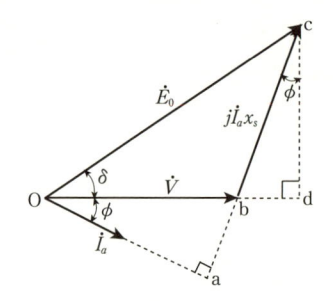

△Oabと△cdbにおいて三角形の相似を使えばわかるように，∠bcdは力率角 ϕ となる．

このとき，電機子電流 $|\dot{I}_a|$ および端子電圧 $|\dot{V}|$ を変化させずに力率角 ϕ を大きくしていくと，c点はb点を中心とする円弧を右方向に動くことになる．

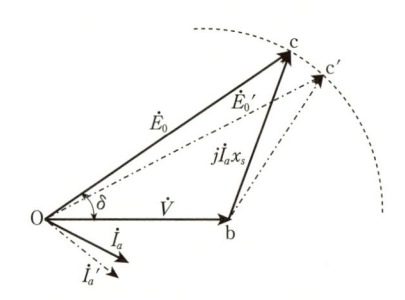

図を見てわかるように，c′が移動し，誘導起電力$|\dot{E_0}'|$が大きくなることがわかる．つまり力率が悪くなるとその誘導起電力は大きくなる（$|\dot{E_0}'|>|\dot{E_0}|$）ため，①式の分子が大きくなり，電圧変動率εは大きくなる．

(3)

戦術 ❸

❸短絡比K_sは，発電機が短絡した際の短絡電流の大きさの度合いを示す指標である．

短絡比K_sは

$$K_s = \frac{開放時定格電圧となる励磁電流}{短絡時定格電流となる励磁電流}$$

と定義される．

(4)

戦術 ❹

❹短絡比K_sは，同期インピーダンスx_sを単位法表示した数の逆数である．短絡比K_sが大きくなると同期インピーダンスx_sは小さくなる．

先のベクトル図において，電機子電流$\dot{I_a}$，端子電圧$\dot{V}$，力率角ϕを変化させずにx_sを小さくすると，bcはその傾角を保ったまま短くなる．

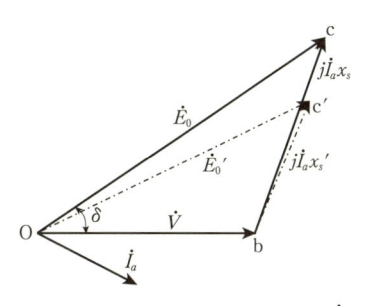

図を見てわかるように，c′が移動し，誘導起電力$|\dot{E_0}'|$が小さくなることがわかる．つまりx_sが小さくなると，その誘導起電力は小さくなる（$|\dot{E_0}'|<|\dot{E_0}|$）ため，①式の分子が小さくなり，電圧変動率εは小さくなる．

(5)

戦術 ❺

❺与えられた条件を，単位法を用いて考える．

単位法では端子電圧および定格出力を基準とするので，端子電圧$|\dot{V}|=6.6$ kV$=1.0$ p.u.，出力$S=5\,000$ kV·A$=1.0$ p.u.である．

また，電機子電流$|\dot{I_a}|=S/|\dot{V}|=1.0/1.0=1.0$ p.u.，$x_s=1/1.1$ p.u.であるので，

$$\overline{\text{Oa}} = |\dot{V}|\cos\phi = 1.0 \times 0.9 = 0.9 \text{ (p.u.)}$$

$$\overline{\text{ab}} = |\dot{V}|\sin\phi = 1.0 \times \sqrt{1-0.9^2} = 0.4359 \text{ (p.u.)}$$

$$\overline{\text{bc}} = |\dot{I}_a x_s| = |\dot{I}_a| x_s = 1.0 \times \frac{1}{1.1} = 0.9091 \text{ (p.u.)}$$

$$|\dot{E}_0| = \overline{\text{Oc}} = \sqrt{(\overline{\text{Oa}})^2 + (\overline{\text{ac}})^2} = \sqrt{0.9^2 + (0.4359+0.9091)^2} = 1.6183 \text{ (p.u.)}$$

$$\therefore \varepsilon = \frac{|\dot{E}_0| - |\dot{V}_n|}{|\dot{V}_n|} \times 100 = \frac{1.6183 - 1.0}{1.0} \times 100 = 61.8 \text{ (\%)}$$

〈答〉

(1) 解答のとおり

(2) 解答のとおり

(3) 解答のとおり

(4) 解答のとおり

(5) 61.8%

短絡比とは

短絡比 K_s とは，

$$K_s = \frac{\text{開放時定格電圧となる励磁電流 } I_{f0}}{\text{短絡時定格電流となる励磁電流 } I_{fs}}$$

で定義され，同期インピーダンス x_s の単位法表示の逆数となる．このことは，次のように証明することができる．

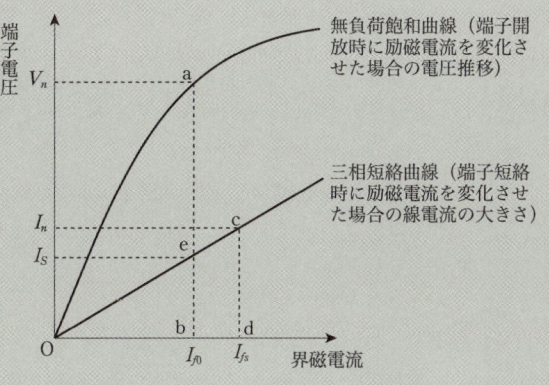

図は，横軸に界磁電流を，縦軸に端子電圧および線電流を取った単位法表示のグラフである．（V_n：定格電圧，I_n：定格電流，I_s：短絡電流）

この図にて，短絡比 K_s を考えれば，

$$K_s = \frac{I_{f0}}{I_{fs}} = \frac{\overline{\text{Ob}}}{\overline{\text{Od}}} = \frac{\overline{\text{eb}}}{\overline{\text{cd}}} = \frac{I_s}{I_n}$$

（$\overline{\text{eb}} = I_s$ となるのは，定格電圧が発生している状態の発電機端子を短絡させると短絡電流 I_s が流れると考えればわかりやすい．）

一方，同期インピーダンス x_s の単位法表示 X_s（単位法）は，以下のように変形することができる．

$$X_s(\text{単位法}) = \frac{x_s}{\dfrac{V_n}{\sqrt{3}I_n}} = \frac{\dfrac{V_n}{\sqrt{3}I_s}}{\dfrac{V_n}{\sqrt{3}I_n}} = \frac{I_n}{I_s} = \frac{\overline{\text{cd}}}{\overline{\text{eb}}}$$

$$\therefore \quad X_s(\text{単位法}) = \frac{1}{K_s}$$

過去にはこの導出に関する問題が出題されたこともある．導出方法も含めて確認しておこう．

■問題2

定格出力3 300 kV·A，定格電圧6 600 V，定格力率0.95の三相同期発電機があり，星形接続の1相当たりの抵抗は1.11%，同期リアクタンスは96%である．この発電機の励磁を定格状態に保ったまま運転し，この発電機に6 600 Vにて2 700 kW，力率0.8の三相定インピーダンス負荷を接続した場合の発電機端子電圧を求めよ．ただし，磁気回路の飽和は無視できるものとする．

(機械：平成2年問1)

着眼点 Focus Points

同期発電機の等価回路を用いて，端子電圧を求める問題である．電機子抵抗を無視しないときは，ベクトル図や等価回路が少し異なるので注意しよう．

問題自身は簡単だが，複素数計算が多くなるうえ，$\sqrt{3}$ や3などの係数が頻繁に出てくる．ベクトル図や等価回路を描くくせを付け，一つひとつ確認しながら解いていこう．

戦術 Tactics

❶パーセントインピーダンス法で表されたインピーダンスを〔Ω〕単位に換算する．
❷誘導起電力$|\dot{E}_0|$を求める．
❸負荷のインピーダンスを求める．
❹誘導起電力$|\dot{E}_0|$が不変の条件の下，負荷をつないだ場合の端子電圧Vを求める．

解答 Answer

戦術❶ ❶パーセントインピーダンス法で表されたインピーダンスを〔Ω〕単位に換算する．

本発電機において基準となるインピーダンス値z_nは，

$$z_n = \frac{|\dot{V}_n|}{\sqrt{3}|\dot{I}_n|} = \frac{|\dot{V}_n|^2}{\sqrt{3}|\dot{I}_n||\dot{V}_n|} = \frac{6\,600^2}{3\,300 \times 10^3} = 13.2 \,[\Omega] = 100 \,[\%]$$

同期リアクタンスx_sおよび電機子抵抗r_aはそれぞれ，

$$x_s = z_n \times 0.96 = 13.2 \times 0.96 = 12.67 \,[\Omega]$$
$$r_a = z_n \times 0.0111 = 13.2 \times 0.0111 = 0.1465 \,[\Omega]$$

また定格電流I_nは，

$$|\dot{I}_n| = \frac{P_n}{\sqrt{3}|\dot{V}_n|} = \frac{3\,300 \times 10^3}{\sqrt{3} \times 6\,600} = 288.7 \,[A]$$

❷誘導起電力 $|\dot{E}_0|$ を求める．

発電機Y形1相分の等価回路およびベクトル図は次のようになる．

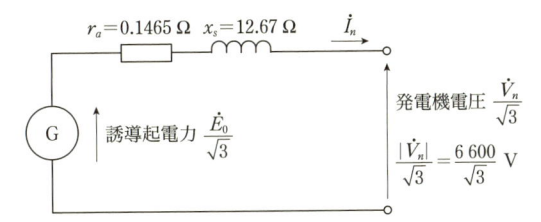

$r_a = 0.1465\ \Omega$　$x_s = 12.67\ \Omega$　$\dot{I}_n$

発電機電圧 $\dfrac{\dot{V}_n}{\sqrt{3}}$

誘導起電力 $\dfrac{\dot{E}_0}{\sqrt{3}}$

$\dfrac{|\dot{V}_n|}{\sqrt{3}} = \dfrac{6\,600}{\sqrt{3}}$ V

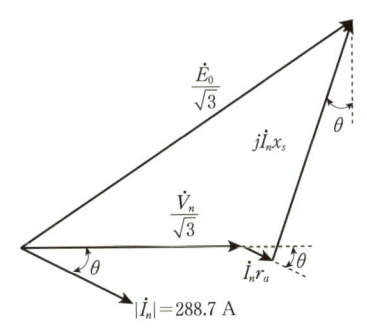

$|\dot{I}_n| = 288.7$ A

ベクトル図に注目して，誘導起電力 $\dot{E}_0$ について考えれば，

$$\dfrac{\dot{E}_0}{\sqrt{3}} = \dfrac{\dot{V}_n}{\sqrt{3}} + \dot{I}_n(r_a + jx_s)$$

$$= \dfrac{|\dot{V}_n|}{\sqrt{3}} + |\dot{I}_n|r_a\cos\theta + |\dot{I}_n|x_s\sin\theta + j\{-|\dot{I}_n|r_a\sin\theta + |\dot{I}_n|x_s\cos\theta\}$$

$$= \dfrac{6\,600}{\sqrt{3}} + 288.7 \times 0.1465 \times 0.95 + 288.7 \times 12.67 \times \sqrt{1 - 0.95^2}$$

$$\quad + j\{-288.7 \times 0.1465 \times \sqrt{1 - 0.95^2} + 288.7 \times 12.67 \times 0.95\}$$

$$= 4\,993 + j3\,462$$

$\therefore\ \left|\dfrac{\dot{E}_0}{\sqrt{3}}\right| = \sqrt{4\,993^2 + 3\,462^2} = 6\,076\,(\text{V})$

❸負荷のインピーダンスを求める．

6 600 V で 2 700 kW の三相平衡負荷であるので，Y形1相当たりの負荷インピーダンスを $r_L + jx_L$ とすれば，

$$\left(\dfrac{6\,600}{|r_L + jx_L|}\right)^2 r_L = 2\,700 \times 10^3$$

負荷力率が0.8であるので，$|r_L + jx_L| = \dfrac{1}{0.8}r_L$ となるから，

$$\left(\frac{5\,280}{r_L}\right)^2 r_L = 2\,700 \times 10^3$$

$$r_L = \frac{5\,280^2}{2\,700 \times 10^3} = 10.33\,(\Omega)$$

$$x_L = r_L \times \frac{\sqrt{1-0.8^2}}{0.8} = 7.744\,(\Omega)$$

$$|r_L + jx_L| = \frac{1}{0.8} r_L = 12.91\,(\Omega)$$

❹ 誘導起電力 $|\dot{E}_0|$ が不変のとき，負荷をつないだ場合の端子電圧 V を求める．

負荷をつないだときの等価回路は次のようになる．

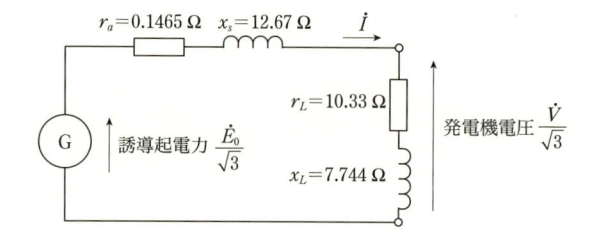

$r_a = 0.1465\,\Omega$ $x_s = 12.67\,\Omega$ $\dot{I}$
誘導起電力 $\dfrac{\dot{E}_0}{\sqrt{3}}$
$r_L = 10.33\,\Omega$
$x_L = 7.744\,\Omega$
発電機電圧 $\dfrac{\dot{V}}{\sqrt{3}}$

このとき，回路に流れる電流 I は，

$$|\dot{I}| = \left|\frac{\dot{E}_0}{\sqrt{3}}\right| \times \left|\frac{1}{r_a + jx_s + r_L + jx_L}\right|$$

$$= 6\,076 \times \left|\frac{1}{0.1465 + j12.67 + 10.33 + j7.744}\right|$$

$$= 264.8\,(A)$$

よって発電機電圧 V は，

$$\left|\frac{\dot{V}}{\sqrt{3}}\right| = |\dot{I}| \times |r_L + jx_L| = 264.8 \times 12.91 = 3\,419\,(V)$$

$$\therefore\ |\dot{V}| = \sqrt{3} \times 3\,419 = 5\,920\,(V)$$

〈答〉

5 920 V

単位法と $\sqrt{3}$

三相交流のベクトル図を描くとき，次の2とおりの図が存在することにお気づきだろうか．

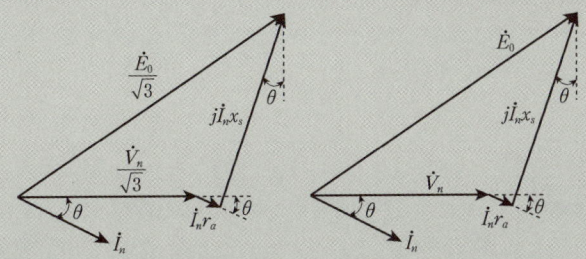

左図は電圧が $1/\sqrt{3}$ 倍となっており，右図はなっていない．一見，矛盾するように見えるが，両者はどちらも誤りでは無い．左図は〔V〕，〔A〕，〔Ω〕の単位を使った場合のベクトル図であり，右図はすべてのパラメータに対して単位法やパーセント法表記を使った場合のベクトル図である．

単位法は基準値に対する割合を示す表記方法であるため，三相交流であっても，$\sqrt{3}$ や3などの，三相特有の係数を考慮しなくてよい．

混同しないように注意してほしい．

【通常の場合】
$$\frac{\dot{E}_0}{\sqrt{3}} = \frac{\dot{V}_n}{\sqrt{3}} + \dot{I}_n(r_a + jx_s), \quad P + jQ = \sqrt{3}\dot{V}_n \cdot \overline{\dot{I}_n}$$

【単位法・パーセント法表記の場合】
$$\dot{E}_0(\mathrm{p.u.}) = \dot{V}_n + \dot{I}_n(r_a + jx_s), \quad P + jQ(\mathrm{p.u.}) = \dot{V}_n \cdot \overline{\dot{I}_n}$$

■問題3

A，B 2台の同一定格の三相同期発電機を並行運転して，遅れ力率85％，電流2 400 A の負荷に2分の1ずつ電力を供給している．

いま，A機の励磁を調整して，その電流を1 500 Aとする場合，A機およびB機の力率はそれぞれいくらになるか．ただし，負荷には変化がないものとする．

(機械：昭和58年問1)

着眼点 Focus Points

同期発電機の並行運転に関する問題である．ある一定の負荷をとっている状態から同期発電機の励磁電流を増減したとしても，有効電力の負担の割合は変化しない．変化するのは，発電機の無効電力の割合のみであり，これは並行運転する発電機間を流れる循環電流となって現れる．

本設問では，同期リアクタンスや電機子インピーダンスなどの条件は与えられていないので，発電機電圧を一定として，その電流のみに注目して解くことになる．電流を有効電流と無効電流に分けて考えることが重要である．

戦術 Tactics

❶負荷を1/2ずつ負担しているという条件から，各発電機の有効電流・無効電流を求める．
❷有効電流を一定としたまま，界磁を調整した場合の無効電流を求める．
❸それぞれの力率を算出する．

解答 Answer

❶負荷を1/2ずつ負担しているという条件から，各発電機の有効電流・無効電流を求める．

A号機，B号機それぞれの電流を $\dot{I}_A$，$\dot{I}_B$ とし，負荷に流れる電流を $\dot{I}$ とすれば，

$$\dot{I} = \dot{I}_A + \dot{I}_B = 2\,400(\cos\theta - j\sin\theta)$$
$$= 2\,400 \times 0.85 - j2\,400 \times \sqrt{1-0.85^2} = 2\,040 - j1\,264 \text{ (A)}$$

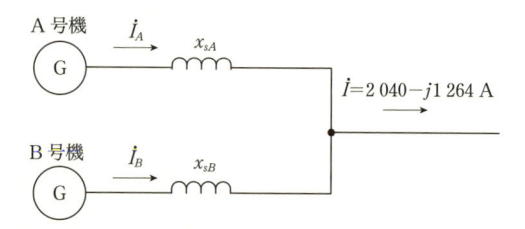

初期状態では，それぞれの発電機が負荷に1/2ずつ電力を供給しているので，

$$\dot{I}_A = \dot{I}_B = \frac{1}{2} \times (2\,040 - j1\,264) = 1\,020 - j632 \text{ (A)}$$

❷ 有効電流を一定としたまま，界磁を調整した場合の無効電流を求める．

A号機の界磁電流を調整しても，有効電力の負担割合は変化しない．つまり有効電流は変化しない．$|\dot{I}_A'| = 1\,500$ A となったとき，無効電流を I_{QA}' とすれば，

$$\dot{I}_A' = 1\,020 - jI_{QA}'$$
$$|\dot{I}_A'| = \sqrt{1\,020^2 + I_{QA}'^2} = 1\,500 \text{ (A)}$$
$$I_{QA}' = \sqrt{1\,500^2 - 1\,020^2} = 1\,100$$
$$\therefore \quad \dot{I}_A' = 1\,020 - j1\,100 \text{ (A)}$$

負荷電流は変化しないので，B号機の電流 $\dot{I}_B'$ は，

$$\dot{I}_B' = \dot{I} - \dot{I}_A' = 2\,040 - j1\,264 - (1\,020 - j1\,100)$$
$$= 1\,020 - j164 \text{ (A)}$$

❸ それぞれの力率を算出する．

A号機，B号機の力率 $\cos\theta_A$，$\cos\theta_B$ は，

$$\cos\theta_A = \frac{1\,020}{|1\,020 - j1\,100|} = \frac{1\,020}{\sqrt{1\,020^2 + 1\,100^2}} = 0.6799 = 68.0 \text{ (\%)}$$

$$\cos\theta_B = \frac{1\,020}{|1\,020 - j164|} = \frac{1\,020}{\sqrt{1\,020^2 + 164^2}} = 0.9873 = 98.7 \text{ (\%)}$$

〈答〉
A機の力率　68.0%
B機の力率　98.7%

界磁電流の増減と，無効電力の変化

瞬時的な現象を除けば，同期発電機の界磁電流を増減しても，無効電力が増減するのみであって有効電力は変化しない．

これをベクトル図で考えると次のようになる．

界磁電流が大きくなると，誘導起電力 $\dot{E}_0$ が大きくなり，それに従って電流 $\dot{I}_a$ の虚数成分が大きくなる．$\dot{I}_a$ の実数成分は変化しないので注意しよう．

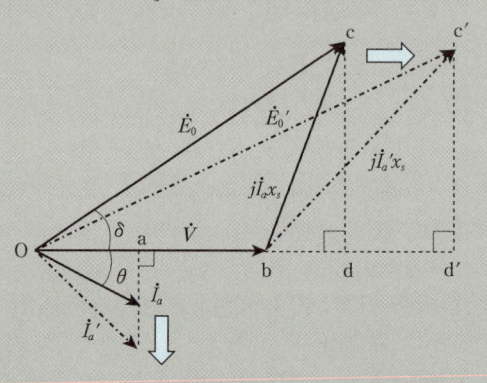

有効電力の大きさを変化させるためには，発電機を駆動させるエネルギー量を変化させるしかない．具体的にいえば，火力機では燃料投入量を，水力機では流水流量を変化させる必要がある．

■問題4

定格電圧，一定出力のもとで運転している非突極形三相同期電動機がある．界磁電流 I_f を調整して I_{f0} としたところ，入力電流が0.5 p.u.，力率1となった．次の問に答えよ．ただし，短絡比は0.8であり，電機子抵抗，機械損および鉄心の磁気飽和は無視できるものとする．

(1) 自己容量基準の単位法で表した無負荷誘導起電力 E_0 および出力 P を求めよ．

(2) 一定出力を維持できる界磁電流の範囲で，I_f を変化させても，負荷角を δ とするとき $E_0 \sin\delta$ が一定であることを示し，その値（単位法）を求めよ．

(3) 界磁電流 I_f を kI_{f0} に設定した．このときの無負荷誘導起電力を E_{01}，負荷角を δ_1 とする．

   a. 端子電圧 $\dot{V}$ を基準ベクトル（フェーザ）とするとき，E_{01} および δ_1 を用いて入力電流 $\dot{I}_{a1}$ を表す式を求めよ．

   b. $k=1.5$ に調整したときの無負荷誘導起電力 E_{01}（単位法）を求めよ．

   c. $k=1.5$ に調整したときの入力電流 I_{a1} の大きさ（単位法）および力率を求めよ．また，力率は遅れまたは進みのどちらか．

(機械・制御：平成19年問1)

着眼点 Focus Points

三相同期電動機に関する問題である．発電機でも電動機でもその解法は大きく変化しない．どちらもベクトル図を描くことが非常に重要であるので，ぜひベクトル図による解法を習得してほしい．

電動機の場合，発電機とは違い，端子電圧のほうが誘導起電力に比べて進み方向のベクトルとなる．

戦術 Tactics

(1) ❶単位法を使う場合は $\sqrt{3}$ や3などの係数を無視することができる．

(2) ❷ θ と δ の関係に注目するとよい．

(3) ❸ベクトル図を描いて求めるとよい．
    ❹誘導起電力の大きさは界磁電流に比例する．
    ❺出力が一定のとき，$E_0 \sin\delta$ が一定であることに注目する．

解答 Answer

(1)
戦術❶ ❶単位法を使う場合は $\sqrt{3}$ や3などの係数を無視することができる．

三相同期電動機のベクトル図は次のようになる．

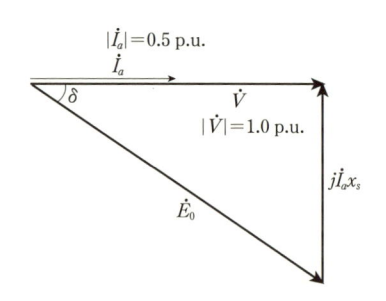

出力 P は

$$P = |\dot{V}||\dot{I}_a|\cos\theta = 1.0 \times 0.5 \times 1.0 = 0.5 \text{(p.u.)}$$

短絡比は同期インピーダンス x_s の単位法表示の逆数であるので，$x_s = 1/0.8$ p.u. となる．

誘導起電力 E_0 は，

$$|\dot{E}_0| = \sqrt{|\dot{V}|^2 + |\dot{I}_a x_s|^2} = \sqrt{1.0^2 + \left(0.5 \times \frac{1}{0.8}\right)^2} = 1.179 \text{(p.u.)}$$

(2)

❷ θ と δ の関係に注目するとよい．

力率が θ のときの誘導電動機のベクトル図は次のようになる．

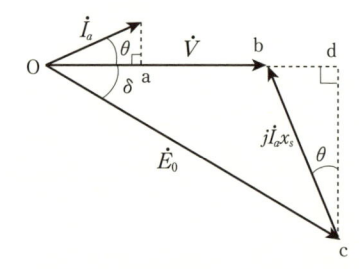

出力 $P = |\dot{V}||\dot{I}_a|\cos\theta$ が一定，端子電圧 $|\dot{V}|$ も一定であるので，$|\dot{I}_a|\cos\theta$ は一定である．

ここで，ベクトル図の辺 cd に注目すれば，

$$\overline{\text{cd}} = |\dot{E}_0|\sin\delta = |j\dot{I}_a x_s|\cos\theta = x_s|I_a|\cos\theta = \frac{x_s P}{|\dot{V}|} = \frac{\frac{1}{0.8} \times 0.5}{1.0}$$

$$= 0.625 \text{(p.u.)}$$

となって，$|\dot{E}_0|\sin\delta$ が一定値になることがわかる．

(3)

❸界磁電流を変化させたときのベクトル図は次のようになる．

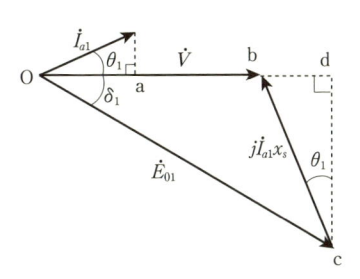

a. 入力電流 $\dot{I}_{a1}$

ベクトル図の△Obc に注目すれば，

$$\dot{E}_{01} + j\dot{I}_{a1}x_s = \dot{V}$$

$$j\dot{I}_{a1}x_s = \dot{V} - \dot{E}_{01} = V - E_{01}\cos\delta_1 + E_{01}j\sin\delta_1$$

$$\therefore \dot{I}_{a1} = \frac{V - E_{01}\cos\delta_1 + jE_{01}\sin\delta_1}{jx_s} = \frac{E_{01}\sin\delta_1}{x_s} + j\frac{E_{01}\cos\delta_1 - V}{x_s}$$

b. 誘導起電力 E_{01}

❹誘導起電力の大きさは界磁電流に比例する．

(1)で求めた E_0 を使えば，$E_0 : E_{01} = I_{f0} : kI_{f0} = 1 : k$ となるので，

$$E_{01} = k \cdot E_0 = 1.5 \times 1.179 = 1.769 \text{[p.u.]}$$

c. 入力電流 I_{a1} および力率 θ

❺出力が一定のとき，$E_0 \sin\delta$ が一定であることに注目する．

$E_0 \sin\delta = E_{01} \sin\delta_1$ が成り立つので，

$$E_{01} \sin\delta_1 = 0.625 \text{[p.u.]}$$

$$\therefore \sin\delta_1 = \frac{0.625}{1.769} = 0.3533 \text{[p.u.]}$$

a.の結果を使えば，

$$\dot{I}_{a1} = \frac{E_{01}\sin\delta_1}{x_s} + j\frac{E_{01}\cos\delta_1 - V}{x_s}$$

$$= \frac{1.769 \times 0.3533}{\frac{1}{0.8}} + j\frac{1.769 \times \sqrt{1 - 0.3533^2} - 1.0}{\frac{1}{0.8}}$$

$$= 0.5000 + j0.5239 \text{[p.u.]}$$

$$\therefore |\dot{I}_{a1}| = \sqrt{0.5000^2 + 0.5239^2} = 0.724 \text{[p.u.]}$$

このとき，力率は，

$$\cos\theta = \frac{0.500}{0.724} = 0.691$$

また，電流の虚数部が正であり，

$$P + jQ = \dot{V}\overline{\dot{I}_{a1}} = 1.0 \times (0.500 - j0.524) = 0.5 - j0.524 \text{ (p.u.)}$$

となって，進み無効電力をとるため，進み力率となる．

〈答〉

(1) $E_0 = 1.18$ p.u.
    $P = 0.500$ p.u.

(2) 0.625 p.u.

(3) a. $\dot{I}_{a1} = \dfrac{E_{01}\sin\delta_1}{x_s} + j\dfrac{E_{01}\cos\delta_1 - V}{x_s}$

  b. $E_{01} = 1.77$ p.u.

  c. $|\dot{I}_{a1}| = 0.724$ p.u.
     力率 0.691（進み）

■問題5

三相突発短絡試験による円筒界磁形同期発電機の定数測定法に関して，次の問に答えよ．

(1) 三相突発短絡試験による定数測定法とは，同期発電機を無負荷定格回転速度で運転し，電機子定格電圧の15〜30％の電圧が発生した状態で電機子端子三相を開閉器で突発短絡し，電機子電流および界磁電流の変化をオシログラフで記録し，直軸初期過渡リアクタンス，直軸過渡リアクタンス，短絡初期過渡時定数および短絡過渡時定数を求める方法である．

無負荷で電圧が発生している同期発電機の端子を三相突発短絡させた場合の突発短絡相電流 i_{ph} は次式で表され，交流分の振幅は大きな初期過渡状態から時間の経過とともに減衰して過渡状態を経て持続短絡状態になる．

$$i_{ph} = \left[(\boxed{\text{A}}) \exp\left(\frac{-t}{T_d''}\right) + (\boxed{\text{B}}) \exp\left(\frac{-t}{T_d'}\right) + (\boxed{\text{C}}) \right] \cos(\omega t - \alpha) + i_{dc}$$

ここで，T_d''：短絡初期過渡時定数，T_d'：短絡過渡時定数，$\omega : 2\pi f$（fは周波数），t：時間，α：短絡瞬時の電圧の位相角，i_{dc}：過渡直流電流

上記の突発短絡相電流の交流分の振幅のA，BおよびCの式を直軸初期過渡リアクタンス X_d''，直軸過渡リアクタンス X_d'，直軸同期リアクタンス X_d および短絡前の電機子相電圧（波高値）E_0 を用いて示しなさい．

(2) 突発短絡相電流 i_{ph} の交流分に関して，振幅の減衰曲線を振幅の第1項，第2項および第3項の時間特性が判るように図で示しなさい．図を答案用紙に書き写して答えよ．さらに，直軸初期過渡リアクタンス X_d'' および直軸過渡リアクタンス X_d' の算出式を E_0，A，BおよびCを用いて示しなさい．

（機械・制御：平成22年問1）

着眼点 Focus Points

同期発電機の短絡電流に関する問題である．実際に日本の電力系統において，使用されている発電機のほとんどは同期発電機であり，落雷などに

よってこれらの短絡事故が起きた際の事故電流の大きさを考えることは非常に大きな意味をもつ.

短絡事故発生時には,界磁巻線や制動巻線によって電機子反作用が起き電機子巻線と相互的に作用するため,総合的に見た発電機のリアクタンス値は段階的に変化する.短絡発生直後は制動巻線による影響が強く,その後,0.5~数秒程度の範囲では界磁巻線による影響が強い.そして,数秒以上の時間がたつとこれらの巻線による影響はほぼなくなり,電機子巻線の影響が支配的になる.

戦術 Tactics

(1) ❶短絡発生後の経過時間によって3段階に分けて考えるとよい.
(2) ❷短絡電流は時間とともに徐々に減衰する.

解答 Answer

(1)

❶短絡発生後の時間によって3段階に分けて考えるとよい.

短絡発生後の経過時間によって,基本周波数の等価回路は段階的に次のように変化する.

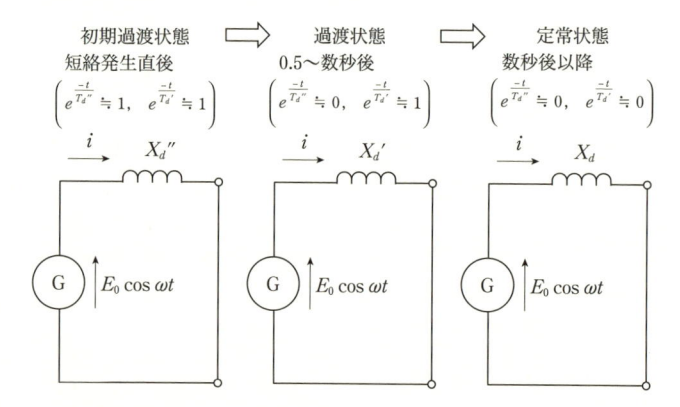

初期過渡状態	過渡状態	定常状態
短絡発生直後	0.5~数秒後	数秒後以降
$\left(e^{\frac{-t}{T_d''}} \fallingdotseq 1,\ e^{\frac{-t}{T_d'}} \fallingdotseq 1\right)$	$\left(e^{\frac{-t}{T_d''}} \fallingdotseq 0,\ e^{\frac{-t}{T_d'}} \fallingdotseq 1\right)$	$\left(e^{\frac{-t}{T_d''}} \fallingdotseq 0,\ e^{\frac{-t}{T_d'}} \fallingdotseq 0\right)$

(回路: それぞれ X_d'', X_d', X_d と電源 $E_0 \cos \omega t$)

短絡電流 i_{ph} の交流分 i の振幅波高値を $\bar{i}$ とすれば,初期過渡状態では,

$$\bar{i} = \frac{E_0}{X_d''} = A + B + C$$

過渡状態では,

$$\bar{i} = \frac{E_0}{X_d'} = B + C$$

定常状態では

$$\bar{i} = \frac{E_0}{X_d} = C$$

それぞれの係数を求めれば，

$$C = \frac{E_0}{X_d}$$

$$B = \frac{E_0}{X_d'} - C = E_0 \left(\frac{1}{X_d'} - \frac{1}{X_d} \right)$$

$$A = \frac{E_0}{X_d''} - B - C = E_0 \left(\frac{1}{X_d''} - \frac{1}{X_d'} \right)$$

$$i_{ph} = \left\{ E_0 \left(\frac{1}{X_d''} - \frac{1}{X_d'} \right) \exp\left(-\frac{t}{T_d''} \right) + E_0 \left(\frac{1}{X_d'} - \frac{1}{X_d} \right) \exp\left(-\frac{t}{T_d'} \right) + \frac{E_0}{X_d} \right\}$$

$$\times \cos(\omega t - \alpha) + i_{dc}$$

(2)

❷ 短絡電流は時間とともに徐々に減衰する．

i_{ph} の交流成分の波高値 $\bar{i}$ の時間特性は次のようになる．

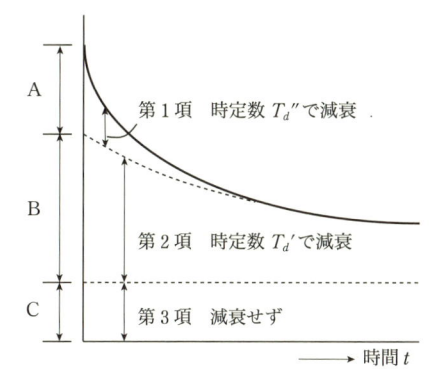

A 　第1項　時定数 T_d'' で減衰
B 　第2項　時定数 T_d' で減衰
C 　第3項　減衰せず
　　時間 t

初期過渡状態（$t=0$）の等価回路を用いれば，X_d'' は，

$$\bar{i} = \frac{E_0}{X_d''} = A + B + C$$

$$\therefore \quad X_d'' = \frac{E_0}{A + B + C}$$

過渡状態の等価回路を用いれば，X_d' は，

$$\bar{i} = \frac{E_0}{X_d'} = B + C$$

$$\therefore \quad X_d' = \frac{E_0}{B+C}$$

〈答〉

(1)　A $\cdots E_0\left(\dfrac{1}{X_d''} - \dfrac{1}{X_d'}\right)$

　　　B $\cdots E_0\left(\dfrac{1}{X_d'} - \dfrac{1}{X_d}\right)$

　　　C $\cdots \dfrac{E_0}{X_d}$

(2)　解答のとおり

5. パワエレ

■問題1

図1に示す昇降圧チョッパ回路の動作特性について，次の問に答えよ．ただし，リアクトルLのインダクタンスは適度に大きく電流は連続しており，また，出力側コンデンサCの容量は十分大きく出力電圧は一定と見なせるものとする．

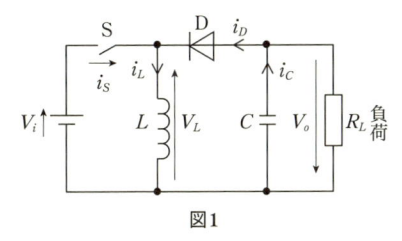

図1

(1) 図2は図1の回路の各部の電圧波形および電流波形を示す．図1の回路で，電流i_S, i_Dおよびi_L並びにリアクトルLの両端電圧V_Lの波形として正しいものを図2の波形のなかから選び，その記号で答えよ．（解答例 $i_C=(ニ)$）

(2) 図2より通流率（デューティー比）αを求めよ．

(3) 入力電圧V_iと出力電圧V_oの関係を通流率αを用いて表せ．

(4) 出力電力P_oを入力電圧V_i，負荷抵抗R_Lおよび通流率αを用いて表せ．

(5) (4)の結果を用いて，入力電流（スイッチSを通る電流）i_Sの平均値$\bar{I}_S$を求めよ．ただし，回路の損失は無視できるものとする．

（機械・制御：平成12年問3）

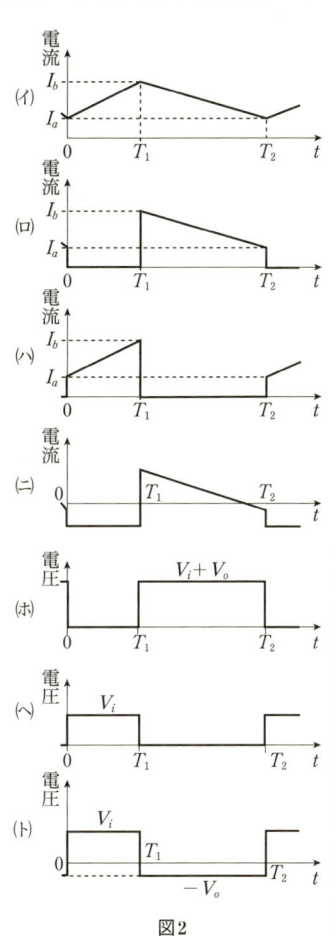

図2

着眼点 Focus Points

昇降圧チョッパの問題である．リアクトルに流れる電流は連続するという点や，キャパシタを負荷に並列接続すれば負荷電圧は一定になるという点など，パワエレには，特有の前提条件がある．問題によってさまざまな条件が与えられ，その条件をヒントにエネルギーフローを考えることになるので，まずはこういった条件に慣れよう．

本回路では，スイッチオン時にはリアクトルにエネルギーが蓄えられ，スイッチオフ時にそのエネルギーが放出されてコンデンサおよび負荷へ流れるエネルギーフローとなっている．

戦術 Tactics

(1) ❶スイッチオン・オフ時について，それぞれの場合のエネルギーフローを考える．
(2) ❷通流率 α とは，スイッチのオン時間比率である．
(3) ❸リアクトルに蓄えられるエネルギーと放出するエネルギーが等しいので，V_L の積分値はゼロとなる．
(4) ❹$P_o = V_o^2 / R_L$ である．
(5) ❺回路の損失が無視できるとき，「入力電力＝出力電力」となる．

解答 Answer

(1)

戦術❶ ❶スイッチオン・オフ時について，それぞれの場合のエネルギーフローを考える．

スイッチオン時（スイッチが閉じたとき）の電流は次の図のようになる．

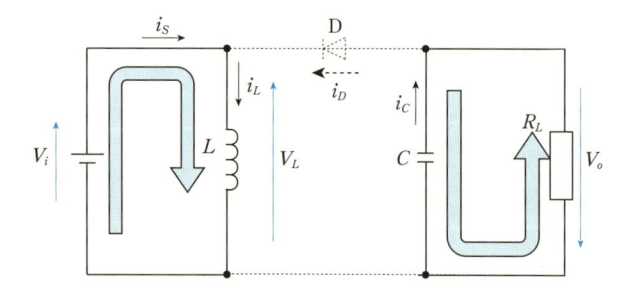

電源側ではダイオードによって電流がせき止められるため，ダイオードには電流は流れず，$i_D = 0$，$i_S = i_L$ となる．また，リアクトルによる過渡現象により，i_S および i_L は徐々に増加する．

なお，設問とは無関係であるが，負荷側ではコンデンサに蓄えられたエネルギーが負荷で消費されている．

一方，スイッチオフ時（スイッチを開いたとき）の電流は次のようになる．

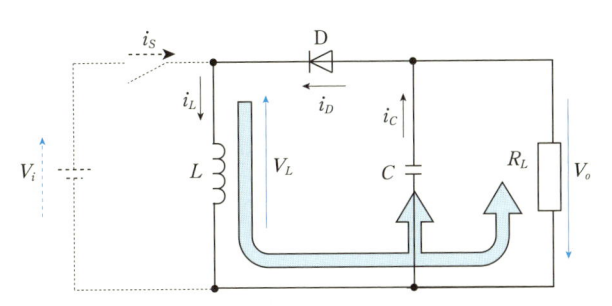

スイッチが開いているため，スイッチには電流は流れず，$i_S=0$となる．リアクトルに蓄えられたエネルギーが負荷とコンデンサに流れ，ダイオードを通って還流する．そのため$i_D=i_L$となる．

また，先ほどとは逆に，リアクトルのエネルギーが消費されるに従って，電流i_Dおよびi_Lは徐々に減少する．

これらをもとに，それぞれの波形について考える．

i_Sはスイッチオフ時にゼロ，スイッチオン時に徐々に増える電流であり，これを満たす波形は(ハ)である．i_Dはスイッチオン時にゼロ，スイッチオフ時に徐々に減少する電流であり，これを満たす波形は(ロ)である．i_Lは，i_Sとi_Dを合わせた波形となるので，(イ)となる．

V_Lは，上記回路に注目すれば，スイッチオン時はV_i，スイッチオフ時は$-V_o$となるので，(ト)となる．

(2)

戦術❷

❷通流率αとは，スイッチのオン時間比率である．

問の図2より，スイッチがオンしている時間はT_1，スイッチがオフしている時間は，T_2-T_1である．

通流率αは，スイッチのオン時間比であるので，

$$\alpha = \frac{スイッチオン時間}{スイッチオン時間 + スイッチオフ時間} = \frac{T_1}{T_1+(T_2-T_1)} = \frac{T_1}{T_2}$$

(3)

戦術❸

❸リアクトルに蓄えられるエネルギーと放出するエネルギーが等しいので，V_Lの積分値は0となる．

リアクトルに蓄えられるエネルギーと放出されるエネルギーは等しいので，

$$\int_0^{T_1} i_L V_L \, dt + \int_{T_1}^{T_2} i_L V_L \, dt = 0$$

ここでV_Lについて考えれば，オン時は$V_L=V_i$，オフ時は$V_L=-V_o$でそ

れぞれ一定である．また，i_L は変化はするものの，その平均値はスイッチオン時とオフ時で変わらないので，

$$\int_0^{T_1} V_L \, dt + \int_{T_1}^{T_2} V_L \, dt = 0$$

$$V_i T_1 - V_o (T_2 - T_1) = 0$$

$$V_o = V_i \frac{T_1}{T_2 - T_1} = V_i \frac{\frac{T_1}{T_2}}{1 - \frac{T_1}{T_2}} = V_i \frac{\alpha}{1 - \alpha}$$

(4)

戦術❹ ❹ $P_o = V_o^2 / R_L$ である．

出力 P_o は，出力電圧 V_o，負荷抵抗 R_L を用いれば，

$$P_o = \frac{V_o^2}{R_L}$$

(3)で求めた $V_o = V_i \dfrac{\alpha}{1 - \alpha}$ を代入して，

$$P_o = \frac{V_o^2}{R_L} = \frac{V_i^2}{R_L} \left(\frac{\alpha}{1 - \alpha} \right)^2$$

(5)

戦術❺ ❺ 回路の損失が無視できるとき，「入力電力＝出力電力」となる．

回路の損失を無視すれば，入力電力は出力電力 P_o と等しくなる．

i_s の平均値 $\bar{I}_s$ を使って入力電力について考えれば，

$$P_o = \bar{I}_s V_i$$

$$\bar{I}_s = \frac{P_o}{V_i}$$

(4)で求めた結果を代入して，

$$\bar{I}_s = \frac{V_i}{R_L} \left(\frac{\alpha}{1 - \alpha} \right)^2$$

〈答〉

(1) $i_S =$ (ハ)，$i_D =$ (ロ)，$i_L =$ (イ)，$V_L =$ (ト)

(2) $\alpha = \dfrac{T_1}{T_2}$

(3) $V_o = V_i \dfrac{\alpha}{1 - \alpha}$

(4) $P_o = \dfrac{V_i^2}{R_L}\left(\dfrac{\alpha}{1-\alpha}\right)^2$

(5) $\bar{I}_s = \dfrac{V_i}{R_L}\left(\dfrac{\alpha}{1-\alpha}\right)^2$

直流回路におけるリアクトル電流の波形

直流回路でのリアクトルの働きは，パワエレの根幹となる重要なポイントである．これを理解できれば，直流回路はマスタしたも同然である．

リアクトルに流れる電流とその波形について考えよう．

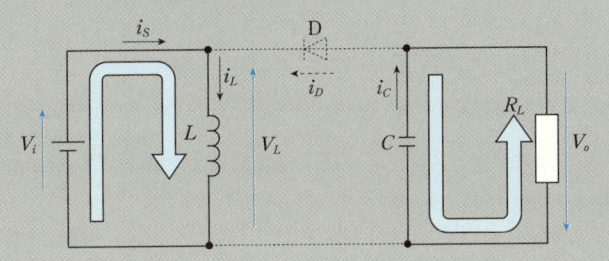

本問のスイッチがオンのとき，そのリアクトル電圧 V_L に注目すれば，

$$V_L = V_i = L\dfrac{\mathrm{d}i_L}{\mathrm{d}t} > 0$$

となる．V_i および L は一定であるので，$\mathrm{d}i_L/\mathrm{d}t$ は，正の一定値となる．つまり i_L は，スイッチがオンの間，一定の傾きで増え続ける．

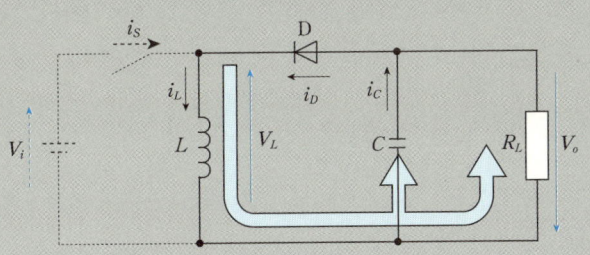

一方，スイッチがオフとなると，リアクトルがエネルギーを放出するため V_L は負の値となり，

$$V_L = -V_o = L\dfrac{\mathrm{d}i_L}{\mathrm{d}t} < 0$$

となる．つまり，スイッチがオフの間，i_L の波形は，一定の傾きで減り続ける．

よって，リアクトルに流れる電流 i_L の波形は，図2(イ)のようにスイッチのオン・オフに合わせてジグザグとした直線波形になるのである．

■問題2

図のような降圧チョッパ回路において，周囲温度は40℃，抵抗負荷 R に一定の直流電圧120 V で直流電流50 A が供給されているとする．

このときの運転条件において，トランジスタ Tr のオン電圧は3 V，ダイオード D のオン電圧は1 V であった．トランジスタ Tr とダイオード D のスイッチング損失は無視できるものとし，リアクトル L に流れる電流は一定で，その損失は無視できるものとする．また，トランジスタ Tr が導通する比率 $\dfrac{\text{オン時間}}{\text{オン時間}+\text{オフ時間}}$ は60％，ヒートシンクを含めたトランジスタ Tr のジャンクション–周囲空気の間の熱抵抗は0.5℃/W とし，放射などの他の熱放散は無視できるものとする．

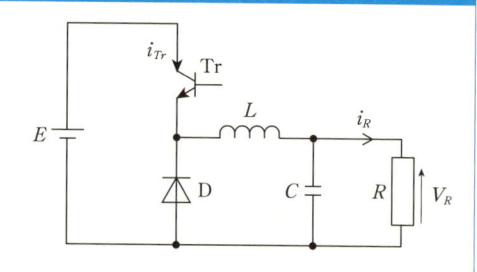

この装置においてはトランジスタ Tr のジャンクション温度が装置の使用条件を制限しているので，この装置を高い周囲温度（50℃）で使うために，装置の冷却風を強化して熱抵抗の改善を検討する．トランジスタ Tr とダイオード D の使用温度に依存するオン電圧の特性変化は無視できるものとして，次の問に答えよ．

(1) 一般的に，パワーデバイスの損失 P〔W〕，ジャンクション–周囲空気の間の熱抵抗 R_{th}〔℃/W〕および周囲温度 T_a〔℃〕とするとき，使用しているパワーデバイスのジャンクション温度 T_j〔℃〕はどのように表されるか．ただし，他のパワーデバイスとの温度干渉はないものとする．

(2) 周囲温度40℃のとき，トランジスタ Tr のオン損失 $W_{CON(Tr)}$〔W〕の値はいくらになるか．

(3) 周囲温度40℃のとき，トランジスタ Tr のジャンクション温度 $T_{j(Tr)}$〔℃〕の値はいくらになるか．

(4) 周囲温度50℃で，周囲温度40℃のときと同じジャンクション温度で使用するためには，トランジスタ Tr のジャンクション–周囲空気の間の熱抵抗を何％までに低減するようにしなければならないか．

（機械・制御：平成19年問3）

着眼点 Focus Points

降圧チョッパに関する問題である．リアクトルに流れる電流が一定であり，負荷電圧がコンデンサによって一定になることがポイントとなる．オン・オフ時のエネルギーフローについて一つひとつ考えよう．

半導体素子の損失には大きく分けて，逆電力損失と順電力損失の2種類

がある．

今回は逆電力損失については無視し，順電力損失についてのみ計算する問題となっている．それぞれの損失について今一度整理しておこう．

戦術 Tactics

(1) ❶熱抵抗R_{th}の単位に注目すれば，$T_j = T_a + PR_{th}$となる．
(2) ❷デバイスのオン損失は，「オン時のデバイス電流×オン電圧×通流率」となる．
(3) ❸(2)で求めた損失を(1)の式に代入すれば，ジャンクション温度が求まる．
(4) ❹周囲温度50℃のときの熱抵抗をR_{th}'として方程式を導く．

解答 Answer

(1)

戦術❶

❶熱抵抗R_{th}の単位に注目すれば，$T_j = T_a + PR_{th}$となる．

単位に注目してジャンクション温度上昇について考えれば，PR_{th}となるので，ジャンクション温度T_jは，

$$T_j = T_a + PR_{th}$$

(2)

戦術❷

❷デバイスのオン損失は，「オン時のデバイス電流×オン電圧×通流率」となる．

トランジスタがオンしているとき，回路は次のようになる．

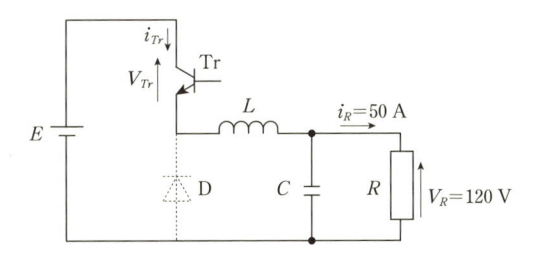

損失による影響を無視すれば，トランジスタに流れる電流は負荷電流と等しくなる．

トランジスタのオン電圧は3 V，トランジスタが導通する比率は60%であるので，このときの損失$W_{CON(Tr)}$は，

$$W_{CON(Tr)} = 3 \times 50 \times 0.6 = 90 \text{〔W〕}$$

(3)

戦術❸

❸(2)で求めた損失を(1)の式に代入すれば，ジャンクション温度が求まる．

題意より，各素子のスイッチング損失は無視できるので，

$$P = W_{CON(Tr)}$$
$$T_{j(Tr)} = T_a + PR_{th} = 40 + 90 \times 0.5 = 85 \text{ (°C)}$$

(4)

❹ 周囲温度50℃のときの熱抵抗をR_{th}'として方程式を導く.

周囲温度50℃のときの熱抵抗をR_{th}'とすれば,

$$T_j = T_a + PR_{th}' = 50 + 90 \times R_{th}' = 85 \text{ (°C)}$$

$$R_{th}' = \frac{85 - 50}{90} = \frac{35}{90} = 0.3889$$

$$\frac{R_{th}'}{R_{th}} = \frac{0.3889}{0.5} = 0.778 = 77.8 \text{ (%)}$$

∴ 周囲温度50℃でジャンクション温度を85℃にするには, 熱抵抗をもとの77.8%に低減しなくてはならない.

〈答〉

(1)　$T_j = T_a + PR_{th}$

(2)　$W_{CON(Tr)} = 90.0$ W

(3)　$T_{j(Tr)} = 85.0$°C

(4)　77.8%

リアクトル電流が一定となるときとその条件

前述したとおり，直流回路では，リアクトル電流はチョッパのオン・オフに合わせてジグザグと直線状に変化する．しかし本問では，前提条件としてリアクトル電流を一定とされていた．これはいったいどういうことだろうか．

本問にて，オン時にリアクトル電流i_Lが上昇する量をΔi_{LON}，オフ時にi_Lが減少する量をΔi_{LOFF}とすれば，Δi_{LON}とΔi_{LOFF}の量は等しく，i_Lの波形は次のようになる．（ただし，$E>v_R$とする）

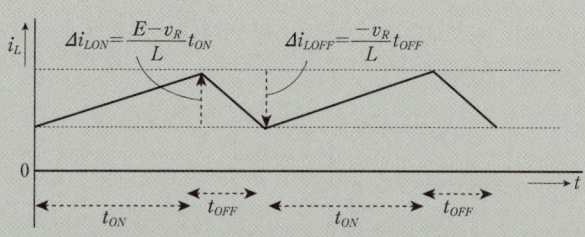

$$\Delta i_{LON}=\frac{E-v_R}{L}t_{ON} \qquad \Delta i_{LOFF}=\frac{-v_R}{L}t_{OFF}$$

※Δi_{LON}の導出方法を記すので，興味がある方は参考にしてほしい．
リアクトル電圧をv_Lとすれば，オン時には

$$v_L=E-v_R=L\frac{di_L}{dt}=L\frac{\Delta i_{LON}}{t_{ON}}$$

$$\therefore \Delta i_{LON}=\frac{E-v_R}{L}t_{ON}$$

Lを大きくするか，t_{ON}，t_{OFF}を小さくすれば，Δi_{LON}，Δi_{LOFF}は，ともに0に近づく．もしLを無限大に大きくすれば，i_Lは完全に一定になる．実際には，Lは有限であるので，i_Lは完全に一定にはならず，ジグザグと微量の増減を続ける．

本問の前提条件は，Lが十分に大きいので，これらを無視してリアクトル電流を一定と考えようということである．

■問題3

図1に示すチョッパを使用して，二次電池を充放電することを考える．

直流電源電圧 E_p は二次電池電圧 E_b に比べて十分高く，チョッパは安定に動作し，L のインダクタンスは十分大きく I_2 は一定とする．電池SBは充放電のヒステリシス特性などがなく，図2に示すその等価回路は一定の内部抵抗 R_i と電圧源 E_i との直列回路で表すことができるものとする．また，この電圧源 E_i は電池容量（Ah）に対応する0%から100%までの充電量SOCと電圧 e_i が直線関係となる理想的な特性であるものとする．次の問に答えよ．

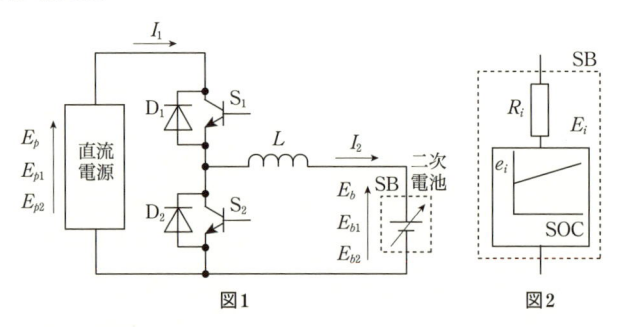

図1

図2

(1) 二次電池の充電はトランジスタ S_1 または S_2 の一方だけをオン，オフ制御して行う．このとき電流が流れるのはトランジスタ S_1，S_2，ダイオード D_1，D_2 のうちでどれか．

また，このときオン，オフ制御するトランジスタのオン時間を T_{on}，オフ時間を T_{off}，直流電源電圧を E_{p1}，二次電池電圧を E_{b1} とすると，E_{p1} と E_{b1} との関係はどのような式で表されるか．

(2) 二次電池を放電して直流電源が負荷となる動作をするときもトランジスタ S_1 または S_2 の一方だけをオン，オフ制御する．このとき電流が流れるのはトランジスタ S_1，S_2，ダイオード D_1，D_2 のうちでどれか．

また，このときオン，オフ制御するトランジスタのオン時間を T_{on}，オフ時間を T_{off}，直流電源電圧を E_{p2}，二次電池電圧を E_{b2} とすると，E_{p2} と E_{b2} との関係はどのような式で表されるか．

(3) Cレートは電池の全容量を充放電しきる速度を表し，例えば3C放電とは，「全容量を放電するのに1時間かかる一定電流に対して，3倍の電流を流して放電する」という意味である．図3には時刻 t_0 でSOC 0%から1Cで充電を始めて時刻 t_1 で電池容量（Ah）の充電が完了し，同時に2Cで放電を始めて時刻 t_2 でその電池容量（Ah）の放電を完了する運転パターンを示している．二次電池は容量10 A·h

で，内部抵抗が $R_i = 0.005 \, \Omega$ であったとする．このときに，図3と同じ図が答案用紙に印刷されているので，二次電池電圧 E_b および二次電池電流 I_2 が時刻 t_0 から時刻 t_2 までどのような値になって変化するかを図中に太線で明確に描け．また，図示する充電時間 T_c 〔h〕および放電時間 T_d 〔h〕はいくらか．

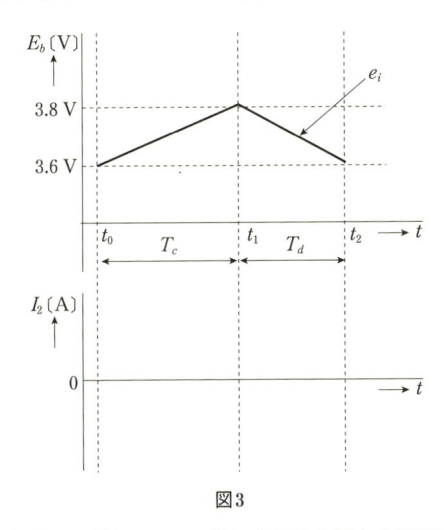

図3

(4) 二次電池を充電する方法には，一般に定電流充電と定電圧充電とがある．放電が進んで電圧が低くなった二次電池を，通常使用されている端子電圧以内で充電する電力量に対して，内部抵抗による損失が少ないすなわちエネルギー効率のよい充電方法はいずれか．

(機械・制御：平成23年問3)

着眼点 Focus Points

昇圧チョッパ，降圧チョッパを使った問題である．負荷に二次電池を使用しているため問題設定に少々戸惑うかもしれないが，通常の負荷と同様にして考えればよい．このようにパワエレでは，二次電池を負荷とする問題がよく見られる．電圧が一定となるため，設定上都合がよいのである．

昇圧チョッパ回路は，スイッチをオン・オフすることで，直流電圧を増幅させることができる回路である．その動作原理については後述するので，参考にしてほしい．降圧チョッパおよび昇圧チョッパについては，基本的な問題が多く出題されるので，基本事項を復習しておこう．

戦術 Tactics

(1) ❶二次電池を充電するためには，回路を降圧チョッパ回路として動作させればよい．

(2) ❷二次電池を放電させ，直流電源にエネルギーを戻す場合，二次電

池を電源とする昇圧チョッパ回路として回路を動作させればよい．

(3) ❸内部抵抗の影響のため，充電時の二次電池端子電圧は電池の電圧特性に比べて高くなり，放電時には逆に低くなる．

(4) ❹内部抵抗による損失は充電電流の2乗に比例するため，充電電流を小さくしたほうが損失は少なくなる．

解答 Answer

戦術 ❶

(1)
❶二次電池を充電するためには，回路を降圧チョッパ回路として動作させればよい．

S_1がオンしなければ，直流電源からのエネルギーは二次電池へと流れない．そこで二次電池を充電するため，トランジスタS_1をオン・オフ動作させ，S_2をオフのままとすれば，次のようになる．

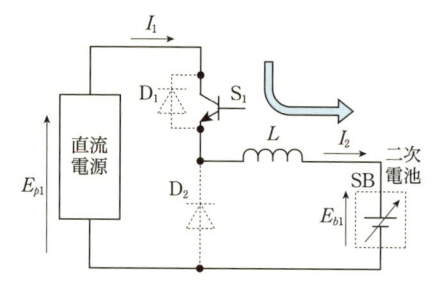

S_1がオフ，S_2がオフのときを考えれば，

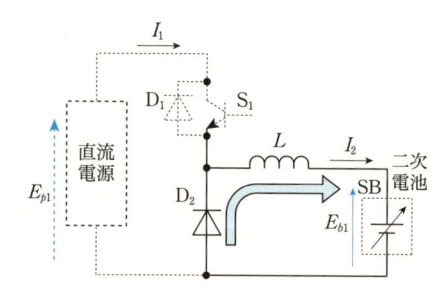

インダクタに蓄えられるエネルギーと放出するエネルギーは等しいので，

$$E_{b1}I_2 = E_{p1}I_2 \frac{T_{on}}{T_{on}+T_{off}}$$

インダクタに流れる電流I_2は一定であるので，

$$E_{b1} = \frac{T_{on}E_{p1}}{T_{on}+T_{off}}$$

このように，S_1がオン・オフを繰り返すとき，回路は降圧チョッパ回路として動作することがわかる．

(2)

戦術❷ ❷二次電池を放電させ，直流電源にエネルギーを戻す場合，二次電池を電源とする昇圧チョッパ回路として回路を動作させればよい．

二次電池を放電させ，直流電源を負荷とするためには，S_2をオン・オフ動作させればよい．

S_1がオフ，S_2がオンのとき，電流がこれまでと逆向きになることに注意すれば次図となる（※I_2の向きが逆になるため，$-I_2'$とする）．

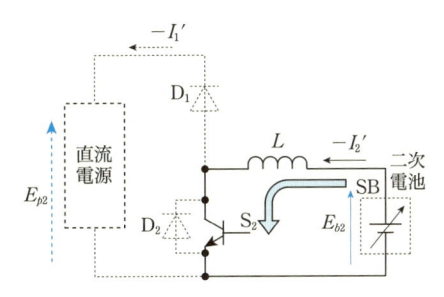

S_1がオフ，S_2がオフのとき，

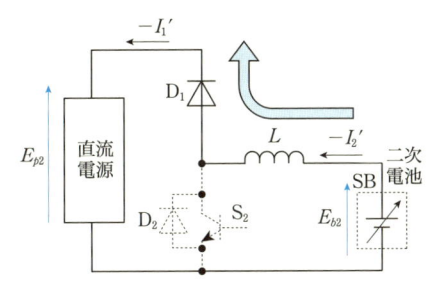

インダクタに蓄えられるエネルギーと放出するエネルギーは等しいので，

$$E_{p2} \cdot (-I_2') = E_{b2} \cdot (-I_2') \cdot \frac{T_{on} + T_{off}}{T_{off}}$$

インダクタに流れる電流$-I_2'$は一定であるので，

$$E_{p2} = \frac{(T_{on} + T_{off})E_{b2}}{T_{off}}$$

このように，S_2をオン・オフ動作させるとき，回路は昇圧チョッパ回路として動作することがわかる．

(3)

❸内部抵抗の影響のため，充電時の二次電池端子電圧は電池の電圧特性に比べて高くなり，放電時には逆に低くなる．

二次電池の端子電圧は，電池の内部抵抗による電圧降下の影響を受ける．

電池容量10 A·hを1Cで充電するとき，その充電電流は10 Aとなり，2Cで放電するときの放電電流は20 Aであるから，そのときの電圧降下は，

充電時：$0.005 \times 10 = 0.05$ [V]

放電時：$0.005 \times 20 = 0.1$ [V]

充電時と放電時では，電流の向きが違うため，

充電時は，$E_b = e_i + 0.05$ [V]

放電時は，$E_b = e_i - 0.1$ [V]

となる．

電池の電圧特性のグラフをもとに，電流の向きについて注意して考えれば，次のようになる．

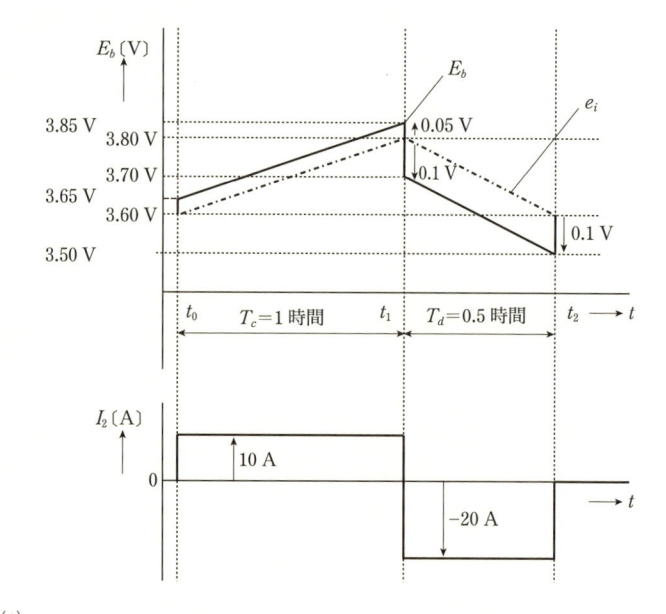

(4)

❹内部抵抗による損失は充電電流の2乗に比例するため，充電電流を小さくしたほうが損失は少なくなる．

充電電力量は充電電流に比例するが，損失は充電電流の2乗に比例する．そのため，損失を小さくするためにはできるだけ充電電流を小さくしたほ

うがよい.

　放電が進んで電圧が低くなった電池を充電する場合，定電圧充電では，初期の充電電流が過大になり損失が大きくなりやすい．そのため，電池に見合った適切な電流値を選び，定電流充電を行うほうがエネルギー効率がよい.

〈答〉
(1) S_1をオン・オフ制御させる．S_1とD_2に電流が流れる．

$$E_{b1} = \frac{T_{on} E_{p1}}{T_{on} + T_{off}}$$

(2) S_2をオン・オフ制御させる．S_2とD_1に電流が流れる．

$$E_{p2} = \frac{(T_{on} + T_{off}) E_{b2}}{T_{off}}$$

(3)(4) 解答のとおり

昇圧チョッパの動作と電圧上昇

　昇圧チョッパ回路では，スイッチをオン・オフ動作させることで直流電圧が昇圧される．この現象は次のように説明することができる．
　本問にてトランジスタがオフのとき，リアクトルに流れる電流をi_L，電圧をv_L，とすれば，次図のようになる.

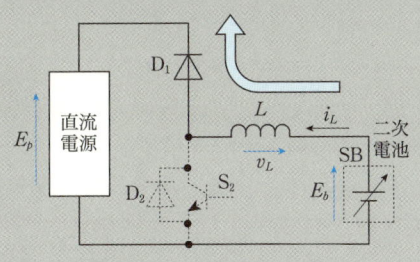

　本問では，リアクトル電流i_Lが一定である，とされているが，実際にはi_Lはトランジスタのオン時には微量上昇し，オフ時に微量減少する．これについては前述したとおりである．この増減量をΔi_Lとすれば，トランジスタのオフ時にはΔi_Lは負となるので，

$$v_L = L \frac{di_L}{dt} = -L \frac{\Delta i_L}{T_{OFF}} < 0$$

となる．v_Lが負ということは，リアクトルには，図とは逆向きに電圧がかかるということである．つまり二次電池電圧E_bを増幅するようにリアクトルが働き，電圧を昇圧させているのである．

■問題4

図は電源電圧を E，負荷電圧を V とし，インダクタ L の抵抗分 R を考慮したブーストコンバータの等価回路を示す．負荷抵抗を R_L とし，スイッチが端子1に接続されている時間を t_{on}，端子2に接続されている時間を t_{off}，周期を T_s $(=t_{on}+t_{off})$，$\alpha=\dfrac{t_{on}}{T_s}$，$\beta=\dfrac{t_{off}}{T_s}$ とする．定常状態では，インダクタ電流 I および出力電圧 V の値は一定で，そのリプルは非常に小さく無視できるものとして，次の問に答えよ．

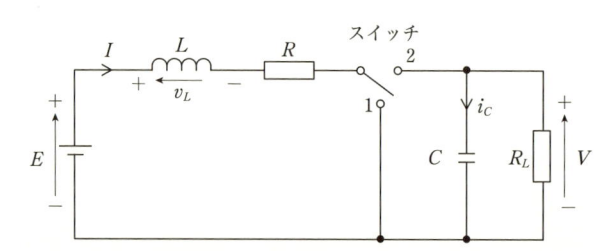

(1) スイッチが端子1に接続されているとき，インダクタ L の両端電圧 v_L の式を求めよ．

(2) スイッチが端子2に接続されているとき，インダクタ L の両端電圧 v_L の式を求めよ．

(3) 定常状態における出力電圧 V を E，I，R および α を用いて表せ．

(4) スイッチが端子1に接続されているとき，コンデンサ電流 i_C の式を求めよ．

(5) スイッチが端子2に接続されているとき，コンデンサ電流 i_C の式を求めよ．

(6) 定常状態における出力電圧 V を I，R_L および α を用いて表せ．

(7) 定常状態における出力電圧 V を電源電圧 E との比 $\dfrac{V}{E}$ を R，R_L および α を用いて表せ．

(機械・制御：平成18年問3)

着眼点 Focus Points

スイッチングによるブーストコンバータの問題である．スイッチング素子を用いているが，その動作と役割はチョッパを使用したときと同様である．

リアクトルとコンデンサが，それぞれエネルギーを蓄え放出することでエネルギー伝達の役割を果たしている．図を用いて理解しよう．

どの問題にもいえることだが，パワエレでは特に，図を使って理解することが重要である．解き始める前にまず図を描いて整理するくせを付けよう．

戦術 Tactics

(1) ❶スイッチが端子1のときについて電圧に関する方程式を導く.
(2) ❷スイッチが端子2のときについて電圧に関する方程式を導く.
(3) ❸端子1に接続されているときにインダクタ L に蓄えられたエネルギーは,端子2に接続したときに放出するエネルギーと等しい.
(4) ❹スイッチが端子1に接続されているとき, $i_{RL} = -i_C$ となる.
(5) ❺スイッチが端子2に接続されているとき, $I = i_{RL} + i_C$ となる.
(6) ❻スイッチが端子2に接続されている間にコンデンサに蓄えられたエネルギーは,端子1に接続された際,負荷に放出されたエネルギーと等しい.
(7) ❼式を整理し,電源電圧 E を使って V を表す.

解答 Answer

(1)

戦術❶ ❶スイッチが端子1のときについて電圧に関する方程式を導く.

スイッチが端子1に接続されているとき,回路に流れる電流は次のようになる.

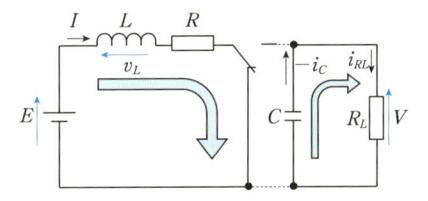

電源側では,電流 I がインダクタ L および抵抗 R に流れ,負荷側では,コンデンサ C に蓄えられているエネルギーを負荷が使用している.

電源側の電圧降下に注目して式を導けば,

$$E = v_L + RI$$

$$\therefore \quad v_L = E - RI$$

(2)

戦術❷ ❷スイッチが端子2のときについて電圧に関する方程式を導く.

スイッチが端子2に接続されているとき,回路に流れる電流は次のようになる.

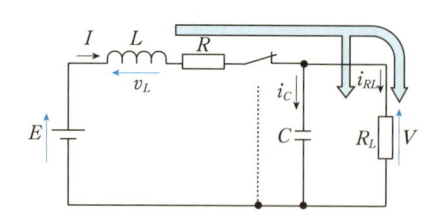

電源から流れる電流の一部はコンデンサ C を充電し，残りは負荷 R_L に使用される．上図において，電圧降下に注目して式を導くと，

$$E = v_L + RI + V$$
$$\therefore v_L = E - RI - V$$

ただし，v_L は負となるので注意が必要である．

(3)

❸端子1に接続されているときにインダクタ L に蓄えられたエネルギーは，端子2に接続されているときに放出するエネルギーと等しい．

スイッチが端子1に接続されているとき，インダクタ L に蓄えられるエネルギーは，

$$v_L I t_{on} = (E - RI) I t_{on}$$

スイッチが端子2に接続されているとき，インダクタ L から放出されるエネルギーは，（この場合，インダクタ L に蓄えられたエネルギーは消費されているので，v_L は負の符号となることに注意しよう．）

$$-v_L I t_{off} = -(E - RI - V) I t_{off}$$

これらが等しくなるので，

$$(E - RI) I t_{on} = -(E - RI - V) I t_{off}$$
$$(E - RI) \alpha = -(E - RI - V)(1 - \alpha)$$
$$\therefore V = \frac{E - RI}{1 - \alpha}$$

(4)

❹スイッチが端子1に接続されているとき，$i_{RL} = -i_C$ となる．

スイッチが端子1に接続されているとき，その負荷側の回路は次のようになる．

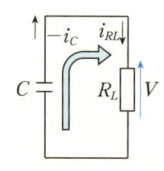

$$V = i_{RL} R_L$$

i_C は負で，$i_C = -i_{RL}$ であるので，

$$i_C = -i_{RL} = -\frac{V}{R_L}$$

(5)

❺ スイッチが端子2に接続されているとき，$I = i_{RL} + i_C$ となる．

図に示したとおり，スイッチが端子2に接続されているときは，

$$I = i_{RL} + i_C = \frac{V}{R_L} + i_C$$

$$\therefore \quad i_C = I - \frac{V}{R_L}$$

(6)

❻ スイッチが端子2に接続されている間にコンデンサに蓄えられたエネルギーは，端子1に接続された際，負荷に放出されたエネルギーと等しい．

スイッチが端子1に接続されたとき，コンデンサが放出するエネルギーは，

$$-i_C V t_{on} = \frac{V^2}{R_L} t_{on}$$

スイッチが端子2に接続されたとき，コンデンサに蓄えられるエネルギーは，

$$i_C V t_{off} = \left(I - \frac{V}{R_L}\right) V t_{off}$$

これらが等しいので，

$$\frac{V^2}{R_L} t_{on} = \left(I - \frac{V}{R_L}\right) V t_{off}$$

$$\frac{V^2}{R_L} \alpha = \left(I - \frac{V}{R_L}\right) V (1-\alpha)$$

$$\frac{V}{R_L} \frac{1}{1-\alpha} = I$$

$$\therefore \quad V = I R_L (1-\alpha)$$

(7)

❼ 電源電圧 E を使って V を表す．

(6)の解より，$V = I R_L (1-\alpha)$ である．電流 I を求めれば，

$$I = \frac{V}{R_L(1-\alpha)}$$

(3)で求めた $V = \frac{E-RI}{1-\alpha}$ に代入して,

$$V = \frac{E-RI}{1-\alpha} = \frac{E - R\dfrac{V}{R_L(1-\alpha)}}{1-\alpha}$$

$$(1-\alpha)V = E - \frac{R}{R_L(1-\alpha)}V$$

$$\frac{R_L(1-\alpha)^2 + R}{R_L(1-\alpha)}V = E$$

$$\therefore \quad \frac{V}{E} = \frac{R_L(1-\alpha)}{R_L(1-\alpha)^2 + R}$$

〈答〉

(1) $v_L = E - RI$

(2) $v_L = E - RI - V$

(3) $V = \dfrac{E-RI}{1-\alpha}$

(4) $i_C = -\dfrac{V}{R_L}$

(5) $i_C = I - \dfrac{V}{R_L}$

(6) $V = IR_L(1-\alpha)$

(7) $\dfrac{V}{E} = \dfrac{R_L(1-\alpha)}{R_L(1-\alpha)^2 + R}$

■問題5

表は，単相ブリッジ整流回路（図1）と単相混合ブリッジ整流回路（図2）の特性を比較して示したものである．両回路において，電源電圧を $e = E_m \sin \omega t$，制御角を α とし，負荷のインダクタンス L は十分大きく直流出力電流 i_d は一定値 I_d に保たれているものとする．また，交流電源側インダクタンスによる転流重なりはないものとし，整流回路の損失は無視できるものとする．

項目	単相ブリッジ整流回路	単相混合ブリッジ整流回路
直流出力電圧 E_d 〔V〕	(ア)	$\dfrac{E_m}{\pi}(1+\cos\alpha)$
交流側電流（実効値）I〔A〕	I_d	(イ)
有効電力 P〔W〕	(ウ)	(エ)
総合力率 pf	(オ)	$\dfrac{\sqrt{2}}{\pi}\left(\dfrac{1+\cos\alpha}{\sqrt{1-\dfrac{\alpha}{\pi}}}\right)$
ダイオード挿入の効果	(カ)	(キ)

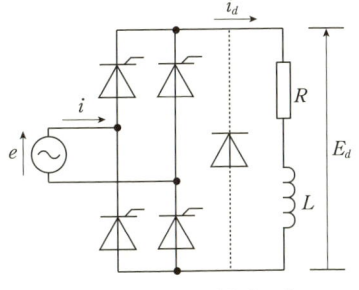

図1 単相ブリッジ整流回路

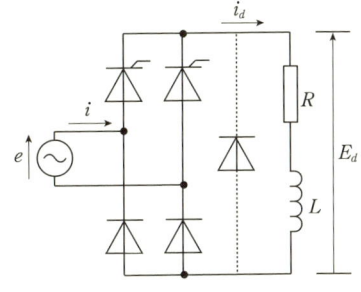

図2 単相混合ブリッジ整流回路

次の問に答えよ．

(1) 表中の空欄(ア)から(オ)に当てはまる式を，α を含んだ式として求めよ．なお，その導出根拠も示せ．

(2) 図1および図2の回路で，点線のように負荷と逆並列にダイオードを挿入したときの効果について述べよ（表中の空欄(カ)および(キ)に相当）．

(機械・制御：平成16年問3)

着眼点 Focus Points

サイリスタを使った整流回路に関する問題である．負荷にリアクトルが直列に接続されている点が大きなポイントである．

負荷に十分に大きなリアクトルを接続した場合，リアクトルの作用によ

って負荷電流は一定値に保たれる．また，サイリスタは，サイリスタを流れる電流が負とならないかぎり導通し続ける特性をもっている．そのため本回路では，サイリスタに加わる電圧が負の領域となっても，次のサイリスタがオンするまで電流は流れ続ける現象が起きる．

　基本問題であるが意外と混乱しやすいので，図を描き，一つひとつ理解していくことが大切である．

　なお，交流電圧，交流電流の実効値を求めるときは2乗平均の計算をしなくてはならない．2乗平均の計算をする際には，$\sin^2(\omega t) = \dfrac{1-\cos 2\omega t}{2}$などの三角関数を使った数学テクニックを要するので，復習しておこう．

戦術 Tactics

(1)
Ⅰ 単相ブリッジ整流回路について解く
(ア) ❶リアクトルによる影響のため，単相ブリッジ整流回路では，サイリスタが負の電圧領域になってもサイリスタが導通し続ける現象が起きる．
(ウ) ❷負荷電流i_dはリアクトルによってI_d一定となる．有効電力Pは，負荷の消費電力と等しくなり，$P = E_d I_d$となる．
(オ) ❸総合力率pfは，入力有効電力P／皮相電力Sとなる．

Ⅱ 単相混合ブリッジ整流回路について解く
(イ) ❹単相混合ブリッジ整流回路では，サイリスタが負の電圧領域において，電源をバイパスして電流を流すことができる．交流電源電流iの実効値を求めるときは，平均値ではなく，2乗平均値を求めなくてはならないので注意しよう．
(エ) ❺(ウ)同様，負荷電流i_dはリアクトルによってI_d一定となる．有効電力は負荷の消費電力と等しくなり$P = E_d I_d$となる．

解答 Answer

(1)
Ⅰ 単相ブリッジ整流回路について解く
(ア)

戦術❶

❶単相ブリッジ整流回路では，サイリスタが負の電圧領域になってもサイリスタが導通し続ける現象が起きる．
　単相ブリッジ整流回路のエネルギーフローは次のようになる．

$\alpha \leq \omega t < \pi+\alpha$ のとき $0 \leq \omega t < \alpha, \pi+\alpha \leq \omega t < 2\pi$ のとき

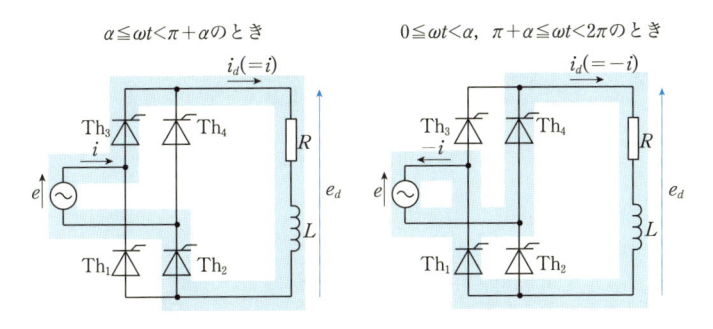

サイリスタが負の電圧領域になっても，次アームのサイリスタがオンするまで導通し続けるので，電圧・電流波形は次のようになる．

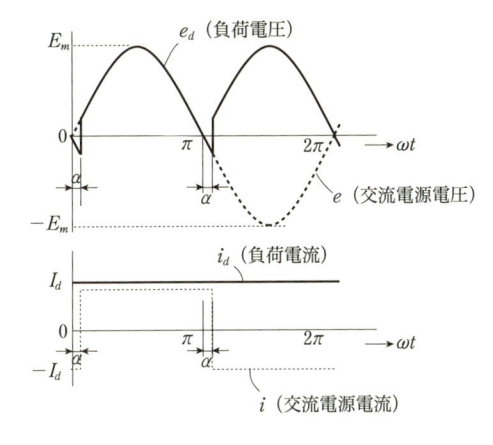

出力電圧 e_d の平均値 E_d を求めると，

$$E_d = \frac{1}{\pi}\int_\alpha^{\pi+\alpha} E_m \sin(\omega t)\mathrm{d}(\omega t) = \frac{E_m}{\pi}\bigl[-\cos(\omega t)\bigr]_\alpha^{\pi+\alpha}$$
$$= \frac{E_m}{\pi}[-\cos(\pi+\alpha)+\cos\alpha] = \frac{2E_m}{\pi}\cos\alpha$$

(ウ)

戦術 ❷

❷負荷電流 i_d はリアクトルによって I_d 一定となる．有効電力 P は，負荷の消費電力と等しくなり $P = E_d I_d$ となる．
負荷電流は I_d 一定であるので，

$$P = E_d I_d = \frac{2E_m I_d}{\pi}\cos\alpha$$

(オ)

戦術③

❸力率 pf は，有効電力 P ／皮相電力 S となる．

電源から供給される皮相電力 S を使って考えれば，

$$pf = \frac{P}{S} = \frac{\frac{2E_m I_d}{\pi}\cos\alpha}{\frac{E_m}{\sqrt{2}}I_d} = \frac{2\sqrt{2}\cos\alpha}{\pi}$$

Ⅱ 単相混合ブリッジ整流回路について解く

(イ)

戦術④

❹単相混合ブリッジ整流回路では，サイリスタが負の電圧領域（$\pi \leq \omega t < \pi + \alpha$）において，電源をバイパスして電流を流すことができる．

単相混合ブリッジ整流回路のエネルギーフローは次のようになる．

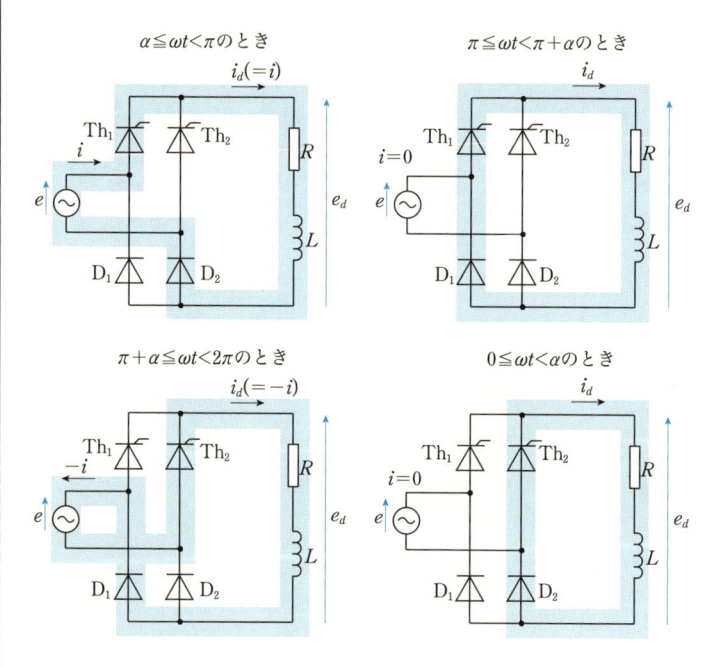

$\alpha \leq \omega t < \pi$ のとき

$\pi \leq \omega t < \pi + \alpha$ のとき

$\pi + \alpha \leq \omega t < 2\pi$ のとき

$0 \leq \omega t < \alpha$ のとき

またそのときの電圧・電流波形は次のようになる．

5．パワエレ

上図をもとに，交流電源電流iの実効値Iを求めると，

※交流電源電流iの実効値を求めるときは，平均値ではなく，2乗平均値を求めなくてはならないので注意しよう．

$$I = \sqrt{\frac{1}{\pi}\int_{\alpha}^{\pi} I_d^2 \, d(\omega t)} = \sqrt{\frac{1}{\pi}I_d^2(\pi - \alpha)} = I_d\sqrt{\frac{\pi - \alpha}{\pi}}$$

(エ)

戦術❺ (ウ)同様，負荷電流i_dはリアクトルによってI_d一定となる．有効電力は負荷の消費電力と等しくなり$P = E_d I_d$となる．

負荷電流はI_dで一定であるので，

$$P = E_d I_d = \frac{E_m I_d}{\pi}(1 + \cos\alpha)$$

(2)

(カ)

単相ブリッジ整流回路に還流ダイオードを入れた場合，そのエネルギーフローは次のようになる．

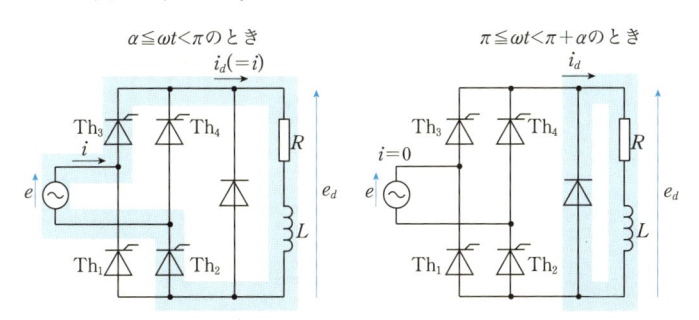

つまり，単相混合ブリッジ整流回路のときと同様に，交流電源をバイパスしてエネルギーを負荷に流すことができる．その効果は，次のとおりである．

①直流出力電圧の低下を防ぐことができ，脈動も低減する．
②総合力率が向上する．
③制御遅れ角 α を180°近くまで広げることができる．

(キ)
　転流重なりの影響がない場合は大きな効果はないが，転流重なりを考えた場合，制御遅れ角 α が180°近くになると，サイリスタがターンオフするための期間が足りなくなり，転流失敗するおそれがある．還流ダイオードを挿入すれば，転流失敗を防止することができる．

〈答〉

(1) (ア) $\dfrac{2E_m}{\pi}\cos\alpha$

　　(イ) $I_d\sqrt{\dfrac{\pi-\alpha}{\pi}}$

　　(ウ) $\dfrac{2E_m I_d}{\pi}\cos\alpha$

　　(エ) $\dfrac{E_m I_d}{\pi}(1+\cos\alpha)$

　　(オ) $\dfrac{2\sqrt{2}\cos\alpha}{\pi}$

(2) 解答のとおり

「総合力率」と「基本波力率」

サイリスタなどの半導体素子を使うと，回路全体の力率は悪くなる．これを評価するために，「総合力率」，「基本波力率」を求めることがある．

「総合力率」は，全体の皮相電力に対する有効電力の割合を指し，「基本波力率」は，基本周波数における電圧波形と電流波形の位相差による力率を指している．

これらを求める上で注意してほしいのは，電圧波形がひずみのない正弦波である場合，「全体の有効電力＝基本波による有効電力」になるということである．

交流電力では，異なった周波数の電圧と電流による積の平均値は0となる．つまり電圧と電流の同周波成分しか有効電力を生み出すことはできない．

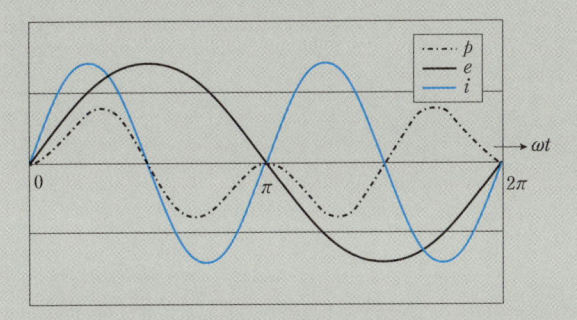

図は，電圧 $e = \sqrt{2}V \sin \omega t$，電流 $i = \sqrt{2}I \sin 2\omega t$ としたときの瞬時電力 p の波形を示したものである．このように，電圧と電流とが違った周波数である場合，電力 p の平均値は0となる．

■問題6

図1は，サイリスタを使用した双方向制御形単相交流電力調整回路を示す．図1において，入力電圧を$v_i = \sqrt{2} V_i \sin \omega t$，抵抗負荷を$R$，サイリスタを$T_1$，$T_2$とし，それらの点弧角は等しく$\alpha$として，次の問に答えよ．ただし，サイリスタの損失は無視するものとする．

(1) 負荷電圧の実効値V_oを入力電圧の実効値V_iおよび点弧角αを用いて表せ．
(2) 入力力率$\cos \phi$をαを用いて表せ．
(3) サイリスタT_1に流れる電流の平均値$\overline{I_T}$をV_i，Rおよびαを用いて表せ．
(4) 図2のようにサイリスタT_2をダイオードD_2で置き換えたとき，負荷電圧の平均値$\overline{V_o}$をV_iおよびαを用いて表せ．ただし，ダイオードの損失は無視するものとする．

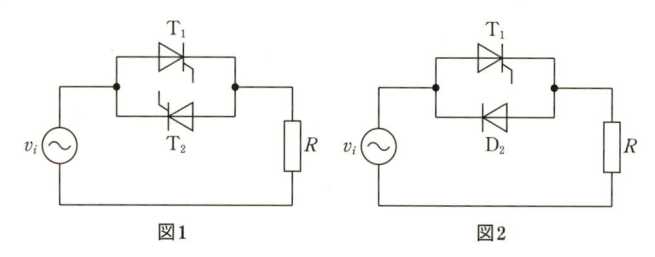

図1 図2

(機械・制御：平成14年問3)

着眼点 Focus Points

サイリスタを使った単相電力調整回路に関する問題である．解き方や考え方は整流回路のときと同じである．

交流電圧，交流電流の実効値を求めるときは2乗平均の計算をしなくてはならない．平均値を求めるのか，2乗平均値を求めるのか，混同しないように注意しよう．

戦術 Tactics

(1) ❶負荷電圧の実効値は2乗平均値であるので，注意が必要である．
(2) ❷電源の供給する電流と負荷電流は同じであるので，負荷電流をIとすれば，入力力率$\cos \phi = P/S = V_o I/V_i I = V_o/V_i$となる．
(3) ❸負荷電流は，サイリスタT_1とサイリスタT_2を交互に通って負荷に供給される．
(4) ❹2乗平均値ではなく，平均値を問われている点に注意する．

解答 Answer

戦術 ❶

(1)
❶負荷電圧の実効値は2乗平均値であるので，注意が必要である．
　負荷電圧の瞬時値をv_oとすれば，その波形は次のようになる．

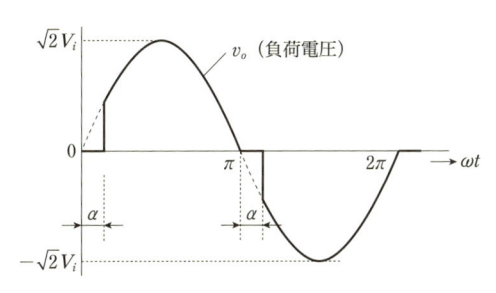

```
       √2Vᵢ
            ⌢      vₒ (負荷電圧)
           /  \
          /    \
      0  /      \        2π
     ────┼───────┼────────────→ ωt
         α       π  α   \    /
                         \  /
                          \/
      -√2Vᵢ
```

負荷電圧の実効値V_oは，

$$V_o = \sqrt{\frac{1}{\pi}\int_0^\pi v_o{}^2 \mathrm{d}(\omega t)} = \sqrt{\frac{1}{\pi}\int_\alpha^\pi \{\sqrt{2}V_i \sin(\omega t)\}^2 \mathrm{d}(\omega t)}$$

$$= \frac{V_i}{\sqrt{\pi}}\sqrt{\int_\alpha^\pi 2\sin^2(\omega t)\mathrm{d}(\omega t)} = \frac{V_i}{\sqrt{\pi}}\sqrt{\int_\alpha^\pi \{1-\cos(2\omega t)\}\mathrm{d}(\omega t)}$$

$$\left(\because\ \sin^2\omega t = \frac{1-\cos 2\omega t}{2}\right)$$

$$= \frac{V_i}{\sqrt{\pi}}\sqrt{\left[\omega t - \frac{\sin(2\omega t)}{2}\right]_\alpha^\pi} = \frac{V_i}{\sqrt{\pi}}\sqrt{\pi - \alpha - \frac{\sin 2\pi}{2} + \frac{\sin 2\alpha}{2}}$$

$$= \frac{V_i}{\sqrt{\pi}}\sqrt{\pi - \alpha + \frac{\sin 2\alpha}{2}}$$

(2)

戦術 ❷

❷電源の供給する電流と負荷電流は同じであるので，負荷電流をIとすれば，入力力率$\cos\phi = P/S = V_o I/V_i I = V_o/V_i$となる．

$$\cos\phi = \frac{P}{S} = \frac{V_o}{V_i} = \frac{\dfrac{V_i}{\sqrt{\pi}}\sqrt{\pi - \alpha + \dfrac{\sin 2\alpha}{2}}}{V_i}$$

$$\therefore\ \cos\phi = \sqrt{\frac{\pi - \alpha + \dfrac{\sin 2\alpha}{2}}{\pi}}$$

(3)

戦術 ❸

❸負荷電流はサイリスタT_1とサイリスタT_2を交互に通って負荷に供給される．
　T_1を通る電流をi_Tとすれば，その波形は次のようになる．

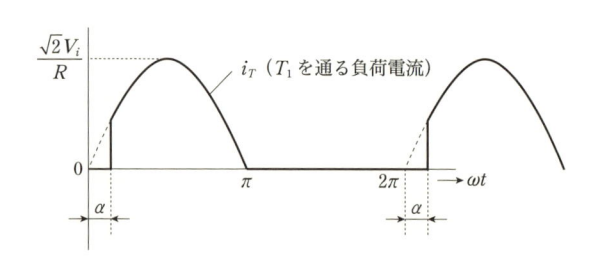

i_T (T_1 を通る負荷電流)

i_T の平均値 $\overline{I_T}$ は，
(※(1)とは違い，平均値である点に注意すること)

$$\overline{I_T} = \frac{1}{2\pi}\int_0^{2\pi} i_T \mathrm{d}(\omega t) = \frac{1}{2\pi}\int_\alpha^\pi \frac{\sqrt{2}V_i}{R}\sin(\omega t)\mathrm{d}(\omega t)$$
$$= \frac{V_i}{\sqrt{2}\pi R}[-\cos(\omega t)]_\alpha^\pi = \frac{V_i}{\sqrt{2}\pi R}(1+\cos\alpha)$$

(4)

❹ 2乗平均値ではなく，平均値を問われている点に注意する．

サイリスタ T_2 をダイオードで置き換えた場合，負荷電圧の波形は次のようになる．

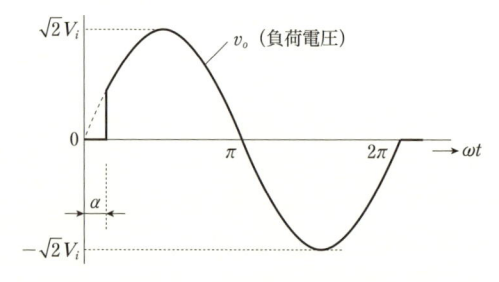

v_o (負荷電圧)

負荷電圧の平均値 $\overline{V_o}$ は，
(※(1)とは違い，実効値ではなく平均値である点に注意すること)

$$\overline{V_o} = \frac{1}{2\pi}\int_0^{2\pi} v_o \mathrm{d}(\omega t) = \frac{1}{2\pi}\int_\alpha^{2\pi} \sqrt{2}V_i\sin(\omega t)\mathrm{d}(\omega t)$$
$$= \frac{V_i}{\sqrt{2}\pi}[-\cos(\omega t)]_\alpha^{2\pi} = \frac{V_i}{\sqrt{2}\pi}(-1+\cos\alpha)$$

〈答〉

(1) $V_o = \dfrac{V_i}{\sqrt{\pi}} \sqrt{\pi - \alpha + \dfrac{\sin 2\alpha}{2}}$

(2) $\cos \phi = \sqrt{\dfrac{\pi - \alpha + \dfrac{\sin 2\alpha}{2}}{\pi}}$

(3) $\overline{I_T} = \dfrac{V_i}{\sqrt{2}\pi R}(1 + \cos \alpha)$

(4) $\overline{V_o} = \dfrac{V_i}{\sqrt{2}\pi}(-1 + \cos \alpha)$

■問題7

図1には，対称三相交流電源とサイリスタを使用した三相半波整流回路を示す．サイリスタ S_U，S_V および S_W による損失はないものとし，各サイリスタには制御遅れ角 α [rad] でゲートパルスが与えられ，重なり角はなく，抵抗 R [Ω] とインダクタンス L [H] からなる負荷に流れる直流電流は，L の値が十分に大きく，I_d [A] 一定とする．次の問に答えよ．

(1) 図2には，三相交流電源U，V，W各相の相電圧 V_U [V]，V_V [V]，V_W [V] の波形と，この三相半波整流回路が制御遅れ角 $\frac{\pi}{6}$ [rad] で運転しているときのU相に接続されたサイリスタ S_U のゲートパルスのタイミングを示す．これらの波形を答案用紙に書き写し，このときのサイリスタ S_V および S_W のゲートパルスのタイミング並びに負荷に印加される直流電圧 V_d [V] の波形を交流電源の時刻位置に合わせて，縦に並べて示せ．

(2) 交流電源の相電圧の実効値を V_1 [V] としたとき，出力される直流電圧 V_d [V] の平均値 E_d [V] を V_1 とそのときの制御遅れ角 α を使って求めよ．

(3) ここで制御遅れ角を変化させて，電流を制御することを考える．図1には示されていない定電流制御回路により，直流電流 I_d [A] は一定のままとして，負荷の抵抗 R [Ω] を零にしたときの制御遅れ角 α [rad] の角度を示し，その値が求まる理由を述べよ．

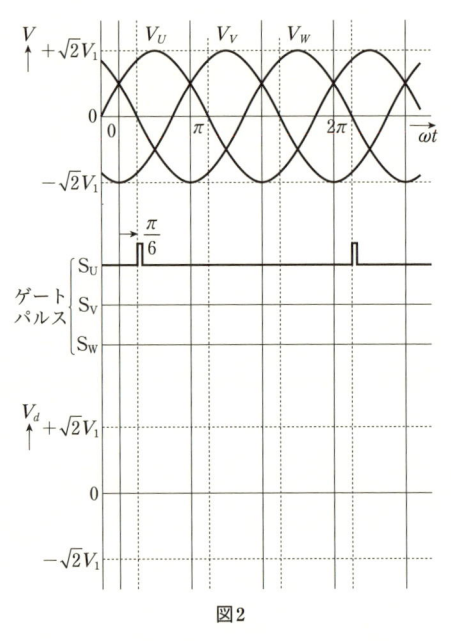

(機械・制御：平成20年問3)

着眼点 Focus Points

三相の半波整流回路に関する問題である．三相半波整流回路とは，三つのサイリスタがそれぞれ$2\pi/3$ずつずれてオンすることによって，三相交流を直流に変換する回路である．問題自体は難しくないので，それぞれの場合でどのサイリスタがオンするか考えながら解いていくとよいだろう．

負荷電流を一定としたまま抵抗値をゼロにすると，消費電力がゼロになり，リアクトルがエネルギーの貯蔵・放出を繰り返す現象が起きる．

戦術 Tactics

(1) ❶三つのサイリスタが$2\pi/3$ずつずれてオンすることに注意する．

(2) ❷制御遅れ角αは，そのサイリスタに順電圧が加わり始めてからの位相遅れ角度である．つまり正弦波がクロスする点からα遅れてオンするので，タイミングに注意しよう．

(3) ❸抵抗値がゼロになるときは，出力電圧の平均値E_dがゼロになるときの制御遅れ角αを求めればよい．

解答 Answer

(1)

戦術❶ ❶三つのサイリスタが$2\pi/3$ずつずれてオンすることに注意する．

V相はU相から$2\pi/3$，W相はさらに$2\pi/3$遅れてオンするので，その波形は次のようになる．

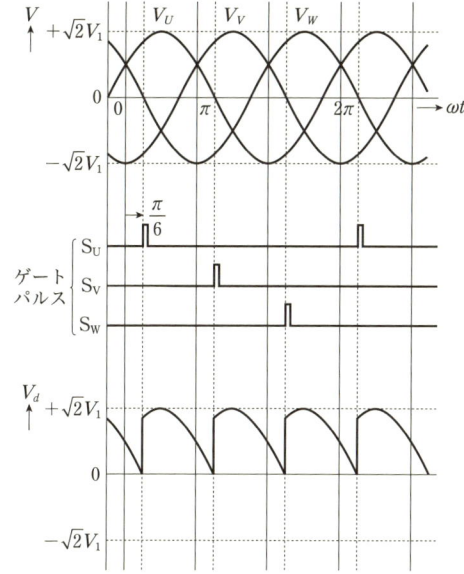

(2)

❷制御遅れ角αは，そのサイリスタに順電圧が加わり始めてからの位相遅れ角度である．

次図のように，正弦波を$2\pi/3$ずつずらして描けば，正弦波がクロスする点の位相は$\pi/6$となることがわかる（$\pi/3$の$1/2$となると考えればわかりやすい）．

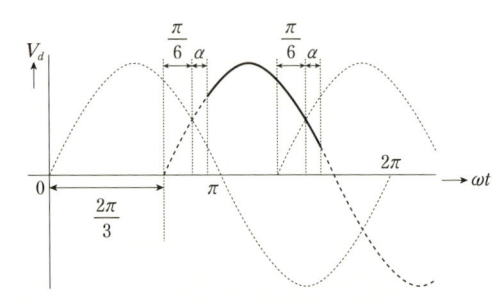

制御角は，$\pi/6$からさらにα遅れた位相となるので，E_dを求めるには，$\alpha+\pi/6<\omega t<\alpha+5\pi/6$の期間で正弦波の平均値をとればよい．

$$E_d = \frac{\int_{\alpha+\frac{\pi}{6}}^{\alpha+\frac{5\pi}{6}} \sqrt{2}V_1 \sin(\omega t) \mathrm{d}(\omega t)}{\left(\alpha+\frac{5\pi}{6}\right)-\left(\alpha+\frac{\pi}{6}\right)} = \frac{3\sqrt{2}V_1}{2\pi}\left[-\cos(\omega t)\right]_{\alpha+\frac{\pi}{6}}^{\alpha+\frac{5\pi}{6}}$$

$$= \frac{3\sqrt{2}V_1}{2\pi}\left\{-\cos\left(\alpha+\frac{5\pi}{6}\right)+\cos\left(\alpha+\frac{\pi}{6}\right)\right\}$$

$$= \frac{3\sqrt{2}V_1}{2\pi}\left(-\cos\alpha\cdot\cos\frac{5\pi}{6}+\sin\alpha\cdot\sin\frac{5\pi}{6}+\cos\alpha\cdot\cos\frac{\pi}{6}-\sin\alpha\cdot\sin\frac{\pi}{6}\right)$$

$$= \frac{3\sqrt{2}V_1}{2\pi}\left(\frac{\sqrt{3}}{2}\cos\alpha+\frac{1}{2}\sin\alpha+\frac{\sqrt{3}}{2}\cos\alpha-\frac{1}{2}\sin\alpha\right)$$

$$= \frac{3\sqrt{2}V_1}{2\pi}\sqrt{3}\cos\alpha = \frac{3\sqrt{6}V_1\cos\alpha}{2\pi}$$

(3)

❸抵抗値がゼロになると，負荷の消費電力がゼロになる．

負荷の消費電力Pは，$P=E_d\cdot I_d$である．消費電力Pがゼロである場合，I_dが一定であるので，E_dがゼロにならなければいけない．

$$E_d = \frac{3\sqrt{6}V_1\cos\alpha}{2\pi} = 0$$

$$\cos\alpha = 0$$

$$\alpha = \frac{\pi}{2}$$

〈答〉
(1) 解答のとおり

(2) $E_d = \dfrac{3\sqrt{6}V_1 \cos\alpha}{2\pi}$

(3) $\alpha = \dfrac{\pi}{2}$

消費電力 $P = E_d I_d$ がゼロである場合，I_d が一定なので，E_d がゼロとなる．

制御角 α がさらに大きくなると…

設問(3)では，制御遅れ角 $\alpha = \pi/2$ のときの現象について考えた．このときの負荷側の電圧波形は次のようになる．

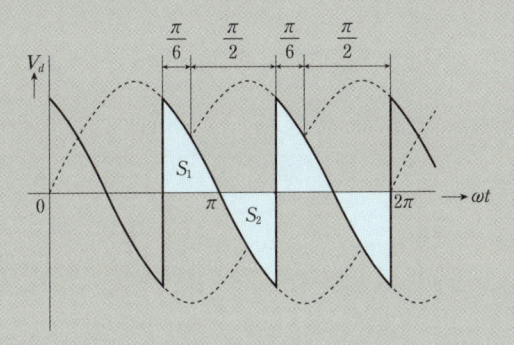

S_1 の部分は電源からリアクトルにエネルギーを蓄えている部分であり，S_2 の部分はリアクトルが電源にエネルギーを回生している部分である．

ここでほかの条件を無視して，α をさらに大きくした場合について考えよう．

α が大きくなると，S_1 に比べ S_2 の部分のほうが大きくなり，平均電圧 E_d は負の値となる．消費電力 P も負の値となり，エネルギーが消費ではなく逆に生み出されることがわかる．なお，この現象を実現するためには，負荷に直流電動機・発電機などのエネルギー消費も生産も可能なものを使用する必要がある．

本回路にかぎらず，整流回路では，制御遅れ角 α が $\pi/2$ よりも大きくなると，エネルギーが直流側から交流側へ，逆に流れる現象が起きる．重要なポイントとなるので覚えておこう．

■問題8

図1のようなダイオードを用いた三相ブリッジ結線の整流装置がある．これについて次の問に答えよ．ただし，交流電圧は三相平衡電圧で，直流電流は完全に平滑されているものとする．また，回路には損失がなく，転流重なり現象は無視できるものとする．

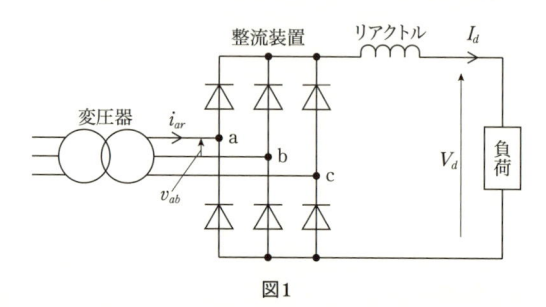

図1

(1) 交流側線間電圧が $v_{ab} = \sqrt{2} V_r \sin \omega t$ の場合，図2の電圧波形を参照して直流平均電圧 V_d を求めよ．

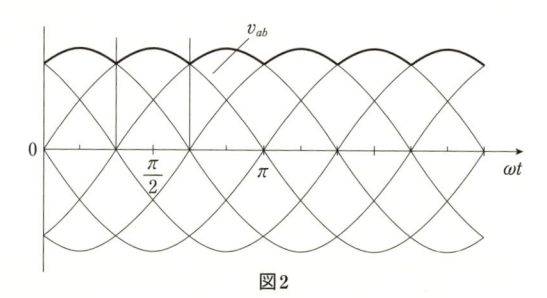

図2

(2) 入力側交流電流 i_{ar} は通流角 $2\pi/3$〔rad〕の方形波であるとして，この電流の実効値 I_r を求めよ．ただし，直流電流の平均値 I_d は一定とする．

(3) V_d が250 V，I_d が1 400 Aであるとき，次の値を求めよ．
   a. ダイオードにかかる逆ピーク電圧〔V〕
   b. ダイオードを流れる順電流の平均値〔A〕
   c. 変圧器の所要容量〔kV·A〕

(機械・制御：平成17年問3)

着眼点 Focus Points

ダイオードを使った三相全波整流回路の問題である．前問が三つの半導体素子を使っていたのに比べ，本問では6個の半導体素子を使うことでより脈動の少ない直流電源へ変換することができる．

これまで同様，導通するダイオードと電圧・電流の流れについて，場合

分け・整理して考えることが問題を解くカギとなる．

戦術 Tactics

(1) ❶図を参考に，正弦波を $\pi/3 \sim 2\pi/3$ の期間積分し，$\pi/3$ で割ると，平均電圧 V_d となる．

(2) ❷線電流 i_{ar} は，v_{ab} および v_{ac}，v_{ba} および v_{ca} が負荷に印加される期間に流れ，それ以外ではゼロとなる．

(3) ❸ダイオードがオフしている間，ダイオードに加わる最大電圧は交流電源の線間電圧となる．

❹ダイオードを流れる電流は，$2\pi/3$ の期間，I_d の一定値となる．

❺変圧器の所要容量 P は，電源電圧の実効値 V_r と線電流の実効値 I_r を使って $P = \sqrt{3} I_r V_r$ となる．

解答 Answer

(1)

❶図を参考にすれば，正弦波を $\pi/3 \sim 2\pi/3$ の期間積分し，$\pi/3$ で割ると，平均電圧 V_d となる．

$$V_d = \frac{\int_{\frac{\pi}{3}}^{\frac{2\pi}{3}} v_{ab} \, \mathrm{d}(\omega t)}{\frac{2\pi}{3} - \frac{\pi}{3}} = \frac{3}{\pi} \int_{\frac{\pi}{3}}^{\frac{2\pi}{3}} \sqrt{2} V_r \sin(\omega t) \, \mathrm{d}(\omega t)$$

$$= \frac{3\sqrt{2}}{\pi} V_r [-\cos \omega t]_{\frac{\pi}{3}}^{\frac{2\pi}{3}} = \frac{3\sqrt{2}}{\pi} V_r$$

(2)

❷線電流 i_{ar} は，v_{ab} および v_{ac}，v_{ba} および v_{ca} が負荷に印加される期間に流れ，それ以外ではゼロとなる．

線電流 i_{ar} の波形は次図となる．

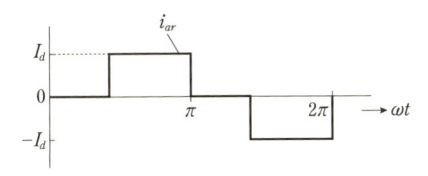

i_{ar} の実効値 I_r を求めると，

$$I_r = \sqrt{\frac{1}{\pi} \int_{\frac{\pi}{3}}^{\pi} I_d^2 \, \mathrm{d}(\omega t)} = \sqrt{\frac{1}{\pi} I_d^2 \left(\pi - \frac{\pi}{3}\right)} = \sqrt{\frac{2}{3}} I_d$$

(3)

a. ダイオードに加わる逆ピーク電圧

❸ダイオードがオフしている間，ダイオードに加わる最大電圧は交流電源の線間電圧となる．

次図のように，負荷に v_{ab} が印加されているときを考えれば，導通しているダイオードの電圧降下は無視できるので，b点上アームのダイオードには，交流電源の線間電圧がそのまま加わることがわかる．

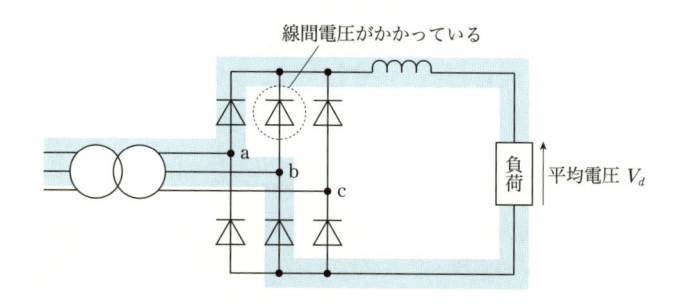

負荷の平均電圧 $V_d = 250$ 〔V〕であるので，逆ピーク電圧値を V_{peak} とすれば，

$$V_d = \frac{3\sqrt{2}}{\pi} V_r = 250 \text{〔V〕}$$

$$\therefore V_r = \frac{250\pi}{3\sqrt{2}} \text{〔V〕}$$

$$V_{peak} = \sqrt{2} V_r = \frac{250\pi}{3} \text{〔V〕}$$

b. ダイオードを流れる順電流の平均値

❹ダイオードを流れる電流は，$2\pi/3$ の期間，I_d の一定値となる．

線電流の波形を参考に，a点の上アームのダイオードを流れる順電流を i_{D0} とすれば，その波形は次のようになる．

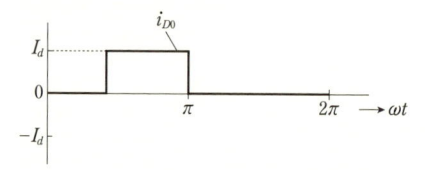

平均値を $\overline{i_{D0}}$ とすれば，

$$\overline{i_{D0}} = \frac{1}{2\pi}\int_0^{2\pi} i_{D0}\mathrm{d}(\omega t) = \frac{1}{2\pi}\int_{\frac{\pi}{3}}^{\pi} I_d \mathrm{d}(\omega t) = \frac{1}{2\pi}1\,400\left(\pi - \frac{\pi}{3}\right)$$

$$= \frac{1\,400}{3}\,(\mathrm{A})$$

c. 変圧器の所要容量

変圧器の所要容量を $P(\mathrm{kV\cdot A})$ とすれば，電源電圧の実効値 V_r と線電流の実効値 I_r を使って $P = \dfrac{\sqrt{3}\cdot V_r I_r}{1\,000}$ と表すことができる．

ここで，(2)および(3)a より，

$$V_r = \frac{250\pi}{3\sqrt{2}}\,(\mathrm{V}),\quad I_r = \sqrt{\frac{2}{3}}I_d = 1\,400\sqrt{\frac{2}{3}}\,(\mathrm{A})$$

であるから，

$$P = \frac{\sqrt{3}\cdot V_r I_r}{1\,000} = \frac{\sqrt{3}}{1\,000}\cdot\frac{250\pi}{3\sqrt{2}}\cdot 1\,400\sqrt{\frac{2}{3}} = \frac{1\,400\pi}{12}$$

$$= \frac{350\pi}{3}\,(\mathrm{kV\cdot A})$$

〈答〉

(1) $V_d = \dfrac{3\sqrt{2}}{\pi}V_r$

(2) $I_r = \sqrt{\dfrac{2}{3}}I_d$

(3) a. $\dfrac{250\pi}{3}\,\mathrm{V}$

　　b. $\dfrac{1\,400}{3}\,\mathrm{A}$

　　c. $\dfrac{350\pi}{3}\,\mathrm{kV\cdot A}$

■問題9

サイリスタ6個を有する三相全波整流回路により他励直流電動機が運転されている．交流電圧200 V，制御角30°のときに電機子電流は30 A，回転数は1 000 min^{-1}であった．負荷トルクを一定としたとき，制御角が60°の場合の回転数はいくらか．ただし電動機の電機子抵抗を1 Ω，界磁電流は一定とし，直流リアクトルは十分大きく，また，重なり角は無視できるものとする．

(機械：昭和61年問2)

着眼点 Focus Points

整流回路の負荷として，直流機を接続した場合についてを問う問題である．電圧V_rの三相交流を全波整流回路で直流変換した場合，その直流側の電圧平均値は$3\sqrt{2}V_r\cos\alpha/\pi$となる．計算しても簡単に求まるが，頻出事項であるので暗記してもよいだろう．

整流回路の問題では，本問のように直流機と組み合わせた問題が出ることがある．直流機の負荷トルクTは，磁束Φと電機子電流I_aに比例する．また，電動機では$P=T\omega$が成り立つ．これらの公式について再度復習しておこう．

戦術 Tactics

❶ 交流電圧の実効値をV_rとすれば，直流側の電圧平均値E_0は$3\sqrt{2}V_r\cos\alpha/\pi$となる．

❷ 直流機にて，電機子電流をI_a，磁束をΦとすれば，トルクは，$T\propto\Phi I_a$となる．トルクTおよび磁束Φが一定のとき，I_aは一定となる．

❸ 誘導起電力Eは，直流電源電圧E_0，電機子電流I_a，電機子抵抗r_aを使えば，$E=E_0-I_a r_a$となる．

❹ $P=T\omega$が成り立つので，トルクTが一定であれば，回転数nは電動機出力Pに比例する．電機子電流I_aは一定であるので，回転数nは電動機の誘導起電力Eに比例する．

解答 Answer

戦術❶

❶ 交流電圧の実効値をV_rとすれば，直流側の電圧平均値E_0は$3\sqrt{2}V_r\cos\alpha/\pi$となる．

交流電圧正弦波形の，$(\pi/3+\alpha)\sim(2\pi/3+\alpha)$の期間の平均値が$E_0$となるので，

$$E_0 = \frac{3}{\pi}\int_{\frac{\pi}{3}+\alpha}^{\frac{2\pi}{3}+\alpha} \sqrt{2}V_r \sin(\omega t)\mathrm{d}(\omega t) = \frac{3\sqrt{2}}{\pi}V_r[-\cos\omega t]_{\frac{\pi}{3}+\alpha}^{\frac{2\pi}{3}+\alpha}$$

$$= \frac{3\sqrt{2}}{\pi}V_r\left\{-\left(\cos\frac{2\pi}{3}\cdot\cos\alpha - \sin\frac{2\pi}{3}\cdot\sin\alpha\right) + \cos\frac{\pi}{3}\cdot\cos\alpha\right.$$

$$\left. - \sin\frac{\pi}{3}\cdot\sin\alpha\right\}$$

$$= \frac{3\sqrt{2}}{\pi}V_r\left\{\frac{1}{2}\cos\alpha + \frac{\sqrt{3}}{2}\sin\alpha + \frac{1}{2}\cos\alpha - \frac{\sqrt{3}}{2}\sin\alpha\right\}$$

$$= \frac{3\sqrt{2}}{\pi}V_r\cos\alpha$$

戦術❷ ❷直流機にて，電機子電流を I_a，磁束を Φ とすれば，トルクは，$T \propto \Phi I_a$ となる．トルク T および磁束 Φ が一定のとき，I_a は一定となる．
制御遅れ角 α の大きさにかかわらず，電機子電流 $I_a = 30$ A である．

戦術❸ ❸誘導起電力 E は，直流電源電圧 E_0，電機子電流 I_a，電機子抵抗 r_a を使えば，$E = E_0 - I_a r_a$ となる．
制御遅れ角 $\alpha = 30°$ のときの誘導起電力を E_{30}' とすれば，

$$E_{30}' = \frac{3\sqrt{2}}{\pi}200\cos 30° - 30\cdot 1 = \frac{300\sqrt{6}}{\pi} - 30 = 204.0\,[\mathrm{V}]$$

制御遅れ角 $\alpha = 60°$ のときの誘導起電力を E_{60}' とすれば，

$$E_{60}' = \frac{3\sqrt{2}}{\pi}200\cos 60° - 30\cdot 1 = \frac{300\sqrt{2}}{\pi} - 30 = 105.0\,[\mathrm{V}]$$

戦術❹ ❹$P = T\omega$ が成り立つので，トルク T が一定であれば，回転数 n は電動機出力 P に比例する．電機子電流 I_a は一定であるので，回転数 n は電動機の誘導起電力 E に比例する．
制御遅れ角 $\alpha = 60°$ のときの回転数を n_{60} とすれば，

$$n_{60} = \frac{E_{60}'}{E_{30}'}n_{30} = \frac{105.0}{204.0}\times 1\,000 = 515\,[\mathrm{min}^{-1}]$$

〈答〉
$515\,\mathrm{min}^{-1}$

三相全波整流回路における電圧波形の描き方

　三相全波整流回路では，制御される半導体素子が六つもあり，エネルギーフローについて場合分けして考えるのも一苦労である．電圧波形を考えるとき，次のようにして描くと間違いがない．
①横軸に ωt を取り，交流電圧の正弦波を $\pi/3$ ずつ位相をずらして描く（一周期 2π の間に，素子六つがオンするので，$2\pi/6=\pi/3$ ずらすと考えればよい）

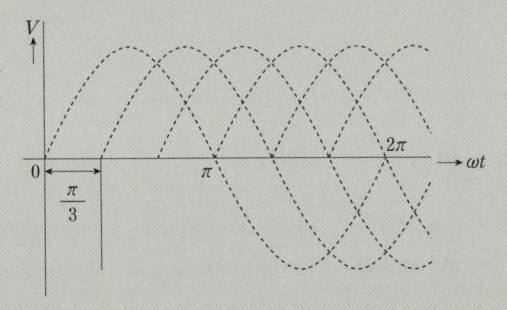

②正弦波がクロスする点から，α 遅れた点にそれぞれ印をつけ，なぞる

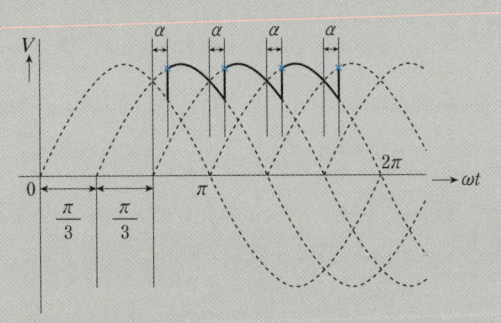

　図を描ければ，後は簡単である．点弧する点の位相は $\alpha+\pi/3$ であることに注意して計算しよう．
　なお，本問とは無関係であるが，三相半波整流回路の場合は，制御される半導体素子が三つとなるので，$0\sim 2\pi$ の間に三つの正弦波が均等になるよう位相をずらして描けば，後は同様に電圧波形を描くことができる．機会があれば利用してほしい．

■問題10

電機子抵抗R_aが0.1Ωで，定格電圧250Vを供給したとき，電機子電流40A，回転速度1 200 min^{-1}の直流他励電動機がある．この電動機を図に示すように，界磁電流を一定として，線間電圧200V，周波数60Hzの三相電源から，三相全波位相制御回路を通して駆動しているとき，次の問に答えよ．ただし，バルブデバイスには損失がなく，電機子電流は連続し，重なり角は無視できるものとし，また，ブラシの電圧降下，電機子反作用，鉄損，風損，摩擦損は無視するものとする．

(1) 三相側の線間電圧をV_l〔V〕としたとき，位相制御角αのときの三相全波位相制御回路の直流出力電圧E_dは，$\dfrac{3\sqrt{2}}{\pi}V_l\cos\alpha$となることを導出せよ．

(2) 位相制御角$\alpha=30°$，電機子電流$I_a=35.0$ A，平滑リアクトルのインダクタンス$L=10.0$ mH，その抵抗分$R=0.150$ Ωの場合，次の値を求めよ．
 a. 電機子誘導起電力E_a〔V〕
 b. 回転速度n〔min^{-1}〕
 c. 電動機出力P〔kW〕
 d. 発生トルクT〔N·m〕

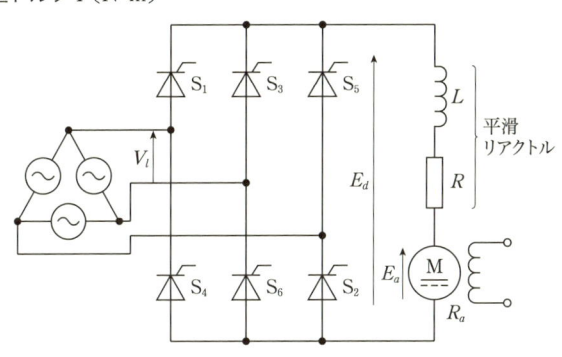

（機械・制御：平成16年追加問3）

着眼点 Focus Points

前問に引き続き，整流回路と直流機の問題である．問題の内容は前問とほぼ同様であるので，確実に解いてほしい．

交流にて線間電圧といえば，電圧の実効値である．一方，直流では，電圧といえば平均電圧を指すので，これらについて混同しないよう注意が必要である．

なお，設問(2)にてリアクトルLのインダクタンス値が与えられているが，問題を解くのにこの値は使用しない．通常，与えられた条件をすべて使っ

て解く問題が多いが，このような問題も過去に出題されている．先入観にとらわれないようにしよう．

戦術 Tactics

(1) ❶電圧波形を描いて，直流側の平均電圧 E_d を求める．正弦波を $\pi/3$ ずつずらして描き，波形がクロスする点から α 遅れた点が点弧点となる．

(2) ❷ E_d から平滑リアクトルの抵抗分 R による電圧降下，電機子抵抗 R_a による電圧降下を引けば誘導起電力 E_a となる．
❸回転速度 n は誘導起電力 E_a に比例する．
❹電動機出力 P は，$P = E_a I_a$ となる．
❺電動機のトルクに関する公式 $P = T\omega$ を使ってトルクを求める．

解答 Answer

(1)

戦術❶ ❶電圧波形を描いて，直流側の平均電圧 E_d を求める．正弦波を $\pi/3$ ずつずらして描き，波形がクロスする点から α 遅れた点が点弧点となる．

交流電圧波形を，$\pi/3$ ずつずらして描けば，直流電圧波形は次図のようになる．

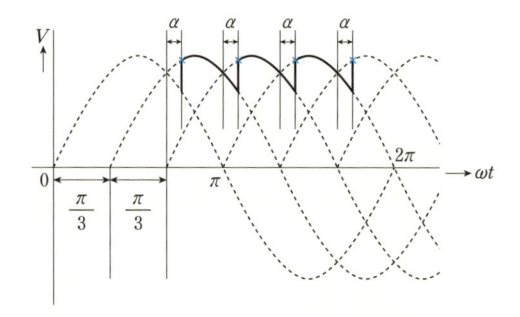

交流電圧正弦波の，$(\pi/3+\alpha) \sim (2\pi/3+\alpha)$ の期間の平均値が E_d となるので，

$$E_d = \frac{3}{\pi}\int_{\frac{\pi}{3}+\alpha}^{\frac{2\pi}{3}+\alpha} \sqrt{2}V_l \sin \omega t \, \mathrm{d}(\omega t)$$

$$= \frac{3\sqrt{2}}{\pi}V_l[-\cos \omega t]_{\frac{\pi}{3}+\alpha}^{\frac{2\pi}{3}+\alpha}$$

$$= \frac{3\sqrt{2}}{\pi}V_l\left\{-\left(\cos\frac{2\pi}{3}\cdot\cos\alpha - \sin\frac{2\pi}{3}\cdot\sin\alpha\right) + \cos\frac{\pi}{3}\cdot\cos\alpha - \sin\frac{\pi}{3}\cdot\sin\alpha\right\}$$

$$= \frac{3\sqrt{2}}{\pi}V_l\left\{\frac{1}{2}\cos\alpha + \frac{\sqrt{3}}{2}\sin\alpha + \frac{1}{2}\cos\alpha - \frac{\sqrt{3}}{2}\sin\alpha\right\}$$

$$= \frac{3\sqrt{2}}{\pi}V_l\cos\alpha$$

(2)

a. 電機子誘導起電力 E_a

❷ E_d から平滑リアクトルの抵抗分 R による電圧降下，電機子抵抗 R_a による電圧降下を引けば誘導起電力 E_a となる．

直流出力電圧 E_d から，抵抗分による電圧降下を引いたものが電機子誘導起電力 E_a となるので，

$$E_a = E_d - (R + R_a)I_a = \frac{3\sqrt{2}}{\pi}V_l\cos\alpha - (R + R_a)I_a$$

$$= \frac{3\sqrt{2}}{\pi}\times 200 \times \frac{\sqrt{3}}{2} - (0.1 + 0.150)\times 35$$

$$= 233.90 - 8.75 = 225.15 \text{(V)}$$

b. 回転速度 n

❸ 回転速度 n は誘導起電力 E_a に比例する．

電動機に定格電圧を加えたときの電機子誘導起電力を E_{a0}，電機子電流を I_{a0} とすれば，このときは平滑リアクトルを接続していないので，

$$E_{a0} = E_{d0} - R_a I_{a0} = 250 - 0.1\times 40 = 246 \text{(V)}$$

回転速度 n は電機子誘導起電力 E_a に比例するので，

$$n = \frac{E_a}{E_{a0}}\times n_0 = \frac{225.15}{246}\times 1\,200 = 1\,098.2 \text{(min}^{-1}\text{)}$$

c. 電動機出力 P

❹ 電動機出力 P は，$P = E_a I_a$ となる．

$P = E_a I_a$ であるから，

$$P = 225.15 \times 35 = 7\,880.2 \text{(W)} = 7.88 \text{(kW)}$$

d． 発生トルク T

戦術❺ ❺電動機のトルクに関する公式 $P=T\omega$ を使ってトルクを求める．

$$T=\frac{P}{\omega}, \quad \omega=2\pi f=2\pi\frac{n}{60}$$

であるから，

$$T=\frac{P}{2\pi\dfrac{n}{60}}=\frac{7\,880.2}{2\pi\times\dfrac{1\,098.2}{60}}=68.52\,[\text{N}\cdot\text{m}]$$

〈答〉
(1) 解答のとおり
(2) a． $E_a=225$ V
　　b． $n=1\,100\,\text{min}^{-1}$
　　c． $P=7.88$ kW
　　d． $T=68.5$ N·m

■問題11

図1に示すように，三相IGBTインバータで負荷に電流を供給する動作を考える．図2に直流中間点Eを基準としたa相の出力電圧v_a，および負荷電流i_aの波形を示す．この図のように，インバータは1パルス運転でも負荷電流i_aは正弦波とみなすことができるとする．このとき，次の問に答えよ．

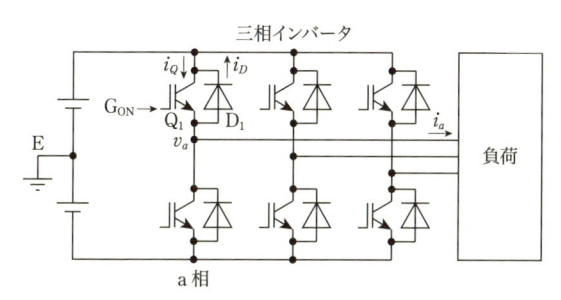

図1 三相インバータと負荷

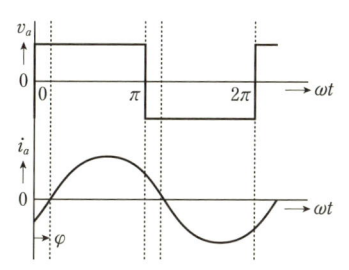

図2 直流中間点Eを基準としたa相の出力電圧v_a，および負荷電流i_aの波形
（負荷電流は正弦波，遅れ力率角φの場合）

(1) 負荷の力率（基本波力率，以下同じ）が遅れ$0.866\left(\cos\dfrac{\pi}{6}\right)$および遅れ$0\left(\cos\dfrac{\pi}{2}\right)$の二つの場合を考える．図3に示すように，a相上アームのIGBT（Q_1）に与えられるゲート信号G_{ON}のオンのタイミングに合わせて，a相の負荷電流$i_{a(0.866)}$および$i_{a(0)}$が流れる．このとき，図3と同じ図が答案用紙に印刷されているので，負荷力率が遅れ0.866および遅れ0の場合に流れるIGBT（Q_1）およびその逆並列ダイオード（D_1）の電流$i_{Q(0.866)}$，$i_{D(0.866)}$，$i_{Q(0)}$および$i_{D(0)}$の波形を太線で明確に描け．

(2) a相の負荷電流i_aの実効値が100 Aであったとする．負荷の力率が遅れ0.866の場合におけるIGBT（Q_1）電流の平均値$I_{Q(0.866)}$〔A〕，および負荷の力率が遅れ0の場合におけるダイオード（D_1）電流の平均値$I_{D(0)}$〔A〕を求めよ．

図3 a相上アームのIGBT（Q_1）ゲート信号および各部の電流

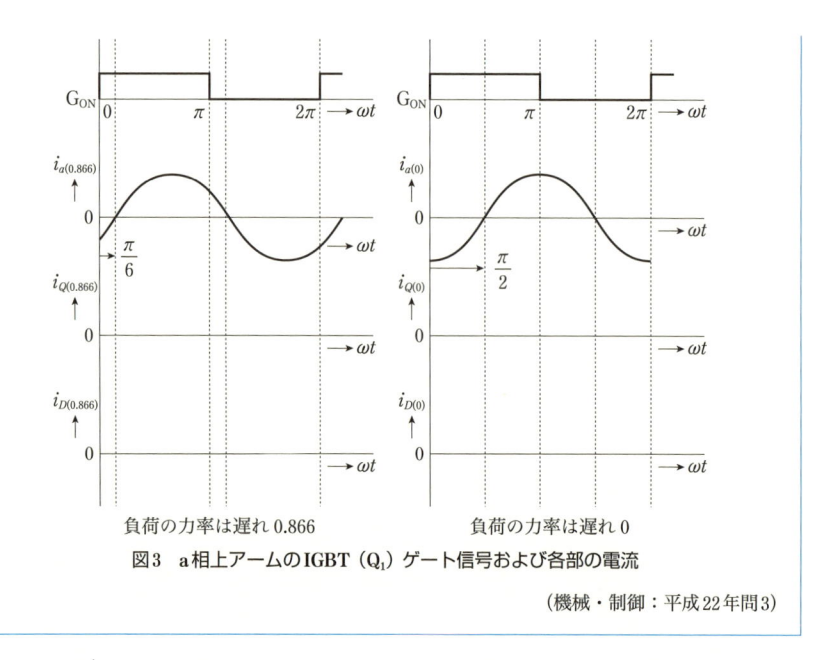

（機械・制御：平成22年問3）

着眼点 Focus Points

直流電源を三相交流へ変換するインバータに関する問題である．

インバータには電圧形インバータと電流形インバータがあるが，本問では電圧波形がパルス波，電流波形が正弦波となっているので，電圧形インバータであることがわかる．

IGBTは，ゲート信号がオンしている間に順方向の電流を通電することのできる素子である．つまり，ゲート信号がオンしていても，負の電流は通電できない．また，ゲート信号がオフの間はIGBTを通じて電流を流すことができない．

そのため，IGBTに逆並列ダイオードを挿入することで，誘導性負荷に流れる遅れ位相の電流を電源側に帰還させている．このダイオードは帰還ダイオードとも呼ばれ，論述でも出題される事項である．復習しておこう．

戦術 Tactics

(1) ❶上下アームのIGBTのオン・オフ，電流の正負について場合分けをして電流の流れを考える．

(2) ❷(1)の波形をもとに平均値を求める．

解答 Answer

戦術 ❶

(1)

❶ 上下アームのIGBTのオン・オフ，電流の正負について場合分けをして電流の流れを考える．

IGBTがオンのとき，正方向の電流はIGBTを通り，逆方向の電流は帰還ダイオードを通って直流電源に戻る．IGBTがオフのときは下アームのIGBTがオンとなり，下アームのIGBTもしくはダイオードを通ることになる．

整理すれば，波形は次のようになる．

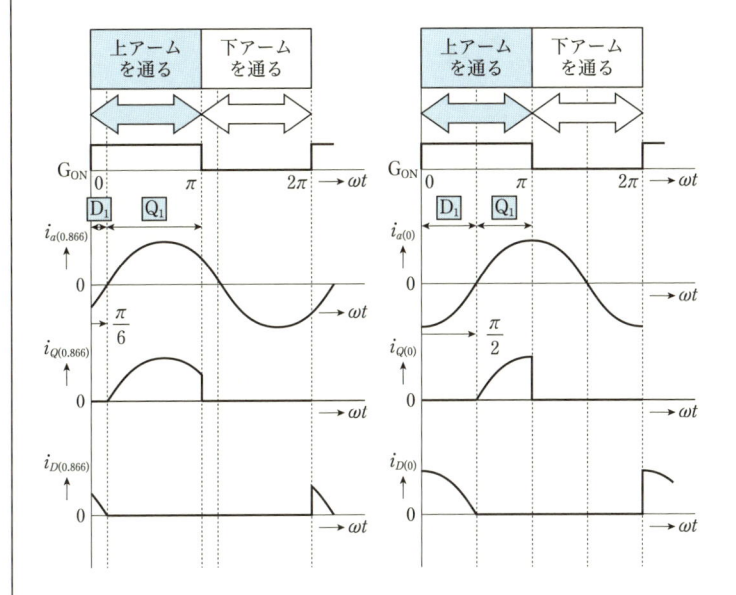

戦術 ❷

(2)

❷ 図の波形から平均値を求める．

負荷の力率が遅れ0.866の場合におけるIGBT（Q_1）の電流平均値 $I_{Q(0.866)}$ は，電流値の実効値が100 Aであるので，

$$I_{Q(0.866)} = \frac{1}{2\pi}\int_0^{2\pi} i_{Q(0.866)} \mathrm{d}(\omega t) = \frac{1}{2\pi}\int_{\frac{\pi}{6}}^{\pi} 100\sqrt{2}\sin\left(\omega t - \frac{\pi}{6}\right)\mathrm{d}(\omega t)$$

$$= \frac{100\sqrt{2}}{2\pi}\left[-\cos\left(\omega t - \frac{\pi}{6}\right)\right]_{\frac{\pi}{6}}^{\pi} = \frac{100\sqrt{2}}{2\pi}\left\{-\cos\left(\frac{5\pi}{6}\right) + 1\right\}$$

$$= \frac{100\sqrt{2}}{2\pi}\left\{\frac{\sqrt{3}}{2} + 1\right\} = 42.00 \text{ (A)}$$

同様に，負荷の力率が遅れゼロの場合におけるダイオード（D_1）電流の

417

平均値 $I_{D(0)}$ は,

$$I_{D(0)} = \frac{1}{2\pi}\int_0^{2\pi} -i_{D(0)}\mathrm{d}(\omega t) = \frac{1}{2\pi}\int_0^{\frac{\pi}{2}} -100\sqrt{2}\sin\left(\omega t - \frac{\pi}{2}\right)\mathrm{d}(\omega t)$$
$$= \frac{100\sqrt{2}}{2\pi}\left[\cos\left(\omega t - \frac{\pi}{2}\right)\right]_0^{\frac{\pi}{2}} = \frac{100\sqrt{2}}{2\pi}\left\{1 + \cos\left(-\frac{\pi}{2}\right)\right\} = \frac{100\sqrt{2}}{2\pi}$$
$$= 22.51 \text{ (A)}$$

〈答〉
(1) 解答のとおり
(2) $I_{Q(0.866)} = 42.0$ A
　　$I_{D(0)} = 22.5$ A

6. 自動制御

■問題 1

入出力特定が次式で表される制御要素（図1）がある．

$$y(t) + \frac{1}{T}\int y(t)\,\mathrm{d}t = x(t)$$

次の問に答えよ．

(1) この制御要素の伝達関数 $G(s)$ を求めよ．
(2) 図2のような時間関数 $x(t)=t$ のラプラス変換 $X(s)$ を示せ．
(3) 図1の制御要素に入力 $x(t)$ として，図2のような時間関数が加わったときの出力の過渡応答 $y(t)$ を求めよ．

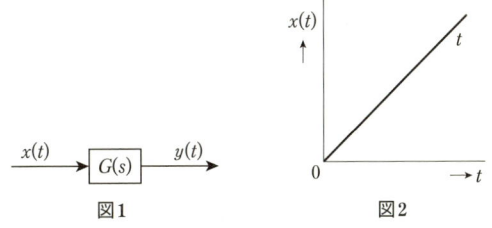

図1

図2

（機械・制御：平成9年問4）

着眼点 Focus Points

ラプラス変換を使った制御の基本問題である．ラプラス変換は，変換表を暗記してはじめてその効力を発揮する．次ページに示すので，完全に暗記してほしい．

ラプラス変換を使って微分方程式を解くときは，次の流れで解くことになる．

1. 変換表を使って，微分方程式を s 関数方程式に変換する．
2. s 関数方程式を整理し，s 関数上の解を求める．
3. 変換表を用いて逆ラプラス変換し，解を得る．

逆ラプラス変換する際には，分数を部分分数に分解する数学テクニックも必要になるので，あわせてマスタしておこう．

$f(t)$ ($f(t)=0$ $(t<0)$) ラプラス変換→ ←逆ラプラス変換 $F(s)$		$f(t)$ ($f(t)=0$ $(t<0)$) ラプラス変換→ ←逆ラプラス変換 $F(s)$	
1	$\dfrac{1}{s}$	e^{-at}	$\dfrac{1}{s+\alpha}$
t	$\dfrac{1}{s^2}$	te^{-at}	$\dfrac{1}{(s+\alpha)^2}$
$\dfrac{t^2}{2}$	$\dfrac{1}{s^3}$	$\dfrac{t^2 e^{-at}}{2}$	$\dfrac{1}{(s+\alpha)^3}$
$\sin\omega t$	$\dfrac{\omega}{s^2+\omega^2}$	$e^{-at}\sin\omega t$	$\dfrac{\omega}{(s+\alpha)^2+\omega^2}$
$\cos\omega t$	$\dfrac{s}{s^2+\omega^2}$	$e^{-at}\cos\omega t$	$\dfrac{s+\alpha}{(s+\alpha)^2+\omega^2}$
$\sigma(t)$	1	$f(t-L)$	$F(s)e^{-Ls}$

また，微分・積分はラプラス変換によって，次のようになる．

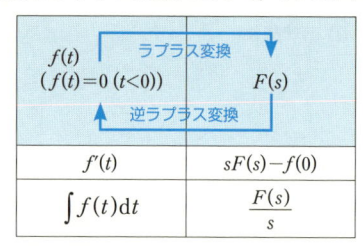

$f(t)$ ($f(t)=0$ $(t<0)$) ラプラス変換→ ←逆ラプラス変換 $F(s)$	
$f'(t)$	$sF(s)-f(0)$
$\int f(t)\mathrm{d}t$	$\dfrac{F(s)}{s}$

※$f(0)$に関しては，特に指定がない場合は0として計算して構わない．
問題によって初期条件が与えられたときのみ考えればよい．

戦術 Tactics

(1) ❶変換表を用いて，微分方程式をラプラス変換する．
❷式を整理して系の伝達関数 $G(s)$ を求める．
(2) ❸ランプ関数のラプラス変換は $1/s^2$ である．
(3) ❹出力 $Y(s)$ を s 関数上で求め，分数を部分分数に分解する．
❺逆ラプラス変換して $y(t)$ を得る．

解答 Answer

戦術❶

(1)
❶変換表を用いて，微分方程式をラプラス変換する．
　与えられた微分方程式は，次のとおりである．

$$y(t)+\frac{1}{T}\int y(t)\mathrm{d}t = x(t)$$

初期値をゼロとして両辺ラプラス変換すれば，

$$Y(s) + \frac{1}{T} \times \frac{Y(s)}{s} = X(s)$$

【戦術❷】

❷式を整理して系の伝達関数 $G(s)$ を求める．

$$Y(s) + \frac{1}{T} \times \frac{Y(s)}{s} = Y(s)\frac{Ts+1}{Ts} = X(s)$$

$$\therefore \quad G(s) = \frac{Y(s)}{X(s)} = \frac{Ts}{Ts+1}$$

(2)

【戦術❸】

❸ランプ関数のラプラス変換は $1/s^2$ である．

ランプ関数 $x(t) = t$ を変換表に従ってラプラス変換すれば，

$$X(s) = \frac{1}{s^2}$$

(3)

【戦術❹】

❹出力 $Y(s)$ を s 関数上で求め，分数を部分分数に分解する．

$$G(s) = \frac{Y(s)}{X(s)} = \frac{Ts}{Ts+1}, \quad X(s) = \frac{1}{s^2}$$

であるので，これらを用いて $Y(s)$ を求めると，

$$Y(s) = \frac{Ts}{Ts+1} X(s) = \frac{Ts}{Ts+1} \times \frac{1}{s^2} = \frac{T}{Ts^2+s}$$

得られた $Y(s)$ を逆ラプラス変換し，$y(t)$ を求めたい．しかし，$Y(s)$ の形は変換表にはないため，このままでは逆ラプラス変換することができない．そこで，変換表を使うために $Y(s)$ を部分分数へ分解する必要がある．

定数 A，B を用いれば，$Y(s)$ は次のような形に置くことができる．

$$Y(s) = \frac{T}{Ts^2+s} = \frac{T}{(Ts+1)s} = \frac{A}{Ts+1} + \frac{B}{s}$$

A，B について求めると，$A = -T^2$，$B = T$ となる（求め方は次のコラム参照）．

$$\therefore \quad Y(s) = \frac{-T^2}{Ts+1} + \frac{T}{s}$$

【戦術❺】

❺逆ラプラス変換して $y(t)$ を得る．

変換表を適用するため，わかりやすく変形すれば，

$$Y(s) = \frac{-T^2}{Ts+1} + \frac{T}{s} = -T \times \frac{1}{s+\frac{1}{T}} + T \times \frac{1}{s}$$

次の変換表を適用し，

$f(t)$ $(f(t)=0\ (t<0))$	$F(s)$
↑ 逆ラプラス変換	
$e^{-\alpha t}$	$\dfrac{1}{s+\alpha}$
1	$\dfrac{1}{s}$

$$\mathcal{L}^{-1}\left[-T\times\frac{1}{s+\frac{1}{T}}\right]=-Te^{-\frac{t}{T}},\quad \mathcal{L}^{-1}\left[T\times\frac{1}{s}\right]=T$$

であるので,

$$y(t)=-Te^{-\frac{t}{T}}+T=T(1-e^{-\frac{t}{T}})$$

〈答〉

(1) $G(s)=\dfrac{Ts}{Ts+1}$

(2) $X(s)=\dfrac{1}{s^2}$

(3) $y(t)=T(1-e^{-\frac{t}{T}})$

部分分数への分解方法

逆ラプラス変換をする際，解を変換表の形に変形しなければ変換表を使うことができない．s 関数上の解は，高次の分数となることが多く，変換表を使えるところまで分数を分解するテクニックを習得する必要がある．今回の問題を例に，分解方法についてまとめるので参考にしてほしい．

①分数の分母を因数分解する．

$$Y(s) = \frac{T}{Ts^2 + s} = \frac{T}{(Ts+1)s}$$

②定数 A, B を使い，それぞれの因数を分母とする分数に分解する．

$$Y(s) = \frac{T}{(Ts+1)s} = \frac{A}{Ts+1} + \frac{B}{s}$$

③因数 $(Ts+1)$ を両辺に掛ける．

$$Y(s)(Ts+1) = \frac{T}{s} = A + \frac{B}{s}(Ts+1)$$

④因数に 0 を代入して（$s = -1/T$ を代入して），A を求める．

$$\lim_{(Ts+1) \to 0} Y(s)(Ts+1) = \frac{T}{-\frac{1}{T}} = A \quad \therefore \quad A = -T^2$$

⑤B に関しても同様に因数を掛け，因数に 0 を代入する．

$$Y(s)s = \frac{T}{Ts+1} = \frac{A}{Ts+1}s + B$$

$$\lim_{s \to 0} Y(s)s = \frac{T}{1} = \frac{A}{1} \times 0 + B \quad \therefore \quad B = T$$

慣れてくれば，②〜⑤までを暗算で求めることもできる．習得してほしい．

■問題2

伝達関数が $\dfrac{s^2+16s+36}{s^2+7s+12}$ である系に，入力信号として，

$$g(t)=\begin{cases} 4 & (t\geq 0) \\ 0 & (t<0) \end{cases}$$

を与えた場合の応答（出力信号）を求めよ．

（応用：平成3年問3）

着眼点 Focus Points

ラプラス変換を使った計算問題である．基本問題であるので，解法を確実にマスタしてほしい．

今回の問題は，s関数が高次の分数となるため，きちんと手順を追って計算しないと部分分数に分解することができない．分解方法があいまいな方はこの機会に復習し，確実に使いこなせるようになっておこう．

戦術 Tactics

❶変換表に従って，入力関数をラプラス変換する．
❷出力信号 $Y(s)$ を求め，分数分解する．
❸逆ラプラス変換し，解を得る．

解答 Answer

戦術❶

❶変換表に従って，入力関数をラプラス変換する．

入力関数

　　$g(t)=4 \quad (t\geq 0)$

両辺ラプラス変換して，

　　$G(s)=\dfrac{4}{s}$

戦術❷

❷出力信号 $Y(s)$ を求め，分数分解する．

出力信号 $Y(s)$ は，

$$Y(s)=\dfrac{4}{s}\times\dfrac{s^2+16s+36}{s^2+7s+12}=\dfrac{4\times(s^2+16s+36)}{s(s+3)(s+4)}$$

このままでは逆ラプラス変換できないので，部分分数に分解する．
$Y(s)$ は定数 A, B, C を使って以下のように表すことができる．

$$Y(s)=\dfrac{4\times(s^2+16s+36)}{s(s+3)(s+4)}=\dfrac{A}{s}+\dfrac{B}{s+3}+\dfrac{C}{s+4}$$

A を求めるために，両辺に s を掛けて $s\to 0$ とすれば，

424　　　　　　　　　　　　　　　　　　　　　　　　　　6．自動制御

$$\lim_{s \to 0} sY(s) = \lim_{s \to 0} \frac{4 \times (s^2 + 16s + 36)}{(s+3)(s+4)} = \lim_{s \to 0} \left(A + \frac{B}{s+3}s + \frac{C}{s+4}s \right)$$

$$\frac{4 \times 36}{3 \times 4} = A$$

∴ $A = 12$

B については，両辺に $(s+3)$ を掛けて，$s \to -3$ とし，

$$\lim_{s \to -3}(s+3)Y(s) = \lim_{s \to -3} \frac{4 \times (s^2 + 16s + 36)}{s(s+4)}$$

$$= \lim_{s \to -3}\left(\frac{A}{s}(s+3) + B + \frac{C}{s+4}(s+3) \right)$$

$$\frac{4 \times (9 - 48 + 36)}{-3 \times 1} = B$$

∴ $B = 4$

C についても同様に，両辺に $(s+4)$ を掛けて $s \to -4$ とし，

$$\lim_{s \to -4}(s+4)Y(s) = \lim_{s \to -4} \frac{4 \times (s^2 + 16s + 36)}{s(s+3)}$$

$$= \lim_{s \to -4}\left(\frac{A}{s}(s+4) + \frac{B}{s+3}(s+4) + C \right)$$

$$\frac{4 \times (16 - 64 + 36)}{-4 \times (-1)} = C$$

∴ $C = -12$

$Y(s)$ は，それぞれの値を代入して，

$$Y(s) = \frac{A}{s} + \frac{B}{s+3} + \frac{C}{s+4} = \frac{12}{s} + \frac{4}{s+3} - \frac{12}{s+4}$$

戦術❸ ❸逆ラプラス変換し，解を得る．

$$Y(s) = \frac{12}{s} + \frac{4}{s+3} - \frac{12}{s+4}$$

を変換表を使って逆ラプラス変換すれば，

$$y(t) = 12 + 4e^{-3t} - 12e^{-4t}$$

〈答〉
$12 + 4e^{-3t} - 12e^{-4t}$

入力信号 インパルス波？ ステップ波？

制御の分野では，入力信号として「インパルス波」や「ランプ関数」など，あまり聞きなれない用語が登場する．電験ではこれらの用語・波形について，理解していることを前提として問題が出題されるので，必ず覚えておこう．

・インパルス波，インパルス入力

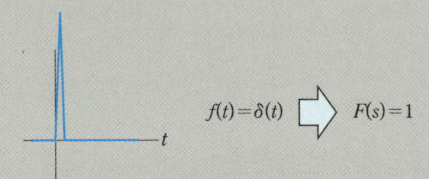

$f(t) = \delta(t)$ ⇨ $F(s) = 1$

$t=0$ のときのみ $f(t)=\infty$ で，$t \neq 0$ では $f(t)=0$ となる理論上の関数である．インパルス波を入力したときの出力信号を問う際に，「インパルス応答を求めよ」などというように使われることもある．ラプラス変換すると $F(s)=1$ となる．

・ステップ波，ステップ入力，インデンシャル応答

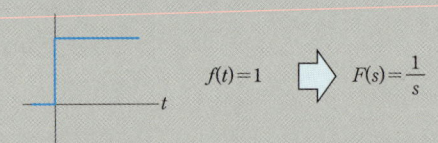

$f(t) = 1$ ⇨ $F(s) = \dfrac{1}{s}$

$f(t)=1$ となる波形である．ステップ入力，ステップ応答などのように使うこともある．ラプラス変換すると $F(s)=1/s$ になるが，これを変換し忘れるミスが起きやすいので注意が必要である．

・ランプ関数，ランプ入力

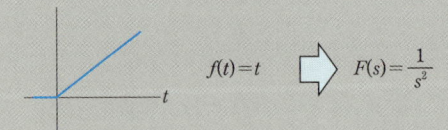

$f(t) = t$ ⇨ $F(s) = \dfrac{1}{s^2}$

$f(t)=t$ となる波形である．ラプラス変換すると，$F(s)=1/s^2$ となる．

■問題3

図に示すようなRC回路を2段接続した回路がある．この回路において，ab端子とcd端子間の伝達関数$G(s)=E_2(s)/E_1(s)$を求めよ．ただし，$R_1C_1=T_1$，$R_2C_2=T_2$，$R_1C_2=T_{12}$とせよ．

(応用：昭和57年問3)

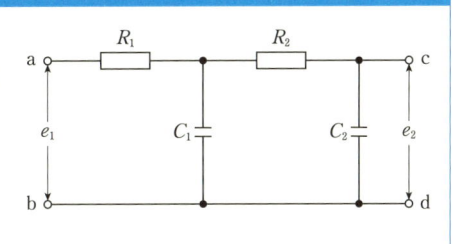

着眼点 Focus Points

電気回路をもとに伝達関数を求める問題である．微分方程式を導き，それをもとにラプラス変換して解を求めることになる．本問のように，数種類の文字を使って式を展開していくときは，添字の見間違い・書き間違いに気を付けて計算してほしい．複雑な微分方程式でも，ラプラス変換を使えば簡単に解を求めることができる．

戦術 Tactics

❶電気回路にて，微分積分を使った方程式を導きラプラス変換する．
❷式を整理して，E_1とE_2の関係を求める．
❸$T_1=R_1C_1$，$T_2=R_2C_2$，$T_{12}=R_1C_2$を使って式を整理する．

解答 Answer

戦術❶ 電気回路にて，微分積分を使った方程式を導きラプラス変換する．

与えられた回路にてC_1に流れる電流をi_1，C_2に流れる電流をi_2とすれば，

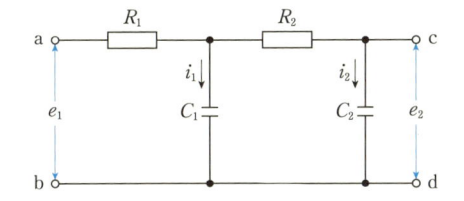

$$e_2=\frac{1}{C_2}\int i_2 dt \quad ①$$

$$\frac{1}{C_1}\int i_1 dt = R_2 i_2 + e_2 \quad ②$$

$$e_1=R_1(i_1+i_2)+\frac{1}{C_1}\int i_1 dt \quad ③$$

上記三つの方程式を導くことができる．
それぞれをラプラス変換すれば，

$$E_2 = \frac{I_2}{sC_2} \qquad \text{①}'$$

$$\frac{I_1}{sC_1} = R_2 I_2 + E_2 \qquad \text{②}'$$

$$E_1 = R_1(I_1 + I_2) + \frac{I_1}{sC_1} \qquad \text{③}'$$

戦術 ❷ ❷式を整理して，E_1 と E_2 の関係を求める．

①'式から，
$$I_2 = sC_2 E_2$$

②'式に代入して，I_1 について解くと，
$$I_1 = sC_1(R_2 I_2 + E_2) = sC_1(R_2 sC_2 E_2 + E_2) = E_2 C_1 s(R_2 C_2 s + 1)$$

I_1, I_2 を③'式に代入し，
$$E_1 = R_1\{E_2 C_1 s(R_2 C_2 s + 1) + E_2 C_2 s\} + \frac{E_2 C_1 s(R_2 C_2 s + 1)}{sC_1}$$
$$= E_2(R_1 C_1 R_2 C_2 s^2 + R_1 C_1 s + R_1 C_2 s + R_2 C_2 s + 1)$$

戦術 ❸ ❸ $T_1 = R_1 C_1$，$T_2 = R_2 C_2$，$T_{12} = R_1 C_2$ を使って整理する．

伝達関数 $G(s)$ は，
$$G(s) = \frac{E_2}{E_1} = \frac{1}{R_1 C_1 R_2 C_2 s^2 + R_1 C_1 s + R_1 C_2 s + R_2 C_2 s + 1}$$

である．

これを，$T_1 = R_1 C_1$，$T_2 = R_2 C_2$，$T_{12} = R_1 C_2$ を使って整理すると，
$$G(s) = \frac{E_2}{E_1} = \frac{1}{R_1 C_1 R_2 C_2 s^2 + R_1 C_1 s + R_1 C_2 s + R_2 C_2 s + 1}$$
$$= \frac{1}{T_1 T_2 s^2 + (T_1 + T_{12} + T_2)s + 1}$$

〈答〉
$$G(s) = \frac{1}{T_1 T_2 s^2 + (T_1 + T_{12} + T_2)s + 1}$$

ラプラス変換　ケアレスミス防止テクニック

テクニックというほどのものでもないが，さ細な工夫でケアレスミスを減らすことができるので紹介する．

一般的に，$f(t)$ をラプラス変換したものを $F(s)$，$g(t)$ をラプラス変換したものを $G(s)$ と表す．これは電験にかぎらず，一般的な表し方であるのだが，この表記を使って式を展開すると，(s) と s を混同し，間違いを起こしやすい．

そこで，計算する際に (s) の部分を省略するとどうだろう．例えば次のような方程式の場合，$G(s)$ を G，$E(s)$ を E とすると，方程式は大変見やすくなる．

$\mathcal{L}[e_1(t)] = E_1(s)$ とした場合

$$E_1(s) = R_1(I_1(s) + I_2(s)) + \frac{1}{sC_1} I_1(s)$$

$\mathcal{L}[e_1(t)] = E_1$ とした場合

$$E_1 = R_1(I_1 + I_2) + \frac{1}{sC_1} I_1$$

式を見やすく工夫することも，大切なテクニックである．細かな工夫でケアレスミスを防止することが合格へ繋がる一歩となる．機会があれば使用してほしい．

■問題4

図に示すような直流他励電動機において、入力電圧$e_i(t)$〔V〕に対する回転角度$\theta_0(t)$〔rad〕の伝達関数$G_M(s)=\Theta_0(s)/E_i(s)$を求めよ。

ただし、電機子のインダクタンスを無視し、内部抵抗をR_a〔Ω〕とし、電機子の誘導起電力係数をk_e〔V/(rad/s)〕とする。界磁電流i_fは一定であり、発生トルク$\tau(t)$〔N·m〕は電機子電流$i_a(t)$に比例するものとして、その係数をk_τ〔N·m/A〕とする。また、$\tau(t)$は負荷および電機子の慣性モーメントJ〔kg·m²〕、粘性摩擦係数B〔N·m/(rad/s)〕による反抗トルクに抗して負荷を加速するものとする。

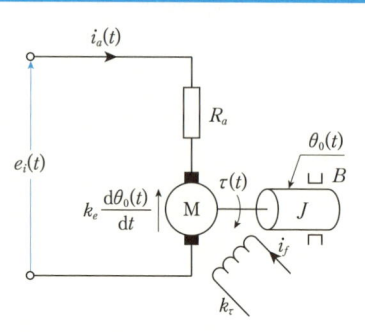

(応用:平成5年問3)

着眼点 Focus Points

直流電動機に関して、電気回路や力学の条件から微分方程式を導き、ラプラス変換する問題である。微分方程式を導く際、さまざまな条件を考えながら式を導かなければならないので、落ち着いて一つひとつ整理しながら解いてほしい。前問同様、変数が多くなり、計算ミスをしやすいので注意しよう。

戦術 Tactics

❶電気回路の条件とモータのトルク条件から、微分方程式を導く。
❷微分方程式の初期条件をゼロとして、式をラプラス変換し整理する。

解答 Answer

❶電気回路の条件とモータのトルク条件から、微分方程式を導く。

電機子回路に注目して方程式を導くと、

$$e_i(t) = R_a i_a(t) + k_e \frac{\mathrm{d}}{\mathrm{d}t}\theta_0(t) \quad ①$$

モータは、トルクと摩擦力、慣性力が釣り合っているので、

$$\tau(t) = B\frac{\mathrm{d}}{\mathrm{d}t}\theta_0(t) + J\frac{\mathrm{d}^2}{\mathrm{d}t^2}\theta_0(t) \quad ②$$

また、問題の条件からモータトルクは電機子電流に比例するので、

$$\tau(t) = k_\tau i_a(t) \quad ③$$

③式を②式に代入すれば、

$$k_\tau i_a(t) = B\frac{\mathrm{d}}{\mathrm{d}t}\theta_0(t) + J\frac{\mathrm{d}^2}{\mathrm{d}t^2}\theta_0(t) \quad ④$$

戦術❷ ❷微分方程式の初期条件をゼロとして，式をラプラス変換し整理する．

①式，④式をそれぞれラプラス変換すると，

$$E_i = R_a I_a + k_e s \Theta_0 \qquad ①'$$

$$k_\tau I_a = Bs\Theta_0 + Js^2\Theta_0 = s\Theta_0(B + Js) \qquad ④'$$

④′式を整理すれば

$$I_a = \frac{s\Theta_0(B + Js)}{k_\tau}$$

であるので，これを①′式に代入して，

$$E_i = R_a \frac{s\Theta_0(B + Js)}{k_\tau} + k_e s\Theta_0 = s\Theta_0\left\{\frac{R_a(B + Js)}{k_\tau} + k_e\right\}$$

伝達関数 $G_M(s)$ は，

$$G_M(s) = \frac{\Theta_0}{E_i} = \frac{1}{s\left\{\dfrac{R_a(B + Js)}{k_\tau} + k_e\right\}} = \frac{k_\tau}{JR_a s^2 + (BR_a + k_e k_\tau)s}$$

〈答〉

$$G_M(s) = \frac{k_\tau}{JR_a s^2 + (BR_a + k_e k_\tau)s}$$

■問題5

図のようなフィードバック系がある．次の問に答えよ．

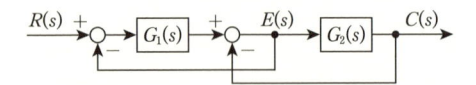

(1) 図のブロック線図を等価変換し，$E(s)$における引出点を$G_2(s)$の出力側に移したときのブロック線図を描け．
(2) 問(1)で求めたブロック線図を用いて，入力$R(s)$と出力$C(s)$の間の伝達関数$\dfrac{C(s)}{R(s)}$を求めよ．
(3) 伝達関数が，$G_1(s)=1$，$G_2(s)=\dfrac{2}{s}$の場合について，$R(s)$が単位インパルス関数のときの応答，すなわち単位インパルス応答$c(t)$を求めよ．

(機械・制御：平成10年問4)

着眼点 Focus Points

ブロック線図の変形を使った基本問題である．ブロック線図の変形は，頻繁に出題されるだけでなく有用性も高い．確実に解けるようにしておこう．

特に頻出するのが，以下に示すブロック線図の変形である．導出することもできるが，制御は特に時間が足りなくなることが多い．貴重な時間を節約するためにも，この変形に関しては暗記しておいたほうがよいだろう．

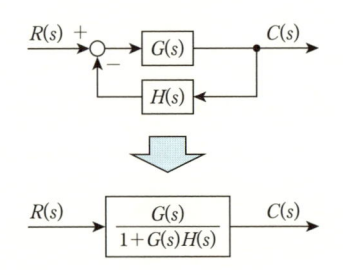

戦術 Tactics

(1) ❶ブロック線図の引出点を$C(s)$側に移動する．
(2) ❷さらにブロック線図を変形し，伝達関数を求める．
(3) ❸条件を代入して逆ラプラス変換し，出力を求める．

解答

戦術 ❶

(1)
❶ ブロック線図の引出点を $C(s)$ 側に移動する．

ブロック線図を変形すると次のようになる．

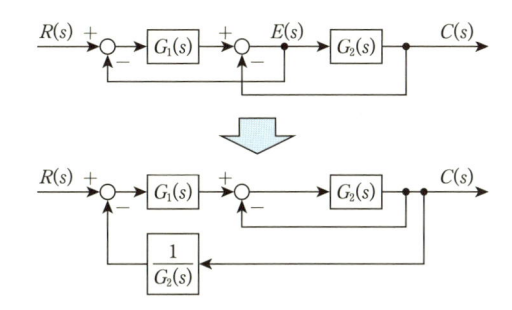

戦術 ❷

(2)
❷ さらにブロック線図を変形し，伝達関数を求める．

上図のブロック線図をさらに整理して描き直すと，

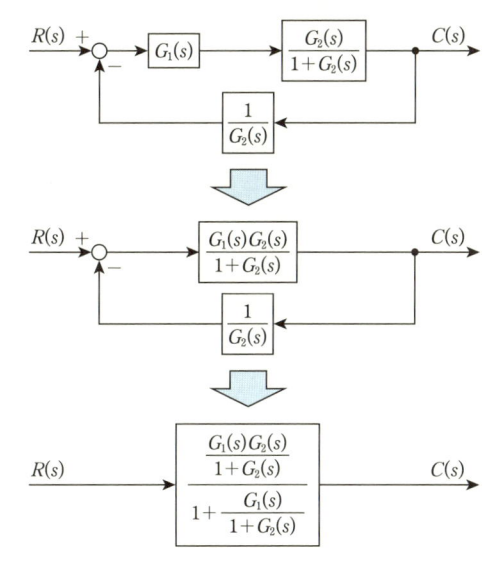

伝達関数 $W(s) = C(s)/R(s)$ は，

$$W(s) = \frac{C(s)}{R(s)} = \frac{\dfrac{G_1(s)G_2(s)}{1+G_2(s)}}{1+\dfrac{G_1(s)}{1+G_2(s)}} = \frac{G_1(s)G_2(s)}{1+G_1(s)+G_2(s)}$$

(3)

❸条件を代入して逆ラプラス変換し，出力を求める．

$G_1(s)=1$, $G_2(s)=2/s$, $R(s)=1$であるので，

$$C(s)=W(s)R(s)=\frac{G_1(s)G_2(s)}{1+G_1(s)+G_2(s)}R(s)=\frac{1\times\frac{2}{s}}{1+1+\frac{2}{s}}\times 1$$

$$=\frac{1}{s+1}$$

逆ラプラス変換して，

$$c(t)=e^{-t}$$

〈答〉

(1) 解答のとおり

(2) $\dfrac{C(s)}{R(s)}=\dfrac{G_1(s)G_2(s)}{1+G_1(s)+G_2(s)}$

(3) $c(t)=e^{-t}$

ブロック線図の変形時の注意

ブロック線図を変形する際の基本事項について復習しよう．

分岐点を移動する際，ほかの分岐点を飛び越えることは可能だが，加算点を飛び越えることはできない．逆も同様で，加算点同士は順番を入れ替えることができるが，加算点は分岐点を飛び越えて移動することはできない．つまり，黒丸（引出点）と白丸（加算点）は入れ替えてはならない，ということである．次のような変形はできないので注意してほしい．

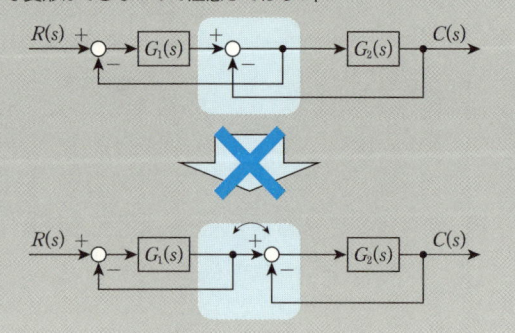

■問題6

図に示す制御系において，$G(s)$および$H(s)$が(1)および(2)のように与えられている二つの場合について，それぞれ系が安定であるか否かを判別せよ．

(1) $G(s) = \dfrac{1}{s(s-2)}$ $H(s) = \dfrac{s-2}{s+2}$

(2) $G(s) = \dfrac{s-1}{s^2(s+2)}$ $H(s) = \dfrac{2s+1}{1-s}$

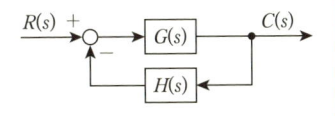

（応用：昭和60年問3）

着眼点 Focus Points

特性方程式を使って，系の安定性を判別する問題である．特性方程式のすべての根の実数部分が負であれば，系は安定となる．

特性方程式は系の伝達関数の分母であるが，伝達関数をきちんと計算せず，特性方程式だけを求めようと手抜きをするとひっかかるようにできている．特性方程式を求める際には，
① 伝達関数が整理されているか
② 伝達関数がこれ以上約分できないか
を確認するくせを付けよう．

戦術 Tactics

❶ 伝達関数を求め整理する．伝達関数の分母をゼロとしたものが特性方程式である．
❷ 特性方程式の根を求める．
❸ すべての根の実数部分が負なら安定，実数部が正の根が一つでもあれば不安定である．

解答 Answer

(1)

❶ 伝達関数を求め整理する．伝達関数の分母をゼロとしたものが特性方程式である．

系の伝達関数は，

$$\dfrac{C(s)}{R(s)} = \dfrac{G(s)}{1+G(s)H(s)}$$

である．

条件を代入すると，

$$\frac{C(s)}{R(s)} = \frac{G(s)}{1+G(s)H(s)} = \frac{\dfrac{1}{s(s-2)}}{1+\dfrac{1}{s(s-2)} \times \dfrac{s-2}{s+2}}$$

$$= \frac{s+2}{s(s-2)(s+2)+(s-2)}$$

$$= \frac{s+2}{(s-2)(s+1)^2}$$

特性方程式は，伝達関数の分母＝0とした方程式であるので，

$$(s-2)(s+1)^2 = 0$$

戦術❷ ❷特性方程式の根を求める．

特性方程式の根は，

$$(s-2)(s+1)^2 = 0$$

$$\therefore \ s = 2, -1$$

戦術❸ ❸すべての根の実数部分が負なら安定，正の根が一つでもあれば不安定である．

$s=2$は実数部分が正であるので，この系は不安定である．

特性方程式の導出時の注意点①

今回のように安定性を判別するだけの問題では，系の伝達関数を求める手間を省いて，直接特性方程式を求めて安定性を判別したくなるものである．しかし，手抜きをすると思わぬトラップにひっかかることがあるので注意が必要である．

今回の(1)の問題を例に解説する．伝達関数は以下のとおりであった．

$$\frac{C(s)}{R(s)} = \frac{G(s)}{1+G(s)H(s)}$$

ここで，この分母を特性方程式とすれば，$1+G(s)H(s)=0$となるので，条件を代入して解くと，

$$1+G(s)H(s) = 1+\frac{1}{s(s-2)} \times \frac{s-2}{s+2} = 0$$

整理すれば，

$$1+\frac{1}{s(s+2)}=0 \quad s^2+2s+1=0$$

$$\therefore \ s=-1$$

となる．すなわち，本来あるはずの根$s=2$が約分されて消えてしまう．注意しよう．

---

6. 自動制御

(2)

❶ 伝達関数を求め整理する．伝達関数の分母をゼロとしたものが特性方程式である．

$$\frac{C(s)}{R(s)} = \frac{G(s)}{1+G(s)H(s)}$$

に条件を代入すると，

$$\frac{C(s)}{R(s)} = \frac{G(s)}{1+G(s)H(s)} = \frac{\frac{s-1}{s^2(s+2)}}{1+\frac{s-1}{s^2(s+2)} \times \frac{2s+1}{1-s}}$$

$$= \frac{s-1}{s^2(s+2)-(2s+1)} = \frac{s-1}{s^3+2s^2-2s-1} = \frac{s-1}{(s-1)(s^2+3s+1)}$$

$$= \frac{1}{s^2+3s+1}$$

特性方程式は，伝達関数の分母＝0としたものであるので，

$$s^2+3s+1=0$$

❷ 特性方程式の根を求める．

本特性方程式を二次方程式の解の公式に当てはめると，

$$s = \frac{-3 \pm \sqrt{3^2-4\times 1}}{2} = \frac{-3 \pm \sqrt{5}}{2}$$

❸ すべての根の実数部分が負なら安定，正の根が一つでもあれば不安定である．

$$s = \frac{-3 \pm \sqrt{5}}{2}$$

は実数部分が負であるので，この系は安定である．

〈答〉
(1) 不安定である
(2) 安定である

特性方程式の導出時の注意点②

本問(2)では，伝達関数を因数分解して約分する必要がある．
$$\frac{C(s)}{R(s)} = \frac{s-1}{s^3+2s^2-2s-1} = \frac{s-1}{(s-1)(s^2+3s+1)} = \frac{1}{s^2+3s+1}$$

高次の関数を因数分解するには慣れが必要である．因数分解には確実な必勝法がないので，アタリをつけて一つひとつ確認するしかない．その方法の一つに，「因数定理」がある．これを利用すると因数分解できるか否かを確認する計算が簡単になる．以下に手順の例を示すので参考にしてほしい．

①アタリをつける．
　分母"s^3+2s^2-2s-1"の最低次数項"-1"の因数は1，-1であることと，分子に"$s-1$"があることから，"$s-1$"に目星をつける．

②分母に，$s=1$を代入したときの解が0になることを確認する．
　$s-1 \to 0$ すなわち $s \to 1$ としたときの解が0になるということは，"$s-1$"で因数分解できるということである（因数定理）．
$$\lim_{s \to 1}[s^3+2s^2-2s-1] = 1+2-2-1 = 0$$

③割り算をして，分母を因数分解する．
　"s^3+2s^2-2s-1"を因数"$s-1$"で割る．

$$\begin{array}{r}
s^2+3s+1 \\
s-1 \overline{\smash{)} s^3+2s^2-2s-1} \\
\underline{s^3-s^2} \\
3s^2-2s \\
\underline{3s^2-3s} \\
s-1 \\
\underline{s-1} \\
0
\end{array}$$

④分母を因数分解して分子と約分する．
　$s^3+2s^2-2s-1 = (s-1)(s^2+3s+1)$ となり，約分できる．

■問題7

図のようなフィードバック制御系がある．この系が安定であるための補償回路の時定数の範囲を求めよ．

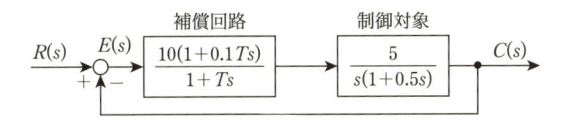

```
       補償回路        制御対象
R(s) → ○ → E(s) → [10(1+0.1Ts)/(1+Ts)] → [5/(s(1+0.5s))] → C(s)
       +−                                                  │
       └──────────────────────────────────────────────────┘
```

(機械・制御：平成7年問4)

着眼点 Focus Points

系の安定性を判別する問題である．前問では，特性方程式の根を直接求めることができたが，本問のように特性方程式に変数が含まれると，根を求めることができない．

変数の安定条件を求める方法としては，ラウスの安定判別法やフルビッツの安定判別法，ナイキストの安定判別法などがある．どれを使って安定条件を求めてもいいが，それぞれにメリット・デメリットがあるので，きちんと復習して使い分けができるようになっておこう．

戦術 Tactics

❶系の伝達関数を求める．
❷特性方程式から，ラウスの配列表を埋める．
❸配列表第1列の符号が変化しないという条件から安定条件を求める．

解答 Answer

戦術❶

❶系の伝達関数 $W(s)$ を求める．

系の伝達関数を $W(s)$ とすれば，

$$W(s) = \frac{C(s)}{R(s)} = \frac{\dfrac{10(1+0.1Ts)}{1+Ts} \cdot \dfrac{5}{s(1+0.5s)}}{1 + \dfrac{10(1+0.1Ts)}{1+Ts} \cdot \dfrac{5}{s(1+0.5s)}}$$

$$= \frac{50(1+0.1Ts)}{s(1+0.5s)(1+Ts) + 50(1+0.1Ts)}$$

$$= \frac{5Ts + 50}{0.5Ts^3 + (T+0.5)s^2 + (5T+1)s + 50}$$

戦術❷

❷特性方程式から，ラウスの配列表を埋める．

特性方程式は，伝達関数の分母を0としたものであるので，

$$0.5Ts^3 + (T+0.5)s^2 + (5T+1)s + 50 = 0$$

ラウスの安定判別法に基づいて配列表を書くと，

s^3	$0.5T$	$5T+1$
s^2	$T+0.5$	50
s^1	$\dfrac{(T+0.5)(5T+1)-0.5T\times 50}{T+0.5}$	
s^0	50	

❸配列表第1列の符号が変化しないという条件から安定条件を求める．

ラウスの安定条件は，配列表の第1列の符号が変化しないことであるので，

$T>0$ ①

$T+0.5>0$ ②

$\dfrac{(T+0.5)(5T+1)-0.5T\times 50}{T+0.5}=\dfrac{5T^2-21.5T+0.5}{T+0.5}>0$ ③

の三つの条件を同時に満たす必要がある．

②式から $T>-0.5$ であるので，③式の条件を整理すれば，

$5T^2-21.5T+0.5>0$

$T<0.0234, \quad T>4.277$

すべての条件を合わせれば，

∴ $0<T<0.0234$ または $T>4.277$

〈答〉

$0<T<0.0234$ または $T>4.28$

安定判別法の使い分け

安定判別法には主に四つの方法がある．電験で安定性に関する問題が出題される際，どの方法を使うように指示があることは稀であり，受験者が方法を選ぶことになる．それぞれの特徴を簡単に整理するので参考にしてほしい．

○特性方程式の根を求める方法
　特性方程式の根を求めて安定度を判別する方法である．
　他の方法に比べて計算も早く簡単なので，特性方程式が
$$as^2 + bs + c = 0$$
の形で表せるときは迷わずこの方法を選ぼう．
　なお，特性方程式が高次関数となる場合は，根を求めることができずに行き詰ることも多いので注意が必要である．

○ラウス・フルビッツの安定判別法
　上記の方法では難しい高次の特定方程式の場合も，確実に安定判別を行うことができる方法である．あらかじめ配列表や行列式を暗記しておく必要がある．ゲイン K など，変数の安定条件を求めるときは使い勝手がよい．電験では使用頻度が高いので，どちらか一方は必ず使えるようになっておこう．
　フルビッツを使う際は，3×3 の行列式の求め方も併せて暗記しておくようにしよう．

○ナイキストの安定判別法
　開ループ伝達関数のベクトル軌跡を描いて安定性を判別する方法である．むだ時間などの非線形要素にも対応でき，このなかで最も応用の効く方法である．
　安定判別だけでなく，安定度（位相余裕やゲイン余裕）や周波数応答なども求めることができる．必ず使えるようになっておこう．

■問題8

フィードバック制御系について，次の問に答えよ．

(1) 要素の単位インパルス応答 $g(t)$ が次式で表されるとき，この要素の伝達関数 $G(s)$ を求めよ．ただし，t は時間〔s〕とする．

$$\left. \begin{array}{ll} g(t) = 0 & t < 0 \\ g(t) = \dfrac{1}{2} - e^{-t} + \dfrac{1}{2} e^{-2t} & t > 0 \end{array} \right\}$$

(2) この要素 $G(s)$ に，図のようなフィードバックをかけたときの閉ループ伝達関数 $W(s) = \dfrac{C(s)}{U(s)}$ を求めよ．ここで，K は定数であり，$K > 0$ である．

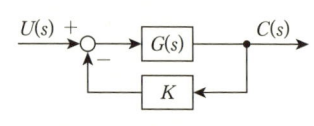

(3) 上記(2)の閉ループ系の安定限界における K の値およびそのときの持続振動の角周波数 ω〔rad/s〕を求めよ．

（機械・制御：平成15年問4）

着眼点 Focus Points

安定限界時の応答に関する問題である．今回のように，安定限界時の現象や周波数応答などを求めるときには，ナイキストの安定判別法を用いて計算しよう．

ナイキストの安定判別法は，開ループの周波数伝達関数をもとにベクトル軌跡を描いて，安定性を判別する方法である．数ある判別法のなかで最も応用の効く方法であるので，必ずマスタしてほしい．

ちなみに今回の問題では，ラウスやフルビッツの安定判別法を使っても，安定限界時の K を求めることはできる．しかしその後，持続振動の角周波数 ω を求める必要があるので，ナイキストの安定判別法を必要とする．すぐに解き始めるのではなく，まずすべての設問に目を通してから，どの安定判別法を使えばよいか選択すれば，余計な手間を省くことができるだろう．

戦術 Tactics

(1) ❶要素の単位インパルス応答 $g(t)$ をラプラス変換し，$G(s)$ を得る．
(2) ❷$G(s)$ を使って閉ループ伝達関数 $W(s)$ を求める．
(3) ❸ナイキストの安定判別法を用いて安定限界時の K および角周波数 ω を求める．

解答 Answer

戦術 ❶

(1)

❶要素の単位インパルス応答 $g(t)$ をラプラス変換し,$G(s)$ を得る.

要素の単位インパルス応答 $g(t)$ をラプラス変換すると,

$$G(s) = \frac{1}{2s} - \frac{1}{s+1} + \frac{1}{2(s+2)}$$

$$= \frac{(s+1)(s+2) - 2s(s+2) + s(s+1)}{2s(s+1)(s+2)} = \frac{1}{s(s+1)(s+2)}$$

戦術 ❷

(2)

❷$G(s)$ を使って閉ループ伝達関数 $W(s)$ を求める.

閉ループの伝達関数 $W(s)$ は,

$$W(s) = \frac{G(s)}{1+KG(s)} = \frac{\dfrac{1}{s(s+1)(s+2)}}{1+\dfrac{K}{s(s+1)(s+2)}} = \frac{1}{s^3+3s^2+2s+K}$$

戦術 ❸

(3)

❸ナイキストの安定判別法を用いて安定限界時の K および角周波数 ω を求める.

制御系の開ループ伝達関数を $H(s)$ とすれば,

$$H(s) = KG(s) = \frac{K}{s(s+1)(s+2)}$$

ここで,s を $j\omega$ と置き,開ループの周波数伝達関数 $H(j\omega)$ を考えると,

$$H(j\omega) = \frac{K}{j\omega(j\omega+1)(j\omega+2)} = \frac{K}{-3\omega^2+j(2\omega-\omega^3)}$$

ナイキストの安定判別法では,このベクトル軌跡が複素平面上で $(-1, j0)$ を通るときに安定限界となる.

$H(j\omega) = -1+j0$ とすると,

$$\frac{K}{-3\omega^2+j(2\omega-\omega^3)} = -1+j0$$

$$3\omega^2 - j(2\omega-\omega^3) - K = 0$$

実数項に注目すれば,

$$K = 3\omega^2$$

虚数項に注目すれば,

$$2\omega - \omega^3 = 0$$

$$\omega(\sqrt{2}+\omega)(\sqrt{2}-\omega) = 0$$

$\omega > 0$ であるので,

$$\omega = \sqrt{2} \text{ (rad/s)}$$
$$\therefore K = 3\omega^2 = 3 \times 2 = 6$$

〈答〉

(1) $G(s) = \dfrac{1}{s(s+1)(s+2)}$

(2) $W(s) = \dfrac{1}{s^3 + 3s^2 + 2s + K}$

(3) $K = 6$
　　$\omega = \sqrt{2}$ rad/s

閉ループ伝達関数と開ループ伝達関数

伝達関数と呼ばれるものには，閉ループ伝達関数と開ループ伝達関数がある．

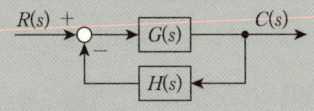

この系の閉ループ伝達関数 $W_{close}(s)$ は，
$$W_{close}(s) = \frac{C(s)}{R(s)} = \frac{G(s)}{1 + G(s)H(s)}$$
である．これは入力から出力までの伝達関数であり，系の総合伝達関数と呼ばれることもある．

一方，開ループ伝達関数は，別名一巡伝達関数といい，フィードバックループを一巡したときの伝達関数を指している．

つまり，この系において，開ループ伝達関数を $W_{open}(s)$ とすれば，
$$W_{open}(s) = G(s)H(s)$$
である．

二つの伝達関数を混同しないように注意してほしい．

■問題9

一巡伝達関数が $G(s) = 1 + s + \dfrac{1}{s}$ の制御系について，次の問に答えよ．

(1) ナイキスト線図を描け．
(2) 上記(1)の線図を用いて，この制御系の安定性を判別せよ．

(機械・制御：平成8年問4)

着眼点 Focus Points

ナイキストの安定判別法に関する基本問題である．

ナイキストの安定判別法では，閉ループ伝達関数ではなく開ループ伝達関数を用いるということに注意してほしい．

ナイキスト線図を描くときは，まずベクトル軌跡が実数軸・虚数軸と交わる点を求める．そして，$\omega=0$，$\omega\to\infty$ の点を求め，それらを結ぶように描くとよい．

戦術 Tactics

(1) ❶ナイキスト線図を描くときは，まず実数軸・虚数軸との交点を求める．そして，$\omega=0$，∞ の点を求め，それらを結ぶ．
(2) ❷ ω を $0 \to \infty$ としたときに，ベクトル軌跡が $(-1, j0)$ を左側に見て進めば安定である．

解答 Answer

(1)

戦術 ❶

❶ナイキスト線図を描くときは，まず実数軸・虚数軸との交点を求める．そして，$\omega=0$，∞ の点を求め，それらを結ぶ．

開ループ伝達関数 $G(s)$ において $s = j\omega$ を代入すれば，

$$G(j\omega) = 1 + j\omega + \dfrac{1}{j\omega} = 1 + j\left(\omega - \dfrac{1}{\omega}\right)$$

実数軸との交点は，虚数項がゼロになるときであるので，

$$\omega - \dfrac{1}{\omega} = 0$$

$$\omega^2 = 1$$

$$\omega = 1$$

このとき，$G(j1) = 1$

虚数軸との交点は，実数項がゼロになるときであるが，実数項は1で一定であるため，ベクトル軌跡は虚数軸とは交わらない．

次に，ω がゼロ，∞ の点を求めれば，

$$\lim_{\omega \to 0} G(j\omega) = \lim_{\omega \to 0}\left\{1 + j\left(\omega - \frac{1}{\omega}\right)\right\} = 1 - j\infty$$

$$\lim_{\omega \to \infty} G(j\omega) = \lim_{\omega \to \infty}\left\{1 + j\left(\omega - \frac{1}{\omega}\right)\right\} = 1 + j\infty$$

これらを ω に従って順に結べば，次のベクトル軌跡を描くことができる．

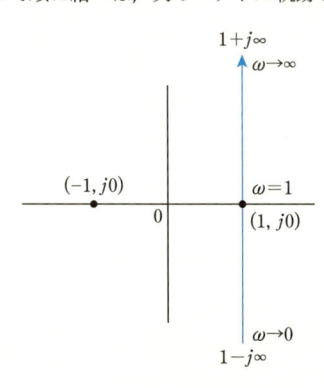

(2)

❷ ω を $0 \to \infty$ としたときに，ベクトル軌跡が $(-1, j0)$ を左側に見て進めば安定である．

ω が増えていくにつれ，ベクトル軌跡は $(-1, j0)$ を左側に見ながら進むので，この系は安定である．

〈答〉
解答のとおり

ナイキストの安定判別法と安定度

ナイキストの安定判別法は，開ループ周波数伝達関数のベクトル軌跡（ナイキスト線図と呼ぶ）を用いて安定性を判別する方法である．ωを大きくしていったときに，ベクトル軌跡が点$(-1, j0)$を左側に見て進めば安定，右側に見て進めば不安定である．軌跡が点$(-1, j0)$を通るときは安定限界となる．

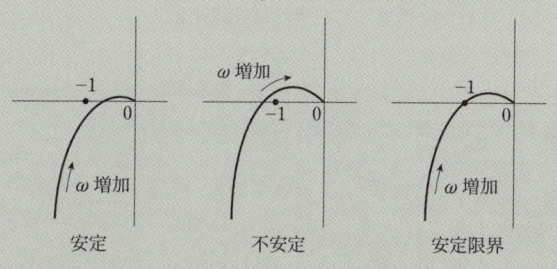

|安定|不安定|安定限界|

また，ナイキスト線図を使えば，安定か否かだけでなく安定度を求めることもできる．安定度にはゲイン余裕GMと位相余裕PMの2種類の指標があるので紹介する．

次の図においてρは小さければ小さいほど安定である．$1/\rho$をdB表示したものをゲイン余裕（GM）と呼び，安定度の一つの指標として用いる．

$$GM = 20\log_{10}\frac{1}{\rho} = -20\log_{10}\rho \,\text{(dB)}$$

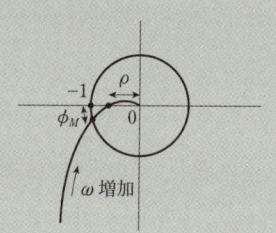

一方，図のϕ_Mは大きければ大きいほど安定である．ϕ_Mを位相余裕（PM）と呼び，安定度の指標として用いる．併せて覚えてほしい．

$$PM = \phi_M \,\text{(rad/s)}$$

■問題10

むだ時間要素は，入力 $x(t)$ が時間 D 遅れてそのまま出力 $y(t)$ となるものである．次の問に答えよ．

(1) 入力と出力の時間領域での関係式を書け．
(2) (1)で求めた関係式から伝達関数を求めよ．
(3) むだ時間要素のナイキスト線図を描け．
(4) フィードバック制御系において，制御対象がむだ時間要素を含む場合，むだ時間要素が系の安定性に及ぼす影響について述べよ．

（応用：平成3年問3）

着眼点 Focus Points

むだ時間要素に関する問題である．むだ時間要素とは，電気回路でいえば，スイッチング素子の遅れ時間や演算回路の演算時間などを模擬している要素である．むだ時間は制御システムに非常に大きな影響を与えるため，たとえ微小時間であったとしても無視できないことが多い．

むだ時間に関する安定性の判別は，ナイキストの安定判別法を用いるのがよい．ラウスやフルビッツの安定判別法では判別することができないので注意してほしい．

戦術 Tactics

(1) ❶むだ時間要素を時間領域で式に表す．
(2) ❷❶をラプラス変換の公式に当てはめ，伝達関数を求める．
  なお，むだ時間 L をラプラス変換すると e^{-sL} になることは，暗記しておいたほうがよい．
(3) ❸むだ時間のナイキスト線図は円になる．
(4) ❹むだ時間が大きくなると，制御系は不安定になる．

解答 Answer

(1)

戦術❶

❶むだ時間要素を時間領域で式に表す．

入力＝出力であった場合は，

$$y(t) = x(t)$$

である．

出力が時間 D だけ遅れるということは，D 秒前に入力した信号が出力となって出てくるということであるので，

$$y(t) = x(t - D)$$

448　　　　　　　　　　　　　　　　　　　　　　　　　6．自動制御

(2)

戦術❷ ❷❶をラプラス変換の公式に当てはめ，伝達関数を求める．

$y(t)=x(t-D)$ をラプラス変換の公式に当てはめると，

$$Y(s)=\mathcal{L}[x(t-D)]=\int_0^\infty x(t-D)e^{-st}\,dt$$

ここで，$t-D=\tau$ とすれば，

$$Y(s)=\int_{-D}^\infty x(\tau)e^{-s(\tau+D)}\,d\tau$$

$$=e^{-sD}\int_{-D}^0 x(\tau)e^{-s\tau}\,d\tau + e^{-sD}\int_0^\infty x(\tau)e^{-s\tau}\,d\tau$$

$\tau<0$ のとき $x(\tau)=0$ であり，$\int_0^\infty x(\tau)e^{-s\tau}\,d\tau = \mathcal{L}[x(t)]$ であるので，

$$Y(s)=e^{-sD}\int_{-D}^0 0\cdot e^{-s\tau}\,d\tau + e^{-sD}\mathcal{L}[x(t)]$$

$$=0+e^{-sD}X(s)$$

$$=e^{-sD}X(s)$$

よってむだ時間要素の伝達関数 $W(s)$ は，

$$W(s)=\frac{Y(s)}{X(s)}=e^{-sD}$$

※今回は導出したが，むだ時間 L をラプラス変換すると e^{-sL} になることは，暗記しておいたほうがよいだろう．

(3)

戦術❸ ❸むだ時間のナイキスト線図は円になる．

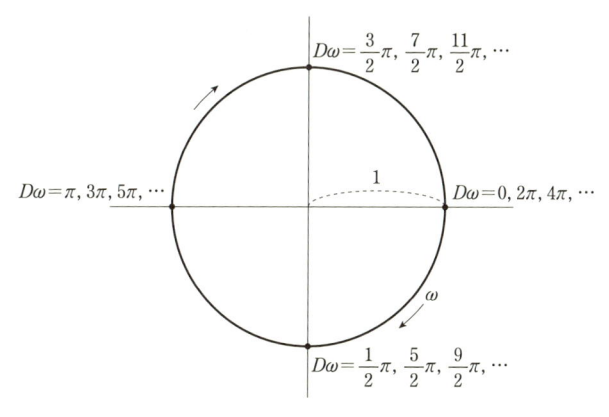

$D\omega=\frac{3}{2}\pi, \frac{7}{2}\pi, \frac{11}{2}\pi, \cdots$

$D\omega=\pi, 3\pi, 5\pi, \cdots$ ─────── 1 ─────── $D\omega=0, 2\pi, 4\pi, \cdots$

ω

$D\omega=\frac{1}{2}\pi, \frac{5}{2}\pi, \frac{9}{2}\pi, \cdots$

伝達関数 $W(s)$ に $s=j\omega$ を代入すれば，

$$W(j\omega) = e^{-jD\omega} = \cos D\omega - j\sin D\omega t$$

となる．これは，原点からの距離が1の円となる．

このように，ゲインはωにかかわらず1であるが，位相は$D\omega$が増えるに従って遅れ方向に増大していく．

(4)

❹ むだ時間が大きくなると，制御系は不安定になる．

むだ時間が大きくなるということは，制御入力が出力されるまでに多くの時間がかかるということである．むだ時間が大きいと，出力と目標値との誤差を是正する信号を入力しても，それが出力されるまでの間に現象がさらに進んでしまい，系が不安定になりやすい．

ナイキスト線図を用いて説明すると次のようになる．

$G(j\omega)$という伝達関数に，むだ時間Dを加えるとそのベクトル軌跡は次の図のようになる．全体的に位相が$D\omega$遅れるため，位相余裕が小さくなり安定性は失われる．遅れ時間が大きいと，$(-1, j0)$を右に見て進むようになり，系は不安定となる．

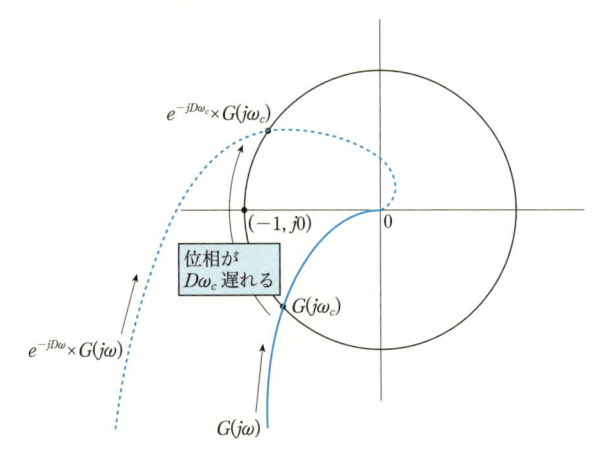

〈答〉
(1) $y(t) = x(t-D)$
(2) $W(s) = e^{-sD}$
(3)(4) 解答のとおり

■問題11

図のようなユニティフィードバックのサーボ系がある．閉路周波数伝達関数 $W(j\omega) = \dfrac{C(j\omega)}{R(j\omega)}$ の振幅特性が最大値を示すときの周波数を ω_p，その値を $M_p = |W(j\omega)|_{\omega=\omega_p}$ とする．M_p が1.3となるようなゲイン K およびそのときの ω_p の値をそれぞれ求めよ．

$$R(j\omega) \xrightarrow{+} \bigcirc \xrightarrow{} \boxed{\dfrac{K}{j\omega(1+j0.25\omega)}} \xrightarrow{} C(j\omega)$$

(応用：平成元年問2)

着眼点 Focus Points

周波数に注目した問題である．周波数伝達関数とは，系に角周波数 ω，振幅1の正弦波を入力した際に，どのような応答を示すかを表したものである．これは，系の伝達関数 $W(s)$ に $s = j\omega$ を代入することで求めることができる．

周波数伝達関数の振幅値をゲインと呼び，これが最大となるときの周波数 ω_p は共振周波数と呼ばれる．これらは系の周波数特性を知るうえで大きな意味をもつので，確実に押さえておこう．

戦術 Tactics

❶閉ループの周波数伝達関数 $W(j\omega)$ を求める．
❷周波数伝達関数の振幅（ゲイン）は，$|W(j\omega)| = \sqrt{W(j\omega)\overline{W(j\omega)}}$ となる．
❸ゲイン $|W(j\omega)|$ が最大となる条件を求め，K および ω_p を求める．

解答 Answer

戦術❶ ❶閉ループの周波数伝達関数 $W(j\omega)$ を求める．

$$W(j\omega) = \frac{C(j\omega)}{R(j\omega)} = \frac{\dfrac{K}{j\omega(1+j0.25\omega)}}{1 + \dfrac{K}{j\omega(1+j0.25\omega)}}$$

$$= \frac{K}{-0.25\omega^2 + K + j\omega} = \frac{4K}{-\omega^2 + 4K + j4\omega}$$

戦術❷ ❷周波数伝達関数の振幅（ゲイン）は，$|W(j\omega)| = \sqrt{W(j\omega)\overline{W(j\omega)}}$ となる．
伝達関数の振幅は，

$$|W(j\omega)| = \sqrt{W(j\omega)\overline{W(j\omega)}} = \frac{4K}{\sqrt{(-\omega^2+4K+j4\omega)(-\omega^2+4K-j4\omega)}}$$

$$= \frac{4K}{\sqrt{(-\omega^2+4K)^2+16\omega^2}} = \frac{4K}{\sqrt{\omega^4+(16-8K)\omega^2+16K^2}}$$

$$= \frac{4K}{\sqrt{\{\omega^2+(8-4K)\}^2-(8-4K)^2+16K^2}}$$

$$= \frac{4K}{\sqrt{\{\omega^2+(8-4K)\}^2-64+64K}}$$

❸ ゲイン $|W(j\omega)|$ が最大となる条件を求め，K および ω_p を求める．

振幅が最大になるとき，分母は最小になる．このときの周波数が共振角周波数 ω_p であるから，

$$\omega_p{}^2 + (8-4K) = 0$$

$$\therefore \omega_p = \sqrt{4K-8}$$

振幅 $M_p = |W(j\omega_p)| = 1.3$ であるので，

$$M_p = |W(j\omega_p)| = \frac{4K}{\sqrt{-64+64K}} = \frac{K}{2\sqrt{-1+K}} = 1.3$$

$$2.6 \times \sqrt{-1+K} = K$$

$$2.6^2 \times (K-1) = K^2$$

$$K^2 - 6.76K + 6.76 = 0$$

二次方程式の解の公式を用いれば，

$$K = \frac{6.76 \pm \sqrt{6.76^2 - 4 \times 6.76}}{2} = 1.220,\ 5.540$$

$\omega_p = \sqrt{4K-8}$ が存在するためには，$K>2$ であるので，$K=5.540$

$$\omega_p = \sqrt{4 \times 5.540 - 8} = 3.763$$

〈答〉

$K = 5.54$

$\omega_p = 3.76$

■問題12

図のような一次遅れの回路の周波数伝達関数

$$G(j\omega) = \frac{E_0(j\omega)}{E_i(j\omega)}$$

を求め，$G(j\omega)$ のベクトル軌跡が円となることを示せ．また，円の中心の位置と半径の値を求めよ．なお，ω を 0 から ∞ まで変化したときの $G(j\omega)$ の軌跡の範囲を図で示せ．

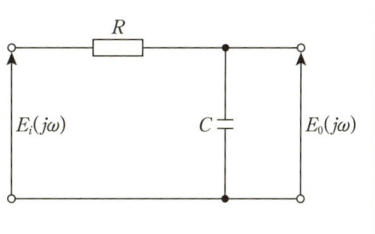

(応用：平成6年問2)

着眼点 Focus Points

伝達関数のベクトル軌跡を求める問題である．ベクトル軌跡の方程式を求めるときは，複素数を実数部と虚数部に分けて考え，それぞれの関係を求める必要がある．

円の方程式の標準形は $(x-a)^2+(y-b)^2=r^2$ である．本問ではベクトル軌跡が円の方程式になることがあらかじめわかっているので，円の標準形の方程式を展開して解いてもよいし，ベクトル軌跡の概形を描いて，大方の見当を付けてから円の方程式を求めてもよい．

系のベクトル軌跡は，いつも同じような概形となることが多い．そのため，ベクトル軌跡が円を描くことがある，ということを覚えておくと，いつか役に立つときがくるかもしれない．

戦術 Tactics

❶周波数伝達関数を求め，実数部と虚数部に分ける．
❷実数部と虚数部の関係を表し，円の方程式を得る．

解答 Answer

❶周波数伝達関数を求め，実数部と虚数部に分ける．

回路に流れる電流を i として方程式を導けば，

$$e_0(t) = \frac{1}{C}\int i\,dt$$

$$e_i(t) = Ri + e_0(t)$$

おのおのラプラス変換して，

$$E_0(s) = \frac{I(s)}{sC}, \quad I(s) = sCE_0(s)$$

$$E_i(s) = RI(s) + E_0(s)$$

代入して整理すれば，

$$E_i(s) = sRCE_0(s) + E_0(s) = E_0(s)(1+sRC)$$
$$G(s) = \frac{E_0(s)}{E_i(s)} = \frac{1}{1+sRC}$$

周波数伝達関数 $G(j\omega)$ は，$s=j\omega$ としたものであるので，
$$G(j\omega) = \frac{E_0(j\omega)}{E_i(j\omega)} = \frac{1}{1+j\omega RC}$$

ベクトル軌跡を考えるため，分母を有理化し，実数部と虚数部に分けると，
$$G(j\omega) = \frac{1}{1+j\omega RC} = \frac{1-j\omega RC}{1+(\omega RC)^2}$$
$$= \frac{1}{1+(\omega RC)^2} - j\frac{\omega RC}{1+(\omega RC)^2}$$

戦術❷ ❷実数部と虚数部の関係を表し，円の方程式を得る．

周波数伝達関数の実数部を X，虚数部を Y とすれば，
$$X = \frac{1}{1+(\omega RC)^2}$$
$$(\omega RC)^2 = \frac{1}{X} - 1$$
$$\omega RC = \sqrt{\frac{1}{X} - 1}$$

一方虚数部 Y は，
$$Y = -\frac{\omega RC}{1+(\omega RC)^2} = -\frac{\sqrt{\frac{1}{X}-1}}{1+\left(\frac{1}{X}-1\right)} = -X\sqrt{\frac{1}{X}-1} = -\sqrt{-X^2+X}$$

両辺を2乗すれば，
$$Y^2 = -X^2 + X$$

これを円の標準系 $(X-a)^2 + (Y-b)^2 = r^2$ に変形すると，
$$\left(X-\frac{1}{2}\right)^2 + Y^2 = \left(\frac{1}{2}\right)^2$$

ベクトル軌跡が中心 $(1/2, j0)$，半径 $1/2$ の円であることがわかる．
ただし，2乗する前の条件から，
$$Y = -\sqrt{-X^2+X} < 0$$

$\omega \to 0$ のとき，$G(j\omega) = 1 + j0$
$\omega \to \infty$ のとき $G(j\omega) = 0 + j0$

また，$\omega = 1/RC$ のときは，

$$G\left(j\frac{1}{RC}\right) = \frac{1}{1+j1} = \frac{1}{2} - j\frac{1}{2}$$

これらを ω の順に結んで，

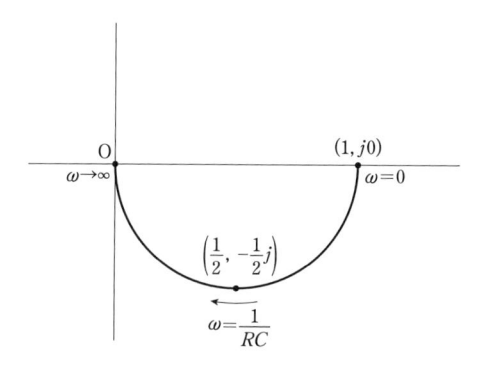

〈答〉

軌跡は解答のとおり

円の中心 $\left(\dfrac{1}{2},\ 0\right)$，半径 $\dfrac{1}{2}$

■問題13

図1に示すようなフィードバック制御系があり，その開ループ周波数伝達関数 $G(j\omega)$ のベクトル軌跡は図2のようになる．

この制御系について，次の問に答えよ．

(1) この制御系で位相余裕が45°になるようにゲイン K を調整した．このときのゲイン特性が0 dBとなる各周波数 ω_c 〔rad/s〕およびゲイン K の値を求めよ．

(2) その場合の閉ループ周波数伝達関数を求めよ．また，その固有角周波数 ω_n 〔rad/s〕および減衰係数 ζ の値を求めよ．

(3) 閉ループ周波数伝達関数の周波数特性の振幅が最大となる角周波数 ω_p 〔rad/s〕は $\sqrt{1-2\zeta^2}\,\omega_n$ で与えられる．ω_p 〔rad/s〕および最大振幅 M_p の値を求めよ．

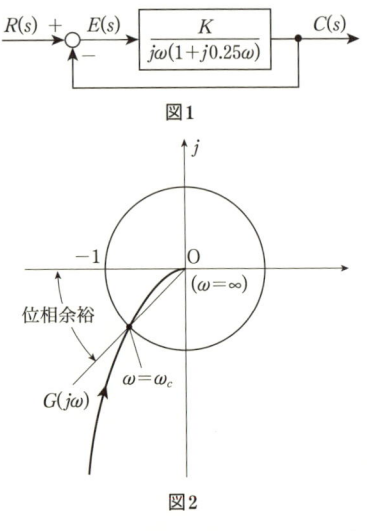

図1

図2

(機械・制御：平成11年問4)

着眼点 Focus Points

二次遅れ系のシステムに関する特性を求める問題である．二次遅れ系の伝達関数の標準形は

$$G(s) = \frac{\omega_n^2}{s^2 + 2\zeta\omega_n s + \omega_n^2}$$

で表され，ω_n を固有角周波数，ζ を減衰係数もしくは減衰率と呼ぶ．標準形とその係数に関しては頻出するので，確実に暗記してほしい．

二次遅れ系の周波数伝達関数 $G(j\omega)$ は，$G(s)$ に $s=j\omega$ を代入したものであるので，

$$G(j\omega) = \frac{\omega_n^2}{(j\omega)^2 + 2\zeta\omega_n(j\omega) + \omega_n^2} = \frac{\omega_n^2}{\omega_n^2 - \omega^2 + j2\zeta\omega_n\omega}$$

と表される．どちらも重要であるので十分に慣れておいてほしい．

戦術 Tactics

(1) ❶位相余裕が45°のとき，$G(j\omega_c)$ の実数部と虚部は等しくなることを利用すると計算が楽である．

(2) ❷閉ループの伝達関数を二次遅れの標準形と比較し，ω_n，ζ を求める．

(3) ❸$\omega_p = \sqrt{1-2\zeta^2}\,\omega_n$ を求め，閉ループ周波数伝達関数 $W(j\omega)$ に $\omega=\omega_p$ を代入して最大振幅 M_p を求める．

解答 Answer

戦術 ❶

(1)

❶ 位相余裕が45°のとき,$G(j\omega_c)$ の実数部と虚数部は等しくなることを利用する.

$\omega=\omega_c$ のとき,開ループ周波数伝達関数の実部と虚部の大きさが等しくなる.

$$G(j\omega_c) = \frac{K}{j\omega_c(1+j0.25\omega_c)} = \frac{K}{-0.25\omega_c^2 + j\omega_c}$$

$$= \frac{K}{(-0.25\omega_c^2)^2 + (\omega_c)^2} \times (-0.25\omega_c^2 - j\omega_c)$$

実数項と虚数項の共通項を無視すれば,$-0.25\omega_c^2 = -\omega_c$ が成り立つ.

$$\therefore \omega_c = \frac{1}{0.25} = 4$$

$G(j\omega_c)$ が $-1/\sqrt{2} - j/\sqrt{2}$ になればよいので,$\omega_c=4$ を代入して,

$$G(j4) = \frac{K}{-0.25 \times 4^2 + j4} = \frac{K}{4(-1+j)} = \frac{K(-1-j)}{4 \times 2} = -\frac{1}{\sqrt{2}} - j\frac{1}{\sqrt{2}}$$

実数部に注目すれば,

$$\frac{-K}{8} = -\frac{1}{\sqrt{2}}$$

$$\therefore K = \frac{8}{\sqrt{2}} = 4\sqrt{2}$$

(2)

戦術 ❷

❷ 閉ループの伝達関数を二次遅れの標準形と比較し,ω_n,ζ を求める.

閉ループ伝達関数を $W(j\omega)$ とすれば,

$$W(j\omega) = \frac{G(j\omega)}{1+G(j\omega)} = \frac{\dfrac{4\sqrt{2}}{j\omega(1+j0.25\omega)}}{1+\dfrac{4\sqrt{2}}{j\omega(1+j0.25\omega)}}$$

$$= \frac{4\sqrt{2}}{j\omega - 0.25\omega^2 + 4\sqrt{2}} = \frac{16\sqrt{2}}{-\omega^2 + j4\omega + 16\sqrt{2}}$$

ここで,二次遅れの伝達関数の標準形は,

$$G_n(s) = \frac{\omega_n^2}{s^2 + 2\zeta\omega_n s + \omega_n^2}$$

である.

周波数伝達関数の標準形はこれに $s=j\omega$ を代入したものであるので,

$$G_n(j\omega) = \frac{\omega_n^2}{-\omega^2 + j2\zeta\omega_n\omega + \omega_n^2} = \frac{\omega_n^2}{\omega_n^2 - \omega^2 + j2\zeta\omega_n\omega}$$

$W(j\omega)$ と比較すれば，

$\omega_n^2 = 16\sqrt{2}$

∴ $\omega_n = 4\sqrt[4]{2} = 4.757 \text{[rad/s]}$

$2\zeta\omega_n = 4$

∴ $\zeta = \dfrac{2}{\omega_n} = \dfrac{2}{4\sqrt[4]{2}} = \dfrac{1}{2\sqrt[4]{2}} = 0.4202$

(3)

戦術❸ ❸$\omega_p = \sqrt{1-2\zeta^2}\,\omega_n$ を求め，閉ループ周波数伝達関数 $W(j\omega)$ に $\omega = \omega_p$ を代入して最大振幅 M_p を求める．

(2)で求めた ω_n，ζ を，$\omega_p = \sqrt{1-2\zeta^2}\,\omega_n$ に代入すれば，

$$\omega_p = \sqrt{1-2\zeta^2}\,\omega_n = \sqrt{1-2\left(\dfrac{1}{2\sqrt[4]{2}}\right)^2} \times 4\sqrt[4]{2} = \sqrt{1-\dfrac{1}{2\sqrt{2}}} \times 4\sqrt[4]{2}$$

$= 3.825 \text{[rad/s]}$

（※4乗根は，$\sqrt{}$ を2回使えば通常の電卓でも簡単に求まる．）

ω_p を $W(j\omega)$ に代入したときのゲインが最大振幅 M_p であるので，

$$M_p = |W(j\omega_p)| = \left|\dfrac{16\sqrt{2}}{-\omega_p^2 + j4\omega_p + 16\sqrt{2}}\right|$$

$$= \left|\dfrac{16\sqrt{2}}{-3.825^2 + j4 \times 3.825 + 16\sqrt{2}}\right|$$

$$= 16\sqrt{2} \times \sqrt{\dfrac{1}{(16\sqrt{2} - 3.825^2)^2 + (4 \times 3.825)^2}} = 1.311$$

〈答〉

(1) $\omega_c = 4.00$ rad/s, $K = 4\sqrt{2}$

(2) 閉ループ周波数伝達関数：$\dfrac{16\sqrt{2}}{-\omega^2 + j4\omega + 16\sqrt{2}}$

   $\omega_n = 4.76$ rad/s, $\zeta = 0.420$

(3) $\omega_p = 3.83$ rad/s, $M_p = 1.31$

■問題14

図のようなフィードバック制御系がある．ここで，$R(s)$ は目標値，$C(s)$ は制御量である．この制御系について，次の問に答えよ．

(1) この系の固有角周波数 ω_n および減衰係数 ζ をゲイン K および時定数 T を用いて表せ．

(2) 時定数 T が一定の場合，減衰係数 ζ を 0.2 から 0.6 に増加させるためには，ゲイン K の値をもとの何倍にすればよいか．

(3) 上記(2)において，固有角周波数 ω_n の値はもとの何倍になるか．

(4) この系において，$K = \dfrac{100}{12}$，$T = \dfrac{1}{12}$ 〔s〕とし，$R(s)$ が単位ステップ関数のときの過渡反応 $c(t)$ を求めよ．

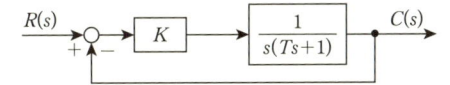

（機械・制御：平成14年問4）

着眼点 Focus Points

前問同様，二次遅れ系の特性を問う問題である．電験ではこのような二次遅れ系の特性について問う問題が多く出題される．パターン化された問題なので，確実に解けるようになってほしい．

ステップ関数のラプラス変換は，$R(s) = 1/s$ である．$R(s) = 1$ としてしまうミスをしがちなので注意しよう．

戦術 Tactics

(1) ❶二次遅れ系の標準形は $\dfrac{\omega_n^2}{s^2 + 2\zeta\omega_n s + \omega_n^2}$ である．閉ループ伝達関数を変形して，標準形と比較し，ζ および ω_n を求める．

(2) ❷減衰率 ζ は系の振動の減衰性を表すパラメータである．減衰率が大きくなるとオーバーシュート（行過ぎ量）が小さくなる．減衰率を大きくするためには，ゲインを小さくすればよい．

(3) ❸固有角周波数 ω_n は応答性を示すパラメータで，高ければ高いほど速応性が向上する．ゲインを下げれば系の速応性は悪くなり，固有角周波数は小さくなる．

(4) ❹$C(s)$ を部分分数分解して逆ラプラス変換し，$c(t)$ を得る．

解答 Answer

戦術 ❶

(1)

❶二次遅れ系の標準形は $\dfrac{\omega_n^2}{s^2+2\zeta\omega_n s+\omega_n^2}$ である．閉ループ伝達関数を変形して，標準形と比較し，ζ および ω_n を求める．

系の閉ループ伝達関数を $W(s)$ とすれば，

$$W(s)=\frac{C(s)}{R(s)}=\frac{K\dfrac{1}{s(Ts+1)}}{1+K\dfrac{1}{s(Ts+1)}}=\frac{K}{Ts^2+s+K}=\frac{\dfrac{K}{T}}{s^2+\dfrac{s}{T}+\dfrac{K}{T}}$$

二次遅れ系の標準形 $\dfrac{\omega_n^2}{s^2+2\zeta\omega_n s+\omega_n^2}$ と比べれば，

$\omega_n^2=\dfrac{K}{T}$

$\omega_n=\sqrt{\dfrac{K}{T}}$

$2\zeta\omega_n=\dfrac{1}{T}$

∴ $\zeta=\dfrac{1}{T}\cdot\dfrac{1}{2\omega_n}=\dfrac{1}{2T}\sqrt{\dfrac{T}{K}}=\dfrac{1}{2\sqrt{TK}}$

(2)

戦術 ❷

❷減衰率 ζ は振動の減衰性を表すパラメータである．減衰率が大きくなるとオーバーシュート（行過ぎ量）が小さくなる．減衰率を大きくするためには，ゲインを小さくすればよい．

$\zeta=0.2$ のときのゲインを $K_{0.2}$ とすれば，

$\dfrac{1}{2\sqrt{TK_{0.2}}}=0.2$

$TK_{0.2}=\dfrac{25}{4}$

$T=\dfrac{25}{4K_{0.2}}$

$\zeta=0.6$ のときのゲインを $K_{0.6}$ とすれば，

$\dfrac{1}{2\sqrt{TK_{0.6}}}=0.6$

$TK_{0.6}=\dfrac{25}{36}$

$T=\dfrac{25}{36K_{0.6}}$

T は一定であるので，

$$\frac{25}{4K_{0.2}} = \frac{25}{36K_{0.6}}$$

$$\frac{K_{0.6}}{K_{0.2}} = \frac{4}{36} = \frac{1}{9}$$

よって，ζ を 0.2 から 0.6 にするためには，ゲイン K を 1/9 倍にすればよい．

(3)

戦術 ❸

❸固有角周波数 ω_n は応答性を示すパラメータで，高ければ高いほど速応性が向上する．ゲインを下げれば系の応答性が悪くなり，固有周波数は低くなる．

$\zeta=0.2$ のときの固有角周波数を $\omega_{n0.2}$，$\zeta=0.6$ のときの固有角周波数を $\omega_{n0.6}$ とすれば，

$$\frac{\omega_{n0.6}}{\omega_{n0.2}} = \frac{\sqrt{\frac{K_{0.6}}{T}}}{\sqrt{\frac{K_{0.2}}{T}}} = \sqrt{\frac{K_{0.6}}{K_{0.2}}} = \sqrt{\frac{1}{9}} = \frac{1}{3}$$

よって，ζ を 0.2 から 0.6 にしたとき，固有周波数 ω_n は 1/3 倍になる．

(4)

戦術 ❹

❹$C(s)$ を部分分数分解して逆ラプラス変換し，$c(t)$ を得る．

$K=\dfrac{100}{12}$，$T=\dfrac{1}{12}$ {s} のとき，系の閉ループ伝達関数 $W(s)$ は，

$$W(s) = \frac{C(s)}{R(s)} = \frac{K}{Ts^2+s+K} = \frac{\dfrac{100}{12}}{\dfrac{s^2}{12}+s+\dfrac{100}{12}}$$

となる．

入力信号 $R(s)$ のラプラス変換は $1/s$ であるので，

$$C(s) = R(s)W(s) = \frac{1}{s} \times \frac{\dfrac{100}{12}}{\dfrac{s^2}{12}+s+\dfrac{100}{12}} = \frac{100}{(s^2+12s+100)s}$$

$$= \frac{100}{\{(s+6)^2+8^2\}s}$$

これを部分分数分解するため，定数 A，B，C を使って以下のように置く．

$$C(s) = \frac{100}{\{(s+6)^2+8^2\}s} = \frac{As+B}{(s+6)^2+8^2} + \frac{C}{s}$$

定数 C を求めるため，両辺に s を掛けて $s \to 0$ とすれば，

$$\lim_{s\to 0} sC(s) = \lim_{s\to 0} \frac{100}{\{(s+6)^2+8^2\}} = 1 = C$$

$C=1$ を $C(s)$ の式に代入して逆算すれば，

$$C(s) = \frac{As+B}{(s+6)^2+8^2} + \frac{1}{s} = \frac{As^2+Bs+s^2+12s+100}{\{(s+6)^2+8^2\}s} = \frac{100}{\{(s+6)^2+8^2\}s}$$

$As^2 + Bs + s^2 + 12s = 0$

$A = -1, \quad B = -12$

$$\therefore \quad C(s) = \frac{-s-12}{(s+6)^2+8^2} + \frac{1}{s} = \frac{-(s+6)}{(s+6)^2+8^2} + \frac{-\dfrac{3}{4}\times 8}{(s+6)^2+8^2} + \frac{1}{s}$$

逆ラプラス変換して，

$$c(t) = -e^{-6t}\cos 8t - \frac{3}{4}e^{-6t}\sin 8t + 1$$
$$= 1 - e^{-6t}\left(\cos 8t + \frac{3}{4}\sin 8t\right)$$

〈答〉

(1) $\omega_n = \sqrt{\dfrac{K}{T}}, \quad \zeta = \dfrac{1}{2\sqrt{TK}}$

(2) $\dfrac{1}{9}$ 倍

(3) $\dfrac{1}{3}$ 倍

(4) $c(t) = 1 - e^{-6t}\left(\cos 8t + \dfrac{3}{4}\sin 8t\right)$

二次遅れ要素を制御するときの物理現象

制御の分野の問題では，数式や計算を追う問題が多く，その系の物理的意味について考える問題は稀である．しかし，物理現象をイメージしながら計算すれば，数式だらけの問題も取っつきやすくなる．

ここでは，本問の系を例に，二次遅れ系のイメージをつかもう．二次遅れ系は，人間が荷物を手で押している現象をイメージするとわかりやすい．

- 制御対象 $1/(Ts^2+s)$：重さ T，床面との粘性摩擦 1 の荷物
- ゲイン K：力の入れ具合
- 目標値 $R(s)$：荷物の目標位置
- 出力 $C(s)$：荷物の現在位置

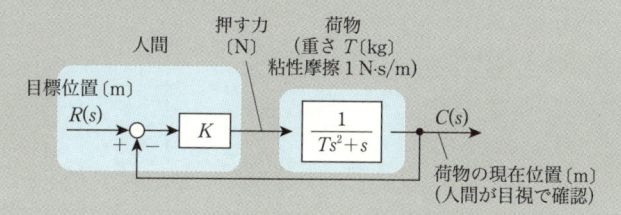

この系は，人間が現在の荷物の現在位置と目標位置との差分を計算し，その値に応じた力（ゲイン K）で荷物を押し，さらに荷物が動く，といった具合でループを繰り返す．

荷物が重い（＝T が大きい）場合，ゲイン K をある程度大きくしないと，荷物はなかなか目標位置に到達しない．しかし K が大き過ぎると，荷物が遠くにすっ飛んで行ってしまい，慌てて引き戻そうとしても収集がつかなくなってしまう．これが，「系が不安定である」ということの物理的意味である．

本問(4)は，目標位置を 1 と定めて荷物を押すとどうなるか，という問題であった．その答えは，目標位置を行き過ぎて，その後戻ってきて…を繰り返しながら目標位置に収まる，という現象を示している．

このように，物理現象を想像しながら問題を解けば，勘違いや計算ミスを防ぐことができる．数式の計算は難しくとも，その現象は意外と単純なのである．

■問題15

図に示すフィードバック制御系について，次の問に答えよ．ただし，$R(s)$は目標値，$C(s)$は制御量，$E(s)$は偏差，K_1およびK_2は定数である．

(1) 閉ループ伝達関数 $W(s) = \dfrac{C(s)}{R(s)}$ を求めよ．

(2) $W(s)$を二次遅れ要素の標準形式で表したときの減衰係数ζが0.5，固有角周波数ω_nが10 rad/sであるとしてK_1およびK_2の値を求めよ．

(3) (2)で求めたK_1およびK_2の値を用いて，閉ループ伝達関数 $W_e(s) = \dfrac{E(s)}{R(s)}$ を求めよ．

(4) (3)の結果を用いて，$R(s)$にランプ関数$r(t)=t$を加えたときの定常速度偏差ε_sを求めよ．

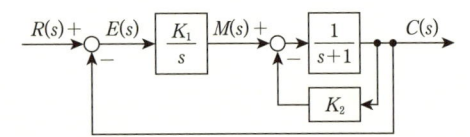

(機械・制御：平成12年問4)

着眼点 Focus Points

二次遅れ系に関する問題である．定常偏差は最終値の定理を使って求めることになる．最終値の定理では，sを掛け忘れるミスが多く見られるので，忘れないようにしよう．

入力信号をステップ関数としたときの定常偏差を定常位置偏差と呼び，入力信号をランプ関数としたときの定常偏差を定常速度偏差と呼ぶ．どちらも頻繁に出題されるので，復習しておこう．

戦術 Tactics

(1) ❶ブロック線図から閉ループ伝達関数を求める．ループが2個以上あるときは，内側のループから計算するとよい．

(2) ❷二次遅れ系の標準形と照らし合わせ，K_1，K_2を求める．

(3) ❸$E(s)=R(s)-C(s)$であるので，$E(s)/R(s)=1-C(s)/R(s)=1-W(s)$となる．

(4) ❹最終値の定理を用いて，$\lim_{s\to 0} sW_e(s)R(s)$を求める．

解答 Answer

(1)

戦術❶ ❶ブロック線図から閉ループ伝達関数を求める．ループが2個以上あるときは，内側のループから計算するとよい．

内側のフィードバックループの伝達関数は，

$$\frac{\dfrac{1}{s+1}}{1+K_2\dfrac{1}{s+1}} = \frac{1}{s+1+K_2}$$

外側のループと合わせて考えれば，

$$W(s) = \frac{C(s)}{R(s)} = \frac{\dfrac{K_1}{s}\dfrac{1}{s+1+K_2}}{1+\dfrac{K_1}{s}\dfrac{1}{s+1+K_2}} = \frac{K_1}{s^2+(1+K_2)s+K_1}$$

(2)

戦術 ❷

❷二次遅れ系の標準形と照らし合わせ，K_1，K_2 を求める．

二次遅れ系の標準形は，$\dfrac{\omega_n^2}{s^2+2\zeta\omega_n s+\omega_n^2}$ である．$W(s)$ と照らし合わせれば，

$$K_1 = \omega_n^2$$
$$1+K_2 = 2\zeta\omega_n$$

ここで $\zeta=0.5$，$\omega_n=10$ を代入すれば，

$$K_1 = \omega_n^2 = 100$$
$$1+K_2 = 2\zeta\omega_n = 10$$
$$K_2 = 9$$

このときの $W(s)$ は，

$$W(s) = \frac{K_1}{s^2+(1+K_2)s+K_1} = \frac{100}{s^2+10s+100}$$

(3)

戦術 ❸

❸$E(s)=R(s)-C(s)$ であり，$E(s)/R(s)=1-C(s)/R(s)=1-W(s)$ となる．

$$W_e(s) = \frac{E(s)}{R(s)} = \frac{R(s)-C(s)}{R(s)} = 1-W(s)$$

である．(2)で求めた値を代入すれば，

$$W_e(s) = 1-W(s) = 1-\frac{100}{s^2+10s+100}$$
$$= \frac{s^2+10s}{s^2+10s+100}$$

(4)

戦術 ❹

❹最終値の定理を用いて，$\lim_{s\to 0} sW_e(s)R(s)$ を求める．

ランプ関数 $r(t)=t$ をラプラス変換すれば，

$$R(s) = \frac{1}{s^2}$$

である．

最終値の定理によって定常速度偏差を求めると，

$$\varepsilon_s = \lim_{s \to 0} s W_e(s) R(s) = \lim_{s \to 0} s \times \frac{s^2 + 10s}{s^2 + 10s + 100} \times \frac{1}{s^2}$$
$$= \lim_{s \to 0} \frac{s + 10}{s^2 + 10s + 100} = \frac{1}{10}$$

〈答〉

(1) $W(s) = \dfrac{C(s)}{R(s)} = \dfrac{K_1}{s^2 + (1 + K_2)s + K_1}$

(2) $K_1 = 100$, $K_2 = 9$

(3) $W_e(s) = \dfrac{E(s)}{R(s)} = \dfrac{s^2 + 10s}{s^2 + 10s + 100}$

(4) $\varepsilon_s = \dfrac{1}{10}$

■問題16

図のようなフィードバック制御系がある．この系について，次の問に答えよ．ここで，$R(s)$ は目標値，$E(s)$ は偏差，$D(s)$ は外乱，$C(s)$ は制御量である．

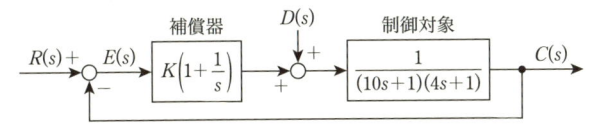

```
       補償器           D(s)      制御対象
R(s)+  E(s)  ┌─────────┐    +  ┌──────────────────┐
──→○──────→│K(1+ 1/s)│──→○──→│  1/((10s+1)(4s+1)) │──┬──→ C(s)
   -↑       └─────────┘    +↑  └──────────────────┘  │
    │                                                  │
    └──────────────────────────────────────────────────┘
```

(1) この系の特性方程式を求めよ．
(2) この系が安定であるための補償器の比例ゲイン K の範囲を求めよ．
(3) 外乱から偏差までの閉ループ伝達関数 $\dfrac{E(s)}{D(s)}$ を導け．ただし，$R(s)=0$ とする．
(4) 上記(3)の結果を用いて，単位ステップ外乱に対する定常偏差 e_s を求めよ．

(機械・制御：平成16年問4)

着眼点 Focus Points

外乱を考慮したフィードバック系の問題である．外乱とはノイズのようなものであり，電気回路で例えれば，他回路による電磁誘導障害がその代表例である．機械的系で例えれば，重力や風による影響が外乱に相当する．計器の誤差も外乱の一つである．

系を組むときは，これら外乱が系に与える影響を極力小さくしなくてはならない．そのため本問のように，外乱からの伝達関数や定常偏差を求め，それを評価する必要がある．

ただ計算するだけでなく，設問の出題意図や計算結果の意味について考えると，解答に見当を付けることができ誤答が減るだろう．

戦術 Tactics

(1) ❶系の入力から出力までの閉ループ伝達関数 $W(s)$ を求める．伝達関数の分母をゼロとした方程式が，系の特性方程式である．入力から出力までの伝達関数を求める際は，外乱 $D(s)=0$ として計算する．

(2) ❷特性方程式を用いて安定条件を求めるときは，ラウスやフルビッツの安定判別法を用いるとよい．

(3) ❸外乱 $D(s)$ からの伝達関数を求めるときは，ブロック線図を描き変えるとよい．この際，入力 $R(s)=0$ として計算する．

(4) ❹定常偏差は，最終値の定理を用いて求める．

解 答

戦術 ❶

(1)
❶系の入力から出力までの閉ループ伝達関数 $W(s)$ を求める．伝達関数の分母をゼロとした方程式が，系の特性方程式である．入力から出力までの伝達関数を求める際は，外乱 $D(s)=0$ として計算する．

系の閉ループ伝達関数 $W(s)$ を考える際，外乱 $D(s)=0$ とすれば，

$$W(s) = \frac{C(s)}{R(s)} = \frac{K\left(1+\dfrac{1}{s}\right)\dfrac{1}{(10s+1)(4s+1)}}{1+K\left(1+\dfrac{1}{s}\right)\dfrac{1}{(10s+1)(4s+1)}}$$

$$= \frac{Ks+K}{s(10s+1)(4s+1)+Ks+K}$$

$$= \frac{K(s+1)}{40s^3+14s^2+(1+K)s+K}$$

特性方程式は，
$$40s^3+14s^2+(1+K)s+K=0$$

(2)

戦術 ❷

❷特性方程式を用いて安定条件を求めるときは，ラウスやフルビッツの安定判別法を用いるとよい．

(1)で求めた特性方程式
$$40s^3+14s^2+(1+K)s+K=0$$
について，フルビッツの安定判別法を用いて安定条件を求める．

フルビッツの安定条件は，
1. 特性方程式のすべての係数が存在し，すべて同符号であること
2. 行列式の答えがすべて正であること

の両方を満たすことである．

1の条件から
$$K>0$$
$$1+K>0$$

2の条件から
$$\begin{vmatrix} 14 & K \\ 40 & 1+K \end{vmatrix} > 0$$

整理すれば，
$$14(1+K)-40K>0$$
$$14>26K, \quad K<\frac{7}{13}$$

よって，K の範囲は

468   6. 自動制御

$$0 < K < \frac{7}{13}$$

(3)

❸外乱 $D(s)$ からの伝達関数を求めるときは，ブロック線図を描き変えるとよい．このときは，入力 $R(s)=0$ として計算する．

$D(s)$ が入力で $C(s)$ が出力となるようにブロック線図を描き変えると，次のようになる．（$R(s)$ については $R(s)=0$ として無視する．）

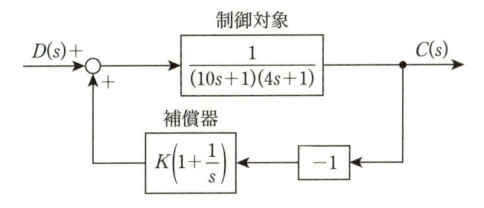

もとの系のフィードバックループの負帰還は，-1 のゲイン要素を使って表すことができる．

-1 のゲイン要素を補償器の反対側に移すと，次の図のようになる．

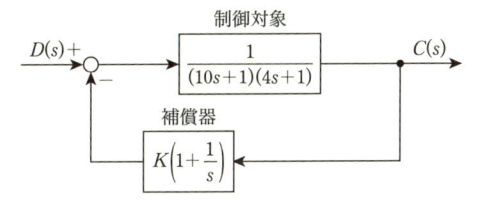

本図を使えば，$D(s)$ から $C(s)$ までの伝達関数は簡単に求まり，

$$\frac{C(s)}{D(s)} = \frac{\dfrac{1}{(10s+1)(4s+1)}}{1+K\left(1+\dfrac{1}{s}\right)\dfrac{1}{(10s+1)(4s+1)}}$$

$$= \frac{s}{s(10s+1)(4s+1)+Ks+K}$$

$$= \frac{s}{40s^3+14s^2+(1+K)s+K}$$

続いて偏差 $E(s)$ について考えれば，

$$E(s) = R(s) - C(s)$$

$R(s)=0$ であるので，

$$E(s) = -C(s)$$
$$\frac{E(s)}{D(s)} = \frac{-C(s)}{D(s)} = \frac{-s}{40s^3 + 14s^2 + (1+K)s + K}$$

(4)

❹ 定常偏差は，最終値の定理を用いて求める．

単位ステップ外乱をラプラス変換すると，$D(s) = \dfrac{1}{s}$ となる．最終値の定理を使えば，

$$e_s = \lim_{s \to 0} s \frac{E(s)}{D(s)} D(s) = \lim_{s \to 0} s \frac{-s}{40s^3 + 14s^2 + (1+K)s + K} \cdot \frac{1}{s}$$
$$= \lim_{s \to 0} \frac{-s}{40s^3 + 14s^2 + (1+K)s + K} = \frac{0}{K} = 0$$

したがって外乱に対する定常偏差はゼロとなる．

〈答〉

(1)　$40s^3 + 14s^2 + (1+K)s + K = 0$

(2)　$0 < K < \dfrac{7}{13}$

(3)　$\dfrac{E(s)}{D(s)} = \dfrac{-s}{40s^3 + 14s^2 + (1+K)s + K}$

(4)　$e_s = 0$

外乱に対する定常偏差と入力に対する定常偏差

外乱に対する定常偏差がゼロであるということは，外乱にかかわらず目標値を達成でき，系が適切に組まれているということである．しかし同じ系でも，外乱が入る場所が異なるとその応答も変わる．

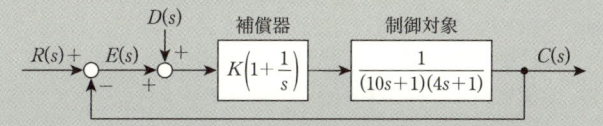

```
        D(s)      補償器         制御対象
R(s)+  E(s)  +  ┌──────────┐  ┌──────────────┐
──○───────○───┤ K(1+1/s)  ├──┤ 1/((10s+1)(4s+1)) ├──→ C(s)
  -↑      +↑   └──────────┘  └──────────────┘
   └────────────────────────────────────────┘
```

外乱が補償器の手前に入力された場合を考えよう．電気回路を例にすれば，補償器への入力信号にノイズが乗ってしまっている状態である．

この場合の外乱 $D(s)$ から偏差 $E(s)$ までの伝達関数は，

$$\frac{E(s)}{D(s)} = -\frac{C(s)}{D(s)} = -\frac{K\left(1+\frac{1}{s}\right)\frac{1}{(10s+1)(4s+1)}}{1+K\left(1+\frac{1}{s}\right)\frac{1}{(10s+1)(4s+1)}}$$

$$= \frac{-K(s+1)}{40s^3+14s^2+(1+K)s+K}$$

となる．このとき，単位ステップ外乱に対する定常偏差 e_s' を求めると，

$$e_s' = \lim_{s \to 0} s \cdot \frac{-K(s+1)}{40s^3+14s^2+(1+K)s+K} \cdot \frac{1}{s} = \frac{-K}{K} = -1$$

このように，この系では単位ステップ外乱に対して定常偏差が生じることがわかる．単に外乱の入る場所が変わっただけでも，その特性は大きく異なるのである．

■問題 17

図のようなフィードバック制御系について，次の問に答えよ．ただし，$R(s)$ は目標値，$Y(s)$ は出力，$E(s)$ は偏差とする．また，(1)および(4)の答は平方根を含む形でよい．

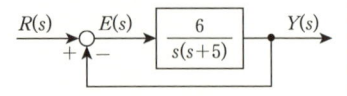

(1) $R(s)$ から $Y(s)$ までの伝達関数 $G(s)$ を求め，その減衰定数 ζ を求めよ．
(2) 目標値 $R(s)$ の時間関数 $r(t)$ が単位ステップ関数のときの出力 $Y(s)$ の時間応答（ステップ応答）$y(t)$ を求めよ．
(3) 目標値 $R(s)$ から偏差 $E(s)$ までの伝達関数 $H(s)$ を求め，その周波数特性 $H(j\omega)$ のゲイン特性を考える．正弦波目標値 $R(s)$ の時間関数が $r(t) = \sin \omega t$ のとき，角周波数 ω が高くなるにつれて偏差 $E(s)$ の時間関数 $e(t)$ の振幅はどうなるかを理由を添えて答えよ．
(4) 上記(3)において，$\omega = 1$ rad/s のときの偏差 $e(t)$ の振幅を求めよ．

(機械・制御：平成20年問4)

着眼点 Focus Points

二次遅れ系の周波数応答に関する問題である．目標値が $r(t) = \sin \omega t$ のとき，その振幅を問う問題では，周波数伝達関数 $H(j\omega)$ のゲイン特性を使って $|H(j\omega)|$ を求めれば簡単に求めることができる．もちろん $r(t) = \sin \omega t$ をラプラス変換して

$$R(s) = \frac{\omega}{s^2 + \omega^2}$$

とし，一つひとつ計算しても解は求まるが，計算途中で時間が足りなくなる可能性が高い．制御の分野では時間との戦いになることが多いので，問題をよく読んで最善の解法を選択しよう．

戦術 Tactics

(1) ❶系の閉ループ伝達関数 $G(s)$ と二次遅れ系の標準形とを比較し，減衰定数 ζ を求める．
(2) ❷$Y(s)$ を求めた後，部分分数に分解し逆ラプラス変換する．
(3) ❸$H(s) = E(s)/R(s) = 1 - Y(s)/R(s) = 1 - G(s)$ である．$H(s)$ に $s = j\omega$ を代入した $H(j\omega)$ は，単位正弦波入力に対する応答であるので，これを利用する．
(4) ❹$|H(j\omega)|$ に $\omega = 1$ を代入する．

解答 Answer

(1)

戦術❶ ❶系の閉ループ伝達関数$G(s)$と二次遅れ系の標準形とを比較し，減衰定数ζを求める．

閉ループ伝達関数$G(s)$は，

$$G(s) = \frac{Y(s)}{R(s)} = \frac{\frac{6}{s(s+5)}}{1+\frac{6}{s(s+5)}} = \frac{6}{s^2+5s+6}$$

二次遅れ要素の標準形 $\dfrac{\omega_n^2}{s^2+2\zeta\omega_n s+\omega_n^2}$ と比較すれば，

$\omega_n^2 = 6$

$\therefore \omega_n = \sqrt{6}$

$2\zeta\omega_n = 5$

$\therefore \zeta = \dfrac{5}{2\omega_n} = \dfrac{5}{2\sqrt{6}}$

(2)

戦術❷ ❷$Y(s)$を求めた後，部分分数に分解し逆ラプラス変換する．

入力$r(t)$が単位ステップ関数のとき，そのラプラス変換$R(s)=1/s$であるので，

$$Y(s) = G(s)R(s) = \frac{6}{s^2+5s+6} \cdot \frac{1}{s} = \frac{6}{s(s+2)(s+3)}$$

ここで，定数A，B，Cを使って，次のように置く

$$Y(s) = \frac{6}{s(s+2)(s+3)} = \frac{A}{s} + \frac{B}{s+2} + \frac{C}{s+3}$$

ここで，Aを求めるために，$Y(s)$にsを掛けて$s\to 0$とすれば，

$$\lim_{s\to 0} \frac{6}{(s+2)(s+3)} = 1 = A$$

同様に，$s+2$を掛けて$s\to -2$とすれば，

$$\lim_{s\to -2} \frac{6}{s(s+3)} = -3 = B$$

$s+3$を掛けて$s\to -3$とすれば，

$$\lim_{s\to -3} \frac{6}{s(s+2)} = 2 = C$$

となる．

それぞれを代入すれば，

$$Y(s) = \frac{1}{s} - \frac{3}{s+2} + \frac{2}{s+3}$$

これを逆ラプラス変換すると
$$y(t) = 1 - 3e^{-2t} + 2e^{-3t}$$

(3)

戦術 ❸

❸ $H(s) = E(s)/R(s) = 1 - Y(s)/R(s) = 1 - G(s)$ である．$H(s)$ に $s = j\omega$ を代入した $H(j\omega)$ は，単位正弦波入力に対する応答であるので，これを利用する．

$R(s)$ から $E(s)$ までの伝達関数は，

$$H(s) = \frac{E(s)}{R(s)} = \frac{R(s) - Y(s)}{R(s)} = 1 - G(s)$$
$$= 1 - \frac{6}{s^2 + 5s + 6} = \frac{s^2 + 5s}{s^2 + 5s + 6} = \frac{s(s+5)}{(s+2)(s+3)}$$

入力信号の $\sin \omega t$ は角周波数 ω で大きさが1の波形である．そのときの応答は，周波数伝達関数を使って，$H(j\omega)$ として表されるので，これを利用する．

周波数伝達関数 $H(j\omega)$ は $H(s)$ の s に $j\omega$ を代入して，

$$H(j\omega) = \frac{j\omega(j\omega + 5)}{(j\omega + 2)(j\omega + 3)}$$

この振幅は，

$$|H(j\omega)| = \sqrt{H(j\omega)\overline{H(j\omega)}}$$
$$= \sqrt{\frac{j\omega(j\omega+5)}{(j\omega+2)(j\omega+3)} \times \frac{-j\omega(-j\omega+5)}{(-j\omega+2)(-j\omega+3)}}$$
$$= \sqrt{\frac{\omega^2(\omega^2 + 25)}{(\omega^2 + 4)(\omega^2 + 9)}}$$

$\omega = 0$ のとき，その振幅は，

$$\lim_{\omega \to 0} |H(j\omega)| = \lim_{\omega \to 0} \sqrt{\frac{\omega^2(\omega^2 + 25)}{(\omega^2 + 4)(\omega^2 + 9)}} = 0$$

ω を極限まで大きくすると，

$$\lim_{\omega \to \infty} |H(j\omega)| = \lim_{\omega \to \infty} \sqrt{\frac{\omega^2(\omega^2 + 25)}{(\omega^2 + 4)(\omega^2 + 9)}} = 1$$

∴ $\omega = 0$ のとき，$e(t)$ の振幅はゼロであり，ω が ∞ に近づくにつれて $e(t)$ の振幅は1に近づく．

(4)

戦術 ❹ ❹ $|H(j\omega)|$ に $\omega=1$ を代入する.

$\omega=1$ のときの $e(t)$ の振幅は,

$$\lim_{\omega \to 1}|H(j\omega)|=\lim_{\omega \to 1}\sqrt{\frac{\omega^2(\omega^2+25)}{(\omega^2+4)(\omega^2+9)}}=\sqrt{\frac{1\times 26}{5\times 10}}=\sqrt{\frac{13}{25}}$$

〈答〉

(1) $G(s)=\dfrac{6}{s^2+5s+6}$, $\zeta=\dfrac{5}{2\sqrt{6}}$

(2) $y(t)=1-3e^{-2t}+2e^{-3t}$

(3) $H(s)=\dfrac{s^2+5s}{s^2+5s+6}$

$\omega=0$ のとき,$e(t)$ の振幅はゼロであり,ω が ∞ に近づくにつれて $e(t)$ の振幅は 1 に近づく.

(4) $e(t)$ の振幅 $\sqrt{\dfrac{13}{25}}$

■問題18

伝達関数 $H(s)$ が，$H(s) = \dfrac{1}{1+sT}$（T：正の実数）で与えられる回路がある．次の問に答えよ．

(1) 入力として，階段波 $x(t)=0$ $(t<0)$，$x(t)=1$ $(t \geq 0)$ を入れたところ，出力は，図に示すような結果となった．出力が最終値の10%から90%になるまでの時間 t_r を求めよ．

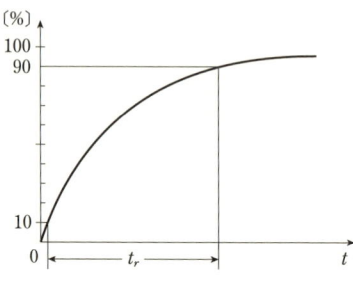

〔参考〕 $\log_e 0.1 = -2.3$
$\log_e 0.9 = -0.1$
$10^{0.3} = 2.00$

(2) この回路に低周波の正弦波を入力した場合より，3 dB振幅が小さくなる周波数 f_0 を求め，t_r との関係を示せ．

（応用：昭和62年問3）

着眼点 Focus Points

系の過渡応答に関する問題である．一般的に，系の応答性や過渡特性を評価する際には，単位ステップ入力時の応答を用いることが多い．

ステップ応答時，出力が最終値の10%から90%になるまでの時間を立上り時間と呼び，系の速応性を示す指標となっている．

ほかにも，最終値の50%に達する時間を「遅れ時間」，最終値の±5%以内に入るまでの時間を「整定時間」と呼び，系の特性を示す指標として一般的に用いられている．それぞれの意味と用語については確認しておいてほしい．

戦術 Tactics

(1) ❶出力 $Y(s)$ を計算し部分分数に分解した後，逆ラプラス変換して $y(t)$ を求める．
❷ステップ応答時の最終値を求め，最終値の10%，90%になるときの時間をそれぞれ求めて引き算する．

(2) ❸単位正弦波に対する振幅特性は $|H(j\omega)|$ で求めることができる．低周波に対する応答は $\omega \to 0$ とすればよい．

(1)

❶ 出力 $Y(s)$ を計算し部分分数に分解した後，逆ラプラス変換して $y(t)$ を求める．

単位ステップ波のラプラス変換は $1/s$ である．

出力を $y(t)$，ラプラス変換したものを $Y(s)$ とすれば，

$$Y(s) = H(s)X(s) = \frac{1}{1+sT} \cdot \frac{1}{s} = \frac{1}{(1+sT)s}$$

$Y(s)$ を逆ラプラス変換するために，部分分数へ分解する．定数 A, B を使えば，

$$Y(s) = \frac{1}{(1+sT)s} = \frac{A}{1+sT} + \frac{B}{s}$$

A を求めるために，両辺に $1+sT$ を掛け，$s \to -1/T$ とし，

$$\lim_{s \to -1/T} \frac{1}{s} = -T = A$$

B も同様に，

$$\lim_{s \to 0} \frac{1}{1+sT} = 1 = B$$

よって，$Y(s)$ は次のようになる．

$$Y(s) = \frac{1}{(1+sT)s} = \frac{-T}{1+sT} + \frac{1}{s} = -\frac{1}{s+\frac{1}{T}} + \frac{1}{s}$$

$Y(s)$ をラプラス変換表を使って逆ラプラス変換すると，

$$y(t) = 1 - e^{-\frac{t}{T}}$$

❷ ステップ応答時の最終値を求め，最終値の10%，90%になるときの時間をそれぞれ求めて引き算する．

出力 $Y(s)$ の最終値は，

$$\lim_{t \to \infty} y(t) = \lim_{t \to \infty} 1 - e^{-\frac{t}{T}} = 1$$

最終値の10%となるときの時間を t_{10} とすれば，

$$y(t_{10}) = 1 - e^{-\frac{t_{10}}{T}} = 0.1$$

$$e^{-\frac{t_{10}}{T}} = 0.9$$

両辺対数を取れば，

$$-\frac{t_{10}}{T} = \log_e 0.9$$

$$t_{10} = -T\log_e 0.9$$

同様に，最終値の90%となるときの時間をt_{90}とすれば，

$$y(t_{90}) = 1 - e^{-\frac{t_{90}}{T}} = 0.9$$

$$e^{-\frac{t_{90}}{T}} = 0.1$$

$$-\frac{t_{90}}{T} = \log_e 0.1$$

$$t_{90} = -T\log_e 0.1$$

立上り時間t_rは，$t_{90} - t_{10}$だから，

$$t_r = t_{90} - t_{10} = -T\log_e 0.1 + T\log_e 0.9$$
$$= T(\log_e 0.9 - \log_e 0.1) = T\{-0.1 - (-2.3)\}$$
$$= 2.2T$$

(2)

戦術❸

❸単位正弦波に対する振幅特性は$|H(j\omega)|$で求めることができる．低周波に対する応答は$\omega \to 0$とすればよい．

単位正弦波入力に対するゲインは，

$$|H(j\omega)| = \left|\frac{1}{1+j\omega T}\right| = \frac{1}{\sqrt{1^2 + (\omega T)^2}} = \frac{1}{\sqrt{1+\omega^2 T^2}}$$

となる．これをdB表記にすれば，

$$|H(j\omega)|[\text{dB}] = 20\log_{10}\frac{1}{\sqrt{1+\omega^2 T^2}} = -10\log_{10}(1+\omega^2 T^2)[\text{dB}]$$

低周波の入力に対するゲインは，周波数$\omega \to 0$としたときの$|H(j\omega)|$であるので，

$$\lim_{\omega \to 0}|H(j\omega)|[\text{dB}] = \lim_{\omega \to 0}\{-10\log_{10}(1+\omega^2 T^2)\} = -10\log_{10}1 = 0 [\text{dB}]$$

これよりも3 dB小さいとき，ゲインは-3 dBとなる．
このときの角周波数をω_0とすれば，

$$|H(j\omega_0)|[\text{dB}] = -10\log_{10}(1+\omega_0^2 T^2) = -3$$

$$\log_{10}(1+\omega_0^2 T^2) = 0.3$$

$$1+\omega_0^2 T^2 = 10^{0.3} = 2.00$$

$$\omega_0 T = 1, \quad \omega_0 = \frac{1}{T}$$

ここで周波数f_0を使えば，$\omega_0 = 2\pi f_0$であるので，

$$\omega_0 = 2\pi f_0 = \frac{1}{T}$$

$$f_0 = \frac{1}{2\pi T}$$

$T = t_r/2.2$ を代入すれば，

$$f_0 = \frac{1}{2\pi T} = \frac{1}{2\pi \times \dfrac{t_r}{2.2}} = \frac{1.1}{\pi t_r} = \frac{0.350}{t_r}$$

〈答〉

(1) $t_r = 2.2T$

(2) $f_0 = \dfrac{0.350}{t_r}$

系のステップ過渡応答

　系の応答性や過渡特性を評価する際，単位ステップ入力時の応答を指標に用いることがある．この過渡特性に関する問題が過去に何度か出題されているので，余裕がある人はその言葉と意味，求め方について復習してほしい．

　出力が最終値の10％から90％になるまでの時間を「立上り時間」，最終値の50％に達する時間を「遅れ時間」，最終値の±5％以内に入るまでの時間を「整定時間」と呼ぶ．

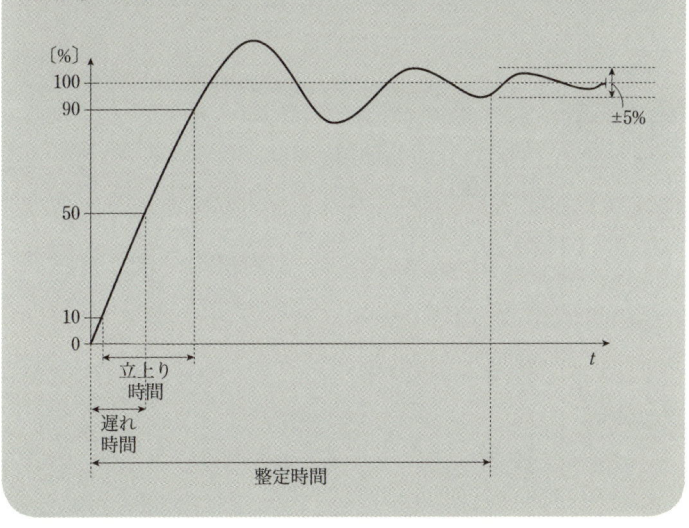

■**問題19**

図のような制御系について，次の問に答えよ．

(1) 図1のブロック線図において，$G(s) = \dfrac{1}{Js}$ のとき，正弦波入力 $z(t) = \mathcal{L}^{-1}[Z(s)] = \sin 2t$ を加えて，十分に時間が経過したときの出力応答 $y(t)$ を求めよ．ただし，$\mathcal{L}^{-1}$ は逆ラプラス変換を表す．

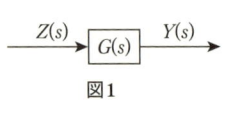

図1

(2) 図2のブロック線図において，入力 $U(s)$ から出力 $Y(s)$ までの伝達関数を $G_1(s)$，$G_2(s)$ を用いて表せ．

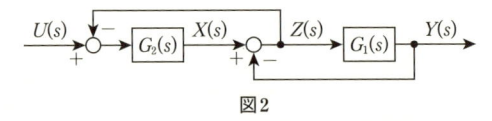

図2

(3) 図3は，図2の系を制御対象とするフィードバック制御系を表す．ここで，$G_1(s) = \dfrac{1}{s}$，$G_2(s) = \dfrac{1}{2s}$ としたとき，目標値 $R(s)$ から出力（制御量）$Y(s)$ までの閉ループ伝達関数の極をすべて -10 にするためのコントローラのパラメータ K_1，K_2 の値を求めよ．

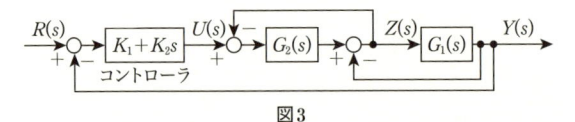

図3

（機械・制御：平成18年問4）

着眼点 Focus Points

これまで学んできたことを複合した問題である．近年の制御分野の出題傾向を見ると，設問数が多く，その計算量も多くなってきている．個々の設問は難しくないので，パターン化された解法を使っていかにスピーディに解くかが要求されている．

電験2種二次試験では，大問1問当たり30分程度で解かなくてはならない．30分で完答できるよう，制限時間を決めてトライしてほしい．

戦術 Tactics

(1) ❶ ラプラス変換して出力を計算し，逆ラプラス変換して $y(t)$ を求める．

(2) ❷ ブロック図のループを内側・外側となるように変形し，$G(s)$ を求める．

(3) ❸ 伝達関数の極がすべて 10 である場合，分母の形は係数 k，n を使

6．自動制御

って $k(s+10)^n$ と表される.

解答

(1)
❶ ラプラス変換して出力を計算し，逆ラプラス変換して $y(t)$ を求める．

入力信号 $z(t)=\sin 2t$ をラプラス変換すると，
$$Z(s)=\mathcal{L}[z(t)]=\frac{2}{s^2+2^2}$$

このときの出力応答は，
$$Y(s)=G(s)Z(s)=\frac{1}{Js}\cdot\frac{2}{s^2+2^2}$$

定数 A, B, C を使えば，次のように置くことができる．
$$Y(s)=\frac{A}{s}+\frac{Bs+C}{s^2+2^2}$$

A を求めると，
$$A=\lim_{s\to 0}sY(s)=\lim_{s\to 0}\frac{1}{J}\cdot\frac{2}{s^2+2^2}=\frac{1}{2J}$$

B, C を求めるために，A をもとの式に代入すれば，
$$Y(s)=\frac{1}{2Js}+\frac{Bs+C}{s^2+2^2}=\frac{s^2+2^2+2JBs^2+2CJs}{2Js(s^2+2^2)}=\frac{1}{Js}\cdot\frac{2}{s^2+2^2}$$

共通項を無視すれば，
$$\frac{s^2+2^2+2JBs^2+2CJs}{2}=2$$
$$2JB=-1$$
$$B=-\frac{1}{2J}$$
$$C=0$$

出力 $Y(s)$ は，A, B, C を代入して，
$$Y(s)=G(s)Z(s)=\frac{1}{2J}\cdot\frac{1}{s}-\frac{1}{2J}\cdot\frac{s}{s^2+2^2}$$

これを変換表に従って逆ラプラス変換すれば，
$$y(t)=\frac{1}{2J}-\frac{1}{2J}\cos 2t$$

(1)【別解】
　単位正弦波入力時の応答は，周波数伝達関数 $G(j\omega)$ を用いても求めることができる．解がベクトル表示となるので少しわかりにくいが，計算量は断然少ないので紹介する．
　系の周波数伝達関数 $G(j\omega)$ は，$G(s)$ の s に $j\omega$ を代入したものであるので，

$$G(j\omega) = \frac{1}{j\omega J}$$

これに $\omega = 2$ を代入すれば，

$$G(j2) = \frac{1}{j2J}$$

これは，振幅 $\frac{1}{2J}$，位相 $-\frac{\pi}{2}$ の正弦波である．出力の周波数は入力周波数と同じであるので，出力 $y(t)$ は定数 A を使って

$$y(t) = A + \frac{1}{2J}\sin\left(2t - \frac{\pi}{2}\right) = A - \frac{1}{2J}\cos 2t$$

と表される．出力 $y(t)$ の初期値は問題によって与えられていないので不明であるが，仮に $y(0) = 0$ とすれば，

$$y(t) = \frac{1}{2J} - \frac{1}{2J}\cos 2t$$

となる．
※初期値に関しては，問題文にて与えられていないため，定数 A をいくつとしても正解となる．

(2)

戦術❷ ❷ブロック図のループを内側・外側となるように変形し，$G(s)$ を求める．

　ブロック図を変形し，$Z(s)$ の引出点を $Y(s)$ 側にもってくれば，

内側のループは，$\dfrac{G_1(s)}{1 + G_1(s)}$ であるので，全体の伝達関数を $H(s)$ とすれば，

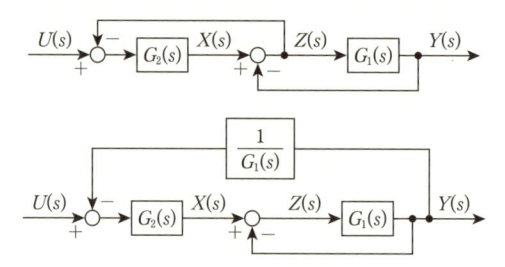

$$H(s) = \frac{Y(s)}{U(s)} = \frac{G_2(s) \cdot \dfrac{G_1(s)}{1+G_1(s)}}{1+G_2(s) \cdot \dfrac{G_1(s)}{1+G_1(s)} \cdot \dfrac{1}{G_1(s)}}$$

$$= \frac{G_1(s)G_2(s)}{1+G_1(s)+G_2(s)}$$

(3)

❸ 伝達関数の極がすべて-10である場合，分母の形は係数k，nを使って$k(s+10)^n$と表される．

$R(s)$から$Y(s)$までの伝達関数を$I(s)$とすれば，設問の系は，

$$I(s) = \frac{(K_1+K_2s)H(s)}{1+(K_1+K_2s)H(s)}$$

となる．

```
         R(s)        U(s)
    ───○────[K_1+K_2s]────[H(s)]────── Y(s)
       +-         コントローラ
        └──────────────────────────────┘
```

(2)で求めた$H(s)$に，$G_1(s)=1/s$，$G_2(s)=1/2s$を代入すれば，

$$H(s) = \frac{G_1(s)G_2(s)}{1+G_1(s)+G_2(s)} = \frac{\dfrac{1}{s}\cdot\dfrac{1}{2s}}{1+\dfrac{1}{s}+\dfrac{1}{2s}} = \frac{1}{2s^2+2s+s} = \frac{1}{2s^2+3s}$$

これを$I(s)$の式に代入して，

$$I(s) = \frac{(K_1+K_2s)H(s)}{1+(K_1+K_2s)H(s)} = \frac{(K_1+K_2s)\dfrac{1}{2s^2+3s}}{1+(K_1+K_2s)\dfrac{1}{2s^2+3s}}$$

$$= \frac{K_2s+K_1}{2s^2+(3+K_2)s+K_1}$$

$I(s)$の極をすべて-10にするということは，特性方程式$2s^2+(3+K_2)s+K_1=0$の根がすべて$s=-10$ということである．

特性方程式がsの二次方程式であるので根は二つ存在する．その根が二つとも$s=-10$であるとき，特性方程式は，$2s^2+(3+K_2)s+K_1=2(s+10)^2$の形で表される．

$$2(s+10)^2 = 2s^2+40s+200$$

であるので，

$K_1 = 200$

$K_2 = 40 - 3 = 37$

〈答〉

(1) $y(t) = \dfrac{1}{2J} - \dfrac{1}{2J}\cos 2t$

(2) $H(s) = \dfrac{G_1(s)G_2(s)}{1 + G_1(s) + G_2(s)}$

(3) $K_1 = 200$, $K_2 = 37.0$

正弦波入力時の部分分数分解方法

今回のように入力信号が正弦波であると，逆ラプラス変換のための部分分数分解の計算が少し複雑になる．これを解く方法は主に2種類あるので紹介する．次のs関数を例にしよう．

$$Y(s) = G(s)Z(s) = \dfrac{1}{Js} \cdot \dfrac{2}{s^2 + 2^2}$$

①複素数を使って分解する方法

$$Y(s) = \dfrac{1}{Js} \cdot \dfrac{2}{s^2 + 2^2} = \dfrac{A}{s} + \dfrac{B}{s + j2} + \dfrac{C}{s - j2}$$

このA, B, Cは次の方法で求めることができる．

$$A = \lim_{s \to 0} sY(s), \quad B = \lim_{s \to -j2}(s + j2)Y(s), \quad C = \lim_{s \to j2}(s - j2)Y(s)$$

この方法は，これまでの方法を複素数に応用した方法であって，必ず解ける．しかし，計算過程で複素数が出てくるためややこしくなり，計算量も多い．

②$s^2 + 2^2$の項をそのまま利用する方法

$$Y(s) = \dfrac{1}{Js} \cdot \dfrac{2}{s^2 + 2^2} = \dfrac{A'}{s} + \dfrac{B's + C'}{s^2 + 2^2}$$

本解答で示した解法である．

この場合，A'は$A' = \lim_{s \to 0} sY(s)$で求めることができるが，$B'$, C'はA'を求めた後に，$Y(s)$に代入して逆算する必要がある．①の方法に比べると計算量が少なく速い．しかし，$Y(s)$がさらに高次の分数となる場合は，この方法では係数が簡単に求まらないことがある．

制御の問題では，いかに計算量を減らし，計算ミスをなくすかがポイントである．状況に応じて使い分けられるとよいだろう．

■問題20

図に示すフィードバック制御系について，次の問に答えよ．ただし，$R(s)$ は目標値，$U(s)$ は操作量，$Y(s)$ は出力，$E(s)$ は偏差であり，時間信号 $r(t)$, $u(t)$, $y(t)$, $e(t)$ をそれぞれラプラス変換したものである．

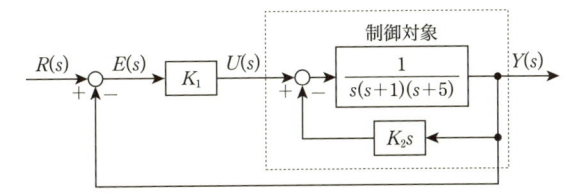

(1) 点線で囲まれたブロック線図だけを取り出したとき，$U(s)$ から $Y(s)$ までの伝達関数を求めよ．
(2) $R(s)$ から $Y(s)$ までの伝達関数を求めよ．
(3) 図のフィードバック制御系が安定となるための K_1 と K_2 が満たすべき条件および安定限界における持続振動の角周波数 ω_c を K_2 を用いて表せ．
(4) 目標値 $r(t)$ がランプ関数 $r(t)=t$ のときの定常速度偏差を求めよ．
(5) 図のフィードバック制御系が安定となるように K_1 と K_2 が選ばれるとする．上記(3)および(4)の結果を踏まえて，以下の問に答えよ．
　a. K_1 を固定したとき，K_2 を大きくすると，速応性と定常特性はどのように変化するかを理由とともに答えよ．
　b. K_2 を固定したとき，K_1 を大きくすると，減衰特性と定常特性はどのように変化するかを理由とともに答えよ．

（機械・制御：平成21年問4）

着眼点 Focus Points

近年出題された複合問題である．設問はどれもオーソドックスな問題ばかりだが，とにかく計算量が多いので時間との戦いになるだろう．

近年の出題傾向として，設問(5)のように，系の要素や現象の意味などを記述させる問題が増えている．これらは暗記で対処できるものではないので，普段から，系の特性や計算結果の意味について考えるくせを付けておくとよいだろう．

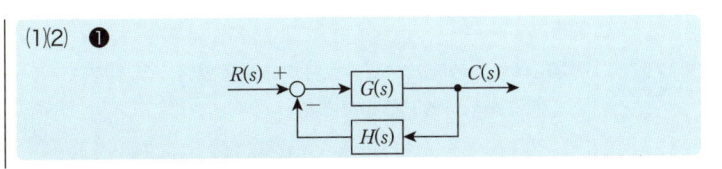

戦術 Tactics

(1)(2) ❶

の伝達関数 $W(s)$ は，$W(s) = \dfrac{C(s)}{R(s)} = \dfrac{G(s)}{1+G(s)H(s)}$ と表される．

(3) ❷2個以上の変数の安定条件を求める場合，ラウスやフルビッツの安定判別法を用いると簡単である．

❸安定限界時の応答を求めるためには，ナイキストの安定判別法を用いる．

(4) ❹最終値の定理を用いて定常速度偏差を求める．

(5) ❺これまでの結果を用いて，各要素の役割を考える．

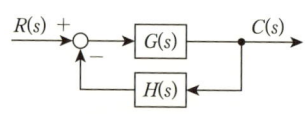

解答 Answer

戦術 ❶

(1) ❶

の形の伝達関数 $W(s)$ は，

$$W(s) = \frac{C(s)}{R(s)} = \frac{G(s)}{1+G(s)H(s)}$$

と表される．

点線で囲まれた伝達関数を $W_1(s)$ とすれば，

$$W_1(s) = \frac{Y(s)}{U(s)} = \frac{\dfrac{1}{s(s+1)(s+5)}}{1+K_2 s \dfrac{1}{s(s+1)(s+5)}} = \frac{1}{s(s+1)(s+5)+K_2 s}$$

$$= \frac{1}{s^3+6s^2+(5+K_2)s}$$

(2)

$R(s)$ から $Y(s)$ までの伝達関数を $W_2(s)$ とすれば，

$$W_2(s) = \frac{Y(s)}{R(s)} = \frac{K_1 W_1(s)}{1+K_1 W_1(s)} = \frac{\dfrac{K_1}{s^3+6s^2+(5+K_2)s}}{1+\dfrac{K_1}{s^3+6s^2+(5+K_2)s}}$$

$$= \frac{K_1}{s^3+6s^2+(5+K_2)s+K_1}$$

(3)

戦術 ❷

❷2個以上の変数の安定条件を求める場合，ラウスやフルビッツの安定判別法を用いると簡単である．

(2)より，系全体の特性方程式は，

6．自動制御

$$s^3+6s^2+(5+K_2)s+K_1=0$$

フルビッツの安定判別法を用いて安定条件を考える．

安定条件は，

①すべての係数が存在し，同符号
②行列式が正

の両者を満たすことである．

①より，

$K_1>0$

$5+K_2>0$

∴ $K_2>-5$

②の行列式は，

$$\begin{vmatrix} 6 & K_1 \\ 1 & 5+K_2 \end{vmatrix} = 6\times(5+K_2)-K_1>0$$

∴ $30+6K_2>K_1$

よって，安定である条件は，

$30+6K_2>K_1>0$

となる．

戦術❸ ❸安定限界時の応答を求めるためには，ナイキストの安定判別法を用いる．

系の開ループ伝達関数を $H(s)$ とすれば，

$$H(s)=K_1W_1(s)=\frac{K_1}{s^3+6s^2+(5+K_2)s}$$

周波数伝達関数 $H(j\omega)$ は $H(s)$ に $s=j\omega$ を代入したものであるので，

$$H(j\omega)=\frac{K_1}{-j\omega^3-6\omega^2+j(5+K_2)\omega}=\frac{K_1}{-6\omega^2+j\omega(5+K_2-\omega^2)}$$

安定限界のとき，このベクトル軌跡は $(-1+j0)$ を通る．このときの角周波数を ω_c とすれば

$$H(j\omega_c)=\frac{K_1}{-6\omega_c^2+j\omega_c(5+K_2-\omega_c^2)}=-1+j0$$

虚数項に注目すれば，

$\omega_c^2=5+K_2$

角周波数は正の値であるので，

$\omega_c=\sqrt{5+K_2}$

(4)

戦術❹ ❹最終値の定理を用いて定常速度偏差を求める．

$R(s)$ から偏差 $E(s)$ までの伝達関数を $W_e(s)$ とすれば，

$$W_e(s) = \frac{E(s)}{R(s)} = \frac{R(s)-Y(s)}{R(s)} = 1 - W_2(s)$$
$$= \frac{s^3 + 6s^2 + (5+K_2)s}{s^3 + 6s^2 + (5+K_2)s + K_1}$$

ランプ関数をラプラス変換すると $R(s) = \dfrac{1}{s^2}$ となるので，定常速度偏差 e は最終値の定理を使って，

$$e = \lim_{s \to 0} s \cdot W_e(s) \cdot R(s) = \lim_{s \to 0} s \cdot \frac{s^3 + 6s^2 + (5+K_2)s}{s^3 + 6s^2 + (5+K_2)s + K_1} \cdot \frac{1}{s^2}$$
$$= \lim_{s \to 0} \frac{s^2 + 6s + 5 + K_2}{s^3 + 6s^2 + (5+K_2)s + K_1} = \frac{5+K_2}{K_1}$$

(5)

❺これまでの結果を用いて，各要素の役割を考える．

a. K_2 が大きくなれば，伝達関数 $W_1(s)$ の分母が大きくなり，その振幅は小さくなる．全体の伝達関数 $W_2(s)$ も同様に振幅が小さくなるため，速応性は低下する．また，定常速度偏差 $\dfrac{5+K_2}{K_1}$ が増大することから，定常特性も悪化することがわかる．

b. K_1 は目標値と出力の偏差を増幅するフィードバックゲインである．
　K_1 が大きくなると，安定条件であった $30 + 6K_2 > K_1$ が満たされない方向に近づくので，安定性は悪化し，減衰特性も悪化する．一方，定常速度偏差 $\dfrac{5+K_2}{K_1}$ が減少することから，定常特性は向上することがわかる．

〈答〉

(1) $\dfrac{1}{s^3 + 6s^2 + (5+K_2)s}$

(2) $\dfrac{K_1}{s^3 + 6s^2 + (5+K_2)s + K_1}$

(3) 安定条件　$30 + 6K_2 > K_1 > 0$，$\omega_c = \sqrt{5+K_2}$

(4) $\dfrac{5+K_2}{K_1}$

(5) 解答のとおり

■問題21

図1のようなフィードバック制御系について，次の問に答えよ．ただし，$R(s)$は目標値，$Y(s)$は出力，$E(s)$は偏差であり，時間信号$r(t)$，$y(t)$，$e(t)$をそれぞれラプラス変換したものである．

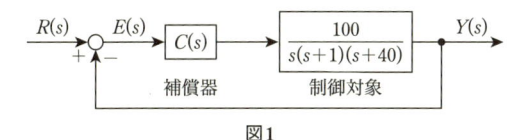

$$R(s) \to \overset{+}{\underset{-}{\bigcirc}} \overset{E(s)}{\to} \boxed{C(s)}_{補償器} \to \boxed{\frac{100}{s(s+1)(s+40)}}_{制御対象} \to Y(s)$$

図1

(1) 補償器を$C(s)=K_1$に選ぶとき，図1のフィードバック系の安定限界を与えるK_1の値とそのときの持続振動の角周波数ω_1を求めよ．ただし，答は平方根を含む形でよい．

(2) 図1において，$C(s)=K_1$に選び，$K_1=1$とおく．目標値$r(t)$が振幅1，角周波数1 rad/sの正弦波信号のとき，十分に時間が経過したときの偏差$e(t)$の振幅を求めよ．

(3) 補償器を$C(s)=K_2\dfrac{s+1}{s+10}$に選ぶとき，この補償器の名称を答えよ．

(4) 上記(3)において，$K_2=10$のとき，補償器のゲイン（利得）特性の概形を折れ線近似で図示せよ．図2を答案用紙に描き写して答えよ．

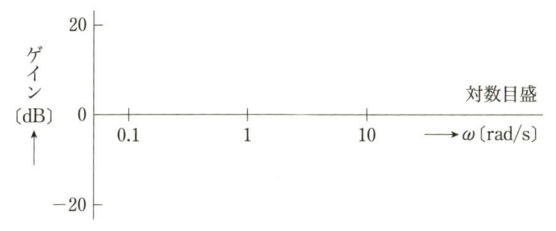

図2

(5) 一般に，上記(3)の補償器により改善できるフィードバック制御系の代表的な性能を述べよ．

（機械・制御：平成22年問4）

着眼点 Focus Points

補償器の特性に注目した問題である．角周波数ωを横軸とし，ゲイン特性や周波数特性をグラフに示したものをボード線図という．これは系や要素の周波数特性を表すのに非常に有効な図であり，実際に制御系を評価する際にも頻繁に用いられる．

ボード線図は横軸に対数目盛を使うため，慣れていないと戸惑いやすい．ぜひこの機会に習得してほしい．

戦術 Tactics

(1) ❶安定限界時の持続振動周波数を求める際には，ナイキストの安定判別法を用いるとよい．

(2) ❷単位正弦波を入力した際の応答を考えるには，周波数伝達関数を使うと簡単である．

(3) ❸一般的な補償器には，位相進み補償器，位相遅れ補償器，位相進み遅れ補償器，PID補償器などがある．

(4) ❹ボード線図を描くときは，ωの大きさによって場合分けするとよい．

解答 Answer

戦術 ❶

(1)

❶安定限界時の持続振動周波数を求める際には，ナイキストの安定判別法を用いるとよい．

この系の開ループ伝達関数は，

$$G(s)H(s) = K_1 \cdot \frac{100}{s(s+1)(s+40)}$$

となる．開ループの周波数伝達関数はsに$j\omega$を代入すれば得られるので，

$$G(j\omega)H(j\omega) = \frac{100K_1}{j\omega(j\omega+1)(j\omega+40)} = \frac{100K_1}{j\omega(-\omega^2 + j41\omega + 40)}$$

$$= \frac{100K_1}{-41\omega^2 + j\omega(40-\omega^2)}$$

このベクトル軌跡が$(-1, j0)$を通れば安定限界である．

そのときの周波数伝達関数は，角周波数ω_1を用いれば，

$$G(j\omega_1)H(j\omega_1) = \frac{100K_1}{-41\omega_1^2 + j\omega_1(40-\omega_1^2)} = -1 + j0$$

$$100K_1 = 41\omega_1^2 - j\omega_1(40-\omega_1^2)$$

虚数項に注目すれば，

$$\omega_1(40-\omega_1^2) = 0$$

$$40 - \omega_1^2 = 0$$

$$\therefore \quad \omega_1 = \sqrt{40} = 2\sqrt{10} \text{ [rad/s]}$$

続いて，実数項について注目すれば，

$$100K_1 = 41\omega_1^2 = 41 \times 40 = 1640$$

よってK_1は，

$$K_1 = \frac{1640}{100} = 16.4$$

(2)

❷ 単位正弦波を入力した際の応答を考えるには，周波数伝達関数を使うと簡単である．

$C(s)=1$ のとき，$R(s)$ から偏差 $E(s)$ までの伝達関数は，

$$\frac{E(s)}{R(s)} = \frac{R(s)-Y(s)}{R(s)} = 1 - \frac{Y(s)}{R(s)} = 1 - \frac{\dfrac{100}{s(s+1)(s+40)}}{1+\dfrac{100}{s(s+1)(s+40)}}$$

$$= \frac{s(s+1)(s+40)}{s(s+1)(s+40)+100}$$

ここで，s に $j\omega$ を代入して，$R(s)$ から $E(s)$ までの周波数伝達関数を求めると，

$$\frac{E(j\omega)}{R(j\omega)} = \frac{j\omega(j\omega+1)(j\omega+40)}{j\omega(j\omega+1)(j\omega+40)+100}$$

$\omega=1$ としたときの振幅を求めれば，

$$\left|\frac{E(j1)}{R(j1)}\right| = \left|\frac{j(j+1)(j+40)}{j(j+1)(j+40)+100}\right| = \left|\frac{j(j+1)(j+40)}{59+j39}\right|$$

$$= \sqrt{\frac{1^2 \cdot (1^2+1^2)(1^2+40^2)}{59^2+39^2}} = \sqrt{\frac{3\,202}{5\,002}} = 0.800$$

(3)

❸ 一般的な補償器には，位相進み補償器，位相遅れ補償器，位相進み遅れ補償器，PID補償器などがある．

補償器 $C(s) = K_2 \dfrac{s+1}{s+10}$ について考える．

この補償器の周波数伝達関数を考えると，

$$C(j\omega) = K_2 \frac{j\omega+1}{j\omega+10} = K_2 \frac{\sqrt{1+\omega^2}\angle\tan^{-1}\omega}{\sqrt{100+\omega^2}\angle\tan^{-1}0.1\omega}$$

$$= K_2 \frac{\sqrt{1+\omega^2}}{\sqrt{100+\omega^2}} \angle(\tan^{-1}\omega - \tan^{-1}0.1\omega)$$

この位相角 ϕ は，

$$\phi = \tan^{-1}\omega - \tan^{-1}0.1\omega > 0$$

この位相角 ϕ は，特定の周波数にかぎらず常に正の符号をとる．つまりこの補償器は位相を全域で進める補償器である．これを位相進み補償器と呼ぶ．

(4)

❹ ボード線図を描くときは，ω の大きさによって場合分けするとよい．

補償器に $K_2=10$ を入れれば，

$$C(s) = 10 \times \frac{s+1}{s+10} = \frac{s+1}{0.1s+1}$$

となる．この補償器の周波数伝達関数 $C(j\omega)$ を求めると，

$$C(j\omega) = \frac{j\omega+1}{0.1j\omega+1}$$

振幅は，

$$|C(j\omega)| = \sqrt{C(j\omega)\cdot\overline{C(j\omega)}} = \frac{\sqrt{1+\omega^2}}{\sqrt{1+0.01\omega^2}}$$

振幅をdB表記にしたものを $gain$〔dB〕とすれば，

$$\begin{aligned}gain\text{〔dB〕} &= 20\log_{10}|C(j\omega)| = 20\log_{10}\frac{\sqrt{1+\omega^2}}{\sqrt{1+0.01\omega^2}} \\ &= 20\log_{10}\sqrt{1+\omega^2} - 20\log_{10}\sqrt{1+0.01\omega^2}\end{aligned}$$

このままではグラフにするのが難しいので，ω の大きさによって，以下の4通りの場合に分けて考える．

1. $\omega = 0$ のとき
   ゲインは

$$\begin{aligned}gain\text{〔dB〕} &= 20\log_{10}\sqrt{1+0^2} - 20\log_{10}\sqrt{1+0^2} \\ &= 0-0 = 0\text{〔dB〕}\end{aligned}$$

2. $0 < \omega \ll 1$ のとき
   このとき $\sqrt{1+\omega^2} \fallingdotseq 1$，$\sqrt{1+0.01\omega^2} \fallingdotseq 1$ となるので，

$$\begin{aligned}gain\text{〔dB〕} &= 20\log_{10}\sqrt{1+\omega^2} - 20\log_{10}\sqrt{1+0.01\omega^2} \\ &= 20\log_{10}1 - 20\log_{10}1 = 0\text{〔dB〕}\end{aligned}$$

3. $1 \ll \omega \ll 10$ のとき
   このとき $\sqrt{1+\omega^2} \fallingdotseq \omega$，$\sqrt{1+0.01\omega^2} \fallingdotseq 1$ となるので，

$$\begin{aligned}gain\text{〔dB〕} &= 20\log_{10}\sqrt{1+\omega^2} - 20\log_{10}\sqrt{1+0.01\omega^2} \\ &= 20\log_{10}\omega - 20\log_{10}1 = 20\log_{10}\omega\text{〔dB〕}\end{aligned}$$

4. $10 \ll \omega$ のとき
   このとき $\sqrt{1+\omega^2} \fallingdotseq \omega$，$\sqrt{1+0.01\omega^2} \fallingdotseq \omega/10$ となるので，

$$gain \text{(dB)} = 20\log_{10}\sqrt{1+\omega^2} - 20\log_{10}\sqrt{1+0.01\omega^2}$$
$$= 20\log_{10}\omega - 20\log_{10}\frac{\omega}{10} = 20\log_{10}\omega - 20\log_{10}\omega + 20$$
$$= 20 \text{(dB)}$$

これらをまとめて折れ線表示として図にすれば

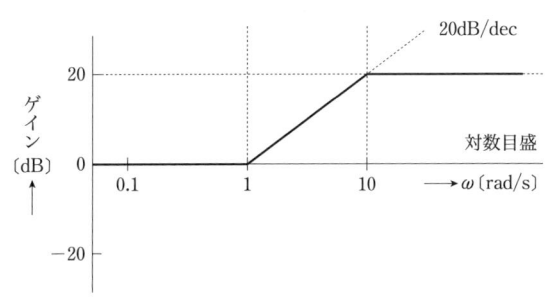

(5) 位相進み補償器を制御対象に直列に挿入すると，位相が進み方向に進むため，位相余裕が増え安定度が増す．また，ゲイン特性からわかるように，高周波に対してゲインを上げる特性をもっているので，速応性が改善される．

〈答〉
(1) $K_1 = 16.4$, $\omega_1 = 2\sqrt{10}$
(2) $e(t)$ の振幅 0.800
(3) 位相進み補償器
(4)(5) 解答のとおり

■問題22

図のフィードバック制御系について，次の問に答えよ．ただし，$R(s)$，$U(s)$，$D(s)$，$Y(s)$ は，それぞれ目標値 $r(t)$，操作量 $u(t)$，外乱 $d(t)$，出力 $y(t)$ のラプラス変換を表す．また，$G(s)$ は制御対象の伝達関数，$F(s)$ および $K(s)$ は補償器の伝達関数を表す．

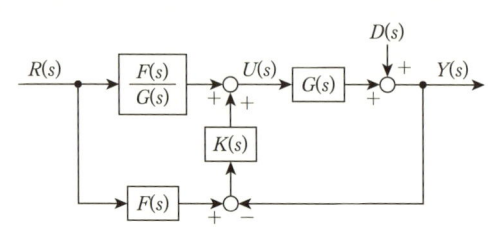

(1) $R(s)=0$ のとき，$D(s)$ から $Y(s)$ までの伝達関数を求めよ．
(2) $D(s)=0$ のとき，$R(s)$ から $Y(s)$ までの伝達関数を求めよ．
(3) 図において $G(s) = \dfrac{1}{s^2}$，$F(s) = \dfrac{c}{s^2+as+b}$，$K(s) = K_P\left(1 + \dfrac{1}{T_I s} + T_D s\right)$ とおく．
 $D(s)=0$ のとき，$R(s)$ から $Y(s)$ までの応答特性として，単位ステップ関数の目標値 $r(t)=1$ に対しての出力 $y(t)$ の定常値が1となり，かつ，減衰定数が0.8，固有角周波数が $10\,\mathrm{rad/s}$ を満たす二次系の補償器 $F(s)$ の係数 a，b，c を求めよ．
(4) 上記(3)の補償器 $K(s)$ の名称を答えよ．また，各係数 K_P，T_I，T_D の名称についても答えよ．
(5) 上記(3)において，$F(s)$ は安定な補償器であり，図の制御系全体の安定性は $F(s)$ にはよらない．制御系全体が安定となるために補償器 $K(s)$ の係数が K_P，T_I，T_D が満たされなければならない条件を求めよ．ただし，$K_P>0$，$T_I>0$，$T_D>0$ とする．

（機械・制御：平成23年問4）

着眼点 Focus Points

2自由度制御系に関する問題である．2自由度制御系は，入力から出力までの伝達関数と，外乱から出力までの伝達関数を個別に設定できる制御系であり，近年，よく用いられる新しい制御系である．

本問は，全体的に応用問題が多いうえ，計算量も多く，難題といえるだろう．しかし，基本を理解していれば決して解けない問題ではない．落ち着いて取り組んでほしい．

戦術 Tactics

(1) ❶$R(s)$ をゼロとし，ブロック線図を変形する．
(2) ❷$D(s)$ をゼロとし，$U(s)$ を使って方程式をつくり，整理して伝達関数を求める．

(3) ❸二次遅れ系の標準形において，$\omega_n=10$，$\zeta=0.8$の条件から係数a，bを求める．
❹最終値の定理を使って，ステップ応答の定常値が1となるときの係数cを求める．

(4) ❺補償器 $K(s)=K_P\left(1+\dfrac{1}{T_I s}+T_D s\right)$ を，PID補償器と呼ぶ．

(5) ❻制御系が安定であるためには，入力と外乱の両方に対して安定でなければならない．変数が2個以上あるので，ラウスもしくはフルビッツの安定性判別法を使って安定条件を求めると計算しやすい．

解答 Answer

戦術 ❶

(1)
❶$R(s)$をゼロとし，ブロック線図を変形する．
　$R(s)=0$のとき，図の網掛け部分は無視することができ，そのブロック線図は次のようになる．

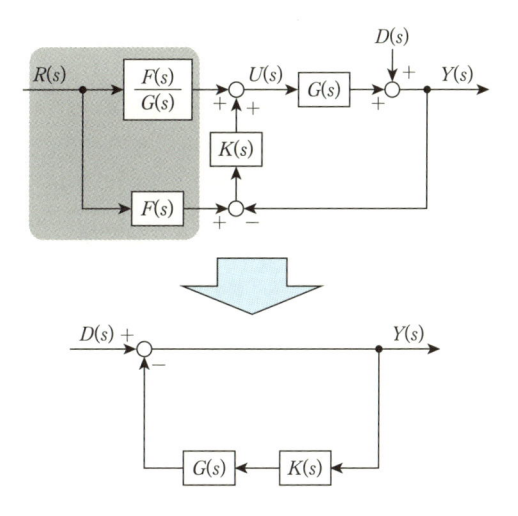

伝達関数は，

$$\dfrac{Y(s)}{D(s)}=\dfrac{1}{1+G(s)K(s)}$$

(2)

戦術❷ ❷ $D(s)$ をゼロとし,$U(s)$ を使って方程式をつくり,整理して伝達関数を求める.

$D(s)=0$ のとき,$R(s)$,$U(s)$,$Y(s)$ を使ってそれぞれの関係を式にすれば,

$$Y(s) = G(s)U(s)$$

$$U(s) = \frac{F(s)}{G(s)} \cdot R(s) + K(s) \cdot \{F(s) \cdot R(s) - Y(s)\}$$

$$= \left\{\frac{1}{G(s)} + K(s)\right\}F(s) \cdot R(s) - K(s) \cdot Y(s)$$

代入して整理すれば,

$$Y(s) = G(s) \cdot \left[\left\{\frac{1}{G(s)} + K(s)\right\}F(s) \cdot R(s) - K(s) \cdot Y(s)\right]$$

$$= \{1 + G(s) \cdot K(s)\}F(s) \cdot R(s) - G(s) \cdot K(s) \cdot Y(s)$$

$$\{1 + G(s) \cdot K(s)\}Y(s) = \{1 + G(s) \cdot K(s)\}F(s) \cdot R(s)$$

系の伝達関数は,

$$\therefore \quad \frac{Y(s)}{R(s)} = \frac{\{1 + G(s) \cdot K(s)\}F(s)}{1 + G(s) \cdot K(s)} = F(s)$$

【別解】
(2)はブロック線図の変形を用いても解くことができる.以下にヒントを示すので参考にしてほしい.

(3)

❸ 二次遅れ系の標準形において，$\omega_n = 10$，$\zeta = 0.8$ の条件から係数 a，b を求める．

二次遅れ系の伝達関数の標準形は $\dfrac{\omega_n^2}{s^2 + 2\zeta\omega_n s + \omega_n^2}$ と表される．

一方，系の伝達関数は，

$$\frac{Y(s)}{R(s)} = F(s) = \frac{c}{s^2 + as + b} = \frac{c}{b} \cdot \frac{b}{s^2 + as + b}$$

であるので，

$$b = \omega_n^2 = 10^2 = 100$$
$$a = 2\xi\omega_n = 2 \times 0.8 \times 10 = 16$$

❹ 最終値の定理を使って，ステップ応答の定常値が1となるときの係数 c を求める．

単位ステップ応答は，最終値の定理を使えば，

$$\lim_{s \to 0} sY(s) = \lim_{s \to 0} s \cdot F(s) \cdot R(s) = \lim_{s \to 0} s \frac{c}{s^2 + as + b} \cdot \frac{1}{s} = \frac{c}{b}$$

定常値が1となるので，

$$c = b = 100$$
$$\therefore \ a = 16, \ b = 100, \ c = 100$$

(4)

❺ 補償器 $K(s) = K_P\left(1 + \dfrac{1}{T_I s} + T_D s\right)$ を，PID補償器と呼ぶ．

$K(s)$ は外乱を抑制するための補償器として用いられている．

$$K(s) = K_P\left(1 + \frac{1}{T_I s} + T_D s\right)$$

これはPID動作をするための補償器であり，PID補償器やPIDコントローラと呼ぶ．

また，各係数については，K_P を比例ゲイン，T_I を積分時間（リセットタイム），T_D を微分時間（レートタイム）と呼ぶ．

(5)

❻ 制御系が安定であるためには，入力と外乱の両方に対して安定でなければならない．変数が2個以上あるので，ラウスもしくはフルビッツの安定判別法を使って安定条件を求めると計算しやすい．

外乱に対する伝達関数は，

$$\frac{Y(s)}{D(s)} = \frac{1}{1+G(s)\cdot K(s)} = \frac{1}{1+\dfrac{1}{s^2}\cdot K_P\left(1+\dfrac{1}{T_I s}+T_D s\right)}$$

$$= \frac{s^3}{s^3 + K_P \cdot T_D s^2 + K_P s + \dfrac{K_P}{T_I}}$$

特性方程式は,

$$s^3 + K_P \cdot T_D s^2 + K_P s + \frac{K_P}{T_I} = 0$$

フルビッツの安定判別法を使って,安定条件を求める.
$K_P>0$, $T_D>0$, $T_I>0$ であるので,
「すべての係数が存在し,同符号であること」
という条件はすでに満たしている.

フルビッツの行列式は,

$$\begin{vmatrix} K_P \cdot T_D & \dfrac{K_P}{T_I} \\ 1 & K_P \end{vmatrix} = K_P{}^2 T_D - \frac{K_P}{T_I} = K_P\left(K_P T_D - \frac{1}{T_I}\right) > 0$$

∴ $K_P T_D T_I > 1$

〈答〉

(1) $\dfrac{1}{1+G(s)K(s)}$

(2) $F(s)$

(3) $a=16.0$, $b=100$, $c=100$

(4) $K(s)$ は PID 補償器
　　K_P は比例ゲイン
　　T_I は積分時間（リセットタイム）
　　T_D は微分時間（レートタイム）

(5) $K_P T_D T_I > 1$

2自由度制御とは

人が荷物を持ち上げる際，これくらいかな？ とおおよその重さを予想して持ち上げ，その後，荷物の高さを微調整するだろう．これがまさに2自由度制御である．

荷物の重さを想像して動かすことはフィードフォワードの部分にあたり，目で見て微調整することはフィードバックループの部分にあたる．

数式で見ると複雑であっても，その現象は意外と簡単である．制御では，その要素や系を日常の現象に結びつけてイメージすると理解しやすいので，そういったくせをつけてほしい．

・2自由度制御の例

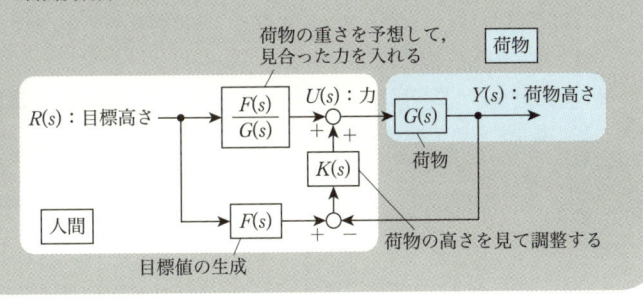

$R(s)$：目標高さ, $\frac{F(s)}{G(s)}$, $U(s)$：力, $G(s)$, $Y(s)$：荷物高さ, $K(s)$, $F(s)$

荷物の重さを予想して，見合った力を入れる
荷物の高さを見て調整する
荷物
人間
目標値の生成

■問題23

図のようなフィードバック制御系について，次の問に答えよ．ただし，$R(s)$は目標値，$D(s)$は外乱，$Y(s)$は制御量，$E(s)$は偏差とする．また，数値で答える場合には，小数点以下3けた目を四捨五入した2けたとする．

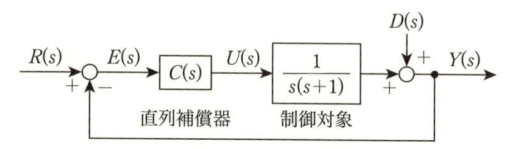

```
         R(s)   E(s)           U(s)        D(s)
          ──→○──→ C(s) ──→  1/s(s+1) ──→○──→ Y(s)
              ↑-                              +
              │          直列補償器  制御対象
              └──────────────────────────────┘
```

(1) $R(s)=0$，$C(s)=K$のとき，外乱$D(s)$の時間関数がランプ関数$d(t)=2t$で与えられる場合の定常速度偏差を求めよ．

(2) $C(s)=K$のとき，閉ループ系の安定性の指標の一つである減衰定数ζを0.8に設定するためのKの値を求めよ．

(3) $C(s)=A\cdot\dfrac{s+1}{0.1s+1}$の場合について，$R(s)$から$Y(s)$までの閉ループ伝達関数を求めよ．

(4) 上記(3)の$C(s)$を用いた閉ループ系の減衰定数ζが0.8になるようなAの値を求めよ．このとき，上記(2)の場合と比較して閉ループ系の固有角周波数を求めることにより速応性はどのくらい変化したかを説明せよ． （機械・制御：平成19年問4）

着眼点 Focus Points

補償器による系の応答特性の変化を問う問題である．制御対象は二次遅れ系であり，系を効果的に制御するために補償器を直列に挿入している．

通常，制御対象の特性は変化させようがないので，このように補償器を工夫して系の応答特性を変化させることになる．

$C(s)=A\cdot\dfrac{s+1}{0.1s+1}$のように高次な補償器を使用すれば，単に$C(s)=K$とするときに比べ，系の応答性は格段に向上する．

二次遅れ系のパラメータには減衰係数ζと固有周波数ω_nがあった．ζは系の振動の減衰性を示すパラメータであり，行過ぎ量（オーバーシュート）と対応している．一方，ω_nは速応性を示すパラメータであって大きければ大きいほど速応性が向上する．両者とも非常に重要なパラメータであるので，復習しておこう．

戦術 Tactics

(1) ❶$d(t)=2t$をラプラス変換すれば，$D(s)=2/s^2$となる．最終値の定理を使って，$e(t)$の定常特性を求める．

(2) ❷系の閉ループ伝達関数 $W(s)$ を求めるときは，$D(s)=0$ として計算する．$W(s)$ と標準形とを比較し，$\zeta=0.8$ となる K を求める．

(3) ❸$C(s)=A\cdot\dfrac{s+1}{0.1s+1}$ は，位相進み補償器である．閉ループ伝達関数 $W'(s)$ を定数 A を含んだ形で表す．

(4) ❹$W'(s)$ と標準形とを比較し $\zeta'=0.8$ となるときの A および $\omega_n{}'$ を求める．$\omega_n{}'$ が大きければ大きいほど系の速応性は向上する．

解答 Answer

戦術 ❶

(1)
❶$d(t)=2t$ をラプラス変換すれば，$D(s)=2/s^2$ となる．最終値の定理を使って，$e(t)$ の定常特性を求める．

$R(s)=0$，$C(s)=K$ のとき，外乱 $D(s)$ から出力 $Y(s)$ までの伝達関数は，

$$\frac{Y(s)}{D(s)}=\frac{1}{1+K\cdot\dfrac{1}{s(s+1)}}=\frac{1}{1+\dfrac{K}{s(s+1)}}=\frac{s(s+1)}{s(s+1)+K}$$

$E(s)=-Y(s)$ だから，

$$\frac{E(s)}{D(s)}=\frac{-Y(s)}{D(s)}=-\frac{s(s+1)}{s(s+1)+K}$$

また，$d(t)=2t$ をラプラス変換すれば $D(s)=\dfrac{2}{s^2}$ であるので，定常速度偏差 e は，最終値の定理を用いて，

$$e=\lim_{s\to 0}sE(s)=\lim_{s\to 0}s\frac{E(s)}{D(s)}D(s)=\lim_{s\to 0}s\cdot\frac{-s(s+1)}{s(s+1)+K}\cdot\frac{2}{s^2}$$

$$=-\frac{1\times 2}{K}=-\frac{2}{K}$$

(2)

戦術 ❷

❷系の閉ループ伝達関数 $W(s)$ を求めるときは，$D(s)=0$ として計算する．$W(s)$ と標準形とを比較し，$\zeta=0.8$ となる K を求める．

$D(s)=0$，$C(s)=K$ のとき，入力 $R(s)$ から出力 $Y(s)$ 間の閉ループ伝達関数 $W(s)$ は，

$$W(s)=\frac{Y(s)}{R(s)}=\frac{K\cdot\dfrac{1}{s(s+1)}}{1+K\cdot\dfrac{1}{s(s+1)}}=\frac{K}{s(s+1)+K}=\frac{K}{s^2+s+K}$$

二次遅れ要素の標準形は，$\dfrac{\omega_n{}^2}{s^2+2\zeta\omega_n s+\omega_n{}^2}$ と表されるので，これと対比

501

して

$$\omega_n^2 = K$$
$$\therefore \ \omega_n = \sqrt{K}$$
$$2\zeta\omega_n = 1$$
$$2\zeta\sqrt{K} = 1$$
$$\sqrt{K} = \frac{1}{2\zeta}$$
$$\therefore \ K = \left(\frac{1}{2\zeta}\right)^2 = \left(\frac{1}{2\times 0.8}\right)^2 = 0.391$$
$$\omega_n = \frac{1}{2\zeta} = \frac{1}{2\times 0.8} = 0.625 \text{〔rad/s〕}$$

(3)

戦術 ❸ ❸ $C(s) = A \cdot \dfrac{s+1}{0.1s+1}$ は，位相進み補償器である．閉ループ伝達関数 $W'(s)$ を定数 A を含んだ形で表す．

$C(s) = A \cdot \dfrac{s+1}{0.1s+1}$ のとき，閉ループ伝達関数 $W'(s)$ は，

$$W'(s) = \frac{Y(s)}{R(s)} = \frac{A \cdot \dfrac{s+1}{0.1s+1} \cdot \dfrac{1}{s(s+1)}}{1 + A \cdot \dfrac{s+1}{0.1s+1} \cdot \dfrac{1}{s(s+1)}}$$

$$= \frac{A}{s(0.1s+1)+A} = \frac{A}{0.1s^2+s+A} = \frac{10A}{s^2+10s+10A}$$

(4)

戦術 ❹ ❹ $W'(s)$ と標準形とを比較し $\zeta' = 0.8$ となるときの A および ω_n' を求める．ω_n' が大きければ大きいほど系の速応性は向上する．

$W'(s) = \dfrac{10A}{s^2+10s+10A}$ を，二次遅れ要素の標準形 $\dfrac{\omega_n'^2}{s^2+2\zeta'\omega_n's+\omega_n'^2}$ と比較すれば，

$$\omega_n'^2 = 10A$$
$$\therefore \ \omega_n' = \sqrt{10A}$$
$$2\zeta'\omega_n' = 10$$
$$\therefore \ \omega_n' = \frac{5}{\zeta'}$$

ここで，問題によって与えられた $\zeta' = 0.8$ を使って A を求めれば，

$$\sqrt{10A} = \frac{5}{\zeta'}$$

$$\therefore A = \frac{1}{10} \cdot \left(\frac{5}{\zeta'}\right)^2 = \frac{1}{10} \times \left(\frac{5}{0.8}\right)^2 = 3.906$$

また，このときの角周波数 ω_n' は，

$$\omega_n' = \frac{5}{\zeta'} = \frac{5}{0.8} = 6.25 \text{ (rad/s)}$$

ここで，(2)の ω_n と ω_n' とを比べれば，

$$\frac{\omega_n'}{\omega_n} = \frac{6.25}{0.625} = 10.0$$

固有角周波数が大きければ大きいほど速応性は向上する．そのため，$C(s) = K$ と比べ，速応性が10倍向上した．

〈答〉

(1) $-\dfrac{2}{K}$

(2) $K = 0.391$

(3) $\dfrac{10A}{s^2 + 10s + 10A}$

(4) $A = 3.91$

　　速応性が10倍向上した

■問題24

図のような2自由度制御系がある．$R(s)$は目標値，$D(s)$は外乱，$Y(s)$は出力，$E(s)$は偏差である．この制御系について，次の問に答えよ．

(1) 図の伝達関数で表されるフィードバック補償器$C(s)$は，何と呼ばれているか．
(2) $R(s)=0$のとき，外乱$D(s)$から偏差$E(s)$までの閉ループ伝達関数を求めよ．
(3) 上記(2)で求めた閉ループ伝達関数において，固有角周波数が$2\,\mathrm{rad/s}$，減衰係数が0.8となるときのK_PとT_Iの値を求めよ．
(4) $D(s)=0$のとき，目標値$R(s)$から出力$Y(s)$までの伝達関数を求めよ．
(5) 二つの補償器$C(s)$と$F(s)$を持つ図の2自由度制御系の特徴を述べよ．

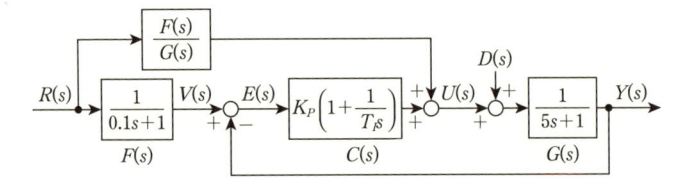

(機械・制御：平成17年問4)

着眼点 Focus Points

2自由度制御系に関する問題である．2自由度制御系の特徴は，一つの系にフィードフォワードとフィードバックループがあり，それぞれ個別に補償器を備えている点にある．補償器はそれぞれ個別に調整可能であり，自由度が"2"であるので，2自由度制御系と呼ばれている．

一見，系が複雑に見えるが，落ち着いて整理すれば系の伝達関数は非常にシンプルな形になる．計算間違いに気を付けて，解いてほしい．

戦術 Tactics

(1) ❶$K_P\left(1+\dfrac{1}{T_I s}\right)$は，PI補償器と呼ばれる補償器である．
(2) ❷$R(s)=0$のとき，フィードフォワード箇所は無視することができる．
(3) ❸二次遅れの標準形と比較し，係数K_P，T_Iを求める．
(4) ❹$D(s)=0$とし，ブロック線図から方程式を導き，系の伝達関数を求める．
(5) ❺外乱から出力までの伝達関数$W_D(s)$と，入力から出力までの伝達関数$W(s)$を，それぞれ独立して調整可能であることがポイントである．

解答

戦術 ①

(1)

❶ $K_P\left(1+\dfrac{1}{T_I s}\right)$ は，PI補償器と呼ばれる補償器である．

補償器 $C(s)$ は，比例ゲイン K_P による比例動作と，積分時間 T_I による積分動作とを組み合わせた補償器であり，PI補償器（比例＋積分補償）と呼ばれる．

(2)

戦術 ②

❷ $R(s)=0$ のとき，フィードフォワード箇所は無視することができる．

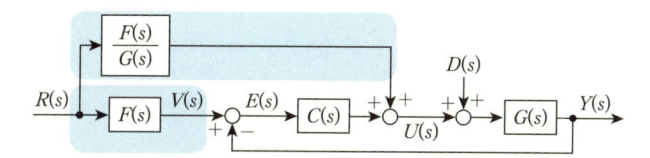

図の網掛け部分は常にゼロになるため無視することができる．

そのため，$D(s)$ から $Y(s)$ までの伝達関数 $W_D(s)$ は，

$$W_D(s)=\frac{Y(s)}{D(s)}=\frac{G(s)}{1+C(s)G(s)}=\frac{\dfrac{1}{5s+1}}{1+K_P\left(1+\dfrac{1}{T_I s}\right)\cdot\dfrac{1}{5s+1}}$$

$$=\frac{1}{5s+1+K_P\left(1+\dfrac{1}{T_I s}\right)}=\frac{s}{5s^2+(1+K_P)s+\dfrac{K_P}{T_I}}$$

$E(s)=-Y(s)$ であるので，

$$\frac{E(s)}{D(s)}=\frac{-Y(s)}{D(s)}=-W_D(s)=-\frac{s}{5s^2+(1+K_P)s+\dfrac{K_P}{T_I}}$$

(3)

戦術 ❸

❸ 二次遅れの標準形と比較し，係数 K_P，T_I を求める．

二次遅れ要素の標準形は，$\dfrac{\omega_n^2}{s^2+2\zeta\omega_n s+\omega_n^2}$ である．

一方，$D(s)$ から $E(s)$ までの伝達関数は，

$$\frac{E(s)}{D(s)}=-\frac{s}{5s^2+(1+K_P)s+\dfrac{K_P}{T_I}}=-\frac{1}{5}\cdot\frac{s}{s^2+\dfrac{1+K_P}{5}s+\dfrac{K_P}{5T_I}}$$

この式の分母と二次遅れ標準形の分母とを比較すれば，

$$2\zeta\omega_n = \frac{1+K_P}{5}, \quad \omega_n^2 = \frac{K_P}{5T_I}$$

$\zeta=0.8$, $\omega_n=2$ を代入して,

$$\frac{1+K_P}{5} = 2\zeta\omega_n = 2\times 0.8\times 2 = 3.2$$

$$K_P = 5\times 3.2 - 1 = 15$$

$$T_I = \frac{K_P}{5\omega_n^2} = \frac{3}{4}$$

(4)

❹ $D(s)=0$ とし,ブロック線図から方程式を導き,系の伝達関数を求める.

外乱 $D(s)=0$ とすれば,系のブロック線図は次のようになる.

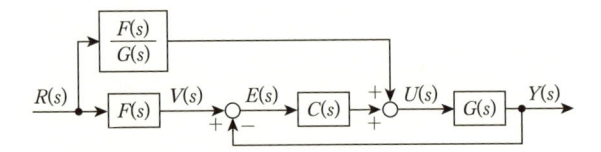

$$V(s) = F(s)R(s)$$
$$E(s) = V(s) - Y(s)$$
$$U(s) = \frac{F(s)}{G(s)} \cdot R(s) + C(s)E(s)$$
$$Y(s) = G(s)U(s)$$

これらの式を整理すると,

$$Y(s) = G(s)\left\{\frac{F(s)}{G(s)} \cdot R(s) + C(s)E(s)\right\}$$
$$= F(s)R(s) + C(s)E(s)G(s)$$
$$= F(s)R(s) + C(s)G(s)\{V(s) - Y(s)\}$$
$$= F(s)R(s) + C(s)G(s)\{F(s)R(s) - Y(s)\}$$

$Y(s)$ についてまとめれば,

$$Y(s)\{1+C(s)G(s)\} = \{F(s) + C(s)F(s)G(s)\}R(s)$$
$$= F(s)\{1+C(s)G(s)\}R(s)$$

系の伝達関数 $W(s)$ は,

$$\therefore W(s) = \frac{Y(s)}{R(s)} = \frac{F(s)\{1+C(s)G(s)\}}{1+C(s)G(s)} = F(s) = \frac{1}{0.1s+1}$$

【別解】
(4)はブロック線図の変形を用いても解くことができる．
ブロック線図の変形で解くときは，次のように変形すればよい．

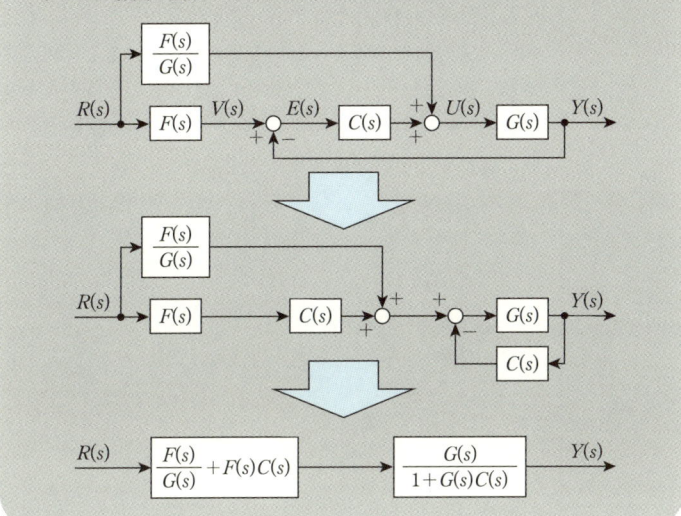

(5)

❺ 外乱から出力までの伝達関数 $W_D(s)$ と，入力から出力までの伝達関数 $W(s)$ を，それぞれ独立して調整可能であることがポイントである．
制御系には，
・目標値への応答を上げたい
・外乱を抑制したい
という二つの要求がある．
今回の系の伝達関数はそれぞれ，外乱から出力までの伝達関数 $W_D(s)$ が，

$$W_D(s) = \frac{1}{5s+1+C(s)} = \frac{s}{5s^2+(1+K_P)s+\frac{K_P}{T_I}}$$

入力から出力までの伝達関数 $W(s)$ が

$$W(s) = F(s)$$

であった．
2自由度制御系は，外乱抑制性と目標値応答性をそれぞれの補償器にて別々に調整できるという特徴をもっている．K_P や T_I を調整することで外乱

抑制特性を変化させ，$F(s)$ を調整することで目標値応答性を変化させることができる．

　従来の制御系は，目標値と出力との偏差を増幅するだけであり，目標値応答も外乱抑制も一つのゲインで調整するしかなかった．そのため，目標値への速応性を上げようとしてゲインを上げると，外乱に対する応答も同時に上がってしまい，系が不安定になるという問題点があった．

　2自由度制御系を使えば，それぞれを別個に調整でき，二つの要求を同時に満たすことができる．

〈答〉

(1) PI補償器

(2) $-\dfrac{s}{5s^2+(1+K_P)s+\dfrac{K_P}{T_I}}$

(3) $K_P=15.0,\ T_I=\dfrac{3}{4}$

(4) $\dfrac{1}{0.1s+1}$

(5) 解答のとおり

© Hiroshi Nomura, Kunio Kobayashi 2013

戦術で覚える！電験2種 二次計算問題

2013年 4月10日 第1版第1刷発行
2025年 1月15日 第1版第6刷発行

著 者 野 村 浩 司
　　　　　(の　むら　ひろ　し)
　　　　小 林 邦 生
　　　　(こ　ばやし　くに　お)

発行者　田 中 聡

発行所
株式会社 電 気 書 院
ホームページ www.denkishoin.co.jp
(振替口座　00190-5-18837)
〒101-0051　東京都千代田区神田神保町1-3 ミヤタビル2F
電話(03)5259-9160／FAX(03)5259-9162

印刷　創栄図書印刷株式会社
Printed in Japan／ISBN978-4-485-12201-3

- 落丁・乱丁の際は，送料弊社負担にてお取り替えいたします。
- 正誤のお問合せにつきましては，書名・版刷を明記の上，編集部宛に郵送・FAX (03-5259-9162) いただくか，当社ホームページの「お問い合わせ」をご利用ください。電話での質問はお受けできません。また，正誤以外の詳細な解説・受験指導は行っておりません。

JCOPY 〈出版者著作権管理機構 委託出版物〉

本書の無断複写 (電子化含む) は著作権法上での例外を除き禁じられています。複写される場合は，そのつど事前に，出版者著作権管理機構 (電話: 03-5244-5088, FAX: 03-5244-5089, e-mail: info@jcopy.or.jp) の許諾を得てください。また本書を代行業者等の第三者に依頼してスキャンやデジタル化することは，たとえ個人や家庭内での利用であっても一切認められません。

短期間で合格に必要な応用力が身に付く

電験2種 二次試験これだけシリーズ

改訂新版 これだけ 電力・管理 -計算編-
重藤貴也・山田昌平著／ISBN978-4-485-10063-9
A5判／331ページ／定価＝本体3,400円＋税

改訂新版 これだけ 機械・制御 -計算編-
日栄弘孝著／ISBN978-4-485-10065-3
A5判／375ページ／定価＝本体3,700円＋税

改訂新版 これだけ 電力・管理 -論説編-
梶川拓也・石川博之・丹羽拓著／ISBN978-4-485-10064-6
A5判／273ページ／定価＝本体2,700円＋税

改訂新版 これだけ 機械・制御 -論説編-
日栄弘孝著／ISBN978-4-485-10066-0
A5判／457ページ／定価＝本体4,000円＋税

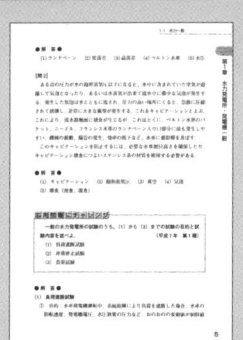

電験2種二次試験合格に必要な実力を短期間で養成できるよう学習項目を選択し、また、やさしい問題から実践的な問題へと順を追って学習できる構成となっています。

◆問題攻略手順◆

Step1・要点
その項目で学習する重要事項を簡潔に整理．

Step2・基本例題にchallenge
要点にあげた重要事項を直接使用して解くことにより基礎力を養成する，基本的な問題．

Step3・応用問題にchallenge
第2種二次試験の実戦的な問題です．やさしい解説で，しっかりした解答力を身につけましょう．

Step4・ここが重要
問題を解く上で重要なヒントや事項を，より具体的かつ学習内容を深く掘り下げて解説．

Step5・演習問題
まとめとして実力アップを目的とした類似問題を収録．

電気書院 〒101-0051 千代田区神田神保町1-3 ミヤタビル2F
Tel：03-5259-9160　Fax：03-5259-9162
https://www.denkishoin.co.jp

電験第1・2種ならびに技術士受験者必携！
これだけは知っておきたい
電気技術者の基本知識

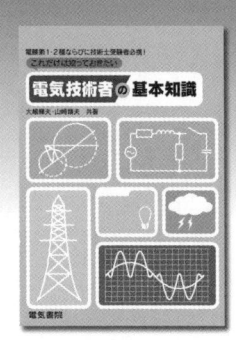

山崎靖夫／大嶋輝夫 共著／A5判／498頁
定価＝本体 4,200 円＋税／ISBN978-4-485-66536-7

電気計算に連載された「これだけは知っておきたい電気技術者の基本知識」の中で，特に重要と思われるテーマを「電力管理」および「機械制御」の分野別に整理し，一冊にまとめたものです．
本書の内容は，設備管理をはじめとする電気技術者のために，発変電，送配電，施設管理，電気機器，電気応用，パワーエレクトロニクスまでの広範囲にわたり，それぞれのテーマに対して基本的な内容からやさしく深く，最近の動向まで初学者でも理解しやすいよう図表も多く取り入れてやさしく解説しています．

[1] 水力発電所で用いられる水車
[2] 水力発電所の水撃作用と水車のキャビテーション
[3] 水車発電機の調速機と速度調定率・速度変動率
[4] 汽力発電所における定圧運転と変圧運転の熱効率の特性
[5] 大容量タービン発電機の水素冷却方式と空気冷却方式の比較
[6] タービン発電機の進相運転の得失
[7] ガスタービン発電の得失と用途
[8] コンバインドサイクル発電方式に関する得失
[9] 軽水形原子力発電所の炉心構成
[10] 地下式変電所の変圧器，遮断器，開閉器などの電気工作物に対する火災対策
[11] 変電所の塩じん害
[12] 変電機器の耐震設計の考え方と耐震対策
[13] 保護継電器(アナログ形，ディジタル形)の動作原理・特徴
[14] 直流送電方式と交流送電方式の比較および得失
[15] 架空電線路の着氷雪による事故の種類と事故防止対策
[16] 架空送電線路の雷害防止対策
[17] 送電線路のコロナ放電現象と障害および防止対策
[18] 架空送電線路の事故と再閉路方式の種類
[19] 送電系統の中性点接地方式の種類と得失
[20] 送電線路の通信線に及ぼす誘導電圧の種類と電磁誘導障害対策
[21] 送電系統に用いられる直列コンデンサ
[22] 送電線の不良がいし検出方式
[23] 地中ケーブル布設工事の種類と地中ケーブル送電容量を増大する対策
[24] 地中送電線路の防災対策
[25] 配電線の電圧降下補償
[26] 地中配電方式と架空配電方式の比較得失
[27] 配電系統のスポットネットワーク方式の構成機械の役割
[28] 特別高圧電路と高圧電路に施設するリアクトルの種別と用途
[29] 電力系統に発生するサージ過電圧
[30] 電力系統の周波数変動の要因と周波数変動が及ぼす影響と対策
[31] 電力系統の瞬時電圧低下による需要家機器への影響と対策
[32] 電力系統における避雷装置の概要と特徴
[33] 電圧フリッカの発生原因とその防止対策
[34] 配電系統の高調波発生源とその障害
[35] 高調波抑制対策
[36] 電力系統の電圧調整機器の種類と機能
[37] 自家用受電設備の保護協調の条件と保護方式の種類
[38] 自家用高圧受電設備の波及事故防止
[39] 油入変圧器の油の劣化原因と劣化防止方式
[40] 油入変圧器の冷却方式と種類，原理，特徴
[41] 油入変圧器の事故と保護継電器の種類
[42] 変圧器の温度上昇試験方法
[43] 直流電動機の速度制御方式の種類と得失
[44] 直流分巻発電機の自励での安定運転の必要条件と並行運転の必要条件
[45] 三相誘導電動機の始動方式の種類と得失
[46] 誘導発電機の構造と得失
[47] 同期電動機と誘導電動機の長短比較
[48] 同期電動機の始動方法
[49] 同期発電機の電機子作用と遅れ力率，進み力率負荷の関係
[50] 同期発電機の可能出力曲線
[51] 高周波誘導炉と低周波誘導炉の構造と得失
[52] 誘導加熱方式と誘電加熱方式の得失
[53] 電気式ヒートポンプの原理と特徴
[54] 半導体電力変換装置による直流電動機の速度制御の種類と得失
[55] インバータによる誘導電動機の駆動に関する得失
[56] 交流電気機器等の非破壊試験方法による絶縁診断の種類，原理，特徴
[57] 避雷装置

姉妹書好評発売中

● これも知っておきたい
電気技術者の基本知識
A5判432ページ／本体4,200円＋税

● これも×2知っておきたい
電気技術者の基本知識
A5判440ページ／本体4,200円＋税

実践!! ベクトル図活用テクニック
描けばわかる電力システム

■ISBN978-4-485-66545-9／A5判・286ページ／小林邦生 著／本体2,800円＋税■

電気技術者や学生に向けた，ベクトル図の実践的かつ効果的な活用テクニックをまとめた解説書です．

ベクトル図は，方程式も細かな計算も必要ありません．図形を描き，変形し，イメージするだけで結論に達することができます．

電験やエネ管の受験者にも役立つよう，電力系統にまつわる現象をわかりやすく解説しています．

本書を通じて，ベクトル図の新たな一面に触れられてはいかがでしょうか．

■目次一覧■

1 電気ベクトル図を体得しよう
- ベクトル図ってなんだっけ
- 電気回路とベクトル図の関係
- いろんな回路のベクトル図を描いてみよう
- 円円対応を使ってベクトル軌跡を使いこなそう

2 交流とベクトル図～有効・無効電力の意味～
- 有効電力・無効電力を考える
- 三相交流電力を計算しよう
- 電力計測のベクトル図
- 三相交流回路における無効電力の問題点と瞬時空間ベクトル図
- 三相瞬時有効・無効電力の計算例と解析

3 送配電設備のベクトル図～電圧調整機能と，高め解・低め解～
- 電力系統という大きな回路を計算するには
- 送配電設備の等価回路とベクトル図の特徴
- 潮流の大きさとベクトル図
- 電圧調整設備（電力用コンデンサ）の機能と効果
- 電圧調整設備（タップ切換変圧器）の機能と効果
- タップの逆動作現象を考える
- P-Vカーブとベクトル図

4 負荷設備のベクトル図～三相誘導電動機と電圧不安定現象～
- 日本の電力負荷の種類と特徴
- 誘導電動機のベクトル図と円線図
- 運転方法とベクトル図の変化
- 電圧低下時の誘導電動機の運転特性
- 誘導電動機の相互作用と電圧不安定現象

5 発電設備のベクトル図～同期発電機の安定度とAVR・PSSの効果～
- 発電機の種類と特徴
- 同期発電機の等価回路とベクトル図の特徴
- 電圧補償機能（AVR）とベクトル図
- 発電機の安定度問題とは
- ベクトル図を使って安定度を考えよう
- 過渡安定度
- 系統安定化装置（PSS）とベクトル図

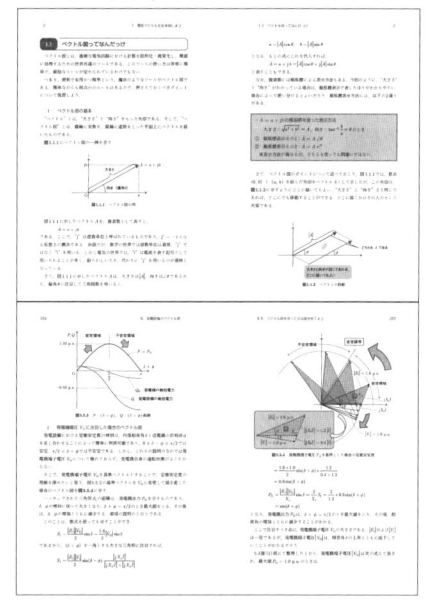

書籍の正誤について

万一，内容に誤りと思われる箇所がございましたら，以下の方法でご確認いただきますようお願いいたします．

なお，正誤のお問合せ以外の書籍の内容に関する解説や受験指導などは**行っておりません**．このようなお問合せにつきましては，お答えいたしかねますので，予めご了承ください．

正誤表の確認方法

最新の正誤表は，弊社Webページに掲載しております．書籍検索で「正誤表あり」や「キーワード検索」などを用いて，書籍詳細ページをご覧ください．

正誤表があるものに関しましては，書影の下の方に正誤表をダウンロードできるリンクが表示されます．表示されないものに関しましては，正誤表がございません．

弊社Webページアドレス
https://www.denkishoin.co.jp/

正誤のお問合せ方法

正誤表がない場合，あるいは当該箇所が掲載されていない場合は，書名，版刷，発行年月日，お客様のお名前，ご連絡先を明記の上，具体的な記載場所とお問合せの内容を添えて，下記のいずれかの方法でお問合せください．
回答まで，時間がかかる場合もございますので，予めご了承ください．

郵便で問い合わせる
郵送先
〒101-0051
東京都千代田区神田神保町1-3
ミヤタビル2F
㈱電気書院　編集部　正誤問合せ係

FAXで問い合わせる
ファクス番号　**03-5259-9162**

ネットで問い合わせる
弊社Webページ右上の「**お問い合わせ**」から
https://www.denkishoin.co.jp/

お電話でのお問合せは，承れません

(2022年5月現在)